電験三種
理論の
過 去 問 題 集

オーム社 ［編］

Ohmsha

読者の皆様へ

　第三種電気主任技術者試験(通称「**電験三種**」)は，**電気技術者の登竜門**ともいわれる国家試験です。2021 年度までは年 1 回 9 月頃に実施されていましたが，2022 年度からは年 2 回の筆記試験，2023 年度からは年 2 回の筆記試験に加え CBT 方式(Computer-Based Testing，コンピュータを用いた試験)による実施が検討されているようです。筆記試験では，理論，電力，機械，法規の 4 科目の試験が 1 日で行われます。また，解答方式は五肢択一方式です。受験者は，すべての科目(認定校卒業者は，不足単位の科目)に 3 年以内に合格すると，免状の交付を受けることができます。

　電験三種は，出題範囲が広いうえに，計算問題では答えを導く確かな計算力と応用力が，文章問題ではその内容に関する深い理解力が要求されます。ここ 5 年間の**合格率は 8.3～11.5% 程度**と低い状態にあり，電気・電子工学の素養のない受験者にとっては，非常に難易度の高い試験といえるでしょう。したがって，ただ闇雲に学習を進めるのではなく，**過去問題の内容と出題傾向を把握し，学習計画を立てる**ことから始めなければ，合格は覚束ないと心得ましょう。

　本書は，電験三種「理論」科目の 2022 年度(令和 4 年度)上期から 2008 年度(平成 20 年度)までの**過去 15ヵ年**のすべての試験問題と解答・解説を収録した過去問題集です。より多くの受験者のニーズに応えられるよう，解答では正解までの考え方を詳しく説明し，さらに解説，別解，問題を解くポイントなども充実させています。また，効率的に学習を進められるよう，**出題傾向**を掲載するほか，個々の問題には**難易度と重要度**を表示しています。

　必ずしもすべての収録問題を学習する必要はありません。目標とする得点(合格基準は，60 点以上が目安)や，確保できる学習時間に応じて，取り組むべき問題を取捨選択し，**戦略的に学習を進めながら合格**を目指しましょう。

　本書を試験直前まで有効にご活用いただき，読者の皆様が見事に合格されることを心より祈念いたします。

オーム社　編集部

目　　次

●試験問題と解答

※本書は，2016～2019 年版を発行した『電験三種過去問題集』及び 2020～2022 年版を発行した『電験三種過去問詳解』を再構成したものです。

第三種電気主任技術者試験について

◼1 電気主任技術者試験の種類

電気保安の観点から，事業用電気工作物の設置者(所有者)には，電気工作物の工事，維持及び運用に関する保安の監督をさせるため，**電気主任技術者**を選任しなくてはならないことが，電気事業法で義務付けられています。

電気主任技術者試験は，電気事業法に基づく国家試験で，この試験に合格すると経済産業大臣より**電気主任技術者免状**が交付されます。電気主任技術者試験には，次の①〜③の3種類があります。

① 第一種電気主任技術者試験
② 第二種電気主任技術者試験
③ **第三種電気主任技術者試験**(以下，「**電験三種試験**」と略して記します。)

◼2 免状の種類と保安監督できる範囲

第三種電気主任技術者免状の取得者は，電気主任技術者として選任される電気施設の範囲が**電圧5万V未満の電気施設(出力5千kW以上の発電所を除く)**の保安監督にあたることができます。

なお，第一種電気主任技術者免状取得者は，電気主任技術者として選任される電気施設の範囲に制限がなく，いかなる電気施設の保安監督にもあたることができます。また，第二種電気主任技術者免状取得者は，電気主任技術者として選任される電気施設の範囲が電圧17万V未満の電気施設の保安監督にあたることができます。

＊事業用電気工作物のうち，電気的設備以外の水力発電所，火力(内燃力を除く)発電所及び原子力発電所(例えば，ダム，ボイラ，タービン，原子炉等)並びに燃料電池設備の改質器(最高使用圧力が98kPa以上のもの)については，電気主任技術者の保安監督の対象外となります。

◼3 受験資格

電気主任技術者試験は，国籍，年齢，学歴，経験に関係なく，**誰でも受験できます**。

◼4 試験実施日等

電験三種の筆記試験は，2022年度(令和4年度)以降は年2回，全国47都道府県(約50試験地)で実施される予定です。試験日程の目安は，上期試験が8月下旬，下期試験が翌年3月下旬です。

なお，受験申込の方法には，インターネットによるものと郵便(書面)によるものの二通りがあります。令和4年度の受験手数料(非課税)は，インターネットによる申込みは7,700円，郵便による申込みは8,100円でした。

⑤ 試験科目，時間割等

電験三種試験は，電圧 5 万ボルト未満の事業用電気工作物の電気主任技術者として必要な知識について，筆記試験を行うものです。「理論」「電力」「機械」「法規」の 4 科目について実施され，出題範囲は主に表 1 のとおりです。

表1　4科目の出題範囲

科目	試験範囲
理論	電気理論，電子理論，電気計測及び電子計測に関するもの
電力	発電所及び変電所の設計及び運転，送電線路及び配電線路(屋内配線を含む)の設計及び運用並びに電気材料に関するもの
機械	電気機器，パワーエレクトロニクス，電動機応用，照明，電熱，電気化学，電気加工，自動制御，メカトロニクス並びに電力システムに関する情報伝送及び処理に関するもの
法規	電気法規(保安に関するものに限る)及び電気施設管理に関するもの

試験は表 2 のような時間割で科目別に実施されます。解答方式は，マークシートに記入する**五肢択一方式**で，A 問題(一つの問に解答する問題)と B 問題(一つの問に小問二つを設けた問題)を解答します。

配点として，「理論」「電力」「機械」科目は，A 問題 14 題は 1 題当たり 5 点，B 問題 3 題は 1 題当たり小問(a)(b)が各 5 点。「法規」科目は，A 問題 10 題は 1 題当たり 6 点，B 問題は 3 題のうち 1 題は小問(a)(b)が各 7 点，2 題は小問(a)が 6 点で(b)が 7 点となります。

合格基準は，各科目とも 100 点満点の **60 点以上**(年度によってマイナス調整)が目安となります。

表2　科目別の時間割

時限	1時限目	2時限目	昼の休憩	3時限目	4時限目
科目名	理論	電力		機械	法規
所要時間	90分	90分	80分	90分	65分
出題数	A問題14題 B問題3題※	A問題14題 B問題3題		A問題14題 B問題3題※	A問題10題 B問題3題

備考：1　※印は，選択問題を含む必要解答数です。
　　　2　法規科目には「電気設備の技術基準の解釈について」(経済産業省の審査基準)に関するものを含みます。

なお，試験では，**四則演算，開平計算($\sqrt{}$)を行うための電卓を使用することができます**。ただし，**数式が記憶できる電卓や関数電卓などは使用できません**。電卓の使用に際しては，**電卓から音を発することはできませんし**，**スマートフォンや携帯電話等を電卓として使用することはできません**。

6 科目別合格制度

　試験は**科目ごとに合否が決定**され，４科目すべてに合格すれば電験三種試験が合格となります。また，４科目中の一部の科目だけに合格した場合は，「**科目合格**」となって，翌年度及び翌々年度の試験では申請によりその科目の試験が免除されます。つまり，**3年間**で４科目に合格すれば，電験三種試験に合格となります。

7 学歴と実務経験による免状交付申請

　電気主任技術者免状を取得するには，主任技術者試験に合格する以外に，認定校を所定の単位を修得して卒業し，所定の実務経験を有して申請する方法があります。

　この申請方法において，認定校卒業者であっても所定の単位を修得できていない方は，その不足単位の試験科目に合格し，実務経験等の資格要件を満たせば，免状交付の申請をすることができます。ただし，この単位修得とみなせる試験科目は，「理論」を除き，「電力と法規」または「機械と法規」の２科目か，「電力」「機械」「法規」のいずれか１科目に限られます。

8 試験実施機関

　一般財団法人　電気技術者試験センターが，国の指定を受けて経済産業大臣が実施する電気主任技術者試験の実施に関する事務を行っています。

一般財団法人　電気技術者試験センター

〒 104-8584　東京都中央区八丁堀 2-9-1(RBM 東八重洲ビル 8 階)

TEL：03-3552-7691/FAX：03-3552-7847

　＊電話による問い合わせは，土・日・祝日を除く午前 9 時から午後 5 時 15 分まで

URL　https://www.shiken.or.jp/

　以上の内容は，令和 4 年 10 月現在の情報に基づくものです。

　試験に関する情報は今後，変更される可能性がありますので，受験する場合は必ず，試験実施機関である電気技術者試験センター等の公表する最新情報をご確認ください。

過去10年間の合格率, 合格基準等

◼️ 全4科目の合格率

電験三種試験の過去10年間の合格率は, 表3のとおりです。ここ数年の合格率は微増傾向にあるように見えますが, それでも12%未満です。したがって, 電験三種試験は十分な**難関資格試験**であるといえるでしょう。

表3 全4科目の合格率

年度	申込者数(A)	受験者数(B)	受験率(B/A)	合格者数(C)	合格率(C/B)
令和4年度(上期)	45,695	33,786	73.9%	2,793	8.3%
令和3年度	53,685	37,765	70.3%	4,357	11.5%
令和2年度	55,408	39,010	70.4%	3,836	9.8%
令和元年度	59,234	41,543	70.1%	3,879	9.3%
平成30年度	61,941	42,976	69.4%	3,918	9.1%
平成29年度	64,974	45,720	70.4%	3,698	8.1%
平成28年度	66,896	46,552	69.6%	3,980	8.5%
平成27年度	63,694	45,311	71.1%	3,502	7.7%
平成26年度	68,756	48,681	70.8%	4,102	8.4%
平成25年度	69,128	49,575	71.7%	4,311	8.7%

備考：1　率は, 小数点以下第2位を四捨五入
　　　2　受験者数は, 1科目以上出席した者の人数

なお, 電気技術者試験センターによる「令和3年度電気技術者試験受験者実態調査」によれば, 令和3年度の電験三種試験受験者について, 次の①・②のことがわかっています。

① 受験者の半数近くが複数回(2回以上)の受験

② 受験者の属性は, 就業者数が学生数の8.5倍以上

＊なお, ②の就業者の勤務先は, 「ビル管理・メンテナンス・商業施設保守会社」が最も多く(15.4%), 次いで「電気工事会社」(12.8%), 「電気機器製造会社」(9.8%), 「電力会社」(8.9%)の順です。

この①・②から, 多くの受験者が仕事をしながら長期間にわたって試験勉強をすることになるため, **効率よく持続して勉強をする工夫**が必要になることがわかるでしょう。

2 科目別の合格率

　過去 10 年間の科目別の合格率は，**表 4〜7** のとおりです(いずれも，率は小数点以下第 2 位を四捨五入。合格者数は，4 科目合格者を含む)。

　各科目とも合格基準は 100 点満点の 60 点以上が目安とされていますが，ほとんどの年度でマイナス調整がされており，受験者にとって，**実際よりもやや難しく感じられる**試験となっています。

　かつては，電力科目と法規科目には合格しやすく，理論科目と機械科目に合格するのは難しいと言われていました。しかし，近年は少し傾向が変わってきているようです。ただし，各科目の試験の難易度には，一概には言えない要因があることに注意が必要です。

表4　理論科目の合格率

年度	受験者数(B)	合格者数(C)	合格率(C/B)	合格基準点
令和 4 年度(上期)	28,427	6,554	23.1%	60 点
令和 3 年度	29,263	3,030	10.4%	60 点
令和 2 年度	31,936	7,867	24.6%	60 点
令和元年度	33,939	6,239	18.4%	55 点
平成 30 年度	33,749	4,998	14.8%	55 点
平成 29 年度	36,608	7,085	19.4%	55 点
平成 28 年度	37,622	6,956	18.5%	55 点
平成 27 年度	37,007	6,707	18.1%	55 点
平成 26 年度	39,977	6,948	17.4%	54.38 点
平成 25 年度	39,982	5,718	14.3%	57.73 点

表5　電力科目の合格率

年度	受験者数(B)	合格者数(C)	合格率(C/B)	合格基準点
令和 4 年度(上期)	23,215	5,610	24.2%	60 点
令和 3 年度	29,295	9,561	32.6%	60 点
令和 2 年度	29,424	5,200	17.7%	60 点
令和元年度	30,920	5,646	18.3%	60 点
平成 30 年度	35,351	8,876	25.1%	55 点
平成 29 年度	36,721	4,987	13.6%	55 点
平成 28 年度	35,352	4,381	12.4%	55 点
平成 27 年度	35,260	6,873	19.5%	55 点
平成 26 年度	37,953	8,045	21.2%	58.00 点
平成 25 年度	36,486	4,534	12.4%	56.32 点

試験問題の難しさには，いくつもの要因が絡んでいます。例えば，次の①～③のようなものがあります。

① 複雑で難しい内容を扱っている
② 過去に類似問題が出題された頻度
③ 試験対策の難しさ（出題が予測できない等）

多少難しい内容でも，過去に類似問題が頻出していれば対策は簡単です。逆に，ごく易しい問題でも，新出したばかりであれば，受験者にとっては難しく感じられるでしょう。

表6　機械科目の合格率

年度	受験者数(B)	合格者数(C)	合格率(C/B)	合格基準点
令和4年度(上期)	24,184	2,727	11.3%	55点
令和3年度	27,923	6,365	22.8%	60点
令和2年度	26,636	3,039	11.4%	60点
令和元年度	29,975	7,989	26.7%	60点
平成30年度	30,656	5,991	19.5%	55点
平成29年度	32,850	5,354	16.3%	55点
平成28年度	36,612	8,898	24.3%	55点
平成27年度	34,126	3,653	10.7%	55点
平成26年度	37,424	6,086	16.3%	54.39点
平成25年度	38,583	6,600	17.1%	54.57点

表7　法規科目の合格率

年度	受験者数(B)	合格者数(C)	合格率(C/B)	合格基準点
令和4年度(上期)	23,752	3,499	14.7%	54点
令和3年度	28,045	6,761	24.1%	60点
令和2年度	30,828	6,573	21.3%	60点
令和元年度	33,079	5,858	17.7%	49点
平成30年度	33,594	4,495	13.4%	51点
平成29年度	35,825	5,798	16.2%	55点
平成28年度	35,198	4,985	14.2%	54点
平成27年度	35,047	7,006	20.0%	55点
平成26年度	38,753	6,763	17.5%	58.00点
平成25年度	41,303	8,015	19.4%	58.00点

理論科目の出題傾向

出題分野	項目	R4	R3	R2	R1	H30	H29	H28	H27	H26	H25	H24	H23	H22	H21	H20
静電気	クーロンの法則	A2	A2			A1				B17	A2			B17	A2	B17
	ガウスの定理										B17					
	点電荷による電位・電界		A1	A2	A1		A1	A1						A1	A2	A1
	電気力線・電束				B15a								A1		A2	
	コンデンサの接続	A6, B17b	B17b	A1	A2			A7, B17				A1, B15a			A1, A5, B17b	A5
	仕事・静電エネルギー	A10			A10, B15b		A2		A2	B17b					A5	A2
	静電誘導									A2						
	平行板コンデンサ	A1, B17a	A1, B17	B17		A2, B17	A2	A2, B17	A1, A2	A1	A1	A2, B15b	A2	A2	B17a	A2
電磁気	点磁荷による磁界					A3						A2	A2	A2		
	磁力線・磁束			A4											A3	A4
	電流による磁界					A4		A3		A4	A3, A4	A4	A4	A4	A3	A4
	電磁力	A4	A4	A3				A4			A3, A4	A4	A3	A3	A4	
	誘導起電力								A5							
	磁気遮蔽															
	インダクタンス						A3									
	環状ソレノイド	A3	A3		A4		B17			A3	A3	A3			A3	A4
	磁化特性				A3		A4		A3							A3
直流回路	抵抗直列回路	A5				A6								A6	A6	
	抵抗並列回路														A6	
	抵抗直並列回路	A5, A7		A6	A5, A6		A5									
	はしご回路						A7	A6								
	抵抗器の許容電流					A5			A4		A5	A5, A6				
	ブリッジ回路	A7							A6	A6, A7	A8	A5, A6	A6, A7	A5, A6	B15b	A6
	電位差計		A14	A7		A7	A6		B15				A6			
	2電源・多電源							A5								A7
	LとCの定常特性															
	直流抵抗	A5	A7	A5	A7					A5	A6					
	最大電力供給の定理		A7										A5			

出題分野・項目		H20	H21	H22	H23	H24	H25	H26	H27	H28	H29	H30	R1	R2	R3	R4
単相交流	瞬時値を表す式	A8	A9												A8	
	RL 直列回路	A9	A8	A8								A8				A8
	RL 並列回路				A8	A8		B15	A8							
	RL 直並列回路															
	RC 直列回路				A9		A7				A8			A8		A9
	RLC 直列回路			A8			A10	A10					A9	A9		
	RLC 並列回路			A13			A9							A9		
	RLC 直並列回路															
	コンデンサ直並列回路					A10		A8, A10	A9, B16							
	力率		A8			A7, A10		A9, A10		A9	B15	A9		A9	A9	A9
	共振	A8									A9					
	交流ブリッジ															
	ひずみ波												A8			
	単相3線式															
	波高値・平均値			A7				A10								
三相交流	Y 接続			A9		B16	B15a	B16a	B17a		B16a		B16		B15	
	Δ 接続		A7, B16	B15	B15		B15b	A14		B15				B15		B15
	YΔ 混合	B15						B16b	B17b		B16b					
	三相電源											B15				
過渡現象	RL 直列回路	A10	A10			A9		A10	A10		A10	A10	A10		A10	
	RL 直並列回路						A12									
	RC 直列回路							A11	A10	A10						A10
	RC 直並列回路			A10	A10									A10		
	LC 直列回路				B16					B16		B18				
電気計測	指示電気計器					A14							A14			A14
	測定法															
	有効数字		B15								A14					
	倍率器					B17a								B16b		
	測定誤差			B16b											A14, B16b	

出題分野	項目	R4	R3	R2	R1	H30	H29	H28	H27	H26	H25	H24	H23	H22	H21	H20
電気計測（続き）	電圧計	A12	B16	B16a					A14			B17b		A14		
	電流計・分流器		B15, B16							A14					A14	
	電力計			B15b									B17	B16a		
	電力量計															
	電位差計	B16														
	ディジタル計器				B18			A14	B15		A14					
	力率の計算															
	センサの原理		A5	A14							B16b					
	オシロスコープ										B16a					B16
電子理論	電界中の電子	A12	A12		A12			A12	A12	A12		A12	A12		A12	
	磁界中の電子		A12												A12	A12
	二次電子放出			A12		A12								A12		
	半導体・半導体デバイス	A11	A11	A11		A11	A11	A11	A11				A11	A11	A11	
	太陽電池				A11						A11					A11
電子回路	負帰還増幅回路	B18			A13											
	トランジスタ増幅回路		B18a	B18		B16	A13	A13	A13	A13	A13	B18	B18		B18	
	FET増幅回路		A13	A13											A13	A13
	オペアンプ	A13		A11								A13	A13			
	パルス回路		B18b		B17b	A13	B18		B18		B18			B18		
	発振回路						B18b									
	変調・復調							B18								
	IC（集積回路）				B17										B18	B18
	チョッパ	A14				A14										
	直流安定化電源									B18		A11				
その他	電気一般												A14			
	電気回路共通		A6				A12	A8	A7							
	照明															

備考：1 「A」はA問題、「B」はB問題における出題を示す。また、番号は問題番号を示す。
2 「a」「b」は、B問題の小問の(a)(b)のいずれか一方での大出題されたことを示す。

理論科目の学習ポイント

　理論科目の学習ポイントは数多くあります。学習が進むうちに自然とわかってくるものも多いので，ここでは見落としがちなものを中心に解説しておきます。ある程度，学習が進んだ後に確認すると効果的でしょう。

　＊　　＊　　＊　　＊　　＊　　＊　　＊　　＊　　＊　　＊　　＊　　＊

　「**静電気**」分野で最も出題頻度が高い項目は，「**平行板コンデンサ**」です。「**コンデンサの接続**」と併せて出題されることもあるので，まとめて学習しておきたいところです。

　R4-問 6（p.30）では，二つのコンデンサ C_1，C_2 を直列に接続して，直流電圧で充電しています。このとき，各コンデンサの端子電圧を V_1，V_2 とすると，蓄積される電荷はそれぞれ $C_1 V_1$，$C_2 V_2$ ですが，合成静電容量により蓄積される電荷 $Q = C_1 V_1 + C_2 V_2$ とはならないことをよく理解しておきましょう（合成静電容量により蓄積される電荷 $Q = C_1 V_1 = C_2 V_2$ です）。続いて，それぞれ電荷 Q が蓄積された二つのコンデンサを切り離し，同じ極性の端子同士を並列に接続すると（初期電荷が零ではないコンデンサの接続），両コンデンサの端子電圧が等しくなるように電荷が再分配されること，個々のコンデンサに蓄積された電荷の総量（$2Q = C_1 V_1 + C_2 V_2$）に変化はないこと（電荷保存の法則）をよく理解しておきましょう。

　R3-問 1（p.58），H21-問 1（p.398）では，誘電率（比誘電率）の異なる誘電体が挿入されたコンデンサの電界を比べていますが，極板間の電圧 V，極板間の距離 d が同じであれば，電界の強さ E は同じ値になります $\left(E = \dfrac{V}{d} \right)$。また，H24-問 2（p.320），H21-問 17（p.418）では，極板間の誘電率が一様ではない状況を考えています。この場合，複数のコンデンサの直列接続と見なせますが，各コンデンサに蓄積される電荷 Q は等しいので，電束密度（単位面積当たりの電荷）D も等しくなります。そして，D は誘電率 ε と電界 E の積で表される（$D = \varepsilon E$）ことから，誘電率の小さい方が電界 E は強くなること，さらに，誘電率が最小の真空や空気中での電界が最も強くなることが理解できます。

　＊　　＊　　＊　　＊　　＊　　＊　　＊　　＊　　＊　　＊　　＊　　＊

　「**電磁気**」分野における「**電流による磁界**」の公式 $\left(H = \dfrac{I}{2\pi r} \right)$ は，「**アンペアの周回路の法則**」から導かれることを確認しておきましょう。平行電流（I_1 と I_2）間に働く力 F の公式は，H24-問 4（p.322）のように，さらに「**電磁力**」の公式（$F = BIl$）を適用すると求めることができます。公式を丸暗記するのではなく，この導出過程を理解しておきたいところです。

$$F = I_1 Bl = I_1 \mu H l = \mu \frac{I_1 I_2}{2\pi r} l$$

　また，H28-問 3（p.214），H23-問 4（p.346），H21-問 4（p.400）のように，巻数 N の円形コイルの中心磁界の公式 $\left(H = \dfrac{NI}{2r} \right)$ は，導体の微小部分に流れる電流による磁界についての法則「ビオ・サバールの法則」$\left(\Delta H = \dfrac{I \Delta l}{4\pi r^2} \sin \theta \right)$ から導かれることを確認しておきましょう。

　さらに，「**環状ソレノイド**」における磁気抵抗 $R_\mathrm{m} = \dfrac{NI}{\phi}$（H20-問 3（p.424）），「**インダクタンス**」における自己インダクタンス $L = \dfrac{N\phi}{I}$（H20-問 4（p.424）），結合係数 $k = \dfrac{M}{\sqrt{L_1 L_2}}$（R4-問 3（p.24））の各公式を活

用できるようにしておきましょう。

    *   *   *   *   *   *   *   *   *   *   *   *   *   *

  「**直流回路**」分野の回路計算は，主に「キルヒホッフの法則」，「重ね合わせの理」，「テブナンの定理」を活用しますが，解き方（解法）が複数ある問題もよく出題されます。短時間でミスなく解けるよう，自分に合った解法を身に付けておきたいところです。ただし，テブナンの定理でないと解くのが困難な問題（R2-問 7（p.100），H25-問 6（p.298））や，「ミルマンの定理」を利用できる問題（H20-問 7（p.428））などもあるので，できるだけ多くの解法を使いこなせるようにしておきましょう。

  「***L* と *C* の定常特性**」では，R1-問 7（p.134）や H29-問 6（p.192）のように，直流回路内で（定常的には）*L* は短絡状態，*C* は開放状態になるので，「**過渡現象**」分野と併せて理解しておきましょう。

    *   *   *   *   *   *   *   *   *   *   *   *   *   *

  「**単相交流**」分野では，できれば各値の「極座標表示」による計算にも慣れておきたいところです。例えば，回路インピーダンス $\dot{Z}=Z\angle\alpha$，交流電圧 $\dot{E}=E\angle0$ とすると，流れる電流 $\dot{I}$ は，

$$\dot{I}=\frac{\dot{E}}{\dot{Z}}=\frac{E\angle0}{Z\angle\alpha}=\frac{E}{Z}\angle-\alpha=\frac{E}{Z}\angle\theta$$

  ここで，インピーダンス角 α は，「***RL* 直列回路**」では $\alpha=\tan^{-1}\dfrac{\omega L}{R}$，「***RC* 直列回路**」では $\alpha=-\tan^{-1}\dfrac{1}{\omega CR}$ と符号が正負逆になること，電流の位相角 θ（力率角）は，「***RL* 直列回路**」では θ 遅れ，「***RC* 直列回路**」では θ 進みと逆になることを十分に理解しておきましょう。

  「**共振**」では，R4-問 9（p.36），R2-問 9（p.102）のように，次表の内容に加えて，いずれも共振（角）周波数が同じ公式 $\left(f=\dfrac{1}{2\pi\sqrt{LC}},\omega=\dfrac{1}{\sqrt{LC}}\right)$ で表される理由を理解しておきましょう。

共振	電流	インピーダンス	その他
直列共振	最大	最小（*LC* 部：短絡状態）	*L* と *C* の端子電圧が同じ大きさで逆位相
並列共振	最小	最大（*LC* 部：開放状態）	*L* と *C* に流れる電流が同じ大きさで逆位相

    *   *   *   *   *   *   *   *   *   *   *   *   *   *

  「**三相交流**」分野の「**YΔ 混合**」では，H26-問 16（p.288），H25-問 15（p.310）のように，Δ 結線された *C* を Y 変換し（*C*→3*C*），これを Y 結線された *RL* 負荷に並列接続したとき，接続前後の力率を計算できるようにしておきましょう。

  また，「**Y 接続**」では，H27-問 17（p.264），H24-問 16（p.338）のように，負荷に流れる電流の位相を求める際には，線間電圧 $\dot{V}$ に対し負荷の相電圧 $\dot{E}$ が 30° 遅れることを理解する必要があります。次のようなベクトル図の描き方を確認し，その意味をよく理解しておかなければいけません。

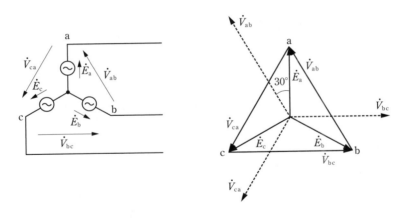

* * * * * * * * * * * *

「**過渡現象**」分野では，出題頻度の高い「**RC 直列回路**」とともに「**RL 直列回路**」を押さえておきたいところです。直流電圧を加えた場合，加えた直後の L は「開放」状態，C は「短絡」状態になり，十分に時間が経過した定常状態では，その逆(L は「短絡」状態，C は「開放」状態)になります。この過程をよく理解しておきましょう。なお，これは，「**直流回路**」分野の「**L と C の定常特性**」からの出題(R1-問 7(p.134)，H29-問 6(p.192))のように，定常状態で L は短絡(ωL の $\omega \to 0$)，C は開放($\omega \to 0$ のとき，$1/\omega C \to \infty$)と考えることと共通する内容です。

* * * * * * * * * * * *

「**電気計測**」分野の「**電力計**」の出題 R2-問 15(p.114)，「**三相交流**」分野(「**Y 接続**」)の出題 H24-問 16(p.338)のように，$\triangle$ 結線の各線間電圧と Y 変換後の各相電圧の関係，$\triangle$ 結線の相電流($\dot{I}_{ab}, \dot{I}_{bc}, \dot{I}_{ca}$)と線電流($\dot{I}_a, \dot{I}_b, \dot{I}_c$)の関係(次のようなベクトル図)をよく理解しておきましょう。

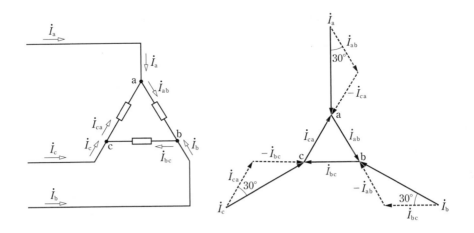

また，H23-問 17(p.366)のように，「**二電力計法**」は各電力計の測定電圧，測定電流，位相差をベクトル図から確認することで理解が容易になります。

* * * * * * * * * * * *

「**電子理論**」分野の「**電界中の電子**」，「**磁界中の電子**」では，R4-問 12(p.40)，R3-問 12(p.76)，R1-問 12(p.140)のように，静電力($F=qE$)がする仕事($W=qV$)のほか，運動方程式($F=ma$)や運動エネ

ルギー $\left(K=\dfrac{1}{2}mv^2\right)$ といった物理知識・公式が解答の要となります。また，H30-問12(p.172)，H24-問12(p.332)のように，磁界に垂直に電子が運動すると電子は等速円運動をしますが，このとき磁界から受ける力 $(F=qvB)$ と円運動による遠心力 $\left(F=mr\omega^2=\dfrac{mv^2}{r}\right)$ とが釣り合うことから，回転半径 $\left(r=\dfrac{mv}{qB}\right)$ が求められます。同様に物理知識・公式が解答の要となっているので，改めて確認しておきたいところです。

「**半導体・半導体デバイス**」では，H30-問11(p.170)，H28-問11(p.224)，H25-問11(p.304)のようなp形半導体・n形半導体の基本事項や，R4-問11(p.40)，H23-問11(p.356)のようなFET(電界効果トランジスタ)の基本構造などが特に重要です。

* * * * * * * * * * * * *

「**電子回路**」分野からの出題 H29-問13(p.200)では，エミッタ接地増幅回路の出力特性を示す $V_{CE}-I_C$ 特性図上に直流負荷線を描くとき，$I_C=0$ のときの $V_{CE}=V_{CC}$ と，$V_{CE}=0$ のときの $I_C=\dfrac{V_{CC}}{R_L}$ の2点を結びます。この出力特性図と直流負荷線の交点が動作点になります。H21-問13(p.410)の「**FET増幅回路**」についても，同様の直流負荷線を描くことができます。この解法は覚えておきたいところです。

R2-問13(p.110)，H29-問18(p.208)，H26-問13(p.284)のように，「**オペアンプ**」(演算増幅器)には反転増幅器(逆相増幅回路)と非反転増幅器(正相増幅回路)があります。反転増幅器では，入力端子と出力端子の中間位置のオペアンプ非反転端子を接地(反転端子も仮想短絡で0V)するため，入力端子から出力端子に同じ電流が流れると，入力電圧と出力電圧が逆極性(逆位相)になります。また，非反転増幅器では，オペアンプ非反転端子に入力電圧を加えますが，出力電圧は同じ極性，位相になります。これをよく理解しておきましょう。

* * * * * * * * * * * * *

以上に加えて，**図示問題**にも注意しておきたいところです。出題頻度の低い出題形式かもしれませんが，いずれも基本事項を扱った問題なので，出題された際は得点源としたいところです。

出題内容	出題例
電界(電気力線)や電磁力の向き	R2-問2(p.92)，H25-問4(p.296)
交流回路の電圧・電流ベクトルの方向	R2-問9(p.102)，H25-問9(p.302)
誘導起電力の向き	H27-問5(p.244)，H25-問12(p.306)
電界・磁界中を移動する電子に働く力(の向き)	R3-問12(p.76)，R30-問12(p.172)

凡例

　個々の問題の 難易度 と 重要度 の目安を次のように表示しています。ただし，重要度は出題分野どうしを比べたものではなく，**出題分野内で出題項目どうしを比べたもの**です（p. 11～13 参照）。また，重要度は**出題予想**を一部反映したものです。

難易度

　易　★☆☆：易しい問題
　↓　★★☆：標準的な問題
　難　★★★：難しい問題（奇をてらった問題を一部含む）

　粘り強く学習することも大切ですが，難問や奇問に固執するのは賢明ではありません。ときには，「解けなくても構わない」と割り切ることが必要です。
　逆に，易しい問題は得点のチャンスです。苦手な出題分野であっても，必ず解けるようにしておきましょう。

重要度

　稀　★☆☆：あまり出題されない，稀な内容
　↓　★★☆：それなりに出題されている内容
　頻　★★★：頻繁に出題されている内容

　出題が稀な内容であれば，学習の優先順位を下げても構いません。場合によっては，「学習せずとも構わない」「この出題項目は捨ててしまおう」と決断する勇気も必要です。
　逆に，頻出内容であれば，難易度が高い問題でも一度は目を通しておきましょう。自らの実力で解ける問題なのか，解けない問題なのかを判別する訓練にもなります。

試験問題と解答

● 試験時間：90 分
● 解 答 数：A問題　14 題
　　　　　　B問題　　3題（4題のうちから選択）
● 配　　点：A問題　各5点
　　　　　　B問題　各10点（（a）5点，（b）5点）

実施年度	合格基準
令和 4 年度（2022 年度）上期	60 点以上
令和 3 年度（2021 年度）	60 点以上
令和 2 年度（2020 年度）	60 点以上
令和元年度（2019 年度）	55 点以上
平成 30 年度（2018 年度）	55 点以上
平成 29 年度（2017 年度）	55 点以上
平成 28 年度（2016 年度）	55 点以上
平成 27 年度（2015 年度）	55 点以上
平成 26 年度（2014 年度）	54.38 点以上
平成 25 年度（2013 年度）	57.73 点以上
平成 24 年度（2012 年度）	55 点以上
平成 23 年度（2011 年度）	52.44 点以上
平成 22 年度（2010 年度）	55 点以上
平成 21 年度（2009 年度）	53.9 点以上
平成 20 年度（2008 年度）	60 点以上

理論 令和4年度（2022年度）上期

A 問題 （配点は1問題当たり5点）

問1 出題分野＜静電気＞ 難易度 ★★☆ 重要度 ★★★

　面積がともに $S[m^2]$ で円形の二枚の電極板（導体平板）を，互いの中心が一致するように間隔 $d[m]$ で平行に向かい合わせて置いた平行板コンデンサがある。電極板間は誘電率 $\varepsilon[F/m]$ の誘電体で一様に満たされ，電極板間の電位差は電圧 $V[V]$ の直流電源によって一定に保たれている。この平行板コンデンサに関する記述として，誤っているものを次の(1)～(5)のうちから一つ選べ。

　ただし，コンデンサの端効果は無視できるものとする。

(1) 誘電体内の等電位面は，電極板と誘電体の境界面に対して平行である。

(2) コンデンサに蓄えられる電荷量は，誘電率が大きいほど大きくなる。

(3) 誘電体内の電界の大きさは，誘電率が大きいほど小さくなる。

(4) 誘電体内の電束密度の大きさは，電極板の単位面積当たりの電荷量の大きさに等しい。

(5) 静電エネルギーは誘電体内に蓄えられ，電極板の面積を大きくすると静電エネルギーは増大する。

問1の解答　出題項目＜平行板コンデンサ＞

答え　(3)

（1）　正。「コンデンサの端効果は無視できる」ので，**図 1-1** に示すように，誘電体内の等電位面（破線で示す）は，電極板と誘電体の境界面に対して平行である。

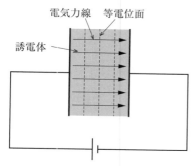

図 1-1　誘電体内の電気力線と等電位面

補足　同じ向きの電気力線同士は互い反発し合うため，**図 1-2** に示すように，電気力線は誘電体（電極板間）の外側に出るような形になる。これをコンデンサの**端効果**という。このとき，誘電体内（電極板間）に生じる電界は平等電界にはならない。

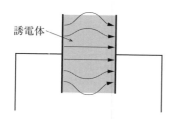

図 1-2　コンデンサの端効果

（2）　正。コンデンサの静電容量 $C[\mathrm{F}]$ は，誘電体の誘電率 $\varepsilon[\mathrm{F/m}]$ と電極板の面積 $S[\mathrm{m^2}]$ に比例し，電極板の間隔 $d[\mathrm{m}]$ に反比例する。

$$C=\varepsilon\frac{S}{d}　　　　①$$

→　$C\propto\varepsilon$（$\propto$：比例記号）

よって，誘電率が大きいほど静電容量が大きくなって，コンデンサに蓄えられる電荷量は大きくなる。

（3）　誤。誘電体内の電界の大きさ $E[\mathrm{V/m}]$ は，加えた電圧 $V[\mathrm{V}]$ と電極板の間隔 $d[\mathrm{m}]$ で決まる。

$$E=\frac{V}{d}$$

よって，電圧が一定であれば，誘電体内の電界の大きさは，誘電率に無関係である。

（4）　正。面積 $S[\mathrm{m^2}]$ の電極板に $Q[\mathrm{C}]$ の電荷が蓄えられたとき，電極板の単位面積（$1\,\mathrm{m^2}$）当たりの電荷量の大きさ $\sigma[\mathrm{C/m^2}]$ は，

$$\sigma=\frac{Q}{S}$$

これは，誘電体内の電束密度の大きさ $D[\mathrm{C/m^2}]$ に等しい。

$$D=\sigma$$

（5）　正。静電容量 $C[\mathrm{F}]$ のコンデンサに電圧 $V[\mathrm{V}]$ を加えたとき，誘電体内に蓄えられる静電エネルギー $W[\mathrm{J}]$ は，

$$W=\frac{1}{2}CV^2　\rightarrow　W\propto C$$

①式より $C\propto S$ なので，$W\propto S$（W と S は比例関係）である。よって，電極板の面積を大きく（小さく）すると静電エネルギーは増大（減少）する。

補足　同様に考えて，以下のようなことがいえる。

・電極板の間隔を大きく（小さく）すると静電エネルギーは減少（増大）する。

・誘電率の大きい（小さい）誘電体に交換すると静電エネルギーは増大（減少）する。

問 2 出題分野＜静電気＞ 難易度 ★★★ 重要度 ★★★

真空中において，図に示すように一辺の長さが 1 m の正三角形の各頂点に 1C 又は −1C の点電荷がある。この場合，正の点電荷に働く力の大きさ $F_1[\mathrm{N}]$ と，負の点電荷に働く力の大きさ $F_2[\mathrm{N}]$ の比 F_2/F_1 の値として，最も近いものを次の（1）～（5）のうちから一つ選べ。

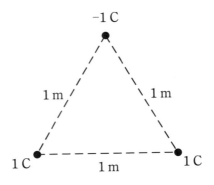

（1）$\sqrt{2}$　　（2）1.5　　（3）$\sqrt{3}$　　（4）2　　（5）$\sqrt{5}$

問 2 の解答　出題項目＜クーロンの法則＞　　　　　　　　答え　(3)

まず，正の点電荷に働く力の大きさ F_1[N]を求める。

図 2-1 に示すように，頂点 B にある正の点電荷(1C)は，頂点 A にある負の点電荷(−1C)から大きさ F_{AB}[N]の**引力**を，頂点 C にある正の点電荷(1C)から大きさ F_{CB}[N]の**斥力**を受ける。

F_{AB}，F_{CB} は，静電気に関するクーロンの法則より，

$$F_{AB}=k\frac{1\times1}{1^2}=k\,[\text{N}]$$

$$F_{CB}=k\frac{1\times1}{1^2}=k\,[\text{N}]\,(=F_{AB})$$

ただし，真空の誘電率を ε_0[F/m]として，比例定数 $k=\dfrac{1}{4\pi\varepsilon_0}$[N·m²/C²]である。

F_1 は F_{AB} と F_{CB} のベクトル和であるから，

$$F_1=F_{AB}\cos60°+F_{CB}\cos60°$$

$$=2F_{AB}\cos60°=2\times k\times\frac{1}{2}$$

$$=k\,[\text{N}]$$

補足　ここでは頂点 B にある正の点電荷に働く力の大きさを求めたが，頂点 C にある正の点電荷に働く力の大きさも同様に考えることができ，同じ値 F_1 となる。

◇　◇　◇　◇　◇　◇　◇

次に，負の点電荷に働く力の大きさ F_2[N]を求める。

頂点 A にある負の点電荷(−1C)は，頂点 B にある正の点電荷(1C)から大きさ F_{BA}[N]の**引力**を，頂点 C にある正の点電荷(1C)から大きさ F_{CA}[N]の**引力**を受ける。

F_{BA}，F_{CA} は，静電気に関するクーロンの法則より，

$$F_{BA}=k\frac{1\times1}{1^2}=k\,[\text{N}]$$

$$F_{CA}=k\frac{1\times1}{1^2}=k\,[\text{N}]\,(=F_{BA})$$

F_2 は F_{BA} と F_{CA} のベクトル和であるから，

$$F_2=F_{BA}\cos30°+F_{CA}\cos30°$$

$$=2F_{BA}\cos30°=2\times k\times\frac{\sqrt{3}}{2}$$

$$=\sqrt{3}\,k\,[\text{N}]$$

◇　◇　◇　◇　◇　◇　◇

以上から，F_1 に対する F_2 の比の値は，

$$\frac{F_2}{F_1}=\frac{\sqrt{3}\,k}{k}=\sqrt{3}$$

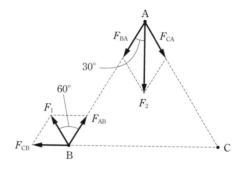

図 2-1　頂点 A，B にある点電荷に働く力
（頂点 C にある点電荷に働く力は図示していない）

解説

誘電率 ε[F/m]の媒質(物質)中に，距離 r[m]を隔てて置かれた二つの点電荷 Q_1[C]と Q_2[C]の間に作用する静電力 F[N]は，両点電荷の積$(Q_1 Q_2)$に比例し，距離の 2 乗(r^2)に反比例する。これを**静電気に関するクーロンの法則**と呼ぶ。

$$F=\frac{1}{4\pi\varepsilon}\cdot\frac{Q_1 Q_2}{r^2}$$

$F>0$ のときは斥力(反発力)，$F<0$ のときは引力(吸引力)となる。

ただし本問では，力の「向き」(斥力か？　引力か？)は図から考えることにして，力の「大きさ」だけを上記の公式から求めた。

令和 3 (2021)
令和 2 (2020)
令和 元 (2019)
平成 30 (2018)
平成 29 (2017)
平成 28 (2016)
平成 27 (2015)
平成 26 (2014)
平成 25 (2013)
平成 24 (2012)
平成 23 (2011)
平成 22 (2010)
平成 21 (2009)
平成 20 (2008)

問3　出題分野＜電磁気＞　　　難易度 ★★★　　重要度 ★★★

図のような環状鉄心に巻かれたコイルがある。

図の環状コイルについて,

・端子1-2間の自己インダクタンスを測定したところ, 40 mH であった。

・端子3-4間の自己インダクタンスを測定したところ, 10 mH であった。

・端子2と3を接続した状態で端子1-4間の自己インダクタンスを測定したところ, 86 mH であった。

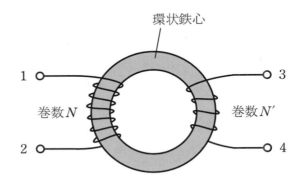

このとき, 端子1-2間のコイルと端子3-4間のコイルとの間の結合係数 k の値として, 最も近いものを次の(1)〜(5)のうちから一つ選べ。

（1）　0.81　　　（2）　0.90　　　（3）　0.95　　　（4）　0.98　　　（5）　1.8

問3の解答　　出題項目＜インダクタンス＞　　答え　(2)

図3-1のように，端子2と3を接続して電流を流すと，端子1-2間のコイルがつくる磁束と端子3-4間のコイルがつくる磁束が強め合うので，この接続は**和動接続**であることがわかる。

端子1-2間と端子3-4間のコイルの自己インダクタンスをそれぞれ $L_{12}(=40\,[\mathrm{mH}])$，$L_{34}(=10\,[\mathrm{mH}])$，両コイルの相互インダクタンスを $M\,[\mathrm{mH}]$ とすると，端子1-4間のインダクタンス $L_{14}(=86\,[\mathrm{mH}])$ は，

$$L_{14}=L_{12}+L_{34}+2M$$

これより，相互インダクタンス M の値は，

$$M=\frac{L_{14}-L_{12}-L_{34}}{2}$$
$$=\frac{86-40-10}{2}=18\,[\mathrm{mH}]$$

したがって，両コイル間の結合係数 k の値は，

$$k=\frac{M}{\sqrt{L_{12}L_{34}}}=\frac{18}{\sqrt{40\times10}}=\frac{18}{20}=0.9$$

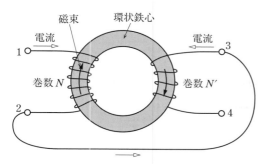

図3-1　端子2と3を接続したときの磁束

解説

自己インダクタンスが L_1，$L_2\,[\mathrm{H}]$ である二つのコイル A，B を直列に接続するとき，**図3-2(a)** のように両コイルのつくる磁束 ϕ_1，ϕ_2 が同じ向きになる場合を**和動接続**，**図3-2(b)** のように両コイルのつくる磁束が逆向きとなる場合を**差動接続**という。

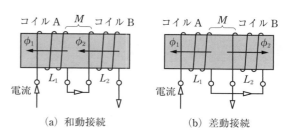

(a) 和動接続　　　　(b) 差動接続

図3-2　和動接続と差動接続

和動接続または差動接続した場合の合成インダクタンス L_+，$L_-\,[\mathrm{H}]$ は，相互インダクタンスを $M\,[\mathrm{H}]$ として，

和動接続：$L_+=L_1+L_2+2M$

差動接続：$L_-=L_1+L_2-2M$

補足　結合係数は二つのコイル間の結合の程度を示し，この値が小さければ漏れ磁束が多く，1に近いと漏れ磁束は少ないことを意味する。

（類題）　平成29年度問3，平成24年度問3

令和4 (2022)
令和3 (2021)
令和2 (2020)
令和元 (2019)
平成30 (2018)
平成29 (2017)
平成28 (2016)
平成27 (2015)
平成26 (2014)
平成25 (2013)
平成24 (2012)
平成23 (2011)
平成22 (2010)
平成21 (2009)
平成20 (2008)

問4	出題分野＜電磁気＞	難易度 ★★★	重要度 ★★★

　図1のように，磁束密度 $B=0.02\,\mathrm{T}$ の一様な磁界の中に長さ $0.5\,\mathrm{m}$ の直線状導体が磁界の方向と直角に置かれている。図2のように，この導体が磁界と直角を維持しつつ磁界に対して $60°$ の角度で，二重線の矢印の方向に $0.5\,\mathrm{m/s}$ の速さで移動しているとき，導体に生じる誘導起電力 e の値[mV]として，最も近いものを次の（1）～（5）のうちから一つ選べ。

　ただし，静止した座標系から見て，ローレンツ力による起電力が発生しているものとする。

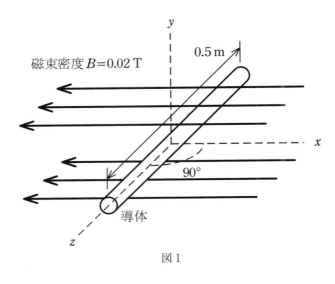

図1

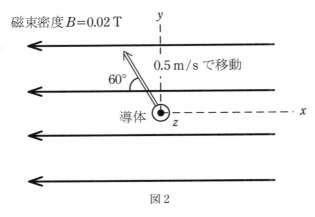

図2

（1）　2.5　　　（2）　3.0　　　（3）　4.3　　　（4）　5.0　　　（5）　8.6

令和 4 (2022)

令和 3 (2021)

令和 2 (2020)

令和 元 (2019)

平成 30 (2018)

平成 29 (2017)

平成 28 (2016)

平成 27 (2015)

平成 26 (2014)

平成 25 (2013)

平成 24 (2012)

平成 23 (2011)

平成 22 (2010)

平成 21 (2009)

平成 20 (2008)

問 4 の解答　出題項目＜誘導起電力＞　　答え　(3)

　磁界の中で導体棒（直線状導体）を動かすと，導体棒は磁束を切るので，導体棒に誘導起電力が発生する。導体棒に生じる誘導起電力 e[V]は，磁界の磁束密度を B[T]，導体棒の動く速さを v[m/s]，導体棒の長さを l[m]，導体棒の移動方向と磁束のなす角を θ とすると，導体棒が磁束と垂直な方向に移動する速さが $v\sin\theta$ であるから，

$$e = Blv\sin\theta$$

　この式に題意の各数値を代入すると，

$$e = 0.02 \times 0.5 \times 0.5 \times \sin 60°$$
$$= 0.02 \times 0.5 \times 0.5 \times \frac{\sqrt{3}}{2}$$
$$\fallingdotseq 4.3 \times 10^{-3}\,[\text{V}] = 4.3\,[\text{mV}]$$

補足　電界や磁界の中で運動している荷電粒子（電荷を帯びた粒子）に働く力を**ローレンツ力**という。本問において，導体棒が動くことは導体棒の内部の電子が動くのと同じことなので，電子にはローレンツ力が働くことになる。そして，ローレンツ力を受けて電子は導体棒の内部を移動する（z 軸の負の向きに移動する）ので，これによって導体棒に誘導起電力が発生する。

解 説

　図 4-1 のように，磁束密度が B[T]である平等磁界の中で，長さ l[m]の導体棒 ab を磁束と直角方向に右向きに速さ v[m/s]で動かすと，導体棒は磁束を切るので，導体棒には誘導起電力が生じる。このとき，単位時間（1 秒間）に導体が切る磁束 $\Delta\Phi$[Wb]は，

$$\Delta\Phi = （磁束密度）\times（導体棒が磁束を切る面積）$$
$$= Blv$$

　したがって，誘導起電力の大きさ e[V]は，

$$e = \left| \frac{\Delta\Phi}{\Delta t} \right| = Blv$$

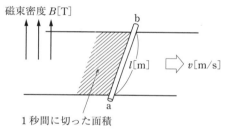

磁束密度 B[T]

l[m]　　v[m/s]

1 秒間に切った面積

図 4-1　磁界を横切る導体棒

問 5 出題分野＜直流回路＞ ‖難易度‖ ★★★ ‖重要度‖ ★★★

図1のように，二つの抵抗 $R_1 = 1\,\Omega$，$R_2[\Omega]$ と電圧 $V[V]$ の直流電源からなる回路がある。この回路において，抵抗 $R_2[\Omega]$ の両端の電圧値が 100 V，流れる電流 I_2 の値が 5 A であった。この回路に図2のように抵抗 $R_3 = 5\,\Omega$ を接続したとき，抵抗 $R_3[\Omega]$ に流れる電流 I_3 の値[A]として，最も近いものを次の(1)～(5)のうちから一つ選べ。

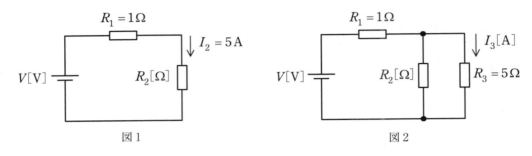

図1   図2

(1) 4.2   (2) 16.8   (3) 20   (4) 21   (5) 26.3

令和 **4** (2022)
令和 **3** (2021)
令和 **2** (2020)
令和 **元** (2019)
平成 **30** (2018)
平成 **29** (2017)
平成 **28** (2016)
平成 **27** (2015)
平成 **26** (2014)
平成 **25** (2013)
平成 **24** (2012)
平成 **23** (2011)
平成 **22** (2010)
平成 **21** (2009)
平成 **20** (2008)

問5の解答　　出題項目＜抵抗直列回路，抵抗直並列回路＞　　　答え　（2）

問題図1の回路において，抵抗 $R_2[\Omega]$ の両端の電圧 $V_2=100[\mathrm{V}]$，流れる電流 $I_2=5[\mathrm{A}]$ なので，R_2 の値は，

$$V_2=R_2I_2$$

$$\therefore\ R_2=\frac{V_2}{I_2}=\frac{100}{5}=20[\Omega]$$

また，直流電源の電圧 V の値は，

$$V=R_1I_2+V_2=1\times5+100=105[V]$$

問題図2の回路において，回路の合成抵抗 R の値は，

$$R=R_1+\frac{R_2\times R_3}{R_2+R_3}=1+\frac{20\times5}{20+5}=5[\Omega]$$

よって，直流電源 V から流れ出す電流 I の値は，

$$I=\frac{V}{R}=\frac{105}{5}=21[\mathrm{A}]$$

したがって，この電流 $I=21[\mathrm{A}]$ のうち抵抗 R_3 に分流する電流 I_3 の値は，

$$I_3=\frac{R_2}{R_2+R_3}I=\frac{20}{20+5}\times21$$
$$=16.8[\mathrm{A}]$$

【別解】　テブナンの定理を用いて解く。

問題図2において，抵抗 R_3 を取り外した端子間から見た回路抵抗 r は，電圧源（直流電源）を短絡して考えて，

$$r=\frac{R_1\times R_2}{R_1+R_2}=\frac{20\times1}{20+1}=\frac{20}{21}[\Omega]$$

また，この端子間の電圧は，題意（問題図1の回路）より $V_2=100[\mathrm{V}]$ である。

したがって，抵抗 R_3 を流れる電流 I_3 の値は，テブナンの定理より，

$$I_3=\frac{V_2}{r+R_3}=\frac{100}{\frac{20}{21}+5}=\frac{100}{\frac{125}{21}}=\frac{2\,100}{125}$$

$$=16.8[\mathrm{A}]$$

問6 出題分野＜静電気＞　　　難易度 ★★★　　重要度 ★★★

　図1に示すように，静電容量 $C_1=4\,\mu F$ と $C_2=2\,\mu F$ の二つのコンデンサが直列に接続され，直流電圧 6 V で充電されている。次に電荷が蓄積されたこの二つのコンデンサを直流電源から切り離し，電荷を保持したまま同じ極性の端子同士を図2に示すように並列に接続する。並列に接続後のコンデンサの端子間電圧の大きさ $V[V]$ の値として，最も近いものを次の（1）〜（5）のうちから一つ選べ。

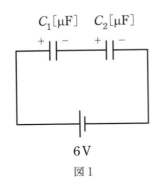

図1

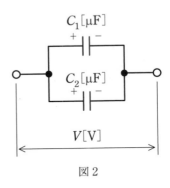

図2

（1）　$\dfrac{2}{3}$　　　（2）　$\dfrac{4}{3}$　　　（3）　$\dfrac{8}{3}$　　　（4）　$\dfrac{16}{3}$　　　（5）　$\dfrac{32}{3}$

令和 4 (2022)
令和 3 (2021)
令和 2 (2020)
令和 元 (2019)
平成 30 (2018)
平成 29 (2017)
平成 28 (2016)
平成 27 (2015)
平成 26 (2014)
平成 25 (2013)
平成 24 (2012)
平成 23 (2011)
平成 22 (2010)
平成 21 (2009)
平成 20 (2008)

問6の解答　出題項目＜コンデンサの接続＞

答え　（3）

　問題図1のように，二つのコンデンサ $C_1=4$ [μF] と $C_2=2$ [μF] が直列に接続された場合の合成静電容量 C の値は，

$$C=\frac{1}{\dfrac{1}{C_1}+\dfrac{1}{C_2}}=\frac{C_1\times C_2}{C_1+C_2}=\frac{4\times2}{4+2}=\frac{4}{3}[\mu F]$$

　直流電圧 $V_0=6$ [V] で充電された C_1，C_2 に蓄積されている電荷 Q_1，Q_2 [μC] は，直列に接続されていることから等しくなるので，

$$Q_1=Q_2=CV_0=\frac{4}{3}\times6=8[\mu C]$$

　続いて，電荷を保持したまま，問題図2のように C_1 と C_2 を並列に接続すると，電荷の総和は Q_1+Q_2，合成静電容量は C_1+C_2 となるので，端子間電圧が V [V] であることから，

$$Q_1+Q_2=V(C_1+C_2)$$

　これより，端子間電圧の大きさ V の値は，

$$V=\frac{Q_1+Q_2}{C_1+C_2}=\frac{8+8}{4+2}=\frac{8}{3}[V]$$

【別解】　問題図1において，$C_1(=4[\mu F])$ に加わる電圧を V_1 [V] とすると，$C_2(=2[\mu F])$ に加わる電圧 $V_2=6-V_1$ [V] である。よって，C_1，C_2 に蓄積された電荷 Q_1，Q_2 [μC] は，

$$Q_1=C_1V_1$$
$$Q_2=C_2V_2=C_2(6-V_1)$$

C_1 と C_2 は直列に接続されていることから，Q_1 と Q_2 は等しいので，

$$C_1V_1=C_2(6-V_1)\;\rightarrow\;4V_1=2(6-V_1)$$
$$\rightarrow\;4V_1=12-2V_1\;\rightarrow\;6V_1=12$$
$$\therefore\;V_1=2[V]$$

これより，

$$Q_1=Q_2=C_1V_1=4\times2=8[\mu C]$$

　続いて問題図2のように，電荷を保持したまま C_1 と C_2 を並列に接続すると，C_1 と C_2 に蓄積されていた電荷の総和が Q_1+Q_2 であり，また，C_1 と C_2 の端子間電圧が V であることから，

$$Q_1+Q_2=C_1V+C_2V=(C_1+C_2)V$$
$$\therefore\;V=\frac{Q_1+Q_2}{C_1+C_2}=\frac{8+8}{4+2}=\frac{8}{3}[V]$$

補足

　①　複数のコンデンサを直列に接続して電圧を加えると，すべてのコンデンサには同じ量の電荷が蓄えられる。

　問題図1の場合，図6-1のようになり，C_1 と C_2 の接続部分では電荷の発生も消滅もないので，

$$(-Q_1)+(+Q_2)=0\quad\therefore\;Q_1=Q_2$$

　よって，両コンデンサを一つと見なすと（合成静電容量），蓄積される電荷の総和は $Q_1(=Q_2)$ である。

図6-1　コンデンサの直列接続

　②　電荷（電子）の移動の前後で，正負の符号も含めた電気量の総和は変わらない。これを**電気量保存の法則**（**電荷保存の法則**）という。

　例えば，問題図1から問題図2（図6-2）の状態へ，同じ極性の端子同士を接続すると，正負それぞれの側の電荷の総和は，

　　正：$(+Q_1)+(+Q_2)=Q_1+Q_2$
　　負：$(-Q_1)+(-Q_2)=-(Q_1+Q_2)$

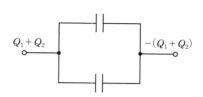

図6-2　コンデンサの並列接続

（**類題**）　平成20年度問5で全く同じ問題が出題されている。

問 7　　出題分野＜直流回路＞　　　難易度 ★★★　重要度 ★★★

　図のように，抵抗 6 個を接続した回路がある。この回路において，ab 端子間の合成抵抗の値が 0.6 Ω であった。このとき，抵抗 R_x の値[Ω]として，最も近いものを次の(1)～(5)のうちから一つ選べ。

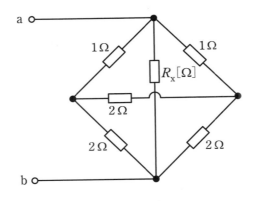

(1)　1.0　　　　(2)　1.2　　　　(3)　1.5　　　　(4)　1.8　　　　(5)　2.0

問7の解答　出題項目〈抵抗直並列回路，ブリッジ回路〉　答え　(1)

図**7-1** に示すように，網のかかった 4 個の抵抗と中央の 2Ω の抵抗は，ブリッジ回路を構成している。ブリッジ回路について対辺の積を計算すると，$1 \times 2 = 2 \times 1$ と等しくなっている。すなわち，このブリッジ回路は平衡状態にある。

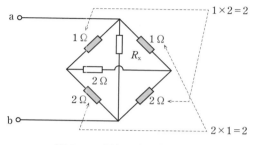

図 7-1　ブリッジ回路の平衡

よって，中央にある 2Ω の抵抗には電流が流れないことから，この抵抗 2Ω は開放除去することができ，問題図は図 **7-2** のように書き換えることができる。

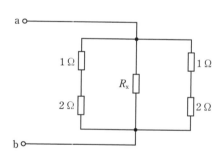

図 7-2　題意の等価回路

これより，ab 端子間の合成抵抗 $R_{ab}[\Omega]$ は，

$$R_{ab} = \cfrac{1}{\cfrac{1}{1+2} + \cfrac{1}{R_X} + \cfrac{1}{1+2}} = \cfrac{1}{\cfrac{1}{R_X} + \cfrac{2}{3}}$$

$$= \frac{3R_X}{2R_X + 3}$$

題意より，$R_{ab} = 0.6[\Omega]$ なので，

$$\frac{3R_X}{2R_X + 3} = 0.6 \quad \rightarrow \quad 3R_X = 1.2R_X + 1.8$$

$$\therefore \ R_X = 1.0[\Omega]$$

Point ブリッジ回路を見つけたら，平衡条件を満足しているかどうかを確認すること。

補足 本問では，ブリッジ回路が左右対称なので，対辺の積を計算するまでもなく，平衡条件を満たしていることが瞬時に見抜ける。

令和 4 (2022)
令和 3 (2021)
令和 2 (2020)
令和 元 (2019)
平成 30 (2018)
平成 29 (2017)
平成 28 (2016)
平成 27 (2015)
平成 26 (2014)
平成 25 (2013)
平成 24 (2012)
平成 23 (2011)
平成 22 (2010)
平成 21 (2009)
平成 20 (2008)

問8　出題分野＜単相交流＞　　難易度 ★★★　重要度 ★★★

　図のように，周波数 f[Hz]の正弦波交流電圧 E[V]の電源に，R[Ω]の抵抗，インダクタンス L[H]のコイルとスイッチ S を接続した回路がある。スイッチ S が開いているときに回路が消費する電力[W]は，スイッチ S が閉じているときに回路が消費する電力[W]の $\dfrac{1}{2}$ になった。このとき，L[H]の値を表す式として，正しいものを次の（1）～（5）のうちから一つ選べ。

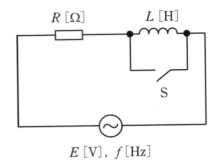

$$E\,[\mathrm{V}],\ f\,[\mathrm{Hz}]$$

（1）　$2\pi f R$　　　（2）　$\dfrac{R}{2\pi f}$　　　（3）　$\dfrac{2\pi f}{R}$　　　（4）　$\dfrac{(2\pi f)^2}{R}$　　　（5）　$\dfrac{R}{\pi f}$

問8の解答 出題項目<*RL* 直列回路> 答え （2）

スイッチ S が閉じているとき，回路を流れる電流 $I_1[\text{A}]$ は，

$$I_1 = \frac{E}{R}$$

よって，このとき回路が消費する電力 $P_1[\text{W}]$ は，

$$P_1 = RI_1{}^2 = R\left(\frac{E}{R}\right)^2 = \frac{E^2}{R}$$

スイッチ S が開いているとき，回路のインピーダンス $Z[\Omega]$ は，

$$Z = \sqrt{R^2 + (2\pi fL)^2}$$

このとき回路を流れる電流 $I_2[\text{A}]$ は，

$$I_2 = \frac{E}{Z}$$

よって，このとき回路が消費する電力 $P_2[\text{W}]$ は，

$$P_2 = RI_2{}^2 = R\left(\frac{E}{Z}\right)^2 = \frac{E^2R}{R^2 + (2\pi fL)^2}$$

ここで，題意より $P_2 = \frac{1}{2}P_1$ なので，

$$\frac{E^2R}{R^2 + (2\pi fL)^2} = \frac{1}{2} \cdot \frac{E^2}{R}$$

これより，

$$2R^2 = R^2 + (2\pi fL)^2 \qquad \therefore\ L = \frac{R}{2\pi f}$$

解説

① *RL* 直列回路の消費電力

消費電力は抵抗 R でのみ発生し，インダクタンス L では発生しない。

② *RL* 直列回路のインピーダンス

コイル $L[\text{H}]$ のリアクタンス $X_\text{L}[\Omega]$ は，交流電圧の角周波数を $\omega = 2\pi f[\text{rad/s}]$ として，

$$X_\text{L} = \omega L = 2\pi fL$$

RL 直列回路のインピーダンス $\dot{Z}[\Omega]$ とその大きさ $Z[\Omega]$ は，

$$\dot{Z} = R + \text{j}X_\text{L}$$
$$Z = |\dot{Z}| = \sqrt{R^2 + X_\text{L}{}^2}$$
$$= \sqrt{R^2 + (\omega L)^2} = \sqrt{R^2 + (2\pi fL)^2}$$

（類題） 平成 20 年度問 9 でほとんど同じ問題が出題されている。

令和 4 (2022)
令和 3 (2021)
令和 2 (2020)
令和元 (2019)
平成 30 (2018)
平成 29 (2017)
平成 28 (2016)
平成 27 (2015)
平成 26 (2014)
平成 25 (2013)
平成 24 (2012)
平成 23 (2011)
平成 22 (2010)
平成 21 (2009)
平成 20 (2008)

問9　出題分野＜単相交流＞　難易度 ★★★　重要度 ★★★

　図のように，5 Ωの抵抗，200 mHのインダクタンスをもつコイル，20 µFの静電容量をもつコンデンサを直列に接続した回路に周波数f[Hz]の正弦波交流電圧E[V]を加えた。周波数fを回路に流れる電流が最大となるように変化させたとき，コイルの両端の電圧の大きさは抵抗の両端の電圧の大きさの何倍か。最も近いものを次の（1）〜（5）のうちから一つ選べ。

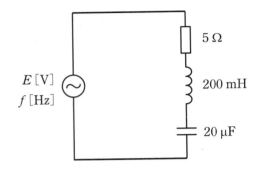

（1）　5　　　　　（2）　10　　　　　（3）　15　　　　　（4）　20　　　　　（5）　25

令和 4 (2022)
令和 3 (2021)
令和 2 (2020)
令和 元 (2019)
平成 30 (2018)
平成 29 (2017)
平成 28 (2016)
平成 27 (2015)
平成 26 (2014)
平成 25 (2013)
平成 24 (2012)
平成 23 (2011)
平成 22 (2010)
平成 21 (2009)
平成 20 (2008)

問 9 の解答　出題項目＜*RLC* 直列回路，共振＞　　　　　　　　　　答え　(4)

RLC 直列回路に流れる電流が最大となることは，この回路が**共振**（**直列共振**）の状態にあることを意味する。このとき回路を流れる最大電流 I_{max}[A]は，抵抗 R[Ω]だけで決まる。すなわち，電源電圧が E[V]なので，

$$I_{max} = \frac{E}{R}$$

直列共振状態では，R の両端の電圧 E_R[V]が電源電圧 E に等しくなるので，

$$E_R = E = R I_{max}$$

また，コイルの両端の電圧 E_L[V]は，共振角周波数を ω[rad/s]とすると，

$$E_L = \omega L I_{max}$$

ω は，コイルのインダクタンスを L[H]，コンデンサの静電容量を C[F]とすると，

$$\omega = \frac{1}{\sqrt{LC}}$$

したがって，電圧 E_R に対する電圧 E_L の比は，

$$\frac{E_L}{E_R} = \frac{\omega L I_{max}}{R I_{max}} = \frac{L}{R} \cdot \frac{1}{\sqrt{LC}} = \frac{1}{R}\sqrt{\frac{L}{C}}$$

この式に題意の各数値を代入すると，

$$\frac{E_L}{E_R} = \frac{1}{5}\sqrt{\frac{200 \times 10^{-3}}{20 \times 10^{-6}}} = \frac{10^2}{5} = 20$$

補足　共振に関する知識がない場合でも，次のように考えて解くことができる。

RLC 直列回路のインピーダンスの大きさ Z

は，

$$Z = \sqrt{R^2 + \left(\omega L - \frac{1}{\omega C}\right)^2}$$

回路に流れる電流が最大となるのは，Z が最小のとき，すなわち $\omega L = \dfrac{1}{\omega C}$ となって，$Z = R$ となるときである。このとき，

$$\omega L = \frac{1}{\omega C} \qquad \therefore \ \omega = \frac{1}{\sqrt{LC}}$$

解説 ••••••••••••••••••••••••••••••••••

RLC 直列回路が共振すると，コイルの端子電圧とコンデンサの端子電圧の大きさは等しくなるが，互いに逆位相となる。このとき，抵抗の端子電圧は電源電圧に等しくなる。また，コイルやコンデンサの端子電圧の大きさは，電源電圧より高くなることがある。

Point *RLC* 直列回路の共振角周波数 ω[rad/s]は，

$$\omega = \frac{1}{\sqrt{LC}}$$

共振周波数を f[Hz]とすると，

$$2\pi f = \frac{1}{\sqrt{LC}} \qquad \therefore \ f = \frac{1}{2\pi\sqrt{LC}}$$

なお，*RLC* 並列回路の共振角周波数，共振周波数も同じ式で表される。

問 10　出題分野＜静電気，過度現象＞　難易度 ★★★　重要度 ★★★

図の回路において，スイッチ S が開いているとき，静電容量 $C_1 = 4\,\mathrm{mF}$ のコンデンサには電荷 $Q_1 = 0.3\,\mathrm{C}$ が蓄積されており，静電容量 $C_2 = 2\,\mathrm{mF}$ のコンデンサの電荷は $Q_2 = 0\,\mathrm{C}$ である。この状態でスイッチ S を閉じて，それから時間が十分に経過して過渡現象が終了した。この間に抵抗 $R\,[\Omega]$ で消費された電気エネルギー[J]の値として，最も近いものを次の（1）〜（5）のうちから一つ選べ。

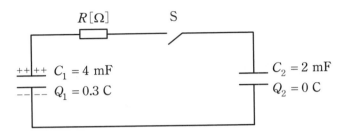

（1）　1.25　　　（2）　2.50　　　（3）　3.75　　　（4）　5.63　　　（5）　7.50

令和4 (2022)
令和3 (2021)
令和2 (2020)
令和元 (2019)
平成30 (2018)
平成29 (2017)
平成28 (2016)
平成27 (2015)
平成26 (2014)
平成25 (2013)
平成24 (2012)
平成23 (2011)
平成22 (2010)
平成21 (2009)
平成20 (2008)

問10の解答　出題項目＜仕事・静電エネルギー，RC 直列回路＞　　答え（3）

問題図において，スイッチ S が開いているとき，電荷 $Q_1 = 0.3$ [C] が蓄積されたコンデンサ $C_1 = 4$ [mF] に蓄えられている静電エネルギー W_0 の値は，

$$W_0 = \frac{Q_1^2}{2C_1} = \frac{0.3^2}{2 \times (4 \times 10^{-3})} = \frac{9 \times 10^{-2}}{8 \times 10^{-3}}$$
$$= 11.25 \text{[J]}$$

S を閉じると，C_1[mF] と C_2[mF] は並列に接続されることになる。そして，時間が十分に経過して過渡現象が終了したときの電圧を V_∞[V] とすると，

$$Q_1 = (C_1 + C_2) V_\infty \quad \therefore \quad V_\infty = \frac{Q_1}{C_1 + C_2}$$

よって，二つのコンデンサに蓄えられている静電エネルギーの総和 W_∞ の値は，

$$W_\infty = \frac{1}{2}(C_1 + C_2) V_\infty^2 = \frac{Q_1^2}{2(C_1 + C_2)}$$

$$= \frac{0.3^2}{2(4 \times 10^{-3} + 2 \times 10^{-3})} = \frac{9 \times 10^{-2}}{12 \times 10^{-3}}$$
$$= 7.5 \text{[J]}$$

抵抗 R で消費された電気エネルギー W_R の値は，W_∞ と W_0 の差であるから，

$$W_R = W_0 - W_\infty = 11.25 - 7.5$$
$$= 3.75 \text{[J]}$$

解説

静電容量 C[F] のコンデンサに蓄えられる静電エネルギー W[J] は，蓄積されている電荷を Q[C]，加わる電圧を V[V] とすると，

$$W = \frac{1}{2}CV^2 = \frac{1}{2}QV = \frac{Q^2}{2C}$$

補足　上式からわかるように，コンデンサを接続したときに抵抗で消費される電気エネルギーは，その抵抗値には無関係である。

問 11　出題分野＜電子回路＞　難易度 ★★★　重要度 ★★★

次の文章は，電界効果トランジスタ(FET)に関する記述である。

図は，nチャネル接合形FETの断面を示した模式図である。ドレーン(D)電極に電圧 V_{DS} を加え，ソース(S)電極を接地すると，nチャネルの　(ア)　キャリヤが移動してドレーン電流 I_D が流れる。ゲート(G)電極に逆方向電圧 V_{GS} を加えると，pn接合付近に空乏層が形成されてnチャネルの幅が　(イ)　し，ドレーン電流 I_D が　(ウ)　する。このことからFETは　(エ)　制御形の素子である。

上記の記述中の空白箇所(ア)～(エ)に当てはまる組合せとして，正しいものを次の(1)～(5)のうちから一つ選べ。

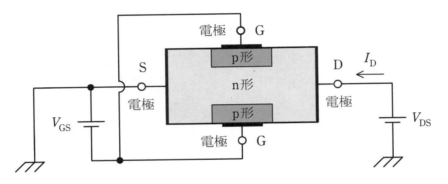

	(ア)	(イ)	(ウ)	(エ)
(1)	少数	減少	増加	電流
(2)	少数	増加	増加	電流
(3)	多数	増加	減少	電圧
(4)	多数	減少	減少	電流
(5)	多数	減少	減少	電圧

問 12　出題分野＜電子理論＞　難易度 ★★★　重要度 ★★★

真空中において，電子の運動エネルギーが400eVのときの速さが 1.19×10^7 m/sであった。電子の運動エネルギーが100eVのときの速さ[m/s]の値として，最も近いものを次の(1)～(5)のうちから一つ選べ。

ただし，電子の相対性理論効果は無視するものとする。

(1)　2.98×10^6　　(2)　5.95×10^6　　(3)　2.38×10^7

(4)　2.98×10^9　　(5)　5.95×10^9

問 11 の解答　　出題項目＜半導体・半導体デバイス＞　　答え　（5）

図 11-1 に，n チャネル接合形 FET の断面構造を示す。これは，n 形半導体の両端に電極を設け，中央に p 形半導体を接合したもので，ドレーン（D），ソース（S），ゲート（G）の三つの電極を持つ。

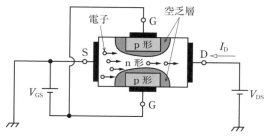

図 11-1　n チャネル接合形 FET

ドレーン電極に正の電圧 V_{DS} を加え，ソース電極を接地すると，ソース電極から**多数**キャリヤである電子が矢印の向き（右向き）に移動して，ドレーン電流 I_D が流れる。ゲート電極が負となる

ように逆方向電圧 V_{GS} を加えると，pn 接合付近に**空乏層**が形成されて，電流の通路である n チャネルの幅が**減少**し，ドレーン電流 I_D が**減少**する。このことから FET は，ゲート電圧でドレーン電流を制御できる**電圧制御形**の素子である。

解説

FET（電界効果トランジスタ）において，電流の流れる通路を**チャネル**という。n チャネル接合形 FET のチャネルは n 形半導体でできており，p チャネル接合形 FET のチャネルは p 形半導体でできている。

また，空乏層はキャリヤがほとんど存在しない領域で，電流が流れにくい性質があり，ほぼ絶縁体と見なすことができる。

補足　FET は電圧制御形素子である。これに対して，バイポーラトランジスタは電流制御形素子である。

問 12 の解答　　出題項目＜電界中の電子＞　　答え　（2）

質量 m [kg] の物体が速さ v [m/s] で運動するとき，物体が持つ運動エネルギー W [J] は，

$$W = \frac{1}{2}mv^2$$

質量 m の値は変わらないので，

$$\frac{W}{v^2} = 一定 \left(\frac{m}{2}\right)$$

これより，運動エネルギー $W_1 = 400$ [eV] のときの電子の速さを $v_1 = 1.19 \times 10^7$ [m/s]，運動エネルギー $W_2 = 100$ [eV] のときの電子の速さを v_2 [m/s] とすると，

$$\frac{W_1}{v_1{}^2} = \frac{W_2}{v_2{}^2} \quad \rightarrow \quad v_2{}^2 = \frac{W_2}{W_1}v_1{}^2$$

$$\therefore \ v_2 = v_1\sqrt{\frac{W_2}{W_1}} = 1.19 \times 10^7 \times \sqrt{\frac{100}{400}}$$

$$= \frac{1.19 \times 10^7}{2} = 5.95 \times 10^6 [\text{m/s}]$$

解説

電圧により加速された電子などのエネルギーを表すとき，エネルギーの単位として**電子ボルト**[**eV**] が使用される。1 eV は，1 V の電圧をかけることにより電子 1 個が得るエネルギーである。

補足　アインシュタインの相対性理論によると，光速に近い速さで運動する物体は，そうでないときと比べて質量が大きくなる。これを相対性理論効果という。本問では，「電子の相対性理論効果は無視する」ので，電子の質量は常に一定であると考える。

Point　1 eV は，最小電荷 $e ≒ 1.60 \times 10^{-19}$ [C] の粒子が 1 V の電圧で加速されたときに得るエネルギーである。

$$1\,\text{eV} ≒ 1.60 \times 10^{-19}\,\text{J}$$

（**類題**）　平成 20 年度問 12 で全く同じ問題が出題されている。

令和 4 (2022)　令和 3 (2021)　令和 2 (2020)　令和元 (2019)　平成 30 (2018)　平成 29 (2017)　平成 28 (2016)　平成 27 (2015)　平成 26 (2014)　平成 25 (2013)　平成 24 (2012)　平成 23 (2011)　平成 22 (2010)　平成 21 (2009)　平成 20 (2008)

問 13　出題分野＜電子回路＞　　難易度 ★★★　重要度 ★★★

次の文章は，図1の回路の動作について述べたものである。

図1は，演算増幅器（オペアンプ）を用いたシュミットトリガ回路である。この演算増幅器には＋5V
の単電源が供給されており，0Vから5Vまでの範囲の電圧を出力できるものとする。

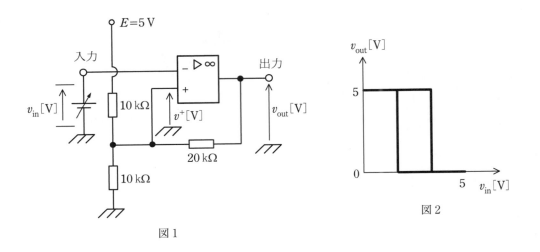

図1

図2

・出力電圧 v_{out} は0～5Vの間にあるため，演算増幅器の非反転入力の電圧 $v^+[V]$ は　（ア）　の間にある。

・入力電圧 v_{in} を0Vから徐々に増加させると，v_{in} が　（イ）　Vを上回った瞬間，v_{out} は5Vから0Vに変化する。

・入力電圧 v_{in} を5Vから徐々に減少させると，v_{in} が　（ウ）　Vを下回った瞬間，v_{out} は0Vから5Vに変化する。

・入力 v_{in} に対する出力 v_{out} の変化を描くと，図2のような　（エ）　を示す特性となる。

上記の記述中の空白箇所（ア）～（エ）に当てはまる組合せとして，正しいものを次の（1）～（5）のうちから一つ選べ。

	（ア）	（イ）	（ウ）	（エ）
（1）	1.25～3.75	3.75	1.25	位相遅れ
（2）	1.25～3.75	1.25	3.75	ヒステリシス
（3）	2～3	2	3	ヒステリシス
（4）	2～3	2.75	2.25	位相遅れ
（5）	2～3	3	2	ヒステリシス

令和 4 (2022)
令和 3 (2021)
令和 2 (2020)
令和 元 (2019)
平成 30 (2018)
平成 29 (2017)
平成 28 (2016)
平成 27 (2015)
平成 26 (2014)
平成 25 (2013)
平成 24 (2012)
平成 23 (2011)
平成 22 (2010)
平成 21 (2009)
平成 20 (2008)

問 13 の解答　出題項目＜オペアンプ＞

出力電圧 $v_{\text{out}}=0[\text{V}]$ のとき，図 13-1 のように，抵抗 $R_2=10[\text{k}\Omega]$ と $R_3=20[\text{k}\Omega]$ は並列接続で，これに抵抗 $R_1=10[\text{k}\Omega]$ が直列接続されていると考えることができる。よって，非反転入力の電圧 $v^{+\text{L}}$ の値は，

$$v^{+\text{L}}=\frac{\dfrac{R_2R_3}{R_2+R_3}}{R_1+\dfrac{R_2R_3}{R_2+R_3}}E=\frac{\dfrac{10\times20}{10+20}}{10+\dfrac{10\times20}{10+20}}\times5=2[\text{V}]$$

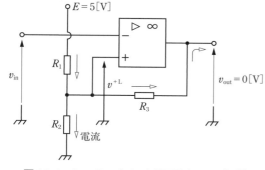

図 13-1　シュミットトリガ回路（$v_{\text{out}}=0[\text{V}]$）

また，出力電圧 $v_{\text{out}}=5[\text{V}]$ のとき，図 13-2 のように，抵抗 $R_1=10[\text{k}\Omega]$ と $R_3=20[\text{k}\Omega]$ は並列接続で，これに抵抗 $R_2=10[\text{k}\Omega]$ が直列接続されていると考えることができる。よって，非反転入力の電圧 $v^{+\text{H}}$ の値は，

$$v^{+\text{H}}=\frac{R_2}{\dfrac{R_1R_3}{R_1+R_3}+R_2}E=\frac{10}{\dfrac{10\times20}{10+20}+10}\times5=3[\text{V}]$$

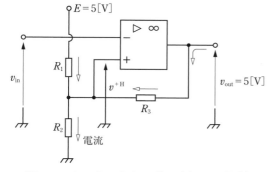

図 13-2　シュミットトリガ回路（$v_{\text{out}}=5[\text{V}]$）

以上から，非反転入力の電圧 v^+ は **2～3 V** の

間にある。

図 13-3 のように，入力電圧 v_{in} を 0 V から徐々に増加させると，非反転入力の電圧 $v^{+\text{H}}=\underline{3[\text{V}]}$ を上回った瞬間に，v_{out} は 5 V から 0 V に変化する（A→B→C→D→E の経路）。

また，入力電圧 v_{in} を 5 V から徐々に減少させると，非反転入力の電圧 $v^{+\text{L}}=\underline{2[\text{V}]}$ を下回った瞬間に，出力電圧 v_{out} は 0 V から 5 V に変化する（E→D→F→B→A の経路）。

このように，入力電圧が低い電圧から高くなる場合と高い電圧から低くなる場合とで，比較器の基準電圧が異なるものを**ヒステリシス特性**という。

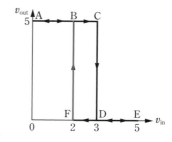

図 13-3　ヒステリシス特性

補足　このシュミットトリガ回路で使用されている演算増幅器は，コンパレータ（比較器）として動作し，出力側から非反転端子に接続された R_3 によって正帰還することにより，ヒステリシス特性を持たせている。

例えば，入力電圧 v_{in} として 1～4 V の範囲で変化する三角波を入力すると，図 13-4 のように 0～5 V で変化する方形波電圧が出力される。

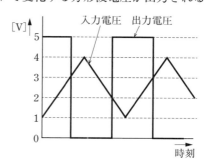

図 13-4　入出力電圧の波形

問 14　　出題分野＜電気計測＞　　　　　　難易度 ★★☆　　重要度 ★★★

次の文章は，電気計測に関する記述である。

電気に関する物理量の測定に用いる方法には各種あるが，指示計器のように測定量を指針の振れの大きさに変えて，その指示から測定量を知る方法を　(ア)　法という。これに比較して精密な測定を行う場合に用いられている　(イ)　法は，測定量と同種類で大きさを調整できる既知量を別に用意し，既知量を測定量に平衡させて，そのときの既知量の大きさから測定量を知る方法である。　(イ)　法を用いた測定器の例としては，　(ウ)　がある。

上記の記述中の空白箇所(ア)～(ウ)に当てはまる組合せとして，正しいものを次の(1)～(5)のうちから一つ選べ。

	(ア)	(イ)	(ウ)
(1)	偏位	零位	ホイートストンブリッジ
(2)	間接	差動	誘導形電力量計
(3)	間接	零位	ホイートストンブリッジ
(4)	偏位	差動	誘導形電力量計
(5)	偏位	零位	誘導形電力量計

問 14 の解答　　出題項目＜測定法＞

令和 **4** (2022)

令和 **3** (2021)

令和 **2** (2020)

令和 元 (2019)

平成 **30** (2018)

平成 **29** (2017)

平成 **28** (2016)

平成 **27** (2015)

平成 **26** (2014)

平成 **25** (2013)

平成 **24** (2012)

平成 **23** (2011)

平成 **22** (2010)

平成 **21** (2009)

平成 **20** (2008)

　電気に関する物理量の測定に用いる方法には各種あるが，指示計器のように測定量を指針の振れの大きさに変えて，その目盛板への指示から測定量を知る方法を**偏位法**という。偏位法を用いた測定器の例としては，**電流計**や**電圧計**などがある。

　これに比較して精密な測定を行う場合に用いられている**零位法**は，測定量と同種類で大きさを調整できる既知の量を別に用意し，既知量を測定量に平衡させて，そのときの既知量の大きさから測定量を知る方法である。零位法による測定は手数を要するが，**偏位法に比べてより精度の高い測定ができる**。零位法を用いた測定器の例としては，**ホイートストンブリッジ**や**電位差計**などがある。

解説

① 偏位法と零位法

　ある量を測定するとき，変化前の状態からの変化を測定する方法と，基準値と等しいかどうかを測定する方法があり，前者を偏位法，後者を零位法という。

② ホイートストンブリッジ

　図 14-1 のように，被測定抵抗 X をブリッジの一辺に挿入し，他辺に挿入されている可変抵抗 P，Q を調整して平衡をとると，平衡条件 $XQ = PR$ より，標準抵抗 R の $\dfrac{P}{Q}$ 倍として，被測定抵抗 X の値を求めることができる。

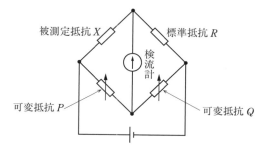

図 14-1　ホイートストンブリッジ

B 問 題 （配点は1問題当たり（a）5点，（b）5点，計10点）

問15　出題分野＜三相交流＞　　　難易度 ★★☆　　重要度 ★★★

　図のように，線間電圧200Vの対称三相交流電源に，三相負荷として誘導性リアクタンス $X=9\,\Omega$ の3個のコイルと $R[\Omega]$，20Ω，20Ω，60Ωの4個の抵抗を接続した回路がある。端子a，b，cから流入する線電流の大きさは等しいものとする。この回路について，次の（a）及び（b）の問に答えよ。

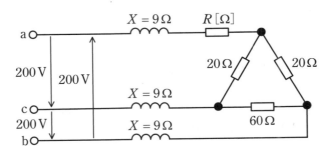

（a）　線電流の大きさが7.7A，三相負荷の無効電力が1.6kvarであるとき，三相負荷の力率の値として，最も近いものを次の（1）～（5）のうちから一つ選べ。

（1）　0.5　　　（2）　0.6　　　（3）　0.7　　　（4）　0.8　　　（5）　1.0

（b）　a相に接続された R の値[Ω]として，最も近いものを次の（1）～（5）のうちから一つ選べ。

（1）　4　　　（2）　8　　　（3）　12　　　（4）　40　　　（5）　80

問15（a）の解答　出題項目＜Δ接続＞　　　　　　　　　　答え　（4）

　「端子a，b，cから流入する線電流の大きさは等しい」ので，三相（a，b，c）の負荷は平衡していることがわかる。

　三相回路の線間電圧を $V(=200[\mathrm{V}])$，線電流を $I[\mathrm{A}]$，負荷の力率角を θ とすると，三相負荷の無効電力 $Q[\mathrm{var}]$ は，

$$Q=\sqrt{3}\,VI\sin\theta$$

線電流 $I=7.7[\mathrm{A}]$，三相負荷の無効電力 $Q=1.6[\mathrm{kvar}]$ のとき，$\sin\theta$ の値は，

$$\sin\theta=\frac{Q}{\sqrt{3}\,VI}=\frac{1.6\times10^{3}}{\sqrt{3}\times200\times7.7}\fallingdotseq0.6$$

　したがって，この三相負荷の力率 $\cos\theta$ の値は，

$$\cos\theta=\sqrt{1-\sin^{2}\theta}=\sqrt{1-0.6^{2}}=0.8$$

解説 ･････････････････････････････････

　三相負荷の無効電力 $Q=1.6[\mathrm{kvar}]$ をリアクタンス $X=9[\Omega]$ から計算してみると，

$$Q=3I^{2}X=3\times7.7^{2}\times9$$
$$=1600.83[\mathrm{var}]\fallingdotseq1.6[\mathrm{kvar}]$$

となって，題意の値と一致することが確認できる。

　また，この三相負荷の皮相電力 S の値は，

$$S=\sqrt{3}\,VI=\sqrt{3}\times200\times7.7$$
$$\fallingdotseq2667[\mathrm{V\cdot A}]\fallingdotseq2.7[\mathrm{kV\cdot A}]$$

　さらに，有効電力 P の値は，

$$P=\sqrt{3}\,VI\cos\theta=\sqrt{3}\times200\times7.7\times0.8$$
$$\fallingdotseq2134[\mathrm{W}]\fallingdotseq2.1[\mathrm{kW}]$$

　よって，この三相負荷の電力ベクトルは，図**15-1** のようになる。

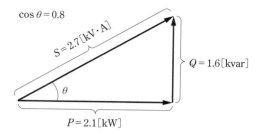

$\cos\theta = 0.8$

$S = 2.7\,[\text{kV·A}]$

$Q = 1.6\,[\text{kvar}]$

θ

$P = 2.1\,[\text{kW}]$

図 15-1　三相負荷の電力ベクトル

令和 **4** (2022)
令和 **3** (2021)
令和 **2** (2020)
令和 **元** (2019)
平成 **30** (2018)
平成 **29** (2017)
平成 **28** (2016)
平成 **27** (2015)
平成 **26** (2014)
平成 **25** (2013)
平成 **24** (2012)
平成 **23** (2011)
平成 **22** (2010)
平成 **21** (2009)
平成 **20** (2008)

補足　力率 $\cos\theta$ は，有効電力の皮相電力に対する比である。$\sin\theta$ は無効電力の皮相電力に対する比で，**無効率**と呼ばれる。力率が 1 のとき，無効率は零となる。

問 15（b）の解答　出題項目＜Δ接続＞　　　　答え　（2）

Δ結線負荷を Y 結線負荷に変換すると，a 相の負荷抵抗 R_a は，

$$R_a = R + \frac{20 \times 20}{20 + 20 + 60} = R + 4\,[\Omega] \qquad ①$$

また，b 相と c 相の負荷抵抗 R_b，R_c は，

$$R_b = R_c = \frac{20 \times 60}{20 + 20 + 60} = 12\,[\Omega] \qquad ②$$

よって，問題図の三相負荷は，**図 15-2** のように書き換えることができる。

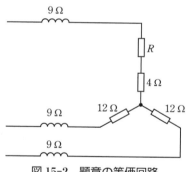

9 Ω

R

4 Ω

9 Ω　12 Ω　　12 Ω

9 Ω

図 15-2　題意の等価回路

題意より三相負荷は平衡しているので，a 相の抵抗 R_a は，b，c 相の抵抗 $R_b = R_c$ と等しくなる。したがって，a 相に接続された抵抗 R の値は，①式＝②式より，

$$R + 4 = 12 \qquad \therefore\ R = 8\,[\Omega]$$

解説

図 15-3 のように，Δ結線負荷（R_{ab}，R_{bc}，R_{ca}）を Y 結線負荷（R_a，R_b，R_c）に変換すると，

$$R_a = \frac{R_{ab} R_{ca}}{R_{ab} + R_{bc} + R_{ca}}$$

$$R_b = \frac{R_{ab} R_{bc}}{R_{ab} + R_{bc} + R_{ca}}$$

$$R_c = \frac{R_{bc} R_{ca}}{R_{ab} + R_{bc} + R_{ca}}$$

3 個の抵抗が等しい場合は，$R_{ab} = R_{bc} = R_{ca} = R_\Delta$ と置くと，

$$R_a = R_b = R_c = \frac{R_\Delta}{3}$$

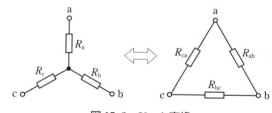

図 15-3　Y－Δ変換

問16　出題分野＜電気計測＞

難易度 ★★☆　重要度 ★★★

　図は，抵抗 R_{ab}[kΩ]のすべり抵抗器，抵抗 R_d[kΩ]，抵抗 R_e[kΩ]と直流電圧 $E_s=12$ V の電源を用いて，端子 H，G 間に接続した未知の直流電圧[V]を測るための回路である。次の（a）及び（b）の問に答えよ。

　ただし，端子 G を電位の基準(0 V)とする。

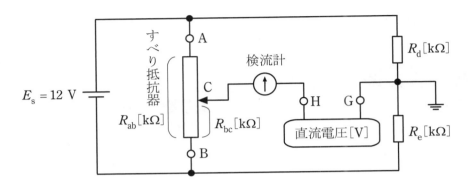

（a）抵抗 $R_d=5$ kΩ，抵抗 $R_e=5$ kΩ として，直流電圧 3 V の電源の正極を端子 H に，負極を端子 G に接続した。すべり抵抗器の接触子 C の位置を調整して検流計の電流を零にしたところ，すべり抵抗器の端子 B と接触子 C 間の抵抗 $R_{bc}=18$ kΩ となった。すべり抵抗器の抵抗 R_{ab}[kΩ]の値として，最も近いものを次の(1)〜(5)のうちから一つ選べ。

　　(1)　18　　　　(2)　24　　　　(3)　36　　　　(4)　42　　　　(5)　50

（次々頁に続く）

問16（a）の解答　出題項目＜電位差計＞

答え　（2）

　問題図は，**図16-1** のような回路に書き換えることができる。

　直流電圧 3 V の電源の正極を端子 H に，負極を端子 G に接続して，検流計の電流が零になるように調整したときの H,G 間の電位差 V_{HG}[V]は，

$$V_{HG}=\frac{R_{bc}}{R_{ab}}E_s-\frac{R_e}{R_d+R_e}E_s$$

　加えた直流電圧 3 V が V_{HG} に等しいとして，題意の各数値を代入すると，

$$3=\frac{18}{R_{ab}}\times12-\frac{5}{5+5}\times12$$

$$\rightarrow\ 3=\frac{216}{R_{ab}}-6$$

$$\therefore\ R_{ab}=\frac{216}{9}=24[kΩ]$$

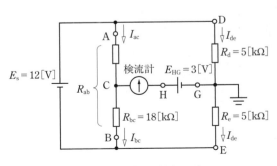

図16-1　題意の等価回路

【別解】　図 16-1 において，検流計の電流が零になるように調整したとき，端子 B の電位 V_B の値は，

$$V_B = -\frac{R_e}{R_d + R_e}E_s = -\frac{5}{5+5} \times 12 = -6\,[V]$$

接触子 C の電位 V_C の値は，加えた電圧が 3 V なので，

$$V_C = 3\,[V]$$

よって，すべり抵抗器の C，B 間の抵抗 $R_{bc} = 18\,[k\Omega]$ を流れる電流 I_{bc} の値は，

$$I_{bc} = \frac{V_C - V_B}{R_{bc}} = \frac{3-(-6)}{18 \times 10^3} = 0.5\,[mA]$$

検流計の電流は零なので，電流 $I_{bc} = 0.5\,[mA]$ は，すべり抵抗器の A，C 間を流れる電流 I_{ac} と等しい。したがって，すべり抵抗 R_{ab} の値は，

$$R_{ab} = \frac{E_s}{I_{ac}} = \frac{E_s}{I_{bc}} = \frac{12}{0.5 \times 10^{-3}} = 24\,[k\Omega]$$

解説

詳しい考え方は以下のとおり。

①　題意より端子 G の電位は零 (0 V) なので，端子 H の電位 $V_H = 3\,[V]$ である。

②　検流計の電流は零であり，接触子 C と端子 H は等電位である。よって，C の電位 $V_C = V_H = 3\,[V]$ である。

③　端子 D，E 間の電圧は端子 A，B 間の電圧に等しく，この電圧 12 V は抵抗 R_d と R_e で分圧される。題意より $R_d = R_e(=5\,[k\Omega])$ なので，R_d と R_e の端子電圧は等しく ($12 \div 2 =$) 6 V である。

よって，端子 D(A) の電位 $V_D(V_A)$ は端子 G の電位 (0 V) より 6 V 高いので，$V_D = 6\,[V]\,(=V_A)$ である。

である。

また，端子 E(B) の電位 $V_E(V_B)$ は端子 G の電位 (0 V) より 6 V 低いので，$V_E = -6\,[V]\,(=V_B)$ である。

④　端子 A，B 間の電圧 (12 V) は，A，C 間の抵抗 R_{ac} と C，B 間の R_{bc} で分圧される。端子 B と接触子 C の間の電圧 V_{BC} は，

$$V_{BC} = \frac{R_{bc}}{R_{ac} + R_{bc}}E_s = \frac{18}{R_{ab}} \times 12\,[V]$$

⑤　$V_C = 3\,[V]$，$V_B = -6\,[V]$ なので，端子 B と接触子 C の間の電圧 V_{BC} の値は，

$$V_{BC} = 3-(-6) = 9\,[V]$$

よって，抵抗 R_{ab} の値は，

$$V_{BC} = \frac{18}{R_{ab}} \times 12 = 9 \qquad \therefore\ R_{ab} = 24\,[k\Omega]$$

Point 本問は，図 16-2 に示すように，端子 H，G 間に現れる電圧 V_{HG} と等しい直流電圧 E_x を加えることによって，検流計の電流を零にできるという方針で解けばよい。

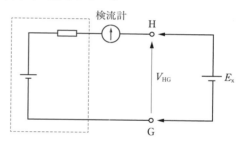

図 16-2　本問の解答方針

(類題) 平成 16 年度問 17 で全く同じ問題が出題されている。

令和 4 (2022)
令和 3 (2021)
令和 2 (2020)
令和 元 (2019)
平成 30 (2018)
平成 29 (2017)
平成 28 (2016)
平成 27 (2015)
平成 26 (2014)
平成 25 (2013)
平成 24 (2012)
平成 23 (2011)
平成 22 (2010)
平成 21 (2009)
平成 20 (2008)

（続き）

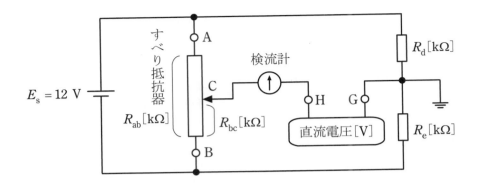

（b）　次に，直流電圧3Vの電源を取り外し，未知の直流電圧 E_x [V] の電源を端子H，G間に接続した。ただし，端子Gから見た端子Hの電圧を E_x [V] とする。

　　抵抗 R_d＝2 kΩ，抵抗 R_e＝22 kΩ としてすべり抵抗器の接触子Cの位置を調整し，すべり抵抗器の端子Bと接触子C間の抵抗 R_{bc}＝12 kΩ としたときに，検流計の電流が零となった。このときの E_x [V] の値として，最も近いものを次の（1）～（5）のうちから一つ選べ。

（1）　−5　　　　（2）　−3　　　　（3）　0　　　　（4）　3　　　　（5）　5

問 16 （b）の解答　出題項目＜電位差計＞　　　　　答え　（1）

令和4(2022)
令和3(2021)
令和2(2020)
令和元(2019)
平成30(2018)
平成29(2017)
平成28(2016)
平成27(2015)
平成26(2014)
平成25(2013)
平成24(2012)
平成23(2011)
平成22(2010)
平成21(2009)
平成20(2008)

　問題図は，図 16-3 のような回路に書き換えることができる。

　前問（a）で求めたように，検流計の電流が零になるように調整したときの端子 H，G 間の電位差 V_{HG}[V]は，

$$V_{HG} = \frac{R_{bc}}{R_{ab}}E_s - \frac{R_e}{R_d + R_e}E_s$$

　ここで，未知の直流電圧 E_x[V]の電源を端子 H，G 間に接続し，抵抗 $R_d = 2$[kΩ]，$R_e = 22$[kΩ]，$R_{bc} = 12$[kΩ]としたときに検流計の電流が零となったことから，$V_{HG} = E_x$ より，

$$E_x = \frac{12}{24} \times 12 - \frac{22}{2+22} \times 12$$
$$= 6 - 11 = -5[V]$$

【別解】　図 16-3 において，未知の直流電圧 E_x[V]の電源をすべり抵抗器の A，C 間における電圧降下と抵抗 R_d における電圧降下の和から計算すると，

$$E_x = -\frac{R_{ab} - R_{bc}}{R_{ab}}E_s + \frac{R_d}{R_d + R_e}E_s$$
$$= -\frac{24 - 12}{24} \times 12 + \frac{2}{2+22} \times 12$$
$$= -6 + 1 = -5[V]$$

補足　$E_x = -5$[V]になっていることは，実際には図 16-3 に示すような極性ではなく，端子 H が負極，端子 G が正極となるように直流電圧を加えたことを意味している。

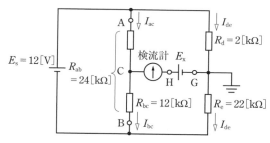

図 16-3　題意の等価回路

　問17及び問18は選択問題であり，問17又は問18のどちらかを選んで解答すること。両方解答すると採点されません。

（選択問題）

問 17　　出題分野＜静電気＞　　　　　難易度 ★★★　　重要度 ★★★

　図のように直列に接続された二つの平行平板コンデンサに120 Vの電圧が加わっている。コンデンサ C_1 の金属板間は真空であり，コンデンサ C_2 の金属板間には比誘電率 ε_r の誘電体が挿入されている。コンデンサ C_1，C_2 の金属板間の距離は等しく，C_1 の金属板の面積は C_2 の2倍である。このとき，コンデンサ C_1 の両端の電圧が80 Vであった。次の（a）及び（b）の問に答えよ。

　ただし，コンデンサの端効果は無視できるものとする。

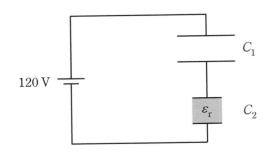

（a）　コンデンサ C_2 の誘電体の比誘電率 ε_r の値として，最も近いものを次の（1）〜（5）のうちから一つ選べ。

（1）1　　　　（2）2　　　　（3）3　　　　（4）4　　　　（5）5

（b）　C_1 の静電容量が30 μFのとき，C_1 と C_2 の合成容量の値［μF］として，最も近いものを次の（1）〜（5）のうちから一つ選べ。

（1）10　　　　（2）20　　　　（3）30　　　　（4）40　　　　（5）50

問17（a）の解答　出題項目＜平行板コンデンサ＞　答え　（4）

二つの平行平板コンデンサ（C_1, C_2[μF]）は直列に接続されているので，**図17-1**に示すように，両コンデンサには等しい電荷（Q[C]とする）が蓄えられる。

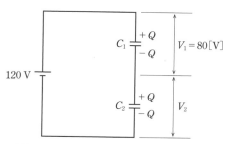

図17-1　コンデンサに蓄えられる電荷

コンデンサ C_1, C_2 の端子電圧をそれぞれ V_1（$=80$[V]），V_2[V]とすると，

$$Q = C_1 V_1 = C_2 V_2 \qquad ①$$

コンデンサ C_1, C_2 は直列に接続されているので，電源電圧を V（$=120$[V]）とすると，

$$V_2 = V - V_1 = 120 - 80 = 40[\text{V}]$$

各数値を①式に代入すると，

$$80C_1 = 40C_2 \qquad \therefore 2C_1 = C_2 \qquad ②$$

ここで，C_1, C_2 の電極板の間隔（金属板間の距離）は等しいので，これを d[m]とする。また，C_2 の電極板（金属板）の面積を S[m²]とすると，題意より C_1 の電極板の面積は $2S$[m²]である。

さらに，真空の誘電率を ε_0[F/m]とすると，

$$C_1 = \varepsilon_0 \frac{2S}{d} \qquad ③$$

$$C_2 = \varepsilon_0 \varepsilon_r \frac{S}{d} \qquad ④$$

この両式を②式に代入すると，

$$2 \times \varepsilon_0 \frac{2S}{d} = \varepsilon_0 \varepsilon_r \frac{S}{d} \qquad \therefore \varepsilon_r = 4$$

解説

コンデンサの電極間に誘電体（絶縁体）を挿入すると，誘電分極作用によって，挿入する前よりも静電容量が大きくなり，より多くの電荷を蓄えることができるようになる。

誘電体の誘電率 ε[F/m]は真空の誘電率 ε_0（$=8.85 \times 10^{-12}$[F/m]）よりも大きな値で，ε と ε_0 の比を比誘電率 ε_r という。

$$\varepsilon_r = \frac{\varepsilon}{\varepsilon_0} \qquad (\rightarrow \varepsilon = \varepsilon_0 \varepsilon_r)$$

ε_r は1より大きな値で，単位はない。空気の比誘電率の値は常温で約1.00054なので，通常は真空の誘電率と等しいとして扱うことができる。

コンデンサの電極板間に比誘電率が ε_r である誘電体を挿入すると，静電容量は挿入しない場合の ε_r 倍となる。

問17（b）の解答　出題項目＜コンデンサの接続＞　答え　（2）

④式に前問（a）の答え（$\varepsilon_r = 4$）を代入すると，

$$C_2 = 4\varepsilon_0 \frac{S}{d}$$

③式より $\varepsilon_0 \frac{S}{d} = \frac{C_1}{2}$，また，題意より $C_1 = 30$[μF]なので，

$$C_2 = 4 \times \frac{C_1}{2} = 2 \times 30 = 60[\mu\text{F}]$$

したがって，C_1 と C_2 の合成静電容量 C[F]の値は，

$$C = \frac{1}{\frac{1}{C_1} + \frac{1}{C_2}} = \frac{1}{\frac{1}{30} + \frac{1}{60}} = \frac{1}{\frac{2+1}{60}}$$
$$= 20[\mu\text{F}]$$

解説

二つのコンデンサを直列に接続すると，その合成静電容量の値は，個々のコンデンサの静電容量よりも小さな値となる。このことを覚えておけば，選択肢（1）と（2）のどちらかに答えを絞り込むことができる。

令和4(2022) 令和3(2021) 令和2(2020) 令和元(2019) 平成30(2018) 平成29(2017) 平成28(2016) 平成27(2015) 平成26(2014) 平成25(2013) 平成24(2012) 平成23(2011) 平成22(2010) 平成21(2009) 平成20(2008)

　問17及び問18は選択問題であり，問17又は問18のどちらかを選んで解答すること。両方解答すると採点されません。

（選択問題）

問18　出題分野＜電子回路＞　　難易度 ★☆★　重要度 ★☆★

　図１，図２及び図３は，トランジスタ増幅器のバイアス回路を示す。次の（a）及び（b）の問に答えよ。

　ただし，V_{CC} は電源電圧，V_B はベース電圧，I_B はベース電流，I_C はコレクタ電流，I_E はエミッタ電流，R，R_B，R_C 及び R_E は抵抗を示す。

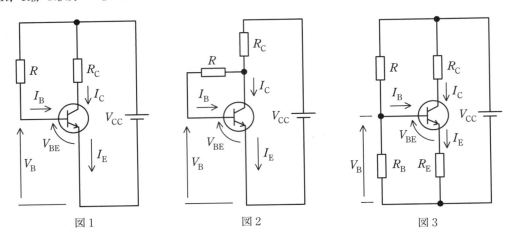

図１　　　　　　　　図２　　　　　　　　図３

（a）　次の①式，②式及び③式は，図１，図２及び図３のいずれかの回路のベース・エミッタ間の電圧 V_{BE} を示す。

$$V_{BE}=V_B-I_E \cdot R_E \cdots\cdots\cdots\cdots\cdots\cdots\cdots\cdots\cdots\cdots\cdots\cdots\cdots\cdots\cdots\cdots ①$$

$$V_{BE}=V_{CC}-I_B \cdot R \cdots\cdots\cdots\cdots\cdots\cdots\cdots\cdots\cdots\cdots\cdots\cdots\cdots\cdots\cdots ②$$

$$V_{BE}=V_{CC}-I_B \cdot R-I_E \cdot R_C \cdots\cdots\cdots\cdots\cdots\cdots\cdots\cdots\cdots\cdots\cdots ③$$

　　　上記の式と図の組合せとして，正しいものを次の（1）～（5）のうちから一つ選べ。

	①式	②式	③式
（1）	図１	図２	図３
（2）	図２	図３	図１
（3）	図３	図１	図２
（4）	図１	図３	図２
（5）	図３	図２	図１

（次々頁に続く）

令和 4 (2022)
令和 3 (2021)
令和 2 (2020)
令和 元 (2019)
平成 30 (2018)
平成 29 (2017)
平成 28 (2016)
平成 27 (2015)
平成 26 (2014)
平成 25 (2013)
平成 24 (2012)
平成 23 (2011)
平成 22 (2010)
平成 21 (2009)
平成 20 (2008)

問 18（a）の解答　　出題項目＜トランジスタ増幅回路＞　　答え　（3）

問題図1において，ベース・エミッタ間の電圧 V_{BE} は，電源電圧 V_{CC} から抵抗 R での電圧降下を差し引いたものであるので，

$$V_{BE} = V_{CC} - I_B \cdot R \quad\cdots\cdots\cdots②$$

問題図2において，電圧 V_{BE} は，電源電圧 V_{CC} から抵抗 R での電圧降下および R_C での電圧降下を差し引いたものである。ここで，抵抗 R_C を流れる電流は電流 I_B と I_C の和であるが，これはエミッタ電流 I_E に等しい。

$$I_B + I_C = I_E$$

よって，電圧 V_{BE} は，

$$V_{BE} = V_{CC} - I_B \cdot R - I_E \cdot R_C \quad\cdots\cdots③$$

問題図3において，電圧 V_{BE} は，ベース電圧 V_B からエミッタ抵抗 R_E での電圧降下を差し引いたものなので，

$$V_{BE} = V_B - I_E \cdot R_E \quad\cdots\cdots\cdots①$$

解説 ....

トランジスタ増幅回路を安定に動作させるためには，入力信号がないときでも直流の電圧を加えて入力回路に電流を流しておく必要がある。このための直流回路を**バイアス回路**という。また，加えた電圧をバイアス電圧，流した電流をバイアス電流と呼ぶ。

問題図1は**固定バイアス回路**と呼ばれ，最も単純なバイアス回路である。②式から，ベース電流 I_B は，

$$I_B = \frac{V_{CC} - V_{BE}}{R}$$

一般に $V_{CC} \gg V_{BE}$ なので，ベース電流 I_B は次の簡易式で表すことができる。

$$I_B = \frac{V_{CC}}{R}$$

問題図2は**自己バイアス回路**と呼ばれ，ベース電流 I_B をコレクタから抵抗 R を通して流すバイアス回路である。③式から，ベース電流 I_B は，

$$I_B = \frac{V_{CC} - I_E R_C - V_{BE}}{R}$$

問題図3は**電流帰還バイアス回路**と呼ばれ，一般に最も多く用いられているバイアス回路である。R_E はエミッタ抵抗（安定抵抗），R_B と R はブリーダ抵抗と呼ばれている。R_B に流れる電流をベース電流 I_B に比べて十分に大きくなるように選ぶと，ベース電圧 V_B は次式で表され，ほぼ一定の値になる。

$$V_B = \frac{R_B}{R + R_B} V_{CC}$$

補足 ベース・エミッタ間の電圧 V_{BE} の大きさは，シリコントランジスタで 0.6〜0.7 V 程度である。

Point エミッタ電流 I_E，コレクタ電流 I_C，ベース電流 I_B には次式の関係がある（キルヒホッフの電流則）。

$$I_E = I_C + I_B$$

（続き）

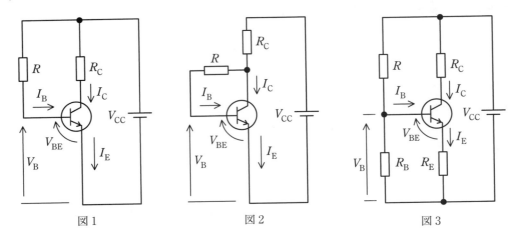

図1　　　　　　　　図2　　　　　　　　図3

（b）　次の文章a，b及びcは，それぞれのバイアス回路における周囲温度の変化と電流 I_C との関係について述べたものである。

ただし，h_{FE} は直流電流増幅率を表す。

a　温度上昇により h_{FE} が増加すると I_C が増加し，バイアス安定度が悪いバイアス回路の図は 　（ア）　 である。

b　h_{FE} の変化により I_C が増加しようとすると，V_B はほぼ一定であるから V_{BE} が減少するので，I_C や I_E の増加を妨げるように働く。I_C の変化の割合が比較的低く，バイアス安定度が良いもの，の，電力損失が大きいバイアス回路の図は 　（イ）　 である。

c　h_{FE} の変化により I_C が増加しようとすると，R_C の電圧降下も増加することでコレクタ・エミッタ間の電圧 V_{CE} が低下する。これにより R の電圧が減少して I_B が減少するので，I_C の増加が抑えられるバイアス回路の図は 　（ウ）　 である。

上記の記述中の空白箇所（ア）～（ウ）に当てはまる組合せとして，正しいものを次の（1）～（5）のうちから一つ選べ。

	（ア）	（イ）	（ウ）
（1）	図1	図2	図3
（2）	図2	図3	図1
（3）	図3	図1	図2
（4）	図1	図3	図2
（5）	図2	図1	図3

問18（b）の解答　　出題項目＜トランジスタ増幅回路＞　　答え　（4）

トランジスタの直流電流増幅率 h_{FE}（コレクタ電流 I_C のベース電流 I_B に対する比 I_C/I_B）は，温度によって大きく変化する性質がある。一般に，周囲温度が上昇すると h_{FE} は大きくなる。

◇　◇　◇　◇　◇　◇　◇

問題図1の固定バイアス回路は，抵抗 R からバイアス電流（ベース電流 I_B）を流す方式であり，回路は簡単であるが，トランジスタの温度が上昇すると h_{FE} が大きくなり，コレクタ電流 I_C が増加するので，バイアス安定度が悪いという欠点がある。

この方式は温度の影響のほか，同じトランジスタで I_B を一定に保っていても，h_{FE} のばらつきによってコレクタ電流の値が違ってくるため，実用回路ではほとんど採用されていない。

◇　◇　◇　◇　◇　◇　◇

問題図2の自己バイアス回路は，温度上昇によって h_{FE} が大きくなると，次の変化により I_C の増加が抑制されるので，バイアス安定度は良好である。

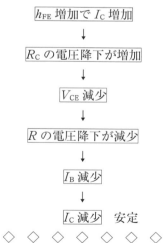

h_{FE} 増加で I_C 増加
↓
R_C の電圧降下が増加
↓
V_{CE} 減少
↓
R の電圧降下が減少
↓
I_B 減少
↓
I_C 減少　安定

◇　◇　◇　◇　◇　◇　◇

問題図3の電流帰還バイアス形回路は，固定バイアス回路に抵抗 R_B と R_E が追加されたもので

あり，ベースの電位 V_B は抵抗 R と R_B で分圧されているので，ほぼ一定に保たれている。

温度上昇により h_{FE} が大きくなると，次の変化によって I_C の増加が抑制されるので，バイアス安定度は良好である。

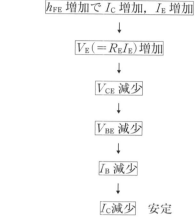

h_{FE} 増加で I_C 増加，I_E 増加
↓
$V_E(=R_E I_E)$ 増加
↓
V_{CE} 減少
↓
V_{BE} 減少
↓
I_B 減少
↓
I_C 減少　安定

ただし，抵抗 R と R_B は交流信号に対しては並列合成抵抗として作用するため，これらの抵抗値を小さく選定すると，入力信号電力の損失が大きくなって効率が低下する。さらに，抵抗 R_E によって負帰還がかかるため，増幅度が低下する。

解説

トランジスタは，温度によって特性が変化しやすい。温度変化によってトランジスタの動作点が変化すると，出力波形のひずみが増加したり，トランジスタが熱暴走に至り破損したりすることがある。温度変化に対して動作点の変動しにくい程度を安定度という。

Point

・固定バイアス：回路は簡単，安定度は悪い
・自己バイアス：回路は簡単，安定度は普通
・電流帰還バイアス：回路はやや複雑，安定度は良好，電力損失は大きい

令和 4 (2022)
令和 3 (2021)
令和 2 (2020)
令和 元 (2019)
平成 30 (2018)
平成 29 (2017)
平成 28 (2016)
平成 27 (2015)
平成 26 (2014)
平成 25 (2013)
平成 24 (2012)
平成 23 (2011)
平成 22 (2010)
平成 21 (2009)
平成 20 (2008)

理　論 令和3年度(2021年度)

A 問 題 （配点は1問題当たり5点）

問1 出題分野＜静電気＞ 難易度 ★★☆ 重要度 ★★★

次の文章は，平行板コンデンサに関する記述である。

図のように，同じ寸法の直方体で誘電率の異なる二つの誘電体(比誘電率 ε_{r1} の誘電体1と比誘電率 ε_{r2} の誘電体2)が平行板コンデンサに充填されている。極板間は一定の電圧 $V[\text{V}]$ に保たれ，極板Aと極板Bにはそれぞれ $+Q[\text{C}]$ と $-Q[\text{C}]$ $(Q>0)$ の電荷が蓄えられている。誘電体1と誘電体2は平面で接しており，その境界面は極板に対して垂直である。ただし，端効果は無視できるものとする。

この平行板コンデンサにおいて，極板A，Bに平行な誘電体1，誘電体2の断面をそれぞれ面 S_1，面 S_2(面 S_1 と面 S_2 の断面積は等しい)とすると，面 S_1 を貫く電気力線の総数(任意の点の電気力線の密度は，その点での電界の大きさを表す)は，面 S_2 を貫く電気力線の総数の （ア） 倍である。面 S_1 を貫く電束の総数は面 S_2 を貫く電束の総数の （イ） 倍であり，面 S_1 と面 S_2 を貫く電束の数の総和は （ウ） である。

上記の記述中の空白箇所(ア)～(ウ)に当てはまる組合せとして，正しいものを次の(1)～(5)のうちから一つ選べ。

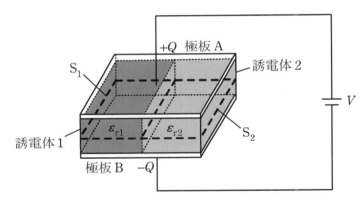

	（ア）	（イ）	（ウ）
（1）	1	$\dfrac{\varepsilon_{r1}}{\varepsilon_{r2}}$	Q
（2）	1	$\dfrac{\varepsilon_{r1}}{\varepsilon_{r2}}$	$\dfrac{Q}{\varepsilon_{r1}}+\dfrac{Q}{\varepsilon_{r2}}$
（3）	1	$\dfrac{\varepsilon_{r2}}{\varepsilon_{r1}}$	$\dfrac{Q}{\varepsilon_{r1}}+\dfrac{Q}{\varepsilon_{r2}}$
（4）	$\dfrac{\varepsilon_{r2}}{\varepsilon_{r1}}$	1	$\dfrac{Q}{\varepsilon_{r1}}+\dfrac{Q}{\varepsilon_{r2}}$
（5）	$\dfrac{\varepsilon_{r2}}{\varepsilon_{r1}}$	1	Q

問 1 の解答　出題項目＜電気力線・電束，平行板コンデンサ＞　答え　**(1)**

（ア）　問題図に示された平行板コンデンサは，図 1-1 のように，誘電体 1 と 2 が充填された二つの平行板コンデンサの並列接続と考えることができる。

極板間隔 d[m]の平行板コンデンサに電圧 V[V]を加えると，極板間に生じる電界の強さ E[V/m]は次式で表される。

$$E = \frac{V}{d}$$

本問では，題意より V と d が一定であるから，電界 E も一定である。すなわち，誘電体 1 と 2 の内部に生じる電界の強さは等しくなるので，電気力線の密度も等しくなる。また，題意より面 S_1 と S_2 の断面積は等しいので，面 S_1 と S_2 を貫く電気力線の総数も等しくなる。したがって，面 S_1 を貫く電気力線の総数は，面 S_2 を貫く電気力線の総数の **1** 倍である。

補足　「任意の点の電気力線の密度は，その点での電界の大きさを表す」（題意）ので，電界の大きさ（強さ）が等しければ，同じ面積を貫く電気力線の総数（電気力線の密度）は等しい。

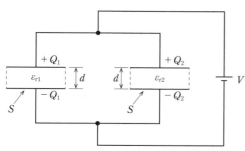

図 1-1　平行板コンデンサの並列接続

（イ）　電界の強さを E[V/m]，真空の誘電率を ε_0[F/m]，誘電体の比誘電率を ε_r とすると，電束密度 D[C/m²]は次式で表される。

$$D = \varepsilon_0 \varepsilon_r E$$

すなわち，電束密度 D は比誘電率 ε_r に比例する。上記（ア）で述べたように電界 E は一定であり，また，題意より面 S_1 と S_2 の断面積は等しい

ので，面 S_1 を貫く電束の総数は面 S_2 を貫く電束の総数の $\dfrac{\varepsilon_{r1}}{\varepsilon_{r2}}$ 倍である。

（ウ）　面 S_1 と S_2 を貫く電束の数の総和は，二つの平行板コンデンサに蓄えられている電荷の総和に等しいので，題意より $\boldsymbol{Q}$[C]である。

【別解】　（イ）は，二つの平行板コンデンサ（静電容量 C_1，C_2）に蓄えられる電荷 Q_1，Q_2 を計算し，「電荷の比 ＝ 電束の比」であることを利用して求めることもできる。

面 S_1 と S_2 の断面積を S[m²]とすると，

$$Q_1 = C_1 V = \frac{\varepsilon_0 \varepsilon_{r1} S V}{d}$$

$$Q_2 = C_2 V = \frac{\varepsilon_0 \varepsilon_{r2} S V}{d} \qquad \therefore \frac{Q_1}{Q_2} = \frac{\varepsilon_{r1}}{\varepsilon_{r2}}$$

また（ウ）は，$Q = Q_1 + Q_2$ を計算し，さらに合成静電容量 $C = C_1 + C_2$ から $Q = CV$ を計算した後，両者を比較し，「電荷の総和 ＝ 電束の数の総和」から求めることもできる。

$$Q = Q_1 + Q_2 = \frac{\varepsilon_0 (\varepsilon_{r1} + \varepsilon_{r2}) S V}{d}$$

$$Q = CV = (C_1 + C_2) V = \frac{\varepsilon_0 (\varepsilon_{r1} + \varepsilon_{r2}) S V}{d}$$

解説　……………………………………………………

電気力線と電束は，ともに電界の様子を表す仮想の線である。誘電率 ε[F/m]（$= \varepsilon_0 \varepsilon_r$）の媒質中の正電荷（負電荷）$Q$[C]からは，$\dfrac{Q}{\varepsilon}$ 本の電気力線が出る（入る）と定義される。したがって，同じ電荷であっても，電気力線の総数は周囲の媒質の誘電率で変化する。一方，電気力線の数を ε 倍した線が電束なので，周囲の媒質の誘電率に関係なく，Q[C]の正電荷（負電荷）からは Q 本の電束が出る（入る）。なお，面積 S[m²]の面を垂直に Q[C]の電束が通っているときの電束密度 D[C/m²]は，次式で表される。

$$D = \frac{Q}{S}$$

令和 4 (2022)
令和 3 (2021)
令和 2 (2020)
令和 元 (2019)
平成 30 (2018)
平成 29 (2017)
平成 28 (2016)
平成 27 (2015)
平成 26 (2014)
平成 25 (2013)
平成 24 (2012)
平成 23 (2011)
平成 22 (2010)
平成 21 (2009)
平成 20 (2008)

問2　出題分野＜静電気＞　難易度 ★★★　重要度 ★★★

　二つの導体小球がそれぞれ電荷を帯びており，真空中で十分な距離を隔てて保持されている。ここで，真空の空間を，比誘電率2の絶縁体の液体で満たしたとき，小球の間に作用する静電力に関する記述として，正しいものを次の（1）～（5）のうちから一つ選べ。

（1）　液体で満たすことで静電力の向きも大きさも変わらない。

（2）　液体で満たすことで静電力の向きは変わらず，大きさは2倍になる。

（3）　液体で満たすことで静電力の向きは変わらず，大きさは $\frac{1}{2}$ 倍になる。

（4）　液体で満たすことで静電力の向きは変わらず，大きさは $\frac{1}{4}$ 倍になる。

（5）　液体で満たすことで静電力の向きは逆になり，大きさは変わらない。

問3　出題分野＜電磁気＞　難易度 ★★★　重要度 ★★★

　次の文章は，強磁性体の応用に関する記述である。

　磁界中に強磁性体を置くと，周囲の磁束は，磁束が　（ア）　強磁性体の　（イ）　を通るようになる。このとき，強磁性体を中空にしておくと，中空の部分には外部の磁界の影響がほとんど及ばない。このように，強磁性体でまわりを囲んで，磁界の影響が及ばないようにすることを　（ウ）　という。

　上記の記述中の空白箇所（ア）～（ウ）に当てはまる組合せとして，正しいものを次の（1）～（5）のうちから一つ選べ。

	（ア）	（イ）	（ウ）
（1）	通りにくい	内部	磁気遮へい
（2）	通りにくい	外部	磁気遮へい
（3）	通りにくい	外部	静電遮へい
（4）	通りやすい	内部	磁気遮へい
（5）	通りやすい	内部	静電遮へい

問2の解答　出題項目＜クーロンの法則＞

答え　（3）

　真空の空間を液体で満たすことで，静電力（クーロン力）の向きは変わらないが，静電力の大きさは変わる。静電力の大きさは $\dfrac{1}{\text{比誘電率}}\left(=\dfrac{1}{2}\right)$ 倍になる。

解説

　物質や電子，原子核などが持つ電気を電荷という。電荷には正と負の2種類があり，それぞれ正電荷，負電荷という。正電荷と正電荷（または，負電荷と負電荷）のように同種の電荷間には反発する静電力が作用し，正電荷と負電荷のように異種の電荷間には引き合う静電力が作用する。静電力の向きは，周囲の空間を絶縁体の液体で満たし

ても変化しない。比誘電率 ε_r の媒質中において，距離 r[m] 隔てた二つの点電荷 Q_1，Q_2[C] の間に作用する静電力 F[N] は，両電荷の積に比例し，距離の二乗に反比例する。これを（静電気に関する）**クーロンの法則**といい，真空の誘電率を ε_0[F/m] として，次式で表される。

$$F = \frac{1}{4\pi\varepsilon_0\varepsilon_r} \times \frac{Q_1 Q_2}{r^2}$$

　この式から，静電力 F の大きさは媒質の比誘電率 ε_r に反比例することが分かる。したがって，比誘電率2の絶縁体の液体で満たしたとき，静電力の大きさは $\dfrac{1}{2}$ 倍になる。

問3の解答　出題項目＜磁気遮蔽＞

答え　（4）

　磁界中に強磁性体を置くと，周囲の磁束は，磁束が**通りやすい**強磁性体の**内部**を通るようになる。このとき，強磁性体を中空にしておくと，中空の部分には外部の磁界の影響がほとんど及ばない。このように，強磁性体でまわりを囲んで，磁界の影響が及ばないようにすることを**磁気遮へい**（磁気シールド）という。

　なお，「静電遮へい」（静電シールド）とは，接地した導体などでまわりを囲んで，外部の静電力（クーロン力）の影響が及ばないようにすることをいう。

解説

　磁界中に強磁性体を置くと，周囲の磁束の多くは，強磁性体の内部を通るようになる。そこで，強磁性体を中空にしておけば，中空の部分は外部の磁界の影響がほとんど及ばなくなる（**図3-1**）。ただし，完全に遮へいすることは超伝導状態にする以外は通常，困難である。電流計等の指示電気計器は，外部磁界の影響を受けると誤差となるので，磁気遮へいが施されている。

補足　鉄を磁石に近づけると引きつけられ

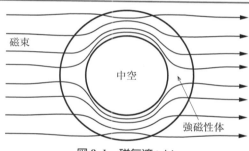

図3-1　磁気遮へい

る。これは，磁界中の鉄が磁石の性質を帯びるためである。物質が磁気的な性質を帯びることを**磁化**といい，この現象を**磁気誘導**という。

　比透磁率が1より大きな物質（空気，アルミニウム等）は**常磁性体**と呼ばれ，磁界中に置くと磁界と同じ向きにわずかに磁化される。また，比透磁率が1より非常に大きな物質（鉄，ニッケル等）は**強磁性体**と呼ばれ，磁界中に置くと磁界と同じ向きに強く磁化される。さらに，比透磁率が1より小さな物質（銅，銀等）は**反磁性体**と呼ばれ，磁界中に置くと磁界と逆向きにわずかに磁化される。

令和 **4** (2022)
令和 **3** (2021)
令和 **2** (2020)
令和 **元** (2019)
平成 **30** (2018)
平成 **29** (2017)
平成 **28** (2016)
平成 **27** (2015)
平成 **26** (2014)
平成 **25** (2013)
平成 **24** (2012)
平成 **23** (2011)
平成 **22** (2010)
平成 **21** (2009)
平成 **20** (2008)

問 4　出題分野＜電磁気＞

次の文章は，電磁誘導に関する記述である。

図のように，コイルと磁石を配置し，磁石の磁束がコイルを貫いている。

1. スイッチ S を閉じた状態で磁石をコイルに近づけると，コイルには　(ア)　の向きに電流が流れる。

2. コイルの巻数が 200 であるとする。スイッチ S を開いた状態でコイルの断面を貫く磁束を 0.5 s の間に 10 mWb だけ直線的に増加させると，磁束鎖交数は　(イ)　Wb だけ変化する。また，この 0.5 s の間にコイルに発生する誘導起電力の大きさは　(ウ)　V となる。ただし，コイル断面の位置によらずコイルの磁束は一定とする。

上記の記述中の空白箇所(ア)～(ウ)に当てはまる組合せとして，正しいものを次の(1)～(5)のうちから一つ選べ。

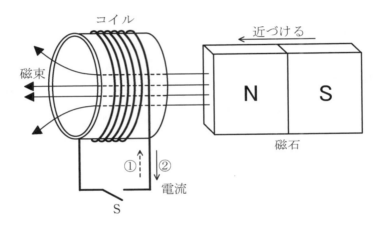

	(ア)	(イ)	(ウ)
(1)	①	2	2
(2)	①	2	4
(3)	①	0.01	2
(4)	②	2	4
(5)	②	0.01	2

問4の解答　　出題項目＜誘導起電力＞

1. スイッチSを閉じた状態で磁石のN極をコイルに近づけると，コイルには磁束の変化（この場合は増加）をさまたげる向きに起電力を生じ，電流が流れる。すなわち，右ねじ法則より，②の向きに電流が流れて，コイル内の磁束の増加を抑えようとする。

2. コイルの巻数 $N=200$ であるとき，スイッチSを開いた状態でコイルの断面を貫く磁束を $\Delta t=0.5[\mathrm{s}]$ の間に $\Delta\Phi=10[\mathrm{mWb}]$ だけ直線的に増加させると，磁束鎖交数の変化は，

$$N\times\Delta\Phi=200\times10[\mathrm{mWb}]=2\,000[\mathrm{mWb}]$$
$$=\underline{\mathbf{2}}[\mathbf{Wb}]$$

また，$\Delta t=0.5[\mathrm{s}]$ の間にコイルに発生する誘導起電力の大きさ $e[\mathrm{V}]$ は，

$$e=N\frac{\Delta\Phi}{\Delta t}=\frac{2}{0.5}=\underline{\mathbf{4}}[\mathbf{V}]$$

解説

コイルを貫く磁束が変化すると，起電力が発生する。この現象を**電磁誘導**といい，発生する起電力を**誘導起電力**，流れる電流を**誘導電流**という。

コイルに発生する誘導起電力の大きさは，コイルの巻数に比例し，コイルを貫く磁束の時間的変化率に比例する。これを（電磁誘導に関する）**ファラデーの法則**という。

巻数 N のコイルを貫く磁束が時間 $\Delta t[\mathrm{s}]$ の間に $\Delta\Phi[\mathrm{Wb}]$ だけ変化するとき，誘導起電力の大きさ $e[\mathrm{V}]$ は次式で表される。

$$e=N\frac{\Delta\Phi}{\Delta t}$$

補足 誘導起電力は，誘導電流がコイル内の磁束の変化をさまたげるような向きに発生する。これを**レンツの法則**という。ファラデーの法則とレンツの法則を合わせると，誘導起電力 $e[\mathrm{V}]$ は次式で表すことができる。

$$e=-N\frac{\Delta\Phi}{\Delta t}$$

| 問5 | 出題分野＜電気計測＞ | 難易度 ★★★ | 重要度 ★★★ |

次の文章は，熱電対に関する記述である。

熱電対の二つの接合点に温度差を与えると，起電力が発生する。この現象を (ア) 効果といい，このとき発生する起電力を (イ) 起電力という。熱電対の接合点の温度の高いほうを (ウ) 接点，低いほうを (エ) 接点という。

上記の記述中の空白箇所(ア)～(エ)に当てはまる組合せとして，正しいものを次の(1)～(5)のうちから一つ選べ。

	(ア)	(イ)	(ウ)	(エ)
(1)	ゼーベック	熱	温	冷
(2)	ゼーベック	熱	高	低
(3)	ペルチェ	誘導	高	低
(4)	ペルチェ	熱	温	冷
(5)	ペルチェ	誘導	温	冷

問5の解答　出題項目＜センサの原理＞

熱電対の二つの接合点に温度差を与えると，起電力が発生する。この現象を**ゼーベック効果**といい，このとき発生する起電力を**熱起電力**という。熱電対の接合点の温度の高いほうを**温接点**（測温接点），低いほうを**冷接点**（基準接点）という。なお，冷接点は0℃または室温に保たれる。

解説

図5-1のように，2種類の異なる金属AとBを接合して一つの閉回路を構成し，その二つの接合点を異なる温度 T_1，T_2 に保つと，回路に起電力が生じ，電流が流れる。この現象を**ゼーベック効果**という。このとき発生する起電力を**熱起電力**，流れる電流を熱電流という。熱起電力の大きさは，使用する材料や温接点と冷接点の温度差（$T_1 - T_2$）で決まる。熱起電力を発生させる装置（2種類の金属を組み合わせたもの）を**熱電対**とい

い，熱エネルギーを電気エネルギーに変換できる。ゼーベック効果は，高周波電流計等に応用されている。

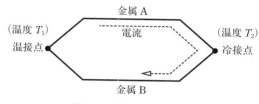

図5-1　ゼーベック効果

補足 ゼーベック効果と逆の現象が**ペルチェ効果**である。これは，異なる2種類の金属を接合して一つの閉回路を構成し，電流を流すと，接合部に（ジュール熱以外の）熱の発生・吸収が発生する現象である。

令和
4
(2022)

令和
3
(2021)

令和
2
(2020)

令和
元
(2019)

平成
30
(2018)

平成
29
(2017)

平成
28
(2016)

平成
27
(2015)

平成
26
(2014)

平成
25
(2013)

平成
24
(2012)

平成
23
(2011)

平成
22
(2010)

平成
21
(2009)

平成
20
(2008)

問 6　出題分野＜電子回路＞　　難易度 ★★★　重要度 ★★★

　直流の出力電流又は出力電圧が常に一定の値になるように制御された電源を直流安定化電源と呼ぶ。直流安定化電源の出力電流や出力電圧にはそれぞれ上限値があり，一定電流（定電流モード）又は一定電圧（定電圧モード）で制御されている際に負荷の変化によってどちらかの上限値を超えると，定電流モードと定電圧モードとの間で切り替わる。

　図のように，直流安定化電源（上限値：100 A，20 V），三つの抵抗（$R_1=R_2=0.1\,\Omega, R_3=0.8\,\Omega$），二つのスイッチ（$SW_1, SW_2$）で構成されている回路がある。両スイッチを閉じ，回路を流れる電流 $I=100\,A$ の定電流モードを維持している状態において，時刻 $t=t_1$[s] で SW_1 を開き，時刻 $t=t_2$[s] で SW_2 を開くとき，I[A]の波形として，正しいものを次の（１）～（５）のうちから一つ選べ。

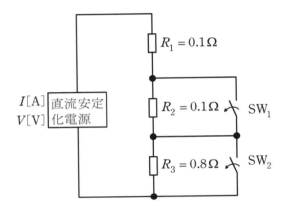

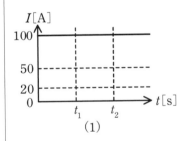

（1）

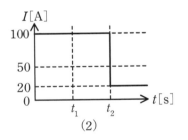

（2）

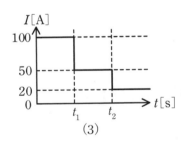

（3）

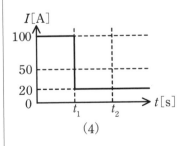

（4）

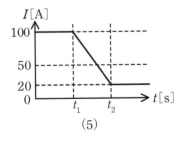

（5）

問 6 の解答　　出題項目＜直流安定化電源＞

答え　（2）

●時刻 $0 \sim t_1$ [s] の電流 I [A]

時刻 t が $0 \sim t_1$ [s] の間，二つのスイッチ（SW_1, SW_2）は閉じているので，電流は抵抗 $R_1 = 0.1$ [Ω] だけを流れる（**図 6-1**）。このとき直流安定化電源から流れ出る電流（回路を流れる電流）I は，題意より上限値 $I_{max} = 100$ [A] を維持している。

> **補足**　このときの直流安定化電源の出力電圧 V_1 は，

$$V_1 = I_{max} R_1 = 100 \times 0.1 = 10 \text{ [V]}$$

出力電圧 $V_1 = 10$ [V] は直流安定化電源の上限値 $V_{max} = 20$ [V] を超えないので，定電流モードを維持していることが確認できる。

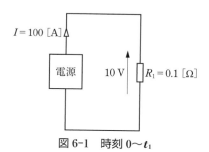

図 6-1　時刻 $0 \sim t_1$

●時刻 $t_1 \sim t_2$ [s] の電流 I [A]

時刻 $t = t_1$ [s] でスイッチ SW_1 を開くので，時刻 $t_1 \sim t_2$ [s] の間，スイッチ SW_2 だけが閉じられ，電流は二つの抵抗 $R_1 = 0.1$ [Ω]，$R_2 = 0.1$ [Ω] を流れる（**図 6-2**）。このときの直流安定化電源の出力電圧 V_{12} [V] は，

$$V_{12} = I_{max}(R_1 + R_2) = 100 \times (0.1 + 0.1)$$
$$= 20 \text{ [V]}$$

出力電圧 $V_{12} = 20$ [V] は直流安定化電源の上限値 $V_{max} = 20$ [V] を超えないので，定電流モードを維持していることが分かる。したがって，回路を流れる電流 I は $I_{max} = 100$ [A] である。

> **補足**　この時点で，答えは選択肢（1）と（2）のどちらかに絞られる。

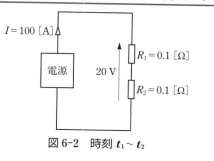

図 6-2　時刻 $t_1 \sim t_2$

●時刻 t_2 [s] 以降の電流 I [A]

時刻 $t = t_2$ [s] でスイッチ SW_1 に続き SW_2 も開くので，時刻 t_2 [s] 以降，電流は三つの抵抗 $R_1 = 0.1$ [Ω]，$R_2 = 0.1$ [Ω]，$R_3 = 0.8$ [Ω] を流れる（**図 6-3**）。このとき，直流安定化電源の上限値 $I_{max} = 100$ [A] が回路に流れていると仮定すると，直流安定化電源の出力電圧 V_{123} [V] は，

$$V_{123} = I_{max}(R_1 + R_2 + R_3)$$
$$= 100 \times (0.1 + 0.1 + 0.8) = 100 \text{ [V]}$$

出力電圧 $V_{123} = 100$ [V] は直流安定化電源の上限値 $V_{max} = 20$ [V] を超えているので，定電流モードを維持することができず，定電圧モードに切り替わることが分かる。このとき回路を流れる電流 I_{123} [A] は，

$$I_{123} = \frac{V_{max}}{R_1 + R_2 + R_3} = \frac{20}{0.1 + 0.1 + 0.8}$$
$$= \frac{20}{1} = 20 \text{ [A]}$$

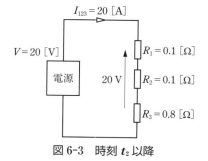

図 6-3　時刻 t_2 以降

問7 出題分野＜直流回路＞ 　　難易度 ★★☆ 　重要度 ★★☆

　図のように，起電力 E[V]，内部抵抗 r[Ω]の電池 n 個と可変抵抗 R[Ω]を直列に接続した回路がある。この回路において，可変抵抗 R[Ω]で消費される電力が最大になるようにその値[Ω]を調整した。このとき，回路に流れる電流 I の値[A]を表す式として，正しいものを次の（1）～（5）のうちから一つ選べ。

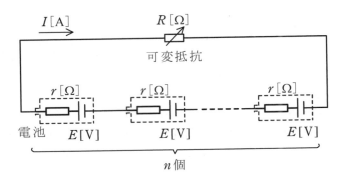

（1）　$\dfrac{E}{r}$　　　（2）　$\dfrac{nE}{\left(\dfrac{1}{n}+n\right)r}$　　　（3）　$\dfrac{nE}{(1+n)r}$　　　（4）　$\dfrac{E}{2r}$　　　（5）　$\dfrac{nE}{r}$

問7の解答　出題項目＜最大電力供給の定理＞

起電力 $E[\mathrm{V}]$，内部抵抗 $r[\Omega]$ の電池 n 個が直列に接続されているので，合成起電力は $nE[\mathrm{V}]$，合成内部抵抗は $nr[\Omega]$ である。可変抵抗 $R[\Omega]$ における消費電力が最大になるのは，合成内部抵抗と可変抵抗の抵抗値が等しくなるとき（$R=nr$ のとき）である。このとき，回路に流れる電流 $I[\mathrm{A}]$ は，

$$I = \frac{nE}{R+nr} = \frac{nE}{nr+nr} = \frac{E}{2r}$$

【別 解】 可変抵抗 R における消費電力 $P_\mathrm{R}[\mathrm{W}]$ は，

$$P_\mathrm{R} = I^2 R = \left(\frac{nE}{R+nr}\right)^2 R$$

$$= \frac{(nE)^2 R}{R^2 + 2nrR + (nr)^2} = \frac{(nE)^2}{R + \dfrac{(nr)^2}{R} + 2nr}$$

ここで，P_R の分母について，

$$R \times \frac{(nr)^2}{R} = (nr)^2 \quad (\text{一定})$$

よって，$R + \dfrac{(nr)^2}{R}$ が最小になる条件は，最小の定理より，

$$R = \frac{(nr)^2}{R}$$

$$R^2 = (nr)^2 \qquad \therefore R = nr$$

したがって，$R=nr$ のとき P_R の分母が最小になり，P_R が最大になる。このときの回路電流 I は，

$$I = \frac{nE}{R+nr} = \frac{nE}{nr+nr} = \frac{E}{2r}$$

解 説

① 最大供給電力

一般に，負荷の電力が最大となるのは，電源側の内部抵抗と負荷抵抗が等しいときである。このとき，電源と負荷は整合しているという（**図7-1**）。

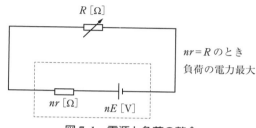

$nr=R$ のとき
負荷の電力最大

図7-1　電源と負荷の整合

補 足 可変抵抗 R における消費電力の最大値 $P_\mathrm{m}[\mathrm{W}]$ は，

$$P_\mathrm{m} = I^2 R = \left(\frac{E}{2r}\right)^2 \times nr = \frac{nE^2}{4r}$$

② 最小の定理

二つの正の数 a と b があり，a と b の積 ab の値が一定のとき，$a+b$ が最小となるのは $a=b$ のときである。

③ 基本的な乗法公式（展開公式）

$$(a+b)^2 = a^2 + 2ab + b^2$$
$$(a-b)^2 = a^2 - 2ab + b^2$$
$$(a+b)(a-b) = a^2 - b^2$$

令和 **4** (2022)　令和 **3** (2021)　令和 **2** (2020)　令和 **元** (2019)　平成 **30** (2018)　平成 **29** (2017)　平成 **28** (2016)　平成 **27** (2015)　平成 **26** (2014)　平成 **25** (2013)　平成 **24** (2012)　平成 **23** (2011)　平成 **22** (2010)　平成 **21** (2009)　平成 **20** (2008)

問8 出題分野＜単相交流＞ 難易度 ★★★ 重要度 ★★★

　図1の回路において，図2のような波形の正弦波交流電圧 v[V]を抵抗5Ωに加えたとき，回路を流れる電流の瞬時値 i[A]を表す式として，正しいものを次の(1)～(5)のうちから一つ選べ。ただし，電源の周波数を50 Hz，角周波数を ω[rad/s]，時間を t[s]とする。

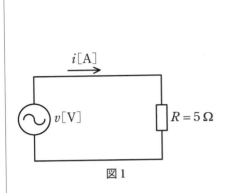

図1

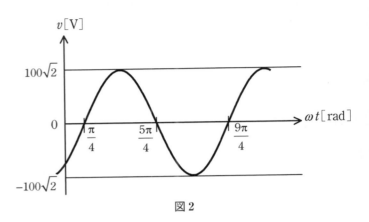

図2

(1) $20\sqrt{2}\,\sin\!\left(50\pi t-\dfrac{\pi}{4}\right)$

(2) $20\sin\!\left(50\pi t+\dfrac{\pi}{4}\right)$

(3) $20\sin\!\left(100\pi t-\dfrac{\pi}{4}\right)$

(4) $20\sqrt{2}\,\sin\!\left(100\pi t+\dfrac{\pi}{4}\right)$

(5) $20\sqrt{2}\,\sin\!\left(100\pi t-\dfrac{\pi}{4}\right)$

問8の解答　出題項目＜瞬時値を表す式＞　　　　　答え　(5)

問題図2より，この正弦波交流電圧 v[V]の最大値 $V_m=100\sqrt{2}$[V]であるから，電流の最大値 I_m[A]は，

$$I_m=\frac{V_m}{R}=\frac{100\sqrt{2}}{5}=20\sqrt{2}\,[\text{A}]$$

正弦波交流電圧 v の角周波数 ω は，題意より電源の周波数 $f=50$[Hz]であるから，

$$\omega=2\pi f=2\pi\times50=100\pi\,[\text{rad/s}]$$

抵抗 R に流れる電流の位相は，電圧の位相と同位相になるので，電流の初期位相 ϕ は，問題図2から，

$$\phi=-\frac{\pi}{4}\,[\text{rad}]$$

以上から，回路を流れる電流の瞬時値 i[A]を表す式は，

$$i=I_m\sin(\omega t+\phi)$$
$$=20\sqrt{2}\,\sin\left(100\pi t-\frac{\pi}{4}\right)$$

解説

抵抗 R[Ω]に実効値 V[V]，角周波数 ω[rad/s]の正弦波交流電圧 $v=\sqrt{2}\,V\sin(\omega t-\theta)$[V]を加えたとき，抵抗 R を流れる電流 i[A]は，

$$i=\frac{v}{R}=\frac{\sqrt{2}\,V}{R}\sin(\omega t-\theta)$$

Point 抵抗に加わる交流電圧の位相と流れる交流電流の位相は一致する（同位相である）。

補足 電圧の初期位相 $\phi=-\frac{\pi}{4}$[rad]なので，位相が ωt（初期位相が0）の波形と比べると $\frac{\pi}{4}$[rad]だけ「遅れている」。問題図2を見て，むしろ波形が右側（横軸の正の向き）に「進んでいる」と誤解する人が多いので，注意すること。すなわち，初期位相が0の波形と比べたとき，
・右側（横軸の正の向き）に移動 ⇒ 遅れ
・左側（横軸の負の向き）に移動 ⇒ 進み

問9　出題分野＜単相交流＞　　難易度 ★★★　重要度 ★★★

　実効値 V[V]，角周波数 ω[rad/s]の交流電圧源，R[Ω]の抵抗 R，インダクタンス L[H]のコイル L，静電容量 C[F]のコンデンサ C からなる共振回路に関する記述として，正しいものと誤りのものの組合せとして，正しいものを次の（1）～（5）のうちから一つ選べ。

（a）　RLC 直列回路の共振状態において，L と C の端子間電圧の大きさはともに 0 である。

（b）　RLC 並列回路の共振状態において，L と C に電流は流れない。

（c）　RLC 直列回路の共振状態において交流電圧源を流れる電流は，RLC 並列回路の共振状態において交流電圧源を流れる電流と等しい。

	(a)	(b)	(c)
（1）	誤り	誤り	正しい
（2）	誤り	正しい	誤り
（3）	正しい	誤り	誤り
（4）	誤り	誤り	誤り
（5）	正しい	正しい	正しい

問9の解答　出題項目＜共振＞

（a）　誤。RLC 直列回路の共振状態において，L と C の端子間電圧の**大きさは等しくなるが，ともに 0 にはならない**。なお，L と C の端子間電圧の位相は逆位相である。

（b）　誤。RLC 並列回路の共振状態において，L と C を流れる電流の**大きさは等しくなるが，ともに 0 にはならない**。なお，L と C を流れる電流の位相は逆位相である。

（c）　正。RLC 直列回路の共振状態において交流電圧源を流れる電流は $\dfrac{V}{R}$[A]，RLC 並列回路の共振状態において交流電圧源を流れる電流は $\dfrac{V}{R}$[A]であり，両電流は等しい。

解説

図 9-1 に示す RLC 直列回路の，共振状態における各素子の電圧ベクトルの関係を**図 9-2** に示す。各素子の端子電圧のベクトル和 $\dot{V}=\dot{V}_{\mathrm{R}}+\dot{V}_{\mathrm{L}}+\dot{V}_{\mathrm{C}}$ が電源電圧となるが，共振状態では $\dot{V}_{\mathrm{L}}+\dot{V}_{\mathrm{C}}=0$ となり，L と C の端子間電圧の大きさは等しくなるが逆位相となる。このとき，交流電源を流れる電流は $\dfrac{V}{R}$[A]となる。

図 9-3 に示す RLC 並列回路の，共振状態における各素子の電流ベクトルの関係を**図 9-4** に示す。各素子に流れる電流のベクトル和 $\dot{I}=\dot{I}_{\mathrm{R}}+\dot{I}_{\mathrm{L}}+\dot{I}_{\mathrm{C}}$ が電源から流れ出す電流となるが，共振状態では $\dot{I}_{\mathrm{L}}+\dot{I}_{\mathrm{C}}=0$ となり，L と C に流れる電流の大きさは等しくなるが逆位相となる。このとき，交流電源を流れる電流は $\dfrac{V}{R}$[A]となる。

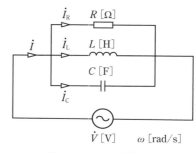

図 9-3　RLC 並列回路

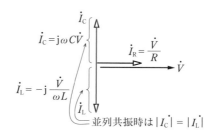

図 9-4　電流のベクトル図

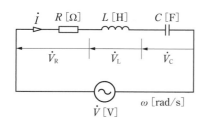

図 9-1　RLC 直列回路

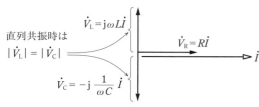

図 9-2　電圧のベクトル図

問 10　　出題分野＜過渡現象＞　　　　難易度 ★★☆　　重要度 ★★★

　開放電圧が V[V]で出力抵抗が十分に低い直流電圧源と，インダクタンスが L[H]のコイルが与えられ，抵抗 R[Ω]が図1のようにスイッチSを介して接続されている。時刻 $t=0$ でスイッチSを閉じ，コイルの電流 i_L[A]の時間に対する変化を計測して，波形として表す。$R=1$ Ω としたところ，波形が図2であったとする。$R=2$ Ω であればどのような波形となるか，波形の変化を最も適切に表すものを次の（1）～（5）のうちから一つ選べ。

　ただし，選択肢の図中の点線は図2と同じ波形を表し，実線は $R=2$ Ω のときの波形を表している。

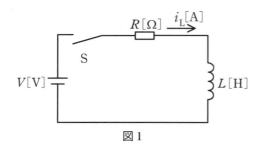

図1

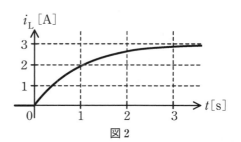

図2

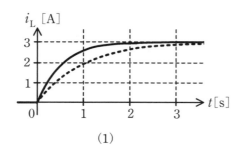

（1）

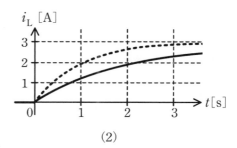

（2）

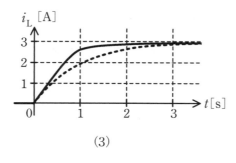

（3）

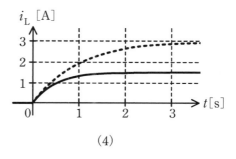

（4）

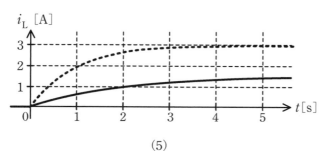

（5）

問 10 の解答　出題項目＜*RL* 直列回路＞　　　　答え　（4）

●コイルを流れる電流の定常値

抵抗 $R=1$[Ω]とインダクタンス L[H]の直列回路に電圧 V[V]を加えると，問題図 2 の波形から，十分に時間が経過($t\to\infty$)したときのコイルに流れる電流 $i_{L1}=3$[A]であるので，

$$i_{L1}=\frac{V}{R}$$

$$=\frac{V}{1}=3\text{[A]}\qquad\therefore\quad V=3\text{[V]}$$

次に，抵抗を $R=1$[Ω]から $R'=2$[Ω]に変えて電圧 $V=3$[V]を加えると，十分に時間が経過($t\to\infty$)したときのコイルを流れる電流 i_{L2} は，

$$i_{L2}=\frac{V}{R'}=\frac{3}{2}=1.5\text{[A]}$$

よって，答えは選択肢（4）と（5）のどちらかであることが分かる。

●時定数

RL 直列回路の時定数 $\tau=\dfrac{L}{R}$ である。よって，抵抗値 $R=1$[Ω]から $R'=2$[Ω]に変えると時定数は $\dfrac{1}{2}$ 倍になり，コイルを流れる電流 i_L はより早く定常値 1.5 A に収束することが分かる。

選択肢（4）と（5）のうち，問題図 2 の波形よりも時定数が短いのは（4）だけであり，これが答えであると判断できる。

解説

時定数 τ は，「原点(時刻 $t=0$，コイルの電流 $i_L=0$)における波形 i_L の接線」と「$i_L=$ 定常値」との交点までの時間である。時定数 τ は，過渡期間の長さの目安となる。

図 10-1 に，抵抗 $R=1$[Ω]のときの電流 i_L の波形(時間的変化)を示す。この図から，時定数 $\tau\fallingdotseq1$[s]であることが分かる。また**図 10-2** に，抵抗 $R'=2$[Ω]のときの電流 i_L の波形(時間的変化)を示す。この図から，時定数 $\tau\fallingdotseq0.5$[s]であること

とが分かる。

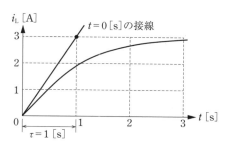

図 10-1　抵抗 $R=1$[Ω]のときの波形

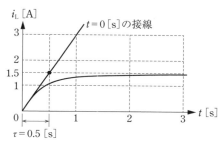

図 10-2　抵抗 $R'=2$[Ω]のときの波形

補足

$R=1$[Ω]のとき $\tau=1$[s]なので，

$$\tau=\frac{L}{R}\qquad\therefore\quad L=\tau R=1\times1=1\text{[H]}$$

i_L の一般式は，自然対数の底を e($\fallingdotseq2.718$)とすると，

$$i_L=\frac{V}{R}\left(1-\mathrm{e}^{\frac{R}{L}t}\right)\qquad\qquad①$$

$V=3$[V]，$R=1$[Ω]，$L=1$[H]のとき，

$$i_L=3(1-\mathrm{e}^{-t})$$

また，$R=1$[Ω]を $R'=2$[Ω]に変えたときは，

$$i_L=\frac{3}{2}(1-\mathrm{e}^{-2t})\qquad\qquad②$$

①式の波形は図 10-1，②式の波形は図 10-2 になる。

令和4 (2022)
令和3 (2021)
令和2 (2020)
令和元 (2019)
平成30 (2018)
平成29 (2017)
平成28 (2016)
平成27 (2015)
平成26 (2014)
平成25 (2013)
平成24 (2012)
平成23 (2011)
平成22 (2010)
平成21 (2009)
平成20 (2008)

問 11　出題分野＜電子理論＞　　難易度 ★★★　重要度 ★★★

半導体に関する記述として，正しいものを次の（1）～（5）のうちから一つ選べ。

（1）　ゲルマニウム（Ge）やインジウムリン（InP）は単元素の半導体であり，シリコン（Si）やガリウムヒ素（GaAs）は化合物半導体である。

（2）　半導体内でキャリヤの濃度が一様でない場合，拡散電流の大きさはそのキャリヤの濃度勾配にほぼ比例する。

（3）　真性半導体に不純物を加えるとキャリヤの濃度は変わるが，抵抗率は変化しない。

（4）　真性半導体に光を当てたり熱を加えたりしても電子や正孔は発生しない。

（5）　半導体に電界を加えると流れる電流はドリフト電流と呼ばれ，その大きさは電界の大きさに反比例する。

問 12　出題分野＜電子理論＞　　難易度 ★★★　重要度 ★★★

　図のように，x 方向の平等電界 $E[\mathrm{V/m}]$，y 方向の平等磁界 $H[\mathrm{A/m}]$ が存在する真空の空間において，電荷 $-e[\mathrm{C}]$，質量 $m[\mathrm{kg}]$ をもつ電子が z 方向の初速度 $v[\mathrm{m/s}]$ で放出された。この電子が等速直線運動をするとき，v を表す式として，正しいものを次の（1）～（5）のうちから一つ選べ。ただし，真空の誘電率を $\varepsilon_0[\mathrm{F/m}]$，真空の透磁率を $\mu_0[\mathrm{H/m}]$ とし，重力の影響を無視する。

　また，電子の質量は変化しないものとする。図中の ⊙ は紙面に垂直かつ手前の向きを表す。

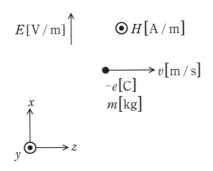

（1）　$\dfrac{\varepsilon_0 E}{\mu_0 H}$　　　（2）　$\dfrac{E}{H}$　　　（3）　$\dfrac{E}{\mu_0 H}$　　　（4）　$\dfrac{H}{\varepsilon_0 E}$　　　（5）　$\dfrac{\mu_0 H}{E}$

問 11 の解答　出題項目＜半導体・半導体デバイス＞　答え（2）

（1）誤。ゲルマニウム（Ge）やシリコン（Si）は一元素からなる単元素半導体である。単元素半導体は，トランジスタや集積回路の材料として用いられる。また，ガリウムヒ素（GaAs）やインジウムリン（InP）は二元素から構成される化合物半導体である。化合物半導体は，発光ダイオードやレーザダイオードなどに用いられる。

（2）正。半導体内でキャリヤの濃度に差がある場合，濃度の高いほうから低いほうに向かってキャリヤの移動が起こる。この現象を拡散といい，流れる電流を拡散電流という。拡散電流はキャリヤの濃度勾配にほぼ比例する。

（3）誤。不純物を含まない高純度の半導体を真性半導体という。真性半導体にインジウム（In）やヒ素（As）などの不純物を加えると，抵抗率は変化する。

（4）誤。真性半導体に光や熱のエネルギーを与えると，これらのエネルギーによって価電子（原子の最も外側の電子）が自由電子となり，結晶内を自由に移動して電気伝導が行われる。

（5）誤。半導体のキャリヤは，外部から電界を加えると静電力（クーロン力）によって移動する。この電流をドリフト電流といい，その大きさは電界の大きさに比例する。

解説

電流を担う荷電粒子をキャリヤといい，電子や正孔が該当する。

真性半導体にヒ素（As），アンチモン（Sb），リン（P）などの5価の不純物（ドナーという）を加えたものをn形半導体という。n形半導体の多数キャリヤは電子，少数キャリヤは正孔である。また，真性半導体にガリウム（Ga）やインジウム（In）などの3価の不純物（アクセプタという）を加えたものをp形半導体という。p形半導体の多数キャリヤは正孔，少数キャリヤは電子である。

問 12 の解答　出題項目＜電界中の電子，磁界中の電子＞　答え（3）

真空中において，電荷 $-e$[C]をもつ電子が強さ E[V/m]の電界から受ける静電力の大きさ F_1[N]は，

$$F_1 = eE \qquad ①$$

電子は負電荷なので，電子の受ける静電力の向きは電界とは逆向き（x 軸の負の向き）である。

また，真空中を速さ v[m/s]で電子が運動するとき，磁束密度 B[T]の磁界から受けるローレンツ力の大きさ F_2[N]は，

$$F_2 = evB$$

ここで，磁束密度 B を磁界の強さ H[A/m]を用いて表すと，$B = \mu_0 H$ の関係があるので，

$$F_2 = ev(\mu_0 H) \qquad ②$$

電子は負電荷なので，運動する電子の受けるローレンツ力の向きは運動する正電荷（電流）が受ける電磁力の向きとは逆向きである。すなわち，フレミングの左手の法則より，x 軸の正の向きである。

図 12-1 に示すように，電子が等速直線運動をするための条件は $F_1 = F_2$ なので，①式 ＝ ②式より，

$$eE = ev(\mu_0 H) \qquad \therefore \ v = \frac{E}{\mu_0 H}$$

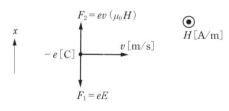

図 12-1　電子に働く力とその向き

Point 電荷 q[C]が電界 E[V/m]から受ける静電力（クーロン力）F[N]は，

$$F = qE$$

磁束密度 B[T]の磁界中を，磁界と垂直に速さ v[m/s]で運動する電荷 q[C]が受ける電磁力（ローレンツ力の総和）F[N]は，

$$F = qvB$$

問 13　出題分野＜電子回路＞　難易度 ★★☆　重要度 ★★★

　図は，電界効果トランジスタ（FET）を用いたソース接地増幅回路の簡易小信号交流等価回路である。この回路の電圧増幅度 $A_\mathrm{v} = \left| \dfrac{v_\mathrm{o}}{v_\mathrm{i}} \right|$ を近似する式として，正しいものを次の（1）～（5）のうちから一つ選べ。ただし，図中の S，G，D はそれぞれソース，ゲート，ドレインであり，v_i[V]，v_o[V]，v_gs[V]は各部の電圧，g_m[S]は FET の相互コンダクタンスである。また，抵抗 r_d[Ω]は抵抗 R_L[Ω]に比べて十分大きいものとする。

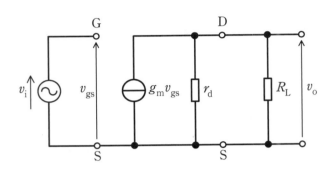

（1）　$g_\mathrm{m} R_\mathrm{L}$　　　（2）　$g_\mathrm{m} r_\mathrm{d}$　　　（3）　$g_\mathrm{m}(R_\mathrm{L} + r_\mathrm{d})$　　　（4）　$\dfrac{g_\mathrm{m} r_\mathrm{d}}{R_\mathrm{L}}$　　　（5）　$\dfrac{g_\mathrm{m} R_\mathrm{L}}{R_\mathrm{L} + r_\mathrm{d}}$

問 14　出題分野＜電気計測，直流回路＞　難易度 ★★★　重要度 ★★★

　図のブリッジ回路を用いて，未知の抵抗の値 R_x[Ω]を推定したい。可変抵抗 R_3 を調整して，検流計に電流が流れない状態を探し，平衡条件を満足する R_x[Ω]の値を求める。求めた値が真値と異なる原因が，$R_k(k=1, 2, 3)$ の真値からの誤差 ΔR_k のみである場合を考え，それらの誤差率 $\varepsilon_k = \dfrac{\Delta R_k}{R_k}$ が次の値であったとき，R_x の誤差率として，最も近いものを次の（1）～（5）のうちから一つ選べ。

　　　　　$\varepsilon_1 = 0.01$，　　　　$\varepsilon_2 = -0.01$，　　　　$\varepsilon_3 = 0.02$

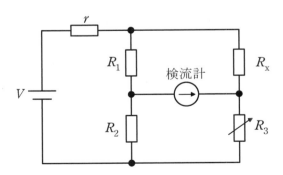

（1）　0.0001　　　（2）　0.01　　　（3）　0.02　　　（4）　0.03　　　（5）　0.04

問 13 の解答　　出題項目＜FET 増幅回路＞　　答え（1）

入力電圧 v_i[V] は G-S（ゲート-ソース）間の電圧 v_{gs}[V] に等しい。

$$v_i = v_{gs}$$

また，出力電圧 v_o[V] は，抵抗 r_d[Ω] と R_L[Ω] の並列部分の電圧降下であるから，電流源 $g_m v_{gs}$[A] を用いて，

$$v_o = \frac{g_m v_{gs}}{\dfrac{1}{r_d} + \dfrac{1}{R_L}}$$

よって，この回路の電圧増幅度 A_v は，

$$A_v = \left| \frac{v_o}{v_i} \right| = \frac{\dfrac{g_m v_{gs}}{\dfrac{1}{r_d} + \dfrac{1}{R_L}}}{v_{gs}} = \frac{g_m}{\dfrac{1}{r_d} + \dfrac{1}{R_L}}$$

ここで，題意より $r_d \gg R_L$ なので，

$$A_v \fallingdotseq \frac{g_m}{\dfrac{1}{R_L}} = g_m R_L$$

【別解】 題意より $r_d \gg R_L$ なので，電流源 $g_m v_{gs}$ から流れ出す電流は全て抵抗 R_L を流れると考えることができる。よって，

$$v_o = \frac{g_m v_{gs}}{\dfrac{1}{R_L}} = g_m v_{gs} R_L$$

したがって，この回路の電圧増幅度 A_v は，

$$A_v = \left| \frac{v_o}{v_i} \right| = \frac{g_m v_{gs} R_L}{v_{gs}} = g_m R_L$$

解説 ••••••••••••••••••••••••

電界効果トランジスタ（FET）の相互コンダクタンス g_m は，増幅の大きさの目安となる量で，G-S（ゲート-ソース）間の電圧の変化 ΔV_{gs}[V] に対するドレイン電流の変化 ΔI_D[A] で表され，単位はジーメンス[S]である。

$$g_m = \frac{\Delta I_D}{\Delta V_{gs}}$$

問 14 の解答　　出題項目＜測定誤差，ブリッジ回路＞　　答え（5）

可変抵抗 R_3[Ω] を調整したときのブリッジ回路の平衡条件から，未知の抵抗の真の値 R_x[Ω] は，

$$R_1 R_3 = R_2 R_x \qquad \therefore \quad R_x = \frac{R_1 R_3}{R_2}$$

同様に，未知の抵抗の測定値 $R_x{}'$[Ω] は，

$$R_x{}' = \frac{(R_1 + \Delta R_1)(R_3 + \Delta R_3)}{(R_2 + \Delta R_2)}$$

$$= \frac{R_1 \left(1 + \dfrac{\Delta R_1}{R_1}\right) \times R_3 \left(1 + \dfrac{\Delta R_3}{R_3}\right)}{R_2 \left(1 + \dfrac{\Delta R_2}{R_2}\right)}$$

$$= \frac{R_1 R_3}{R_2} \times \frac{(1 + \varepsilon_1)(1 + \varepsilon_3)}{(1 + \varepsilon_2)}$$

$$= R_x \frac{(1 + \varepsilon_1)(1 + \varepsilon_3)}{(1 + \varepsilon_2)}$$

この式に題意の数値（$\varepsilon_1 = 0.01$, $\varepsilon_2 = -0.01$,

$\varepsilon_3 = 0.02$）を代入すると，

$$R_x{}' = R_x \frac{(1 + 0.01)(1 + 0.02)}{(1 - 0.01)}$$

$$\fallingdotseq 1.0406 R_x$$

したがって，R_x の誤差率 ε_x は，

$$\varepsilon_x = \frac{R_x{}' - R_x}{R_x} \fallingdotseq 0.04$$

解説 ••••••••••••••••••••••••

測定にはさまざまな誤差を伴う。誤差率 ε は，測定値を M，真の値を T とすると，

$$\varepsilon = \frac{誤差}{真の値} = \frac{M - T}{T}$$

補足 誤差は，間違いのほか，一定の原因で起こる系統誤差，原因が分からない偶然誤差に分類できる。

令和4 (2022)
令和3 (2021)
令和2 (2020)
令和元 (2019)
平成30 (2018)
平成29 (2017)
平成28 (2016)
平成27 (2015)
平成26 (2014)
平成25 (2013)
平成24 (2012)
平成23 (2011)
平成22 (2010)
平成21 (2009)
平成20 (2008)

B 問 題 （配点は１問題当たり(a)5点，(b)5点，計10点）

問 15　出題分野＜三相交流，電気計測＞ 　難易度 ★☆★ 　重要度 ★★★

　図のように，線間電圧 400 V の対称三相交流電源に抵抗 R[Ω]と誘導性リアクタンス X[Ω]からなる平衡三相負荷が接続されている。平衡三相負荷の全消費電力は 6 kW であり，これに線電流 $I=10$ A が流れている。電源と負荷との間には，変流比 20：5 の変流器がａ相及びｃ相に挿入され，これらの二次側が交流電流計 Ⓐ を通して並列に接続されている。この回路について，次の(a)及び(b)の問に答えよ。

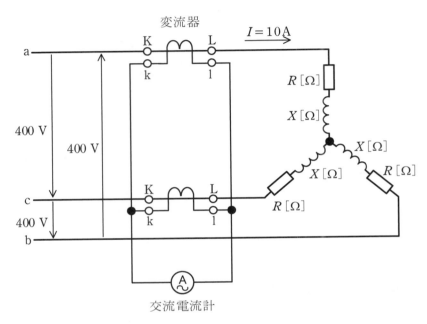

（a）交流電流計 Ⓐ の指示値[A]として，最も近いものを次の(1)～(5)のうちから一つ選べ。
　　（1）0　　　（2）2.50　　　（3）4.33　　　（4）5.00　　　（5）40.0

（b）誘導性リアクタンス X の値[Ω]として，最も近いものを次の(1)～(5)のうちから一つ選べ。
　　（1）11.5　　　（2）20.0　　　（3）23.1　　　（4）34.6　　　（5）60.0

問 15 の（a）の解答　出題項目＜Y 接続，電流計・分流器＞　答え　（2）

　図 15-1 のように，各相の線電流を $\dot{I}_A$，$\dot{I}_B$，$\dot{I}_C$ [A]，変流器二次側の電流を $\dot{I}_a$，$\dot{I}_c$[A]とする。題意より，各相には 10 A の等しい電流が流れている。これを変流比 20：5 の変流器を介して交流電流計 Ⓐ が接続されているので，$\dot{I}_a$ と $\dot{I}_c$ の大きさは，

$$|\dot{I}_a|=|\dot{I}_c|=10\times\frac{5}{20}=2.5\,[\text{A}]$$

　交流電流計 Ⓐ を流れる電流は，**図 15-2** のように，a 相と c 相に流れる電流ベクトルの和（$\dot{I}_a+\dot{I}_c$）となるので，その大きさ（指示値）は，

$$|\dot{I}_a+\dot{I}_c|=2.5\,[\text{A}]$$

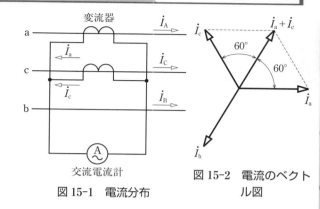

図 15-1　電流分布

図 15-2　電流のベクトル図

Point 電流計に流れる電流は，ベクトルの和として求めなければならない。

問 15 （b）の解答　出題項目＜Y 接続，電流計・分流器＞　答え　（1）

平衡三相負荷の全消費電力 P[W]は，
$$P=3I^2R$$
これより，負荷の抵抗 R[Ω]は，

$$R=\frac{P}{3I^2}=\frac{6\times10^3}{3\times10^2}=20\,[\Omega]$$

1 相当たりの負荷のインピーダンス Z は，線間電圧を $V(=400\,[\text{V}])$ とすると，

$$Z=\frac{\dfrac{V}{\sqrt{3}}}{I}=\frac{\dfrac{400}{\sqrt{3}}}{10}=\frac{40}{\sqrt{3}}\,[\Omega]$$

　また，負荷のインピーダンス Z は，抵抗 R と誘導性リアクタンスを X を用いると，
$$Z=\sqrt{R^2+X^2}$$
以上より，負荷の誘導性リアクタンス X は，

$$X=\sqrt{Z^2-R^2}=\sqrt{\left(\frac{40}{\sqrt{3}}\right)^2-20^2}$$
$$\fallingdotseq11.5\,[\Omega]$$

【**別解**】　平衡三相負荷の皮相電力 S は，
$$S=\sqrt{3}\,VI=\sqrt{3}\times400\times10$$
$$\fallingdotseq6\,928\,[\text{V·A}]=6.928\,[\text{kV·A}]$$

　負荷の力率 $\cos\theta$ は，

$$\cos\theta=\frac{P}{S}=\frac{6}{6.928}\fallingdotseq0.866$$

　したがって，インピーダンス三角形（**図 15-3**）から，誘導性リアクタンス X は，

$$X=R\tan\theta=R\frac{\sin\theta}{\cos\theta}=20\times\frac{\sqrt{1-0.866^2}}{0.866}$$
$$\fallingdotseq11.5\,[\Omega]$$

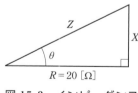

図 15-3　インピーダンス三角形

補足　この負荷の力率角 θ は，
$$\theta=\cos^{-1}0.866\fallingdotseq30°$$

問 16 　出題分野＜電気計測＞ 　　　　　　　難易度 ★★★ 　重要度 ★★☆

　図のように，電源 E[V]，負荷抵抗 R[Ω]，内部抵抗 R_v[Ω]の電圧計及び内部抵抗 R_a[Ω]の電流計を接続した回路がある。この回路において，電圧計及び電流計の指示値がそれぞれ V_1[V]，I_1[A]であるとき，次の(a)及び(b)の問に答えよ。ただし，電圧計と電流計の指示値の積を負荷抵抗 R[Ω]の消費電力の測定値とする。

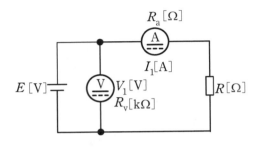

(a)　電流計の電力損失の値[W]を表す式として，正しいものを次の(1)～(5)のうちから一つ選べ。

(1)　$\dfrac{V_1^2}{R_a}$

(2)　$\dfrac{V_1^2}{R_a} - I_1^2 R_a$

(3)　$\dfrac{V_1^2}{R_v} + I_1^2 R_a$

(4)　$I_1^2 R_a$

(5)　$I_1^2 R_a - I_1^2 R_v$

(b)　今，負荷抵抗 $R = 320\,Ω$，電流計の内部抵抗 $R_a = 4\,Ω$ が分かっている。

　この回路で得られた負荷抵抗 R[Ω]の消費電力の測定値 $V_1 I_1$[W]に対して，R[Ω]の消費電力を真値とするとき，誤差率の値[％]として最も近いものを次の(1)～(5)のうちから一つ選べ。

(1)　0.3　　　(2)　0.8　　　(3)　0.9　　　(4)　1.0　　　(5)　1.2

問 16 の（a）の解答　　出題項目＜電圧計，電流計・分流器＞　　　答え　（4）

電流計の内部抵抗 $R_a[\Omega]$ に流れる電流は $I_1[A]$ なので，電流計の電力損失 $P_A[W]$ は，

$$P_A = I_1^2 R_a$$

解説

直流回路の消費電力は，電圧計の指示値 V_1 [V]と電流計の指示値 $I_1[A]$ の積から間接的に求めることができる。このとき，電流計と電圧計の接続方法には次の二通りがある。

図 16-1 のように接続した場合，電流計の指示値には，電圧計の内部抵抗 R_v に流れる電流が含まれる。このとき，電圧計と電流計の指示値の積による電力 P は，

$$P = V_1 I_1 = VI + \frac{V^2}{R_v}$$

この式の第 2 項が誤差となり，$R_v = \infty$ であれば正確な電力が求められるが，実際には R_v による誤差を生じる。

図 16-2 のように接続した場合，電圧計の指示値には，電流計の内部抵抗 R_a による電圧降下が含まれる。よって，電圧計と電流計の指示値の積による電力 P は，

$$P = V_1 I_1 = VI + I^2 R_a$$

この式の第 2 項が誤差となり，$R_a \fallingdotseq 0$ であれば正確な電力が求められるが，実際には R_a による誤差を生じる。

ここで，両者の誤差が等しくなる条件から，

$$\frac{V^2}{R_v} = I^2 R_a$$

$$\frac{V^2}{I^2} = R^2 = R_a R_v \qquad \therefore \quad R = \sqrt{R_a R_v}$$

よって，$R < \sqrt{R_a R_v}$ の場合，図 16-1 の接続方法のほうが誤差は小さくなり，$R > \sqrt{R_a R_v}$ の場合，図 16-2 の接続方法のほうが誤差は小さくなる。このように，電圧計と電流計から間接的に電力を測定する場合には，負荷抵抗の値によってどちらかの接続方法を選ぶ必要がある。

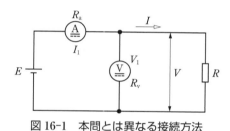

図 16-1　本問とは異なる接続方法

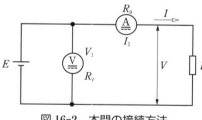

図 16-2　本問の接続方法

問 16 の（b）の解答　　出題項目＜電圧計，電流計・分流器，測定誤差＞　　答え　（5）

誤差率 $\varepsilon[\%]$ は，真の値を T，測定値を M として，

$$\varepsilon = \frac{M - T}{T} \times 100 [\%]$$

題意より，負荷抵抗 $R = 320[\Omega]$ の消費電力を真の値 T とするので，

$$T = R I_1^2 = 320 I_1^2$$

しかし，測定値 M には電流計の内部抵抗 $R_a = 4[\Omega]$ の電力損失が含まれるので，

$$M = 320 I_1^2 + 4 I_1^2 = 324 I_1^2$$

したがって，誤差率 ε は，

$$\varepsilon = \frac{324 I_1^2 - 320 I_1^2}{320 I_1^2} \times 100$$

$$= \frac{4}{320} \times 100 = 1.25 [\%] \quad \rightarrow \quad 1.2\%$$

補足
誤差を取り除く操作を補正という。補正は次式で定義される。

補正 $= T - M$

また，補正と測定値との比を補正率という。

（類題：平成 28 年度問 16）

令和4(2022)
令和3(2021)
令和2(2020)
令和元(2019)
平成30(2018)
平成29(2017)
平成28(2016)
平成27(2015)
平成26(2014)
平成25(2013)
平成24(2012)
平成23(2011)
平成22(2010)
平成21(2009)
平成20(2008)

問17 及び問18 は選択問題であり，問17 又は問18 のどちらかを選んで解答すること。両方解答すると採点されません。

（選択問題）

問17 出題分野＜静電気＞ 難易度 ★★☆ 重要度 ★★★

図のように，極板間の厚さ d[m]，表面積 S[m²]の平行板コンデンサ A と B がある。コンデンサ A の内部は，比誘電率と厚さが異なる3種類の誘電体で構成され，極板と各誘電体の水平方向の断面積は同一である。コンデンサ B の内部は，比誘電率と水平方向の断面積が異なる3種類の誘電体で構成されている。コンデンサ A の各誘電体内部の電界の強さをそれぞれ E_{A1}，E_{A2}，E_{A3}，コンデンサ B の各誘電体内部の電界の強さをそれぞれ E_{B1}，E_{B2}，E_{B3} とし，端効果，初期電荷及び漏れ電流は無視できるものとする。また，真空の誘電率を ε_0[F/m]とする。両コンデンサの上側の極板に電圧 V[V]の直流電源を接続し，下側の極板を接地した。次の（ a ）及び（ b ）の問に答えよ。

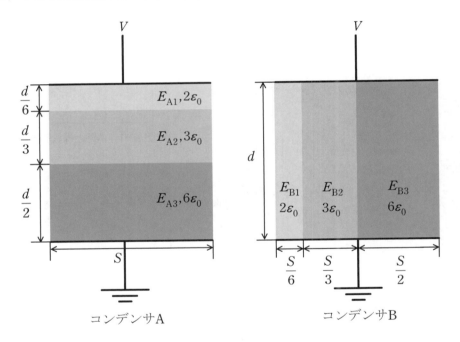

コンデンサA　　　　　　　　　　コンデンサB

（ a ） コンデンサ A における各誘電体内部の電界の強さの大小関係とその中の最大値の組合せとして，正しいものを次の（1）～（5）のうちから一つ選べ。

（1） $E_{A1} > E_{A2} > E_{A3}$，$\dfrac{3V}{5d}$　　（2） $E_{A1} < E_{A2} < E_{A3}$，$\dfrac{3V}{5d}$　　（3） $E_{A1} = E_{A2} = E_{A3}$，$\dfrac{V}{d}$

（4） $E_{A1} > E_{A2} > E_{A3}$，$\dfrac{9V}{5d}$　　（5） $E_{A1} < E_{A2} < E_{A3}$，$\dfrac{9V}{5d}$

（ b ） コンデンサ A 全体の蓄積エネルギーは，コンデンサ B 全体の蓄積エネルギーの何倍か，正しいものを次の（1）～（5）のうちから一つ選べ。

（1） 0.72　　（2） 0.83　　（3） 1.00　　（4） 1.20　　（5） 1.38

問 17 の（a）の解答　　出題項目＜平行板コンデンサ＞　　　　答え　（4）

コンデンサ A において，電極間の電束密度を $D[\text{C/m}^2]$ とすると，

$$D = 2\varepsilon_0 E_{A1} = 3\varepsilon_0 E_{A2} = 6\varepsilon_0 E_{A3}$$

これより，電界の強さ E_{A1}，E_{A2}，E_{A3} は，

$$E_{A1} = \frac{D}{2\varepsilon_0}, \quad E_{A2} = \frac{D}{3\varepsilon_0}, \quad E_{A3} = \frac{D}{6\varepsilon_0}$$

よって，E_{A1}，E_{A2}，E_{A3} の大小関係は，

$$E_{A1} > E_{A2} > E_{A3}$$

また，電界の強さと電界中の電位の関係から，

$$E_{A1} \times \frac{d}{6} + E_{A2} \times \frac{d}{3} + E_{A3} \times \frac{d}{2} = V \qquad ①$$

ここで，電界の強さは媒質の誘電率に反比例す

るので，

$$E_{A2} = \frac{2\varepsilon_0}{3\varepsilon_0} E_{A1} = \frac{2}{3} E_{A1}$$

$$E_{A3} = \frac{2\varepsilon_0}{6\varepsilon_0} E_{A1} = \frac{1}{3} E_{A1}$$

これらを①式へ代入すると，

$$E_{A1} \times \frac{d}{6} + \frac{2}{3} E_{A1} \times \frac{d}{3} + \frac{1}{3} E_{A1} \times \frac{d}{2} = V$$

$$\left(\frac{1}{6} + \frac{2}{9} + \frac{1}{6} \right) E_{A1} d = V$$

$$\frac{3+4+3}{18} E_{A1} d = V \qquad \therefore E_{A1} = \frac{9V}{5d}$$

問 17 の（b）の解答　　出題項目＜平行板コンデンサ，仕事・静電エネルギー＞　　　答え　（2）

電極間の厚さ $d[\text{m}]$，表面積 $S[\text{m}^2]$ の真空コンデンサの静電容量 $C_0[\text{F}]$ は，

$$C_0 = \varepsilon_0 \frac{S}{d}$$

この真空コンデンサを電圧 $V[\text{V}]$ で充電すると，静電エネルギー $W = \frac{1}{2} C_0 V^2 [\text{J}]$ が蓄積される。すなわち，**蓄積されるエネルギーは，電圧が一定であれば静電容量に比例する。**

コンデンサ A の上段，中段，下段の各静電容量 C_{A1}，C_{A2}，$C_{A3}[\text{F}]$ は，

$$C_{A1} = 2\varepsilon_0 \frac{S}{d/6} = 12\varepsilon_0 \frac{S}{d} = 12 C_0$$

$$C_{A2} = 3\varepsilon_0 \frac{S}{d/3} = 9\varepsilon_0 \frac{S}{d} = 9 C_0$$

$$C_{A3} = 6\varepsilon_0 \frac{S}{d/2} = 12\varepsilon_0 \frac{S}{d} = 12 C_0$$

これらの合成静電容量（コンデンサ A の静電容量）$C_A[\text{F}]$ は，3 個のコンデンサ C_{A1}，C_{A2}，C_{A3} の直列接続なので，

$$\frac{1}{C_A} = \frac{1}{C_{A1}} + \frac{1}{C_{A2}} + \frac{1}{C_{A3}}$$

$$= \frac{1}{12 C_0} + \frac{1}{9 C_0} + \frac{1}{12 C_0} = \frac{3+4+3}{36 C_0}$$

$$\therefore C_A = \frac{18}{5} C_0$$

また，コンデンサ B の左側，中央，右側の各静電容量 C_{B1}，C_{B2}，$C_{B3}[\text{F}]$ は，

$$C_{B1} = 2\varepsilon_0 \frac{S/6}{d} = \frac{1}{3} \cdot \varepsilon_0 \frac{S}{d} = \frac{1}{3} C_0$$

$$C_{B2} = 3\varepsilon_0 \frac{S/3}{d} = \varepsilon_0 \frac{S}{d} = C_0$$

$$C_{B3} = 6\varepsilon_0 \frac{S/2}{d} = 3 \cdot \varepsilon_0 \frac{S}{d} = 3 C_0$$

これらの合成静電容量（コンデンサ B の静電容量）$C_B[\text{F}]$ は，3 個のコンデンサ C_{B1}，C_{B2}，C_{B3} の並列接続なので，

$$C_B = C_{B1} + C_{B2} + C_{B3}$$

$$= \left(\frac{1}{3} + 1 + 3 \right) C_0 = \frac{13}{3} C_0$$

したがって，蓄積エネルギーの倍率（＝ 静電容量の倍率）は，

$$\frac{C_A}{C_B} = \frac{\dfrac{18}{5} C_0}{\dfrac{13}{3} C_0} = \frac{18 \times 3}{5 \times 13} \fallingdotseq 0.83$$

令和 4 (2022)　令和 3 (2021)　令和 2 (2020)　令和元 (2019)　平成 30 (2018)　平成 29 (2017)　平成 28 (2016)　平成 27 (2015)　平成 26 (2014)　平成 25 (2013)　平成 24 (2012)　平成 23 (2011)　平成 22 (2010)　平成 21 (2009)　平成 20 (2008)

（選択問題）

問 18　出題分野＜電子回路＞　　　　　　難易度 ★✦★　重要度 ★★★

発振回路について，次の（a）及び（b）の問に答えよ。

（a）　図1は，ある発振回路のコンデンサを開放し，同時にコイルを短絡した，直流分を求めるための回路図である。図中の電圧 V_C[V] として，最も近いものを次の（1）～（5）のうちから一つ選べ。

　　　ただし，図中の V_BE 並びにエミッタ接地トランジスタの直流電流増幅率 h_FE をそれぞれ $V_\mathrm{BE}=0.6\,\mathrm{V}$，$h_\mathrm{FE}=100$ とする。

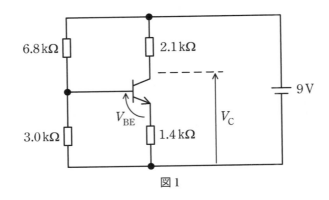

図1

（1）　3　　　　（2）　4　　　　（3）　5　　　　（4）　6　　　　（5）　7

（次々頁に続く）

問18の（a）の解答　　出題項目＜トランジスタ増幅回路＞　　答え　（4）

図 18-1 のように，電流，電圧，抵抗の分布を
定める。

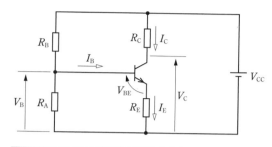

ベース電流 I_B [A]	電源電圧 $V_{CC}=9$ [V]
コレクタ電流 I_C [A]	抵抗 $R_A=3.0$ [kΩ]
エミッタ電流 I_E [A]	抵抗 $R_B=6.8$ [kΩ]
ベース電圧 V_B [V]	コレクタ抵抗 $R_C=2.1$ [kΩ]
コレクタ電圧 V_C [V]	エミッタ抵抗 $R_E=1.4$ [kΩ]
エミッタ-ベース間電圧 $V_{BE}=0.6$ [V]	

図 18-1　電流，電圧，抵抗の分布

コレクタ電圧 V_C は，電源電圧 V_{CC} からコレ
クタ抵抗 R_C における電圧降下 $R_C I_C$ を差し引いた
値である。題意に V_{CC} と R_C の値が与えられてい
るので，コレクタ電流 I_C の値が分かれば V_C が
求められる。

直流電流増幅率 $h_{FE}=100$ であり，ベース電流
I_B は非常に小さな値である。よって，ベース電
圧 V_B は，電源電圧 V_{CC} を抵抗 R_A と R_B で分圧
した，R_B における電圧降下に等しいと近似でき
る。よって，

$$V_B = \frac{R_A}{R_A+R_B} V_{CC} = \frac{3.0}{3.0+6.8} \times 9$$
$$\approx 2.76 \,[\mathrm{V}]$$

エミッタ電流 I_E は，エミッタ抵抗 R_E に加わる
電圧が $V_B - V_{BE}$ であることから，

$$I_E = \frac{V_B - V_{BE}}{R_E} = \frac{2.76-0.6}{1.4 \times 10^3}$$
$$\approx 1.54 \times 10^{-3} \,[\mathrm{A}]$$

ところで，キルヒホッフの電流則より，エミッ
タ電流 I_E はコレクタ電流 I_C とベース電流 I_B の
和なので，

$$I_E = I_C + I_B$$

ここで，コレクタ電流 I_C は，直流電流増幅率
h_{FE} を用いて表すと，

$$I_C = h_{FE} I_B \qquad \therefore \quad I_B = \frac{I_C}{h_{FE}}$$

よって，エミッタ電流 I_E は，

$$I_E = I_C + \frac{I_C}{h_{FE}} = \left(1 + \frac{1}{h_{FE}}\right) I_C$$

これより，コレクタ電流 I_C は，

$$I_C = \frac{I_E}{1 + \dfrac{1}{h_{FE}}} = \frac{1.54 \times 10^{-3}}{1 + \dfrac{1}{100}}$$
$$\approx 1.52 \times 10^{-3} \,[\mathrm{A}]$$

したがって，コレクタ電圧 V_C は，

$$V_C = V_{CC} - R_C I_C$$
$$= 9 - 2.1 \times 10^3 \times 1.52 \times 10^{-3}$$
$$\approx 5.81 \,[\mathrm{V}] \quad \rightarrow \quad 6\,\mathrm{V}$$

補足　ベース電流 I_B に対するコレクタ電流
I_C の比を直流電流増幅率 h_{FE} という。この h_{FE} に
単位はなく，その値は数十〜数百である。

$$h_{FE} = \frac{I_C}{I_B}$$

Point 図 18-1 において，抵抗 R_A と R_B は電源
電圧 V_{CC} を分圧してベース電圧 V_B を決定するた
めのもので，ブリーダ抵抗と呼ばれる。R_A に流
れる電流を大きくしてベース電流 I_B を小さくす
れば，近似的に次式が成立する。

$$V_B = \frac{R_A}{R_A+R_B} V_{CC}$$

（続き）

（b） 図2は，ある発振回路のトランジスタに接続されている，電極間のリアクタンスを示している。ただし，バイアス回路は省略している。この回路が発振するとき，発振周波数 $f_0[\text{kHz}]$ はどの程度の大きさになるか，最も近いものを次の（1）～（5）のうちから一つ選べ。

ただし，発振周波数は，図に示されている素子の値のみにより定まるとしてよい。

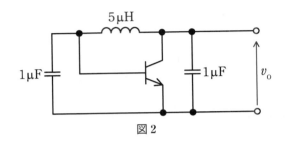

図2

（1） 0.1 　　（2） 1 　　（3） 10 　　（4） 100 　　（5） 1 000

問18の（b）の解答　　出題項目＜発振回路＞　　答え　（4）

図18-2のように，B-E（ベース-エミッタ）間，C-E（コレクタ-エミッタ）間の静電容量 $C_1=1$［μF］，$C_2=1$［μF］，インダクタンス $L=5$［μH］と定める。

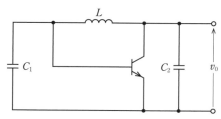

図18-2　静電容量とインダクタンス

この回路をコルピッツ発振回路という。電源電圧がなく入力電圧がないので，コンデンサの充放電により発振する。このとき，充放電は，L，C_1，C_2 の直列回路で行われる。

LC回路の発振周波数 f_0［Hz］は，C_1 と C_2 の直列合成静電容量を C として，

$$f_0 = \frac{1}{2\pi\sqrt{LC}}$$

ここで，直列合成静電容量 C は，

$$\frac{1}{C} = \frac{1}{C_1} + \frac{1}{C_2} \qquad \therefore\ C = \frac{C_1 C_2}{C_1 + C_2}$$

よって，

$$f_0 = \frac{1}{2\pi\sqrt{L\dfrac{C_1 C_2}{C_1 + C_2}}}$$

この式に題意の数値（$L=5$［μH］，$C_1=C_2=1$［μF］）を代入すると，

$$f_0 = \frac{1}{2\pi\sqrt{5\times10^{-6}\times\dfrac{1\times10^{-6}\times1\times10^{-6}}{1\times10^{-6}+1\times10^{-6}}}}$$

$$\fallingdotseq 100\times10^3[\mathrm{Hz}] = 100[\mathrm{kHz}]$$

解説

コルピッツ発振回路（図18-3）は，コイル（インダクタンス L［H］）と二つのコンデンサ（静電容量 C_1，C_2［F］）の合成リアクタンスが0となるような周波数 f_0［Hz］で発振する。

角周波数を ω_0［rad/s］とすると，合成リアクタンスは，

$$\mathrm{j}\omega_0 L + \frac{1}{\mathrm{j}\omega_0 C_1} + \frac{1}{\mathrm{j}\omega_0 C_2} = 0$$

$$\omega_0^2 L = \frac{1}{C_1} + \frac{1}{C_2} = \frac{C_1 + C_2}{C_1 C_2}$$

$$\omega_0 = 2\pi f_0 = \frac{1}{\sqrt{L\dfrac{C_1 C_2}{C_1 + C_2}}}$$

$$\therefore\ f_0 = \frac{1}{2\pi\sqrt{L\dfrac{C_1 C_2}{C_1 + C_2}}}$$

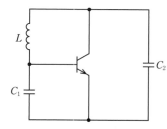

図18-3　コルピッツ発振回路

理論 令和2年度（2020年度）

A問題 （配点は1問題当たり5点）

問1　出題分野＜静電気＞　　難易度 ★★★　重要度 ★★★

　図のように，紙面に平行な平面内の平等電界 E[V/m]中で2Cの点電荷を点Aから点Bまで移動させ，さらに点Bから点Cまで移動させた。この移動に，外力による仕事 $W＝14$J を要した。点Aの電位に対する点Bの電位 V_{BA}[V]の値として，最も近いものを次の（1）～（5）のうちから一つ選べ。

　ただし，点電荷の移動はゆっくりであり，点電荷の移動によってこの平等電界は乱れないものとする。

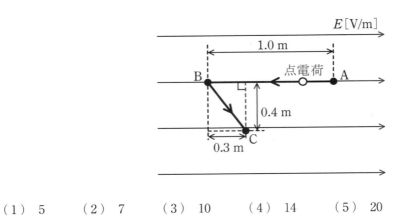

（1）　5　　　　（2）　7　　　　（3）　10　　　　（4）　14　　　　（5）　20

問1の解答　　出題項目＜仕事・静電エネルギー＞　　答え　（3）

図 1-1 のように，点 C から線分 AB に垂線を引いたとき，その交点を P とする。平等電界中においては，点 A の電位に対する点 C の電位 V_{CA} と，点 A の電位に対する点 P の電位 V_{PA} は等しい（点 P と点 C は同じ等電位線上に位置する）。

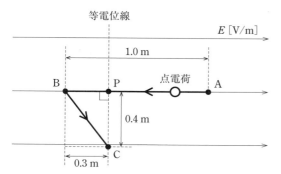

図 1-1　平等電界中における点電荷の移動

題意より，点電荷 $q=2[\mathrm{C}]$ を点 A から点 B を経由して点 C まで移動させたときに仕事 $W=14[\mathrm{J}]$ を要したので，

$$V_{PA}=V_{CA}=\frac{W}{q}=\frac{14}{2}=7[\mathrm{V}]$$

平等電界 E は，PA 間の距離が $(1.0-0.3=)0.7$ m なので，

$$E=\frac{V_{PA}}{\overline{PA}}=\frac{7}{0.7}=10[\mathrm{V/m}]$$

よって，点 A の電位に対する点 B の電位 V_{BA} は，平等電界 E に AB 間の距離 1.0 m を乗じて，

$$V_{BA}=E\times\overline{AB}=10\times1.0=10[\mathrm{V}]$$

解説 ••••••••••••••••••••

ある点の電位は，基準点からその点まで単位正電荷（＋1C）を移動させるのに要する仕事（＝力×移動距離）で定義される。このとき，電位は基準点の位置と移動後の位置で決まり，途中の経路にはよらない。また，電位は向きを持たないスカラー量である。

したがって，$q[\mathrm{C}]$ の電荷の移動に要した仕事を $W[\mathrm{J}]$ とすると，二点間の電位差 $V[\mathrm{V}]$ は，

$$V=\frac{W}{q}$$

また，電界 $E[\mathrm{V/m}]$ は電位の傾きなので，二点間の距離を $d[\mathrm{m}]$ とすると，

$$E=\frac{V}{d}\quad\therefore\quad V=Ed$$

なお，電位の単位は，上記の定義からジュール毎クーロン $[\mathrm{J/C}]$ となるが，これをボルト $[\mathrm{V}]$ としている。

$$1[\mathrm{V}]=1[\mathrm{J/C}]$$

補足 物体に力を加えて，力の向きに物体を動かしたとき，その力は物体に対して仕事をしたという。このとき，物体が $W[\mathrm{J}]$ の仕事をされたとすると，物体は $W[\mathrm{J}]$ のエネルギーを得る。

AP 間，PB 間，BC 間の移動に要した仕事を W_{AP}，W_{PB}，W_{BC} とすると，

$$W=W_{AP}+W_{PB}+W_{BC}$$
$$=W_{AP}+W_{PB}+(-W_{PB})=W_{AP}$$

ここで，$W_{BC}=-W_{PB}$ となるのは，BC 間では点電荷が平等電界から仕事をされているためである。このことは，BC 間の移動には「負（マイナス）の仕事を要した」と言い換えることができる。

また，等電位線に沿って点電荷を移動させるのに要する仕事は零なので，点電荷を点 A から点 C まで移動するときに要する仕事 $W_{AC}=W_{AP}$ である。

Point 電界の向きと等電位線は直交する。等電位線に沿って電荷を移動させても仕事は零である。

問 2 　出題分野＜静電気＞　　　　　　　　　　難易度 ★★☆　　重要度 ★★★

　　四本の十分に長い導体円柱①～④が互いに平行に保持されている。①～④は等しい直径を持ち，図の紙面を貫く方向に単位長さあたりの電気量 $+Q$[C/m]又は $-Q$[C/m]で均一に帯電している。ただし，$Q>0$ とし，①の帯電電荷は正電荷とする。円柱の中心軸と垂直な面内の電気力線の様子を図に示す。ただし，電気力線の向きは示していない。このとき，①～④が帯びている単位長さあたりの電気量の組合せとして，正しいものを次の（1）～（5）のうちから一つ選べ。

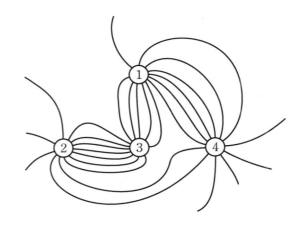

	①	②	③	④
（1）	$+Q$	$+Q$	$+Q$	$+Q$
（2）	$+Q$	$+Q$	$-Q$	$-Q$
（3）	$+Q$	$-Q$	$+Q$	$+Q$
（4）	$+Q$	$-Q$	$-Q$	$-Q$
（5）	$+Q$	$+Q$	$+Q$	$-Q$

問2の解答　出題項目＜電気力線・電束＞

答え　（2）

電気力線は，電界の様子を目で見えるようにした仮想の多数の線であり，正電荷から出発して負電荷に入る性質がある。

題意より，①の帯電電荷は正電荷（＋Q）なので，ここから電気力線が出発することになる。その行き先は③と④である。よって，③と④の帯電電荷はともに負電荷（－Q）である。

③と④が負電荷であれば，②から電気力線が出発して③と④に入るので，②の帯電電荷は正電荷（＋Q）である。

以上より，電気力線の様子は，**図2-1**のようになる。

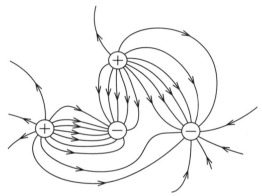

図2-1　電気力線の様子

解説

電気力線には以下の性質がある。

- 電気力線は，正電荷から出て負電荷に入る。
- 電気力線は，途中で分岐したり，他の電気力線と交差したりしない。
- 電気力線は縮もうとし，同じ向きの電気力線同士は反発し合う。
- 電気力線の接線の向きは，その点の電界の向きと一致する。
- 電気力線の密度は，その点の電界の強さを表す。
- 電気力線は，導体の表面に垂直に出入りする。
- 電気力線は，導体内部には存在しない。

補足　誘電率が ε[F/m]である空間に置かれた正電荷 Q[C]からは，$\dfrac{Q}{\varepsilon}$ 本の電気力線が出る。

この問題の①～④の導体円柱から出入りする電気力線は，いずれも12本描かれている。ここで，空間の誘電率を ε[F/m]とすれば，導体円柱の単位長さあたりの電気量 $Q=12\varepsilon$[C/m]となる。

令和4(2022)　令和3(2021)　令和2(2020)　令和元(2019)　平成30(2018)　平成29(2017)　平成28(2016)　平成27(2015)　平成26(2014)　平成25(2013)　平成24(2012)　平成23(2011)　平成22(2010)　平成21(2009)　平成20(2008)

問3　出題分野＜電磁気＞　　　難易度 ★★★　重要度 ★★★

　平等な磁束密度 B_0[T]のもとで，一辺の長さが h[m]の正方形ループ ABCD に直流電流 I[A]が流れている。B_0 の向きは辺 AB と平行である。B_0 がループに及ぼす電磁力として，正しいものを次の（1）～（5）のうちから一つ選べ。

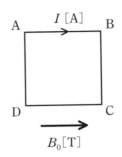

（1）　大きさ $2IhB_0$[N]の力

（2）　大きさ $4IhB_0$[N]の力

（3）　大きさ Ih^2B_0[N・m]の偶力のモーメント

（4）　大きさ $2Ih^2B_0$[N・m]の偶力のモーメント

（5）　力も偶力のモーメントも働かない

問3の解答　　出題項目＜電磁力＞

磁束密度 B_0[T]の平等磁界中で，長さ h[m]の導線に電流 I[A]を流した場合，次式で表される電磁力 F[N]が作用する。

$$F = IB_0h\sin\theta$$

ここで，θ は磁界と電流の向きがなす角である。

辺 AB と辺 DC は，電流と磁界の向きが平行（$\theta = 0°$ より $\sin 0° = 0$）なので，電磁力は働かない。

辺 AD に作用する電磁力 F_{AD}[N]，辺 BC に作用する電磁力 F_{BC}[N]は，

$F_{AD} = IB_0h$　　（向き：紙面の表から裏）

$F_{BC} = IB_0h$　　（向き：紙面の裏から表）

電磁力 F_{AD} と F_{BC} の大きさは等しいが，互いに逆向きであるので，B_0 がループに及ぼす作用は**偶力のモーメント**となり，その大きさ N[N·m]は次式で表される。

$$N = IB_0h \times h = Ih^2B_0$$

解説

図 **3-1** のように，物体に大きさが等しく，逆向きの力が作用するとき，物体には回転する作用が働く。このような力の対を偶力という。偶力のモーメント N[N·m]は，力の大きさ F[N]と二つの力の作用線間の距離 l[m]の積で表される。

$$N = F \cdot l$$

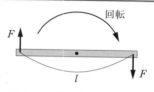

図 3-1　偶力のモーメント

補足　偶力は物体を回転させるだけで，移動させる作用はない。また，力が物体の回転運動を引き起こす効果の大きさを**力のモーメント**という。なお，固定された回転軸を中心に働く，回転軸のまわりの力のモーメントを**トルク**という。

Point 図 **3-2** において，左手の人差し指を磁界，中指を電流の向きにとると，電磁力の向きは親指の指す向きに一致する（**フレミングの左手の法則**）。

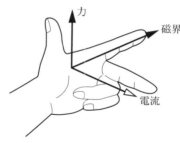

図 3-2　フレミングの左手の法則

令和 4 (2022)
令和 3 (2021)
令和 2 (2020)
令和元 (2019)
平成 30 (2018)
平成 29 (2017)
平成 28 (2016)
平成 27 (2015)
平成 26 (2014)
平成 25 (2013)
平成 24 (2012)
平成 23 (2011)
平成 22 (2010)
平成 21 (2009)
平成 20 (2008)

問4　　出題分野＜電磁気＞　　　　難易度 ★★★　　重要度 ★★★

　磁力線は，磁極の働きを理解するのに考えた仮想的な線である。この磁力線に関する記述として，誤っているものを次の（1）～（5）のうちから一つ選べ。

（1）　磁力線は，磁石のN極から出てS極に入る。

（2）　磁極周囲の物質の透磁率をμ[H/m]とすると，m[Wb]の磁極から$\dfrac{m}{\mu}$本の磁力線が出入りする。

（3）　磁力線の接線の向きは，その点の磁界の向きを表す。

（4）　磁力線の密度は，その点の磁束密度を表す。

（5）　磁力線同士は，互いに反発し合い，交わらない。

問5　　出題分野＜直流回路＞　　　　難易度 ★★★　　重要度 ★★★

　次に示す，A，B，C，Dの四種類の電線がある。いずれの電線もその長さは1kmである。この四つの電線の直流抵抗値をそれぞれR_A[Ω]，R_B[Ω]，R_C[Ω]，R_D[Ω]とする。R_A～R_Dの大きさを比較したとき，その大きさの大きい順として，正しいものを次の（1）～（5）のうちから一つ選べ。ただし，ρは各導体の抵抗率とし，また，各電線は等断面，等質であるとする。

　A：断面積が9×10^{-5} m^{2}の鉄（$\rho = 8.90 \times 10^{-8}$ Ω・m）でできた電線

　B：断面積が5×10^{-5} m^{2}のアルミニウム（$\rho = 2.50 \times 10^{-8}$ Ω・m）でできた電線

　C：断面積が1×10^{-5} m^{2}の銀（$\rho = 1.47 \times 10^{-8}$ Ω・m）でできた電線

　D：断面積が2×10^{-5} m^{2}の銅（$\rho = 1.55 \times 10^{-8}$ Ω・m）でできた電線

（1）　$R_A > R_C > R_D > R_B$

（2）　$R_A > R_D > R_C > R_B$

（3）　$R_B > R_D > R_C > R_A$

（4）　$R_C > R_A > R_D > R_B$

（5）　$R_D > R_C > R_A > R_B$

問4の解答　出題項目＜磁力線・磁束＞

答え　（4）

（1）　正。磁力線は，磁石のN極から出てS極に入る。なお，N極を正極，S極を負極ともいう。

（2）　正。磁極周囲の物質の透磁率をμ[H/m]とすると，m[Wb]の磁極から$\dfrac{m}{\mu}$本の磁力線が出入りする。

（3）　正。磁力線の接線の向きは，その点の磁界の向きを表す。

（4）　誤。磁力線の密度（単位面積あたりの磁力線の本数）は，その点の**磁界の強さ**を表す。磁束密度を表してはいない。

（5）　正。磁力線は縮もうとし，磁力線同士は互いに反発し合う。また，途中で分岐したり，他の磁力線と交わったりしない。

解説

磁力線は，磁界の様子を視覚的に表した仮想の線である。m[Wb]の磁極から出る磁力線は$\dfrac{m}{\mu}$本であるので，磁極周囲の物質の透磁率μによって本数は変わる。一方，m[Wb]の磁極から周囲の物質に関係なくm本の線が出るとした仮想の線を磁束といい，単位には磁極の強さと同じウェーバ[Wb]が用いられる。

磁束と垂直な$1\,\mathrm{m}^2$（単位面積）の面を通る磁束の量を磁束密度と呼び，単位にはテスラ[T]が用いられる。磁束密度B[T]と磁界の強さH[A/m]との間には，次式で表される関係がある。

$$B = \mu H$$

補足　電気力線の密度は電界の強さ，磁力線の密度は磁界の強さを表す。

問5の解答　出題項目＜直流抵抗＞

答え　（4）

各電線の電気抵抗を求めると，

$$R_\mathrm{A} = 8.90 \times 10^{-8} \times \dfrac{1 \times 10^3}{9 \times 10^{-5}} \fallingdotseq 0.989\,[\Omega]$$

$$R_\mathrm{B} = 2.50 \times 10^{-8} \times \dfrac{1 \times 10^3}{5 \times 10^{-5}} = 0.50\,[\Omega]$$

$$R_\mathrm{C} = 1.47 \times 10^{-8} \times \dfrac{1 \times 10^3}{1 \times 10^{-5}} = 1.47\,[\Omega]$$

$$R_\mathrm{D} = 1.55 \times 10^{-8} \times \dfrac{1 \times 10^3}{2 \times 10^{-5}} = 0.775\,[\Omega]$$

したがって，電気抵抗値（直流抵抗値）の大きい順に並べると，$R_\mathrm{C} > R_\mathrm{A} > R_\mathrm{D} > R_\mathrm{B}$となる。

解説

図5-1のような長さl[m]，断面積S[m²]，抵抗率ρ[Ω·m]である電線の電気抵抗R[Ω]は，次式で表される。

$$R = \rho \dfrac{l}{S}$$

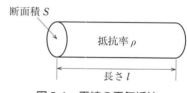

図5-1　電線の電気抵抗

補足　抵抗率の逆数を導電率という。導電率σ[S/m]が大きいほど電流が流れやすい。

$$\sigma = \dfrac{1}{\rho}$$

仮に，電線の断面積Sと長さlが等しいとすれば，四種類の電線では，銀が最も電流が流れやすく，次いで銅，アルミニウム，鉄の順となる。

令和4（2022）
令和3（2021）
令和2（2020）
令和元（2019）
平成30（2018）
平成29（2017）
平成28（2016）
平成27（2015）
平成26（2014）
平成25（2013）
平成24（2012）
平成23（2011）
平成22（2010）
平成21（2009）
平成20（2008）

問6　出題分野＜直流回路＞　　難易度 ★★★　重要度 ★★★

　図のように，三つの抵抗 $R_1 = 3\,\Omega$，$R_2 = 6\,\Omega$，$R_3 = 2\,\Omega$ と電圧 $V\,[\mathrm{V}]$ の直流電源からなる回路がある。抵抗 R_1，R_2，R_3 の消費電力をそれぞれ $P_1\,[\mathrm{W}]$，$P_2\,[\mathrm{W}]$，$P_3\,[\mathrm{W}]$ とするとき，その大きさの大きい順として，正しいものを次の（1）～（5）のうちから一つ選べ。

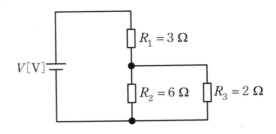

（1）　$P_1 > P_2 > P_3$　　　（2）　$P_1 > P_3 > P_2$　　　（3）　$P_2 > P_1 > P_3$

（4）　$P_2 > P_3 > P_1$　　　（5）　$P_3 > P_1 > P_2$

令和
4
(2022)

令和
3
(2021)

令和
2
(2020)

令和
元
(2019)

平成
30
(2018)

平成
29
(2017)

平成
28
(2016)

平成
27
(2015)

平成
26
(2014)

平成
25
(2013)

平成
24
(2012)

平成
23
(2011)

平成
22
(2010)

平成
21
(2009)

平成
20
(2008)

問 6 の解答　　出題項目＜抵抗直並列回路＞　　　　　答え　（2）

抵抗 $R_1=3[\Omega]$ を流れる電流を $I_1[\mathrm{A}]$ とすると，抵抗 R_2 と R_3 に流れる電流 I_2，$I_3[\mathrm{A}]$ は，

$$I_2=\frac{R_3}{R_2+R_3}I_1=\frac{2}{6+2}\times I_1=\frac{1}{4}I_1$$

$$I_3=\frac{R_2}{R_2+R_3}I_1=\frac{6}{6+2}\times I_1=\frac{3}{4}I_1$$

したがって，各抵抗の消費電力 P_1，P_2，P_3 [W] は，

$$P_1=I_1{}^2R_1=3I_1{}^2$$

$$P_2=I_2{}^2R_2=\left(\frac{1}{4}I_1\right)^2\times6=\frac{3}{8}I_1{}^2$$

$$P_3=I_3{}^2R_3=\left(\frac{3}{4}I_1\right)^2\times2=\frac{9}{8}I_1{}^2$$

よって，大きさは $P_1>P_3>P_2$ の順となる。

【別 解】 抵抗 R_1 を流れる電流 $I_1[\mathrm{A}]$ は，電源の電圧を V とすると，

$$I_1=\frac{V}{R_1+\dfrac{R_2\times R_3}{R_2+R_3}}=\frac{V}{3+\dfrac{6\times2}{6+2}}=\frac{2}{9}V$$

抵抗 R_1 の消費電力 $P_1[\mathrm{W}]$ は，

$$P_1=I_1{}^2R_1=\left(\frac{2}{9}V\right)^2\times3=\frac{4}{27}V^2$$

抵抗 R_2 を流れる電流 $I_2[\mathrm{A}]$ は，

$$I_2=\frac{R_3}{R_2+R_3}I_1=\frac{2}{6+2}\times\frac{2}{9}V=\frac{1}{18}V$$

抵抗 R_2 の消費電力 $P_2[\mathrm{W}]$ は，

$$P_2=I_2{}^2R_2=\left(\frac{V}{18}\right)^2\times6=\frac{V^2}{54}$$

抵抗 R_3 を流れる電流 $I_3[\mathrm{A}]$ は，

$$I_3=\frac{R_2}{R_2+R_3}I_1=\frac{6}{6+2}\times\frac{2}{9}V=\frac{1}{6}V$$

抵抗 R_3 の消費電力 $P_3[\mathrm{W}]$ は，

$$P_3=I_3{}^2R_3=\left(\frac{V}{6}\right)^2\times2=\frac{V^2}{18}$$

よって，大きさは $P_1>P_3>P_2$ の順となる。

問7 出題分野＜直流回路＞ 難易度 ★★★ 重要度 ★★★

　図のように，直流電源にスイッチS，抵抗5個を接続したブリッジ回路がある。この回路において，スイッチSを開いたとき，Sの両端間の電圧は1Vであった。スイッチSを閉じたときに8Ωの抵抗に流れる電流Iの値[A]として，最も近いものを次の（1）〜（5）のうちから一つ選べ。

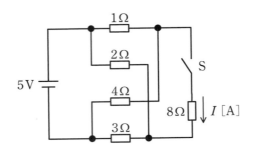

（1）　0.10　　　（2）　0.75　　　（3）　1.0　　　（4）　1.4　　　（5）　2.0

問8 出題分野＜単相交流＞ 難易度 ★★★ 重要度 ★★★

　図のように，静電容量2μFのコンデンサ，R[Ω]の抵抗を直列に接続した。この回路に，正弦波交流電圧10V，周波数1000Hzを加えたところ，電流0.1Aが流れた。抵抗Rの値[Ω]として，最も近いものを次の（1）〜（5）のうちから一つ選べ。

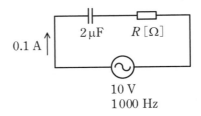

（1）　4.50　　　（2）　20.4　　　（3）　30.3　　　（4）　60.5　　　（5）　79.6

問7の解答　　出題項目＜ブリッジ回路＞　　答え（1）

スイッチ S が開いているとき，ここから見た回路内部の合成抵抗 R_0 は，**図 7-1** のように電池を短絡して考えると，1Ω と 4Ω の抵抗が並列接続，2Ω と 3Ω の抵抗が並列接続，これらにさらに抵抗 8Ω が直列接続されているので，

$$R_0 = \frac{1 \times 4}{1+4} + \frac{2 \times 3}{2+3} + 8 = 10[\Omega]$$

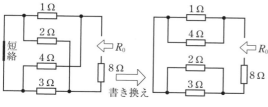

図 7-1　回路の書き換え

また，題意より，スイッチ S の両端間の電圧 $V_0 = 1[V]$ であるから，S を閉じたときに抵抗 8Ω に流れる電流 I は，テブナンの定理を適用すると，

$$I = \frac{V_0}{R_0} = \frac{1}{10} = 0.1[A]$$

解説 ････････････････････････････

図 7-2 に示す回路において，端子 a-b 間の開放電圧が $V_0[V]$ であるとき，ここに抵抗 $R[\Omega]$ を接続したとき，R を流れる電流 $I[A]$ は次式で求めることができる。これを**テブナンの定理**という。

$$I = \frac{V_0}{R_0 + R}$$

ここで，R_0 は端子 a-b から見た回路網内部の抵抗で，回路網に電圧源がある場合には短絡し，電流源がある場合には開放して求めることができる。

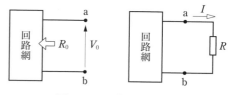

図 7-2　テブナンの定理

補足　この問題ではスイッチ S の両端間の電圧 $V_0 = 1[V]$ と示されているが，この値は次のように求められる。

$$V_0 = \frac{4}{1+4} \times 5 - \frac{3}{2+3} \times 5 = 1[V]$$

問8の解答　　出題項目＜*RC* 直列回路＞　　答え（4）

静電容量 $C[F]$ のコンデンサと抵抗値 $R[\Omega]$ の抵抗を含む直列回路の合成インピーダンス $Z[\Omega]$ は，正弦波交流電圧の角周波数を $\omega[rad/s]$ とすると，

$$Z = \sqrt{R^2 + \left(\frac{1}{\omega C}\right)^2}$$

よって，正弦波交流電圧 $V[V]$ を加えたときに回路を流れる電流 $I[A]$ は，

$$I = \frac{V}{Z} = \frac{V}{\sqrt{R^2 + \left(\frac{1}{\omega C}\right)^2}}$$

この式の両辺を 2 乗して，R について解くと，

$$R = \sqrt{\left(\frac{V}{I}\right)^2 - \left(\frac{1}{\omega C}\right)^2}$$

これに，題意の数値を代入すると，

$$R = \sqrt{\left(\frac{10}{0.1}\right)^2 - \left(\frac{1}{2\pi \times 1\,000 \times 2 \times 10^{-6}}\right)^2}$$
$$\fallingdotseq 60.56[\Omega] \quad \rightarrow \quad 60.5\ \Omega$$

解説 ････････････････････････････

この回路の抵抗 R，リアクタンス $X = \frac{1}{\omega C}$ およびインピーダンス Z の関係を，**図 8-1** に示す。

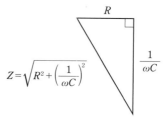

$$Z = \sqrt{R^2 + \left(\frac{1}{\omega C}\right)^2}$$

図 8-1　インピーダンス三角形

令和4(2022)　令和3(2021)　令和2(2020)　令和元(2019)　平成30(2018)　平成29(2017)　平成28(2016)　平成27(2015)　平成26(2014)　平成25(2013)　平成24(2012)　平成23(2011)　平成22(2010)　平成21(2009)　平成20(2008)

問9　出題分野＜単相交流＞

難易度 ★★★　重要度 ★★★

　図のように，$R[\Omega]$の抵抗，インダクタンス$L[H]$のコイル，静電容量$C[F]$のコンデンサと電圧$\dot{V}$[V]，角周波数$\omega[rad/s]$の交流電源からなる二つの回路 A と B がある。両回路においてそれぞれ$\omega^2LC=1$が成り立つとき，各回路における図中の電圧ベクトルと電流ベクトルの位相の関係として，正しいものの組合せを次の（1）〜（5）のうちから一つ選べ。ただし，ベクトル図における進み方向は反時計回りとする。

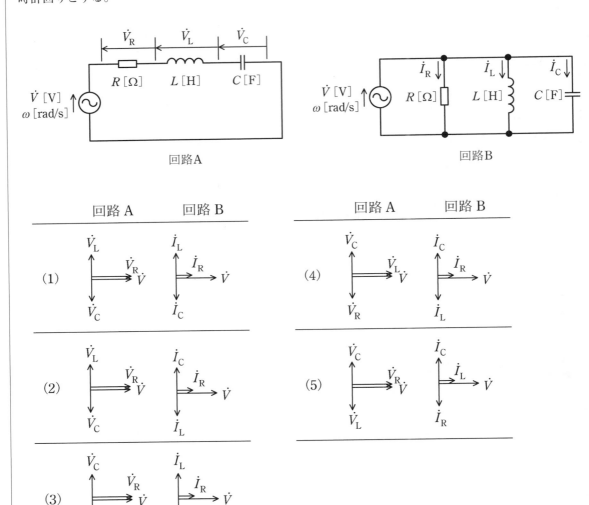

問 9 の解答　　出題項目＜共振，*RLC* 直列回路，*RLC* 並列回路＞　　答え　(2)

回路 A を流れる電流を $\dot{I}$ とすると，R，L，C の端子電圧 $\dot{V}_R$，$\dot{V}_L$，$\dot{V}_C$ は，

$$\dot{V}_R=R\dot{I}, \quad \dot{V}_L=j\omega L\dot{I}, \quad \dot{V}_C=-j\frac{1}{\omega C}\dot{I}$$

したがって，電源の電圧 $\dot{V}$ は，

$$\dot{V}=\dot{V}_R+\dot{V}_L+\dot{V}_C$$
$$=\left\{R+j\left(\omega L-\frac{1}{\omega C}\right)\right\}\dot{I}$$

題意より，$\omega^2 LC=1$ すなわち $\omega L=\dfrac{1}{\omega C}$ が成り立っているので，この回路は共振(直列共振)している。よって，

$$\dot{V}=R\dot{I}=\dot{V}_R, \quad \dot{V}_L=-\dot{V}_C$$

電圧 $\dot{V}$ を基準にとって，これらをベクトル図に表すと，**図 9-1** のようになる。

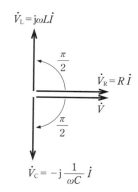

図 9-1　回路 A の電圧ベクトル

また，回路 B において，R，L，C を流れる電流 $\dot{I}_R$，$\dot{I}_L$，$\dot{I}_C$ は，

$$\dot{I}_R=\frac{\dot{V}}{R}, \quad \dot{I}_L=-j\frac{\dot{V}}{\omega L}, \quad \dot{I}_C=j\omega C\dot{V}$$

したがって，電源から流れ出す電流 $\dot{I}$ は，

$$\dot{I}=\dot{I}_R+\dot{I}_L+\dot{I}_C$$
$$=\left\{\frac{1}{R}+j\left(\omega C-\frac{1}{\omega L}\right)\right\}\dot{V}$$

$\omega^2 LC=1$ より，この回路は共振(並列共振)しているので，

$$\dot{I}_R=\frac{\dot{V}}{R}, \quad \dot{I}_L=-\dot{I}_C$$

電圧 $\dot{V}$ を基準にとって，これらをベクトル図に表すと，**図 9-2** のようになる。

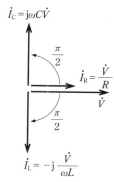

図 9-2　回路 B の電流ベクトル

Point *RLC* 直列回路が共振(直列共振)すると，L と C の端子電圧の大きさは等しくなるが，逆位相となる。また，*RLC* 並列回路が共振(並列共振)すると，L と C を流れる電流の大きさは等しくなるが，逆位相となる。

令和 4 (2022)
令和 3 (2021)
令和 2 (2020)
令和 元 (2019)
平成 30 (2018)
平成 29 (2017)
平成 28 (2016)
平成 27 (2015)
平成 26 (2014)
平成 25 (2013)
平成 24 (2012)
平成 23 (2011)
平成 22 (2010)
平成 21 (2009)
平成 20 (2008)

問 10　　出題分野＜過渡現象＞　　難易度 ★★★　重要度 ★★★

　図の回路のスイッチを閉じたあとの電圧 $v(t)$ の波形を考える。破線から左側にテブナンの定理を適用することで，回路の時定数[s]と $v(t)$ の最終値[V]の組合せとして，最も近いものを次の（1）～（5）のうちから一つ選べ。

　ただし，初めスイッチは開いており，回路は定常状態にあったとする。

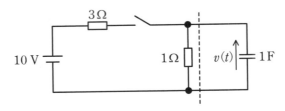

	時定数[s]	最終値[V]
（1）	0.75	10
（2）	0.75	2.5
（3）	4	2.5
（4）	1	10
（5）	1	0

問 10 の解答　　出題項目＜*RC* 直並列回路＞　　　　答え　（2）

　定常状態では，コンデンサには電流が流れない
ことから開放とみなすことができる。したがっ
て，電圧 10 V の電源から流れ出す電流の最終値
（定常値）I は，**図 10-1** のように，抵抗 3 Ω と抵
抗 1 Ω が直列に接続されていることから，

$$I=\frac{10}{3+1}=2.5\,[\mathrm{A}]$$

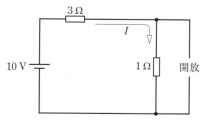

図 10-1　コンデンサの開放
（スイッチを閉じたあとの定常状態）

　コンデンサの端子電圧は抵抗 1 Ω の端子電圧
に等しいので，その最終値 V_C は，

$$V_C=I\times1=2.5\times1=2.5\,[\mathrm{V}]$$

　次に，題意よりテブナンの定理を適用して考え
る。破線から左側を見たときの合成抵抗 R_0 は，
図 10-2 のように電源を短絡とみなすと，抵抗 3

Ω と抵抗 1 Ω が並列に接続されていることから，

$$R_0=\frac{3\times1}{3+1}=0.75\,[\Omega]$$

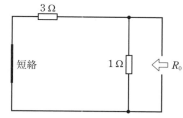

図 10-2　電源の短絡（テブナンの定理の適用）

　したがって，この回路の時定数 τ は，コンデン
サの静電容量を $C\,[\mathrm{F}]$ とすると，

$$\tau=CR_0=1\times0.75=0.75\,[\mathrm{s}]$$

Point 定常状態では，コンデンサには電流は流
れない。したがって，開放とみなすことができ
る。

補足　時定数 $\tau\,[\mathrm{s}]$ は，静電容量 $C\,[\mathrm{F}]$ と抵
抗 $R\,[\Omega]$ の積である。この関係を，単位だけを取
り出して確認する。

$$[\mathrm{F}]\,[\Omega]=\left[\frac{\mathrm{C}}{\mathrm{V}}\right]\left[\frac{\mathrm{V}}{\mathrm{A}}\right]=\left[\frac{\mathrm{A\cdot s}}{\mathrm{V}}\right]\left[\frac{\mathrm{V}}{\mathrm{A}}\right]=[\mathrm{s}]$$

問11　出題分野＜電子理論＞　　難易度 ★★★　重要度 ★★★

　次の文章は，可変容量ダイオード(バリキャップやバラクタダイオードともいう)に関する記述である。

　可変容量ダイオードとは，図に示す原理図のように　(ア)　電圧 V[V]を加えると静電容量が変化するダイオードである。p形半導体とn形半導体を接合すると，p形半導体のキャリヤ(図中の●印)とn形半導体のキャリヤ(図中の○印)がpn接合面付近で拡散し，互いに結合すると消滅して　(イ)　と呼ばれるキャリヤがほとんど存在しない領域が生じる。可変容量ダイオードに　(ア)　電圧を印加し，その大きさを大きくすると，　(イ)　の領域の幅dが　(ウ)　なり，静電容量の値は　(エ)　なる。この特性を利用して可変容量ダイオードは　(オ)　などに用いられている。

　上記の記述中の空白箇所(ア)～(オ)に当てはまる組合せとして，正しいものを次の(1)～(5)のうちから一つ選べ。

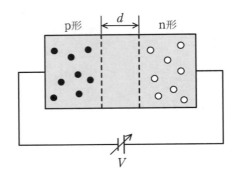

	(ア)	(イ)	(ウ)	(エ)	(オ)
(1)	逆方向	空乏層	広く	小さく	無線通信の同調回路
(2)	順方向	空乏層	狭く	小さく	光通信の受光回路
(3)	逆方向	空乏層	広く	大きく	光通信の受光回路
(4)	順方向	反転層	狭く	大きく	無線通信の変調回路
(5)	逆方向	反転層	広く	小さく	無線通信の同調回路

令和 **4** (2022)
令和 **3** (2021)
令和 **2** (2020)
令和 **元** (2019)
平成 **30** (2018)
平成 **29** (2017)
平成 **28** (2016)
平成 **27** (2015)
平成 **26** (2014)
平成 **25** (2013)
平成 **24** (2012)
平成 **23** (2011)
平成 **22** (2010)
平成 **21** (2009)
平成 **20** (2008)

問 11 の解答　出題項目＜半導体・半導体デバイス＞　　　答え　（1）

可変容量ダイオードとは，逆方向電圧を加えると静電容量が変化するダイオードである。

p 形半導体と n 形半導体を接合すると，p 形半導体のキャリヤ（正孔）と n 形半導体のキャリヤ（電子）が pn 接合面付近で拡散し（p 形半導体のキャリヤは n 形領域へ，n 形半導体のキャリヤは p 形領域へ拡散し），互いに結合すると消滅する。その結果，pn 接合面付近には，空乏層と呼ばれるキャリヤがほとんど存在しない領域が生じる。

可変容量ダイオードに逆方向電圧を印加し，その大きさを大きくすると，空乏層の領域の幅が広くなり，静電容量の値は小さくなる。この特性を利用して可変容量ダイオードは無線通信の同調回路（電子チューナ）などに用いられている。

解説

空乏層にはキャリヤがほとんど存在しないので，可変容量ダイオードの構造は平行板コンデンサと同じように考えることができる。**図 11-1** に，可変容量ダイオードの図記号を示す。

平行板コンデンサの静電容量 C は，次式のように電極面積 S に比例し，電極間の距離 d に反比例する。

$$C = \varepsilon \frac{S}{d}$$

ただし，ε は誘電率である。

ここで，逆方向電圧を大きくすると d が広くなるので，C の値は小さくなる。このように，可変容量ダイオードは，逆方向電圧の値を変化させることで静電容量の値を変えることができる。

図 11-1　可変容量ダイオードの図記号

補足　可変容量ダイオードは，英語で variable capacitance diode といい，略してバリキャップまたはバラクタダイオードと呼ばれている。

Point　空乏層とは，pn 接合面付近に生じるキャリヤの存在しない層のことである。空乏層の幅は，加える逆方向電圧によって変化する。

（類題：平成 30 年度問 11）

問12 出題分野＜電子理論＞　　　難易度 ★★★　　重要度 ★☆☆

次のような実験を真空の中で行った。

まず，箔検電器の上部アルミニウム電極に電荷 Q[C]を与えたところ，箔が開いた状態になった。次に，箔検電器の上部電極に赤外光，可視光，紫外光の順に光を照射したところ，紫外光を照射したときに箔が閉じた。ただし，赤外光，可視光，紫外光の強度はいずれも上部電極の温度をほとんど上昇させない程度であった。

この実験から分かることとして，正しいものを次の（1）～（5）のうちから一つ選べ。

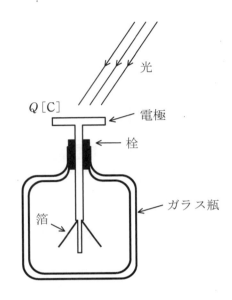

（1）　電荷 Q は正電荷であった可能性も負電荷であった可能性もある。

（2）　紫外光が特定の強度よりも弱いとき箔はまったく閉じなくなる。

（3）　赤外光を照射したとき上部電極に熱電子が吸収された。

（4）　可視光を照射したとき上部電極の電気抵抗が大幅に低下した。

（5）　紫外光を照射したとき上部電極から光電子が放出された。

問 12 の解答　　出題項目＜二次電子放出＞

　箔検電器とは，静電力(静電気力)を利用して，物質(帯電体)の帯びた電荷の正負，帯電の程度などの帯電状況を調べる装置である。

（1）　誤。上部電極に与えた電荷 Q は，**負電荷**であったと考えられる。電荷 Q が正電荷だった場合，箔は正に帯電して開いた状態になる。そこへ紫外光を照射しても，箔の帯電は正のまま変わらないので，箔は閉じないはずである。

（2）　誤。紫外光が特定の強度よりも弱いとき箔が閉じなくなるかどうかは，この実験だけでは分からない(紫外光の強度を変えてみないと分からない)。

（3）　誤。熱エネルギーを得ることで高温金属等から放出される電子のことを**熱電子**という。この実験だけでは，赤外光を照射したとき上部電極に熱電子が吸収されたかどうかは分からない。

（4）　誤。この実験だけでは，可視光を照射したときに上部電極の電気抵抗が低下したかどうかは分からない。なお，半導体に光を照射すると電気抵抗が低下する(導電率が増加する)現象を**光導電効果**という。

（5）　正。光を照射したとき，光のエネルギーが電気的なエネルギーに変換される現象を**光電効果**という。紫外光を照射したとき，光電効果によって上部電極から電子が放出され，その結果，箔は閉じたと考えられる。このとき飛び出した電子を**光電子**という。なお，（4）の光導電効果も光電効果の一種である。

解説

　図 12-1 のように，箔検電器の上部アルミニウム電極に**負電荷**(電子)を与えると，負に帯電した箔は静電力で反発して開く。そこへ**紫外光**を照射すると，光電効果によって上部電極から電子が外部へ飛び出す(**光電子放出**)ので，その分だけ箔検電器の電子は減少する。当然，箔からも電子が流れ出すので，箔は閉じることになる。

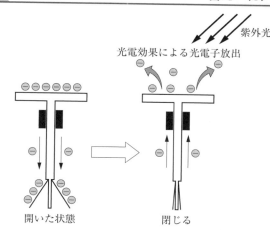

図 12-1　箔の帯電状況

紫外光
光電効果による光電子放出
開いた状態
閉じる

補足　（1）　上部電極に与えた電荷 Q が正電荷であった場合，箔は正に帯電して，やはり静電力で反発して開くことになる。しかし，そこへ紫外光を照射し，光電効果による光電子放出が起こったとしても，箔の帯電は正のまま変わらないので，箔は閉じないはずである。

（2）（5）　紫外光を照射したとき上部電極から電子(光電子)が放出されるかどうかは，紫外光の強度ではなく，振動数によって決まる。

（3）　問題文に「ただし，赤外光，可視光，紫外光の強度はいずれも上部電極の温度をほとんど上昇させない程度であった。」とあることから，赤外光を照射したとき上部電極から電子(熱電子)が放出されることも，まして吸収されることも考えにくい。

（4）　可視光を照射したとき，仮に上部電極の温度がわずかに上昇したとしても，電気抵抗が上昇することはあっても低下することは考えにくい(上部電極は導体なので，電気抵抗は温度上昇とともに大きくなる。半導体の場合，温度上昇とともに電気抵抗は小さくなる)。

Point「正に帯電する」とは電子が不足すること，「負に帯電する」とは電子が過剰になること。

問 13　出題分野＜電子回路＞

難易度 ★★★　**重要度 ★★★**

演算増幅器及びそれを用いた回路に関する記述として，誤っているものを次の（1）～（5）のうちから一つ選べ。

（1）　演算増幅器には電源が必要である。

（2）　演算増幅器の入力インピーダンスは，非常に大きい。

（3）　演算増幅器は比較器として用いられることがある。

（4）　図1の回路は正相増幅回路，図2の回路は逆相増幅回路である。

（5）　図1の回路は，抵抗 R_S を 0Ω に（短絡）し，抵抗 R_F を ∞Ω に（開放）すると，ボルテージホロワである。

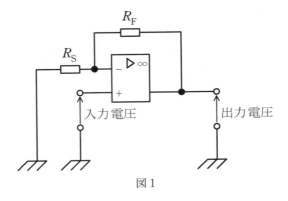

図1

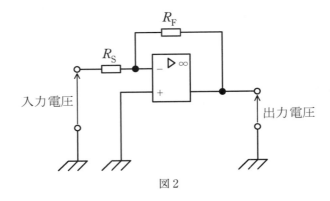

図2

問 13 の解答　　出題項目＜オペアンプ＞

（1）　正。演算増幅器には電源が必要である。一般には直流電源が使用され，直流電源には正負の二つの電源（例えば ±15 V）で使用する 2 電源方式と，単電源で使用する場合とがある。

（2）　正。演算増幅器の入力インピーダンスは非常に大きく，出力インピーダンスは非常に小さいという特徴がある。

（3）　正。演算増幅器は，ある基準電圧を境として出力が変化する比較器（コンパレータ）として用いられることがある。

（4）　正。正相増幅回路は，入力信号の位相と出力信号の位相が同相になる。また，逆相増幅回路は，入力信号の位相と出力信号の位相が逆相になる。

（5）　誤。問題図 1 の正相増幅回路は，抵抗 R_S を $\infty\Omega$ に（**開放**）し，抵抗 R_F を 0Ω に（**短絡**）すると，ボルテージホロワである（**図 13-1**）。

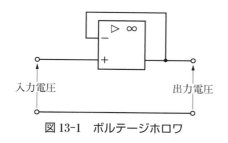

図 13-1　ボルテージホロワ

解　説

問題図 1 の正相増幅回路において，抵抗 R_S を開放（$\infty\Omega$ に）し，抵抗 R_F を短絡（0Ω に）すると，その電圧増幅度は次式のように 1 となる。

$$A_V = 1 + \frac{R_F}{R_S} = 1 + \frac{0}{\infty} = 1$$

ボルテージホロワは，電圧の増幅はしないが，極めて大きな入力インピーダンスと極めて小さな出力インピーダンスを有するので，インピーダンス変換器や，二つの回路間の相互干渉を防止する緩衝増幅器（バッファアンプ）として使用されている。

令和 4 (2022)
令和 3 (2021)
令和 2 (2020)
令和元 (2019)
平成 30 (2018)
平成 29 (2017)
平成 28 (2016)
平成 27 (2015)
平成 26 (2014)
平成 25 (2013)
平成 24 (2012)
平成 23 (2011)
平成 22 (2010)
平成 21 (2009)
平成 20 (2008)

問 14　出題分野＜電気計測＞　　難易度 ★★★　重要度 ★★★

物理現象と，その計測・検出のための代表的なセンサの原理との組合せとして，不適切なものを次の（1）～（5）のうちから一つ選べ。

	物理現象 （計測・検出対象）	センサの原理
（1）	光	電磁誘導に関するファラデーの法則
（2）	超音波	圧電現象
（3）	温度	ゼーベック効果
（4）	圧力	ピエゾ抵抗効果
（5）	磁気	ホール効果

令和4 (2022)
令和3 (2021)
令和2 (2020)
令和元 (2019)
平成30 (2018)
平成29 (2017)
平成28 (2016)
平成27 (2015)
平成26 (2014)
平成25 (2013)
平成24 (2012)
平成23 (2011)
平成22 (2010)
平成21 (2009)
平成20 (2008)

問14の解答　出題項目＜センサの原理＞　　　答え　（1）

（1）　誤。コイルに磁石を近づけたり遠ざけたりすると，コイルには誘導起電力が発生する。この現象を電磁誘導という。このとき発生する誘導起電力の大きさは，コイルを貫く磁束の単位時間あたりの変化に比例する。これを電磁誘導に関するファラデーの法則という。したがって，計測・検出対象として「光」は不適切である。なお，光を検知するセンサには，光導電効果を利用した光導電素子などがある。

（2）　正。結晶体に圧力を加えてひずませると，電気分極（誘電分極）を生じて電圧を発生する。これとは逆に，結晶体に電圧を加えて電気分極させると，ひずみが生じる。これらの現象は圧電現象と呼ばれる。圧電現象は，超音波を発生させる圧電振動素子に利用されている。

（3）　正。異なる二種類の金属で一つの閉回路を構成し，その二つの接合点に温度差を与えると，温度差に応じた起電力を生じて回路に電流が流れる。この現象をゼーベック効果という。ゼーベック効果は，温度を計測するのに利用されている。

（4）　正。ピエゾ抵抗効果とは，半導体や金属に圧力を加えてひずませたとき，電気抵抗（抵抗率）が変化する現象である。この現象は，高度計や水深計，家電製品等の圧力センサに利用されている。

（5）　正。半導体等を磁界中に置き，磁界と直角方向に一定電流を流すと，磁界と電流の直角方向に起電力（ホール電圧という）が発生する。この現象をホール効果という。この現象を利用すると，磁気（磁界）や大電流を検出できる。

補足　電気分極（誘電分極）とペルチェ効果について以下に説明しておく。

（2）　不導体（絶縁体，誘電体ともいう）は自由電子を持たないので，帯電体を近づけても，自由電子の移動による電荷分布の偏り（静電誘導という）は生じない。しかし，原子や分子の内部では，静電力によって電子の分布に偏り（分極という）が生じる。この現象を電気分極（誘電分極）という（図14-1）。例えば，不導体に正の帯電体を近づけると，帯電体に近い側には電子，遠い側には正電荷が現れる。

⊕：原子核，⊖：電子

（a）静電誘導　　（b）電気分極

図14-1　静電誘導と電気分極
（正の帯電体を左側に近づけた場合）

（3）　ゼーベック効果の逆の現象がペルチェ効果である。これは，異なる二種類の金属で一つの閉回路を構成し，電流を流すと，接合部に（ジュール熱以外の）熱の発生・吸収が発生する現象である。

| **B 問 題** | （配点は１問題当たり（a）5点，（b）5点，計10点） |

問 15　出題分野＜三相交流，電気計測＞　　難易度 ★★★　重要度 ★★★

　図のように，線間電圧（実効値）200 V の対称三相交流電源に，１台の単相電力計 W_1，$X＝4\,\Omega$ の誘導性リアクタンス３個，$R＝9\,\Omega$ の抵抗３個を接続した回路がある。単相電力計 W_1 の電流コイルは a 相に接続し，電圧コイルは b-c 相間に接続され，指示は正の値を示していた。この回路について，次の（a）及び（b）の問に答えよ。

　ただし，対称三相交流電源の相順は，a，b，c とし，単相電力計 W_1 の損失は無視できるものとする。

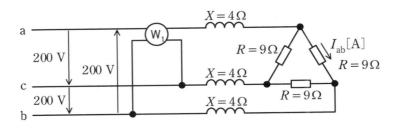

（a）　$R＝9\,\Omega$ の抵抗に流れる電流 I_{ab} の実効値[A]として，最も近いものを次の（1）〜（5）のうちから一つ選べ。

　　（1）　6.77　　　（2）　13.3　　　（3）　17.3　　　（4）　23.1　　　（5）　40.0

（b）　単相電力計 W_1 の指示値[kW]として，最も近いものを次の（1）〜（5）のうちから一つ選べ。

　　（1）　0　　　（2）　2.77　　　（3）　3.70　　　（4）　4.80　　　（5）　6.40

問15（a）の解答　　出題項目＜Δ接続＞

答え　（2）

Δ接続された抵抗 $R=9[\Omega]$ を Y 接続に変換（Δ→Y 変換）すると，$\dfrac{9}{3}=3[\Omega]$ になる。よって，問題図の三相回路から 1 相分を取り出すと，**図15-1** に示す回路になる。

図15-1 から，a 相を流れる線電流 I_a は，

$$I_a=\frac{\dfrac{200}{\sqrt{3}}}{\sqrt{3^2+4^2}}\fallingdotseq 23.09[\mathrm{A}]$$

よって，Δ接続された抵抗 R に流れる電流 I_{ab} は，

$$I_{ab}=\frac{23.09}{\sqrt{3}}\fallingdotseq 13.33[\mathrm{A}]\quad\rightarrow\quad 13.3\ \mathrm{A}$$

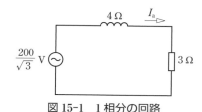

図15-1　1 相分の回路

解説

図15-2 のように，Δ結線負荷を Y 結線負荷に変換すると，インピーダンス $\dot{Z}_a$, $\dot{Z}_b$, $\dot{Z}_c$ は，

$$\dot{Z}_a=\frac{\dot{Z}_{ab}\times\dot{Z}_{ca}}{\dot{Z}_{ab}+\dot{Z}_{bc}+\dot{Z}_{ca}}$$

$$\dot{Z}_b=\frac{\dot{Z}_{bc}\times\dot{Z}_{ab}}{\dot{Z}_{ab}+\dot{Z}_{bc}+\dot{Z}_{ca}}$$

$$\dot{Z}_c=\frac{\dot{Z}_{ca}\times\dot{Z}_{bc}}{\dot{Z}_{ab}+\dot{Z}_{bc}+\dot{Z}_{ca}}$$

ここで，負荷のインピーダンスがすべて等しい場合，$\dot{Z}_{ab}=\dot{Z}_{bc}=\dot{Z}_{ca}=\dot{Z}_\Delta$ と置くと，

$$\dot{Z}_a=\dot{Z}_b=\dot{Z}_c=\frac{\dot{Z}_\Delta}{3}$$

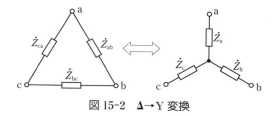

図15-2　Δ→Y 変換

問15（b）の解答　　出題項目＜Δ接続, 電力計＞

答え　（3）

単相電力計 W_1 には，a 相の電流 I_a が流れ，b-c 間の線間電圧 V_{bc} が加わっているので，その指示値 P_1 は，

$$P_1=V_{bc}I_a\cos\theta$$

ここで，θ は V_{bc} と I_a の位相差である。

図15-1 に示す RL 回路の力率 $\cos\phi$ は，

$$\cos\phi=\frac{3}{\sqrt{3^2+4^2}}=0.6$$

図15-3 より $\theta=90°-\phi$ であるから，

$$\begin{aligned}P_1&=V_{bc}I_a\cos(90°-\phi)\\&=V_{bc}I_a\sin\phi=200\times23.09\times\sqrt{1^2-0.6^2}\\&\fallingdotseq 3694[\mathrm{W}]\quad\rightarrow\quad 3.70\ \mathrm{kW}\end{aligned}$$

解説

単相電力計には，**図15-4** に示すように電圧コイルと電流コイルがあり，電圧コイルに加わる電圧 $V[\mathrm{V}]$ と電流コイルに流れる電流 $I[\mathrm{A}]$ の積 VI に力率を乗じた値 $VI\cos\phi$ を指示する。

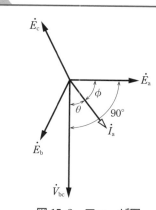

図15-3　フェーザ図

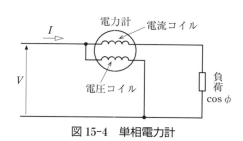

図15-4　単相電力計

令和4（2022）令和3（2021）令和2（2020）令和元（2019）平成30（2018）平成29（2017）平成28（2016）平成27（2015）平成26（2014）平成25（2013）平成24（2012）平成23（2011）平成22（2010）平成21（2009）平成20（2008）

問 16 　出題分野＜電気計測＞　　　難易度 ★★★　重要度 ★★★

　最大目盛 150 V，内部抵抗 18 kΩ の直流電圧計 V_1 と最大目盛 300 V，内部抵抗 30 kΩ の直流電圧計 V_2 の二つの直流電圧計がある。ただし，二つの直流電圧計は直動式指示電気計器を使用し，固有誤差はないものとする。次の（a）及び（b）の問に答えよ。

（a）　二つの直流電圧計を直列に接続して使用したとき，測定できる電圧の最大の値[V]として，最も近いものを次の（1）～（5）のうちから一つ選べ。

　　（1）　150　　　　（2）　225　　　　（3）　300　　　　（4）　400　　　　（5）　450

（b）　次に，直流電圧 450 V の電圧を測定するために，二つの直流電圧計の指示を最大目盛にして測定したい。そのためには，直流電圧計 　（ア）　 に，抵抗 　（イ）　 kΩ を 　（ウ）　 に接続し，これに直流電圧計 　（エ）　 を直列に接続する。このように接続して測定することで，各直流電圧計の指示を最大目盛にして測定をすることができる。

　　　上記の記述中の空白箇所（ア）～（エ）に当てはまる組合せとして，正しいものを次の（1）～（5）のうちから一つ選べ。

	（ア）	（イ）	（ウ）	（エ）
（1）	V_1	90	直列	V_2
（2）	V_1	90	並列	V_2
（3）	V_2	90	並列	V_1
（4）	V_1	18	並列	V_2
（5）	V_2	18	直列	V_1

問 16 （a）の解答　　出題項目＜電圧計＞　　　　　　　答え　（4）

　直流電圧計 V_1 に流すことができる電流の最大値（最大電流）I_{m1} は，V_1 の最大目盛が 150 V，内部抵抗が 18 kΩ であるから，

$$I_{m1} = \frac{150}{18 \times 10^3} \fallingdotseq 8.33 [\mathrm{mA}]$$

　直流電圧計 V_2 の最大電流 I_{m2} は，V_2 の最大目盛が 300 V，内部抵抗が 30 kΩ であるから，

$$I_{m2} = \frac{300}{30 \times 10^3} = 10.0 [\mathrm{mA}]$$

　図 16-1 のように，二つの直流電圧計を直列に接続すると，両電圧計には等しい電流が流れる。すると，両電圧計の最大電流の大小関係は $I_{m1} < I_{m2}$ であるから，測定可能な最大電圧は直流電圧計 V_1 によって制限されてしまうことがわかる。

　直流電圧計 V_1 の最大電流 $I_{m1} = 8.33 [\mathrm{mA}]$ が直流電圧計 V_2 に流れたときの V_2 の指示値 V_{m2} は，

$$V_{m2} = 300 \times \frac{I_{m1}}{I_{m2}} = 300 \times \frac{8.33}{10}$$
$$= 249.9 [\mathrm{V}] \quad \rightarrow \quad 250\ \mathrm{V}$$

　したがって，二つの直流電圧計を直列に接続したときに測定できる電圧の最大値 V_m は，

$$V_m = 150 + V_{m2} = 150 + 250 = 400 [\mathrm{V}]$$

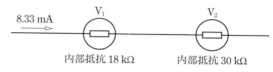

図 16-1　二つの直流電圧計の直列接続

問 16 （b）の解答　　出題項目＜倍率器＞　　　　　　　答え　（2）

　直流電圧 450 V の電圧を測定するために，二つの直流電圧計の指示を最大目盛にして測定するためには，直流電圧計 V_1，V_2 にそれぞれの最大電流 I_{m1}，I_{m2} を流さなければならない。ところが，V_1 と V_2 を直列に接続しただけでは，V_2 にその最大電流 I_{m2} を流した場合，V_1 はその最大電流 I_{m1} を超えてしまう。

　そこで図 16-2 のように，$\underline{V_1}$ に抵抗 R を並列に接続して，最大電流 I_{m2} を超えた分の電流（$10.0 - 8.33 = 1.67 [\mathrm{mA}]$）を分流させる必要がある。その並列抵抗 R の値は，

$$R = \frac{150}{1.67 \times 10^{-3}} \fallingdotseq 89.8 [\mathrm{k\Omega}] \quad \rightarrow \quad \textbf{90 k\Omega}$$

　そして，直流電圧計 V_1 と抵抗 R からなる並列回路に，直流電圧計 $\underline{V_2}$ を直列に接続すればよい。

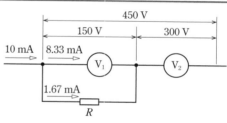

図 16-2　倍率器の接続

　補足　一般に，直流電圧計の測定範囲を拡大させるために，直列に接続する抵抗器のことを**倍率器**という。この問題では，直流電圧計 V_1 にとって直流電圧計 V_2 は倍率器として機能し，V_2 にとって V_1 と抵抗 R は倍率器として機能しているといえる。

　問17及び問18は選択問題であり，問17又は問18のどちらかを選んで解答すること。**両方解答すると採点されません。**

（選択問題）

| 問 **17** | 出題分野＜静電気＞ | | 難易度 ★★★ | 重要度 ★★★ |

　図のように，誘電体の種類，比誘電率，絶縁破壊電界，厚さがそれぞれ異なる三つの平行板コンデンサ①〜③がある。極板の形状と大きさは同一で，コンデンサの端効果，初期電荷及び漏れ電流は無視できるものとする。上側の極板に電圧V_0[V]の直流電源を接続し，下側の極板を接地した。次の（a）及び（b）の問に答えよ。

	①	②	③
形状 サイズ	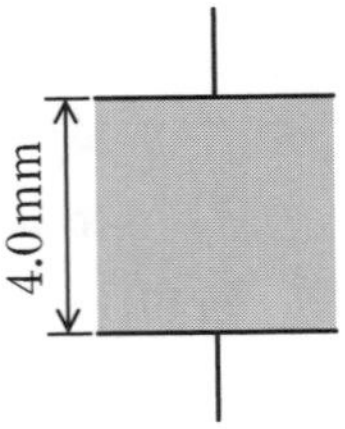 4.0 mm	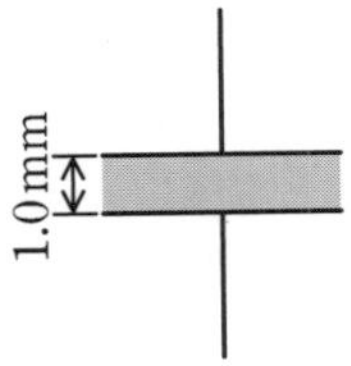 1.0 mm	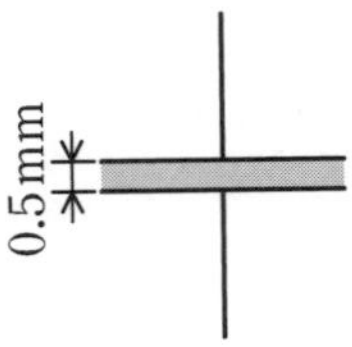 0.5 mm
誘電体の種類	気体	液体	固体
比誘電率	1	2	4
絶縁破壊電界	10 kV/mm	20 kV/mm	50 kV/mm

（a）　各平行板コンデンサへの印加電圧の大きさが同一のとき，極板間の電界の強さの大きい順として，正しいものを次の（1）〜（5）のうちから一つ選べ。

（1）	①＞②＞③
（2）	①＞③＞②
（3）	②＞①＞③
（4）	③＞①＞②
（5）	③＞②＞①

（次々頁に続く）

令和
4
(2022)

令和
3
(2021)

令和
2
(2020)

令和
元
(2019)

平成
30
(2018)

平成
29
(2017)

平成
28
(2016)

平成
27
(2015)

平成
26
(2014)

平成
25
(2013)

平成
24
(2012)

平成
23
(2011)

平成
22
(2010)

平成
21
(2009)

平成
20
(2008)

問 17 （a）の解答　　出題項目＜平行板コンデンサ＞

答え　（5）

　題意より，三つの平行板コンデンサ①～③の極板の形状と大きさは同一であり，印加した直流電圧は V_0[V]であるから，極板間の電界の強さ E[V/m]は，誘電体の厚さ(極板の間隔)を d[m]とすると次式で表される。

$$E = \frac{V_0}{d}$$

　題意より，各平行板コンデンサへの印加電圧の大きさ V_0 は同一であるから，極板間の電界の強さ E と誘電体の厚さ d は反比例の関係にあることがわかる。したがって，d が小さいほど E は大きくなるので，電界の強さの大きい順は，③＞②＞① となる。

補足　問題文にある「コンデンサの端効果」とは，**図 17-1** のように，電極板の端の電気力線(電界)が外側に膨らむ現象である(同じ向きの電気力線同士は反発し合うため)。

　コンデンサの極板面積が十分に大きく，誘電体の厚さ(極板の間隔)が狭い場合，極板間にできる電界はほぼ平等電界となり，端効果は無視できる。このようなときにだけ，電界の計算に $E = \dfrac{V_0}{d}$ の式が適用できる。

　なお，問題図に与えられた誘電体の種類と比誘電率の値は，この問題の解答には不要である。

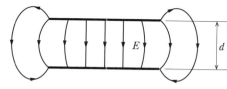

図 17-1　コンデンサの端効果

（続き）

	①	②	③
形状 サイズ	4.0 mm	1.0 mm	0.5 mm
誘電体の種類	気体	液体	固体
比誘電率	1	2	4
絶縁破壊電界	10 kV/mm	20 kV/mm	50 kV/mm

（b）　各平行板コンデンサへの印加電圧をそれぞれ徐々に上昇し，極板間の電界の強さが絶縁破壊電界に達したときの印加電圧（絶縁破壊電圧）の大きさの大きい順として，正しいものを次の（1）～（5）のうちから一つ選べ。

（1）	①＞②＞③
（2）	①＞③＞②
（3）	②＞①＞③
（4）	③＞①＞②
（5）	③＞②＞①

問 17 （b）の解答　　出題項目＜平行板コンデンサ＞　　答え　（2）

極板間の電界の強さが絶縁破壊電界に達したときの印加電圧（絶縁破壊電圧）の値 V_m[kV]は，次式で表されるように，各コンデンサの絶縁破壊電界 E_m[kV/mm]に誘電体の厚さ（極板の間隔）d[mm]を乗じたものとなる。

$$V_m = E_m d$$

したがって，コンデンサ①，②，③の絶縁破壊電圧を V_{m1}，V_{m2}，V_{m3}，絶縁破壊電界を E_{m1}，E_{m2}，E_{m3}，誘電体の厚さを d_1，d_2，d_3 とすると，

① $V_{m1} = E_{m1} \times d_1 = 10 \times 4.0 = 40$[kV]

② $V_{m2} = E_{m2} \times d_2 = 20 \times 1.0 = 20$[kV]

③ $V_{m3} = E_{m3} \times d_3 = 50 \times 0.5 = 25$[kV]

よって，絶縁破壊電圧の大きい順は，①＞③＞② となる。

解説

絶縁破壊電圧に達したときの電界の強さ（電位の傾き）を絶縁破壊電界といい，その単位にはキロボルト毎ミリメートル[kV/mm]が一般に使用されている。

コンデンサの絶縁破壊電圧とは，極板間に加えても絶縁破壊を起こさない最大の電圧であり，使用する誘電体の絶縁耐力と厚さで決まる。

絶縁耐力とは，絶縁体が絶縁状態を保てなくなる電圧や電界強度のことである。絶縁耐力は，加える電圧の上昇速度や絶縁物の温度，周囲の湿度と気圧などによって異なる。問題文に「コンデンサへの印加電圧を徐々に上昇し，……」という記述がされているのは，そのためである。

コンデンサに蓄えられる電荷 Q[C]は，コンデンサの静電容量を C[F]，加える電圧を V[V]とすると，次式で表される。

$$Q = CV$$

したがって，電圧 V を高くすると蓄えられる電荷 Q も増加するが，ある限界電圧を超えると，絶縁物は絶縁物としての性質を失って絶縁破壊を起こす。このとき蓄えられた電荷 Q は，絶縁物の中を放電して流れ，コンデンサとして機能しないだけでなく，場合によっては焼損してしまう。

補足 問題図に与えられた誘電体の種類と比誘電率の値は，この問題の解答には不要である。

Point 平等電界中において，極板間の電圧 V[kV]は，次式のように電界の強さ E[kV/mm]と誘電体の厚さ（極板の間隔）d[mm]の積で求めることができる。

$$V = Ed$$

令和4(2022) 令和3(2021) 令和2(2020) 令和元(2019) 平成30(2018) 平成29(2017) 平成28(2016) 平成27(2015) 平成26(2014) 平成25(2013) 平成24(2012) 平成23(2011) 平成22(2010) 平成21(2009) 平成20(2008)

（選択問題）

問18　　出題分野＜電子回路＞　　　難易度 ★★☆　　重要度 ★★★

図１に示すエミッタ接地トランジスタ増幅回路について，次の（ａ）及び（ｂ）の問に答えよ。

ただし，$I_B[\mu A]$，$I_C[mA]$はそれぞれベースとコレクタの直流電流であり，$i_b[\mu A]$，$i_c[mA]$はそれぞれの信号分である。また，$V_{BE}[V]$，$V_{CE}[V]$はそれぞれベース-エミッタ間とコレクタ-エミッタ間の直流電圧であり，$v_{be}[V]$，$v_{ce}[V]$はそれぞれの信号分である。さらに，$v_i[V]$，$v_o[V]$はそれぞれ信号の入力電圧と出力電圧，$V_{CC}[V]$はバイアス電源の直流電圧，$R_1[k\Omega]$と$R_2[k\Omega]$は抵抗，$C_1[F]$，$C_2[F]$はコンデンサである。なお，$R_2 = 1\,k\Omega$であり，使用する信号周波数においてC_1，C_2のインピーダンスは無視できるほど十分小さいものとする。

（ａ）　図２はトランジスタの出力特性である。トランジスタの動作点を $V_{CE} = \dfrac{1}{2}V_{CC} = 6\,V$ に選ぶとき，動作点でのベース電流 I_B の値[μA]として，最も近いものを次の（１）～（５）のうちから一つ選べ。

（１）　20　　　　　（２）　25　　　　（３）　30　　　　（４）　35　　　　（５）　40

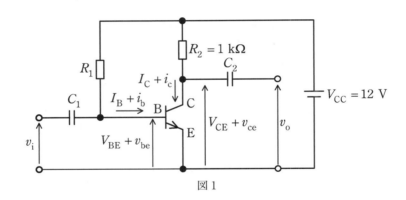

図１

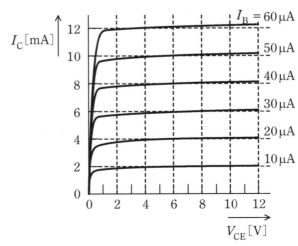

図２

（次々頁に続く）

問18（a）の解答　出題項目＜トランジスタ増幅回路＞　　答え　（3）

トランジスタの動作点は，電源電圧 V_{CC} の $\frac{1}{2}$ の電圧で $V_{CE}=6[V]$ なので，抵抗 R_2 の端子電圧 V_2 は，

$$V_2 = V_{CC} - V_{CE} = 12 - 6 = 6[V]$$

コレクタ電流 I_C は，これをコレクタ抵抗 R_2 で除した値なので，

$$I_C = \frac{V_{CC} - V_{CE}}{R_2} = \frac{6}{1 \times 10^3} = 6[mA]$$

問題図2に示されたトランジスタの出力特性（V_{CE}-I_C 特性）より，$V_{CE}=6[V]$，$I_C=6[mA]$ となるベース電流の値 I_B は，

$$I_B = 30[\mu A]$$

解説 ••••••••••

直流成分だけを考えると，コレクタ電圧（コレクタ-エミッタ間の直流電圧）V_{CE} とコレクタ電流（コレクタの直流電流）I_C には次の関係がある。

$$V_{CE} = V_{CC} - R_2 I_C$$

したがって，I_C は次式で表される。

$$I_C = \frac{V_{CC} - V_{CE}}{R_2}$$

これより，I_C は $V_{CE}=0[V]$ のときに最大となり，その値 I_{Cmax} は，

$$I_{Cmax} = \frac{V_{CC}}{R_2} = \frac{12}{1 \times 10^{-3}} = 12[mA]$$

また，I_C は $V_{CE}=V_{CC}$ のときに最小となり，その値 I_{Cmin} は，

$$I_{Cmin} = \frac{V_{CC} - V_{CE}}{R_2} = \frac{12 - 12}{1 \times 10^{-3}} = 0[mA]$$

これを V_{CE}-I_C 特性図に描き表すと，**図18-1** のようになる。この直線を**直流負荷線**という。交点 P は動作点で，入力信号はこの点を中心に変化する。

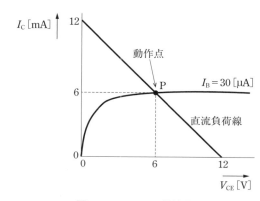

図 18-1　V_{CE}-I_C 特性図

補足 トランジスタの V_{CE}-I_C 特性図とは，ベース電流 I_B を一定にしたとき，コレクタ電圧 V_{CE} の変化に対するコレクタ電流 I_C の変化を表したものである。V_{CE}-I_C 特性が直線とみなせる領域の点をバイアスに設定する回路を，**A級増幅回路**という。

令和4(2022) 令和3(2021) 令和2(2020) 令和元(2019) 平成30(2018) 平成29(2017) 平成28(2016) 平成27(2015) 平成26(2014) 平成25(2013) 平成24(2012) 平成23(2011) 平成22(2010) 平成21(2009) 平成20(2008)

（続き）

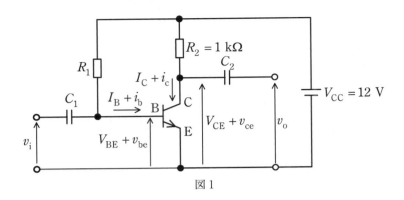

図 1

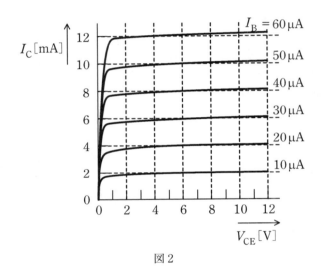

図 2

（b） 小問（ a ）の動作点において，図１の回路に交流信号電圧 v_i を入力すると，最大値 10 μA の交流信号電流 i_b と小問（ a ）の直流電流 I_B の和がベース（B）に流れた。このとき，図２の出力特性を使って求められる出力交流信号電圧 v_o（$=v_{ce}$）の最大値[V]として，最も近いものを次の（1）～（5）のうちから一つ選べ。

ただし，動作点付近においてトランジスタの出力特性は直線で近似でき，信号波形はひずまないものとする。

（1） 1.0 　　（2） 1.5 　　（3） 2.0 　　（4） 2.5 　　（5） 3.0

問 18 （b）の解答　　出題項目<トランジスタ増幅回路>　　答え　（3）

この回路に交流信号電圧 v_i を入力すると，最大値 10 μA の交流信号電流 i_b と直流電流 I_B の和がベース（B）に流れた。これは小問（a）で求めたベース電流 $I_B = 30$ [μA] を中心として ± 10 μA 変化することを意味する。

図 18-2 に示す V_{CE}-I_C 特性図より，ベース電流 i_b の ± 10 μA の変化は，コレクタ電流 i_c の ± 2.0 mA の変化となることがわかる。したがって，出力交流信号電圧 v_o は，R_2 での電圧降下の変化に相当し（ただし，逆位相），その最大値 v_{omax} は，

$$v_{omax} = 2.0 \times 10^{-3} \times 1 \times 10^3 = 2.0 \,[\text{V}]$$

補足　エミッタ接地増幅回路では，入力信号の位相と出力信号の位相は逆相になる。題意のエミッタ接地増幅回路は，電源電圧 V_{CC} からバイアス抵抗 R_1 を通してベース電流 I_B を流す方式で，**固定バイアス回路**と呼ばれている。

また，C_1，C_2 は**結合コンデンサ**と呼ばれる。その静電容量は使用周波数に対してインピーダンスが十分に小さくなるように選ばれ，直流分を阻止し，交流信号分だけを通す役割がある。

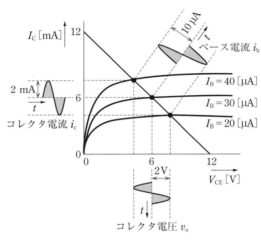

図 18-2　V_{CE}-I_C 特性図

令和 4 (2022)
令和 3 (2021)
令和 2 (2020)
令和元 (2019)
平成 30 (2018)
平成 29 (2017)
平成 28 (2016)
平成 27 (2015)
平成 26 (2014)
平成 25 (2013)
平成 24 (2012)
平成 23 (2011)
平成 22 (2010)
平成 21 (2009)
平成 20 (2008)

理　論 令和元年度（2019年度）

問1 出題分野＜静電気＞ 難易度 ★★☆ 重要度 ★★☆

　図のように，真空中に点P，点A，点Bが直線上に配置されている。点Pは$Q[\mathrm{C}]$の点電荷を置いた点とし，A-B間に生じる電位差の絶対値を$|V_{\mathrm{AB}}|[\mathrm{V}]$とする。次の（a）～（d）の四つの実験を個別に行ったとき，$|V_{\mathrm{AB}}|[\mathrm{V}]$の値が最小となるものと最大となるものの実験の組合せとして，正しいものを次の（1）～（5）のうちから一つ選べ。

［実験内容］
（a）　P-A間の距離を2 m，A-B間の距離を1 mとした。
（b）　P-A間の距離を1 m，A-B間の距離を2 mとした。
（c）　P-A間の距離を0.5 m，A-B間の距離を1 mとした。
（d）　P-A間の距離を1 m，A-B間の距離を0.5 mとした。

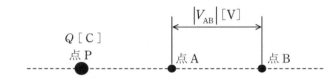

（1）　（a）と（b）　　　（2）　（a）と（c）　　　（3）　（a）と（d）
（4）　（b）と（c）　　　（5）　（c）と（d）

問1の解答　　出題項目＜点電荷による電位・電界＞　　　　答え　(2)

点電荷 Q[C]から r[m]離れた点の電位 V は，

$$V = k\frac{Q}{r}[\mathrm{V}] \quad \left(k = \frac{1}{4\pi\varepsilon_0} \fallingdotseq 9\times10^9\right)$$

である。

ここで仮に Q を正電荷とする。正の点電荷による電位は正なので，点 A の電位 V_A の方が点 B の電位 V_B よりも電位が高い。P-A 間の距離を r_PA[m]，A-B 間の距離を r_AB[m]とすると，

$$V_\mathrm{A} = k\frac{Q}{r_\mathrm{PA}}[\mathrm{V}]$$

$$V_\mathrm{B} = k\frac{Q}{r_\mathrm{PA}+r_\mathrm{AB}}[\mathrm{V}]$$

であるから，A-B 間の電位差の絶対値（大きさ）$|V_\mathrm{AB}|$ は，

$$|V_\mathrm{AB}| = V_\mathrm{A} - V_\mathrm{B}$$
$$= kQ\left(\frac{1}{r_\mathrm{PA}} - \frac{1}{r_\mathrm{PA}+r_\mathrm{AB}}\right)[\mathrm{V}]$$

この式から，四つの実験内容における電位差を計算すると次のようになる。

（a）　$|V_\mathrm{AB}| = kQ\left(\dfrac{1}{2} - \dfrac{1}{2+1}\right) = \dfrac{kQ}{6}[\mathrm{V}]$

（b）　$|V_\mathrm{AB}| = kQ\left(\dfrac{1}{1} - \dfrac{1}{1+2}\right) = \dfrac{2kQ}{3}[\mathrm{V}]$

（c）　$|V_\mathrm{AB}| = kQ\left(\dfrac{1}{0.5} - \dfrac{1}{0.5+1}\right) = \dfrac{4kQ}{3}[\mathrm{V}]$

（d）　$|V_\mathrm{AB}| = kQ\left(\dfrac{1}{1} - \dfrac{1}{1+0.5}\right) = \dfrac{kQ}{3}[\mathrm{V}]$

以上から，電位差が最大となる実験は（c），最小となる実験は（a）である。

解説

解答では Q を正電荷と仮定したが，Q が負電荷であっても同じ結果を得る。Q が負電荷の場合では電位 V は負になるが，2 点間の電位差の大きさ（絶対値）は，解答と同様に高い方の電位から低い方の電位を差し引くことで求められ，その結果は解答の（a）～（d）の値と一致する。

電位の式中の k はクーロン定数とも呼ばれ，ε_0[F/m]は真空の誘電率である。

よく似た式に，電界の強さ E がある。

$$E = k\frac{Q}{r^2}[\mathrm{V/m}]$$

式の取り違えに注意したい。

補足　正の点電荷が A 点に作る電位 V_A[V]は，点電荷から無限遠点（静電力が 0 とみなせる点）を 0 V と定め，その地点から 1 C の電荷を静電力に逆らって A 点まで移動させるのに必要な仕事[J]で表される。このため，点電荷の電位は，静電力と距離の積分計算（電験三種範囲外）となり，計算結果は次式となる。

$$V = \frac{1}{4\pi\varepsilon_0}\frac{Q}{r}[\mathrm{V}]$$

また，2 点間の電位の差を電位差という。一方の地点の電位を基準として，他方の電位が高い場合は 2 点間の電位差は正となり，他方の電位が低い場合は 2 点間の電位差は負となる。問題のように電位差の大きさを考える場合は，電位差の絶対値をとり正の数値で表す。

Point　点電荷が作る電界では，電位は距離に反比例し，電界の強さは距離の二乗に反比例する。

令和 4 (2022)
令和 3 (2021)
令和 2 (2020)
令和 元 (2019)
平成 30 (2018)
平成 29 (2017)
平成 28 (2016)
平成 27 (2015)
平成 26 (2014)
平成 25 (2013)
平成 24 (2012)
平成 23 (2011)
平成 22 (2010)
平成 21 (2009)
平成 20 (2008)

問 2　　出題分野＜静電気＞

難易度 ★★★　　重要度 ★★★

　図のように，極板間距離 d[mm]と比誘電率 ε_r が異なる平行板コンデンサが接続されている。極板の形状と大きさは全て同一であり，コンデンサの端効果，初期電荷及び漏れ電流は無視できるものとする。印加電圧を 10 kV とするとき，図中の二つのコンデンサ内部の電界の強さ E_A 及び E_B の値[kV/mm]の組合せとして，正しいものを次の（1）～（5）のうちから一つ選べ。

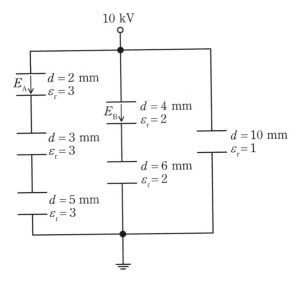

	E_A	E_B
（1）	0.25	0.67
（2）	0.25	1.5
（3）	1.0	1.0
（4）	4.0	0.67
（5）	4.0	1.5

問 2 の解答　出題項目＜コンデンサの接続＞　　　答え　(3)

令和4(2022)
令和3(2021)
令和2(2020)
令和元(2019)
平成30(2018)
平成29(2017)
平成28(2016)
平成27(2015)
平成26(2014)
平成25(2013)
平成24(2012)
平成23(2011)
平成22(2010)
平成21(2009)
平成20(2008)

コンデンサ内部の電界の強さ E[kV/mm]は，コンデンサの端子電圧 V[kV]をその極板間距離 d[mm]で割り算すれば計算できる。

極板の形状と大きさが問題図のコンデンサと同じで，比誘電率 $\varepsilon_r=1$，$d=1$[mm]であるコンデンサの静電容量を C[F]とする。コンデンサの静電容量は，同じ極板面積のとき ε_r に比例し d に反比例するので，問題図の各コンデンサの静電容量を C で表すと**図 2-1** となる。ただし，問題図中の右側のコンデンサは，解答する上で必要ないので省略した。

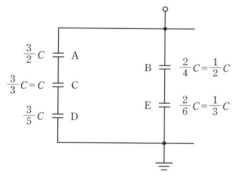

図 2-1　コンデンサの静電容量

図中の各コンデンサ A，B，C，D，E の端子電圧をそれぞれ V_A，V_B，V_C，V_D，V_E とする。コンデンサの直列接続では，各コンデンサの分圧は静電容量に反比例するので，次の関係式が成り立ち，各端子電圧が求められる。

コンデンサ A，C，D の直列回路では，

$$V_A : V_C : V_D = \frac{1}{\frac{3}{2}C} : \frac{1}{C} : \frac{1}{\frac{3}{5}C} = 2 : 3 : 5$$

$$V_A + V_C + V_D = 10\text{[kV]}$$

より，

$$V_A = 2\text{[kV]}, \quad V_C = 3\text{[kV]}, \quad V_D = 5\text{[kV]}$$

コンデンサ B，E の直列回路では，

$$V_B : V_E = \frac{1}{\frac{C}{2}} : \frac{1}{\frac{C}{3}} = 2 : 3$$

$$V_B + V_E = 10\text{[kV]}$$

より，

$$V_B = 4\text{[kV]}, \quad V_E = 6\text{[kV]}$$

したがって，E_A，E_B は，

$$E_A = \frac{V_A}{2} = \frac{2}{2} = 1\text{[kV/mm]}$$

$$E_B = \frac{V_A}{4} = \frac{4}{4} = 1\text{[kV/mm]}$$

解説 ....

コンデンサの分圧比を求めるために，各コンデンサの静電容量の比を求める。このとき，あるコンデンサの静電容量 C を基準として他のコンデンサの静電容量を C の倍数として表して比を求めると，比から C は消去されて数値の比が得られる。

また，コンデンサの問題では，端効果を無視して極板間の電界を一様とみなすので，極板間の電界の強さ E は $C\dfrac{V}{d}$ となる。

Point コンデンサの直列接続では，各コンデンサの分圧は静電容量に反比例する。

問3　出題分野＜電磁気＞

難易度 ★★★　重要度 ★★☆

　図は積層した電磁鋼板の鉄心の磁化特性（ヒステリシスループ）を示す。図中の B[T] 及び H[A/m] はそれぞれ磁束密度及び磁界の強さを表す。この鉄心にコイルを巻きリアクトルを製作し，商用交流電源に接続した。実効値が V[V] の電源電圧を印加すると図中に矢印で示す軌跡が確認された。コイル電流が最大のときの点は　(ア)　である。次に，電源電圧実効値が一定に保たれたまま，周波数がやや低下したとき，ヒステリシスループの面積は　(イ)　。一方，周波数が一定で，電源電圧実効値が低下したとき，ヒステリシスループの面積は　(ウ)　。最後に，コイル電流実効値が一定で，周波数がやや低下したとき，ヒステリシスループの面積は　(エ)　。

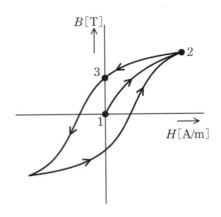

　上記の記述中の空白箇所（ア），（イ），（ウ）及び（エ）に当てはまる組合せとして，正しいものを次の(1)～(5)のうちから一つ選べ。

	（ア）	（イ）	（ウ）	（エ）
(1)	1	大きくなる	小さくなる	大きくなる
(2)	2	大きくなる	小さくなる	あまり変わらない
(3)	3	あまり変わらない	あまり変わらない	小さくなる
(4)	2	小さくなる	大きくなる	あまり変わらない
(5)	1	小さくなる	大きくなる	あまり変わらない

問3の解答　出題項目＜磁化特性＞

問題図中の B[T] 及び H[A/m] はそれぞれ磁束密度及び磁界の強さを表す。問題の鉄心にコイルを巻きリアクトルを製作し，商用交流電源に接続した。実効値が V[V] の電源電圧を印加すると問題図中に矢印で示す軌跡が確認された。コイル電流が最大のときの点は **2** である。この理由は，H は電流に比例するからである。

次に，電源電圧実効値が一定に保たれたまま，周波数がやや低下したとき，ヒステリシスループの面積は **大きくなる**。この理由は次のとおり。電源電圧実効値（リアクトルの端子電圧）V と周波数 f と磁束密度 B には，$V \propto fB$ の関係があるため（詳細は解説を参照），V が一定で f が小さくなると B が大きくなり，また，リアクタンスが f に比例して小さくなるので電流が増加し H が大きくなる。この結果，ヒステリシスループの面積は大きくなる。

一方，周波数が一定で，電源電圧実効値が低下したとき，ヒステリシスループの面積は **小さくなる**。この理由は次のとおり。$V \propto fB$ より V が低下すると B が小さくなり，また，リアクタンスが一定（f が一定）なので電流が減少し H が小さくなる。この結果，ヒステリシスループの面積は小さくなる。

最後に，コイル電流実効値が一定で，周波数がやや低下したとき，ヒステリシスループの面積は **あまり変わらない**。この理由は次のとおり。電流が一定なので H に変化はない。また，リアクタンスは f に比例して小さくなるので，V も f に比例（リアクタンスに比例）して小さくなる。このため $V \propto fB$ より B は変化しない。したがって，ヒステリシスループの面積は考察上では変わらない。

解説

リアクトルの自己インダクタンスを L[H] とすると，リアクタンスの大きさは $2\pi fL$[Ω] である。これに電圧 V[V] を印加したとき流れる電流を I[A] とすると，次式が成り立つ。

$$V = 2\pi fLI$$

次に，リアクトルの巻数を N，鉄心中の磁束を ϕ[Wb] とすると，$LI = N\phi$ の関係が成り立っているので，

$$V = 2\pi fLI = 2\pi fN\phi$$

となる。鉄心断面は一定なので B と ϕ は比例関係にあることから，次の関係式を得る。

$$V = 2\pi fN\phi \propto fB$$

過去にもヒステリシスループ，磁化曲線（BH 曲線）に関する問題は出題されているが，この問題はとりわけ思考力を必要とする。レベル的にはやや難であろう。

Point 関係式 $V \propto fB$ はリアクトルに限らず，変圧器，誘導機，同期機でも登場するので，覚えておく価値あり。

問4　出題分野＜電磁気＞　　難易度 ★★★　重要度 ★★★

　図のように，磁路の長さ $l=0.2$ m，断面積 $S=1×10^{-4}$ m^2 の環状鉄心に巻数 $N=8\,000$ の銅線を巻いたコイルがある。このコイルに直流電流 $I=0.1$ A を流したとき，鉄心中の磁束密度は $B=1.28$ T であった。このときの鉄心の透磁率 μ の値[H/m]として，最も近いものを次の（1）～（5）のうちから一つ選べ。

　ただし，コイルによって作られる磁束は，鉄心中を一様に通り，鉄心の外部に漏れないものとする。

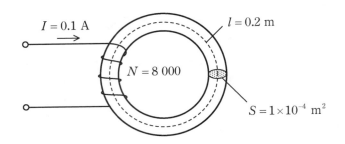

（1）　$1.6×10^{-4}$　　　（2）　$2.0×10^{-4}$　　　（3）　$2.4×10^{-4}$

（4）　$2.8×10^{-4}$　　　（5）　$3.2×10^{-4}$

問5　出題分野＜直流回路＞　　難易度 ★★★　重要度 ★★★

　図のように，七つの抵抗及び電圧 $E=100$ V の直流電源からなる回路がある。この回路において，A-D 間，B-C 間の各電位差を測定した。このとき，A-D 間の電位差の大きさ[V]及び B-C 間の電位差の大きさ[V]の組合せとして，正しいものを次の（1）～（5）のうちから一つ選べ。

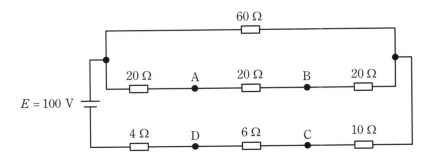

	A-D 間の電位差の大きさ	B-C 間の電位差の大きさ
（1）	28	60
（2）	40	72
（3）	60	28
（4）	68	80
（5）	72	40

問4の解答　　出題項目＜環状ソレノイド＞

鉄心中の磁界の強さ H は，アンペアの周回路の法則 $Hl = NI$ より，

$$H = \frac{NI}{l} = \frac{8\,000 \times 0.1}{0.2} = 4\,000 \,[\text{A/m}]$$

であるから，$B = \mu H$ より μ が計算できる。

$$B = 1.28 = 4\,000\,\mu$$
$$\mu = 3.2 \times 10^{-4} \,[\text{H/m}]$$

解説

環状コイル（ソレノイド）に関する典型問題である。解答ではアンペアの周回路の法則を用いたが，磁気回路のオームの法則を用いて解くこともできるので，その方法を次に示す。

このコイルの磁気抵抗 R_m は，

$$R_m = \frac{l}{\mu S} = \frac{0.2}{10^{-4}\mu} = \frac{2\,000}{\mu} \,[\text{H}^{-1}]$$

となるので，鉄心中の磁束 ϕ は磁気回路のオームの法則より，起磁力を NI として，

$$\phi = \frac{NI}{R_m} = \frac{8\,000 \times 0.1}{2\,000/\mu} = 0.4\,\mu \,[\text{Wb}]$$

磁束密度 B は，

$$B = \frac{\phi}{S} = \frac{0.4\,\mu}{10^{-4}} = 4\,000\,\mu \,[\text{T}]$$

$B = 1.28 \,[\text{T}]$ なので，

$$\mu = \frac{1.28}{4\,000} = 3.2 \times 10^{-4} \,[\text{H/m}]$$

磁気回路は電気回路と類似性があるため，起電力を起磁力，電流を磁束，電気抵抗を磁気抵抗に対応させることで，オームの法則を準用できる。ただし，磁気回路では，磁気抵抗の性質上漏れ磁束が生じること，磁気飽和のため磁気抵抗が一定ではないことが電気回路と異なる。このため，問題の内容によっては，漏れ磁束や磁気飽和を考慮しないとする条件を設けている。

問5の解答　　出題項目＜抵抗直並列回路＞

電源から見た合成抵抗は $50\,\Omega$ と計算できるので，電源を流れる電流は $2\,\text{A}$ となる。

図 5-1 は，回路の電流と各抵抗の端子電圧（矢印は電圧の向き）を示したものである。

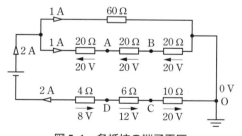

図 5-1　各抵抗の端子電圧

点 O を接地してこの電位を基準電位 $0\,\text{V}$ とすると，点 A，B，C，D の各電位 V_A, V_B, V_C, V_D は図より，

$$V_A = 20 + 20 = 40 \,[\text{V}], \quad V_B = 20 \,[\text{V}]$$

$$V_C = -20 \,[\text{V}],$$
$$V_D = (-20) + (-12) = -32 \,[\text{V}]$$

$V_A > V_D$ なので，A-D 間の電位差の大きさ V_{AD} は，

$$V_{AD} = V_A - V_D = 40 - (-32) = 72 \,[\text{V}]$$

$V_B > V_C$ なので，B-C 間の電位差の大きさ V_{BC} は，

$$V_{BC} = V_B - V_C = 20 - (-20) = 40 \,[\text{V}]$$

解説

回路の合成抵抗の求め方は，基本事項なので解説を省略する。

2 点間の電位差は，2 点の電位の差で求められる。各点の電位は，基準点の電位に各点と基準点間の電位差を加えたものとなる。このとき，抵抗の端子電圧の向きに注意する。

また，基準点及び基準電位は任意に決めてよいが，各電位を計算しやすいように選ぶ。

令和
4
(2022)

令和
3
(2021)

令和
2
(2020)

令和
元
(2019)

平成
30
(2018)

平成
29
(2017)

平成
28
(2016)

平成
27
(2015)

平成
26
(2014)

平成
25
(2013)

平成
24
(2012)

平成
23
(2011)

平成
22
(2010)

平成
21
(2009)

平成
20
(2008)

問6　出題分野＜直流回路＞　　難易度 ★★★　重要度 ★★★

　図に示す直流回路は，100 Vの直流電圧源に直流電流計を介して10 Ωの抵抗が接続され，50 Ωの抵抗と抵抗 $R[\Omega]$ が接続されている。直流計は5 Aを示している。抵抗 $R[\Omega]$ で消費される電力の値[W]として，最も近いものを次の（1）～（5）のうちから一つ選べ。なお，電流計の内部抵抗は無視できるものとする。

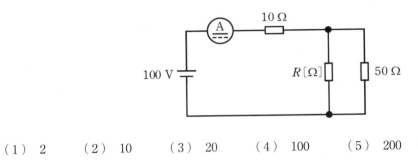

（1）　2　　　　（2）　10　　　　（3）　20　　　　（4）　100　　　　（5）　200

問7　出題分野＜直流回路＞　　難易度 ★★★　重要度 ★★★

　図のように，三つの抵抗 $R_1[\Omega]$，$R_2[\Omega]$，$R_3[\Omega]$ とインダクタンス $L[H]$ のコイルと静電容量 $C[F]$ のコンデンサが接続されている回路に $V[V]$ の直流電源が接続されている。定常状態において直流電源を流れる電流の大きさを表す式として，正しいものを次の（1）～（5）のうちから一つ選べ。

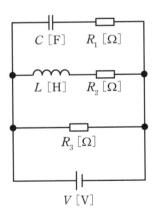

（1）　$\dfrac{V}{R_3}$　　　（2）　$\dfrac{V}{\dfrac{1}{\dfrac{1}{R_1}+\dfrac{1}{R_2}}}$　　　（3）　$\dfrac{V}{\dfrac{1}{\dfrac{1}{R_1}+\dfrac{1}{R_3}}}$

（4）　$\dfrac{V}{\dfrac{1}{\dfrac{1}{R_2}+\dfrac{1}{R_3}}}$　　　（5）　$\dfrac{V}{\dfrac{1}{\dfrac{1}{R_1}+\dfrac{1}{R_2}+\dfrac{1}{R_3}}}$

問6の解答　　出題項目＜抵抗直並列回路＞　　　　答え（5）

図6-1は，各抵抗の端子電圧と抵抗を流れる電流を示したものである（電流計は省略）。

10 Ω の抵抗の端子電圧は $10 \times 5 = 50$[V] なので，50 Ω の抵抗の端子電圧は $100 - 50 = 50$[V] となる。なお，矢印は電圧の向きを表す。

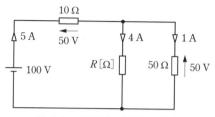

図6-1　各抵抗の電圧と電流

また，オームの法則より 50 Ω の抵抗を流れる電流は，$50/50 = 1$[A] となる。したがって，抵抗

R[Ω] を流れる電流は，$5 - 1 = 4$[A] となる。

抵抗 R[Ω] の端子電圧は 50 V であるから，抵抗 R[Ω] で消費される電力 P は，

$$P = 50 \times 4 = 200 \text{[W]}$$

解説

抵抗 R[Ω] は計算でき，$50/4 = 12.5$[Ω] とわかるので，電力を抵抗値と電流から求めてもよい。

$$P = 12.5 \times 4^2 = 200 \text{[W]}$$

また，電力を電圧と抵抗値から求めてもよい。

$$P = \frac{50^2}{12.5} = 200 \text{[W]}$$

平易な直流回路の問題なので，確実に正答したい。

Point 解答へのアプローチが複数あるときは，検算に活用する。

問7の解答　　出題項目＜L と C の定常特性＞　　　　答え（4）

定常状態（電源を接続して十分に時間が経過した状態）ではコンデンサの端子電圧は V[V] となるので，コンデンサには電流が流れない。また，定常状態のコイルの誘導起電力は 0 V なので，コイルは単なる導線と等価になる。以上から，定常状態の回路は図7-1 となる。

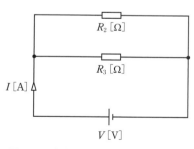

図7-1　定常状態における等価回路

回路の合成抵抗 R は，

$$R = \frac{1}{\dfrac{1}{R_2} + \dfrac{1}{R_3}} \text{[Ω]}$$

なので，直流電源を流れる電流 I はオームの法則より，

$$I = \frac{V}{R} = \frac{V}{\dfrac{1}{\dfrac{1}{R_2} + \dfrac{1}{R_3}}} \text{[A]}$$

解説

インダクタンス L（初期電流が零）及び静電容量 C（初期電荷が零）を含む直流回路では，電源投入時の等価回路と定常状態における等価回路が重要である。

なお，問題図の電源投入時においては，コンデンサの端子電圧が零なのでコンデンサは導通状態となり，コイルには電源電圧と同じ逆起電力が生じるので電流が流れない。したがって，電源投入時の等価回路は，R_1 と R_3 の並列回路となる。

Point L と C を含む直流回路では，電源投入時と定常状態における電流の流れに注意すること。

令和
4
(2022)

令和
3
(2021)

令和
2
(2020)

令和
元
(2019)

平成
30
(2018)

平成
29
(2017)

平成
28
(2016)

平成
27
(2015)

平成
26
(2014)

平成
25
(2013)

平成
24
(2012)

平成
23
(2011)

平成
22
(2010)

平成
21
(2009)

平成
20
(2008)

問 8　　出題分野＜単相交流＞　　　　難易度 ★★☆　　重要度 ★★☆

　図の回路において，正弦波交流電源と直流電源を流れる電流 I の実効値[A]として，最も近いものを次の（1）～（5）のうちから一つ選べ。ただし，E_a は交流電圧の実効値[V]，E_d は直流電圧の大きさ[V]，X_c は正弦波交流電源に対するコンデンサの容量性リアクタンスの値[Ω]，R は抵抗値[Ω]とする。

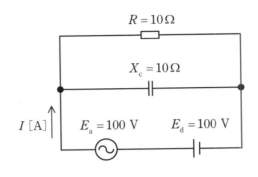

（1）　10.0　　　（2）　14.1　　　（3）　17.3　　　（4）　20.0　　　（5）　40.0

問 9　　出題分野＜単相交流＞　　　　難易度 ★☆☆　　重要度 ★★☆

　図は，実効値が 1 V で角周波数 ω[krad/s]が変化する正弦波交流電源を含む回路である。いま，ω の値が $\omega_1=5$ krad/s，$\omega_2=10$ krad/s，$\omega_3=30$ krad/s と 3 通りの場合を考え，$\omega=\omega_k$（$k=1,2,3$）のときの電流 i[A]の実効値を I_k と表すとき，I_1，I_2，I_3 の大小関係として，正しいものを次の（1）～（5）のうちから一つ選べ。

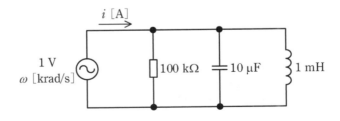

（1）　$I_1<I_2<I_3$　　　（2）　$I_1=I_2<I_3$　　　（3）　$I_2<I_1<I_3$

（4）　$I_2<I_1=I_3$　　　（5）　$I_3<I_2<I_1$

令和 4 (2022)
令和 3 (2021)
令和 2 (2020)
令和 元 (2019)
平成 30 (2018)
平成 29 (2017)
平成 28 (2016)
平成 27 (2015)
平成 26 (2014)
平成 25 (2013)
平成 24 (2012)
平成 23 (2011)
平成 22 (2010)
平成 21 (2009)
平成 20 (2008)

問 8 の解答　出題項目＜ひずみ波＞　　　　答え （3）

　ひずみ波回路の問題なので，問題図を**図 8-1** に示す E_a のみの回路と，**図 8-2** に示す E_d のみの回路の重ね合わせと考える。ただし，図 8-2 ではコンデンサには電流が流れないので，抵抗のみの回路となる。

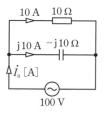
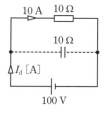

図 8-1　E_a のみの回路　　図 8-2　E_d のみの回路

　図 8-1 より，電源電圧を基準(位相零)としたときの電流 $\dot{I}_a$ は，
$$\dot{I}_a = 10 + j10 [A]$$
となるので，$\dot{I}_a$ の大きさ(実効値)I_a は，
$$I_a = |\dot{I}_a| = |10+j10| = \sqrt{10^2 + 10^2}$$

$$= 10\sqrt{2} [A]$$

　一方，図 8-2 より，電流の実効値 I_d は，
$$I_d = 10 [A]$$

　したがって，問題図のひずみ波電流の実効値 I は，
$$I = \sqrt{I_d^2 + I_a^2} = \sqrt{10^2 + (10\sqrt{2})^2} = \sqrt{300}$$
$$\fallingdotseq 17.3 [A]$$

解説 ・・・・・・・・・・・・・・・・・・・・・・・・・

　ひずみ波の電圧及び電流の実効値の 2 乗は，直流及び周波数の異なる正弦波交流それぞれの実効値を 2 乗したものの総和と等しい。

　また，ひずみ波回路の電力は，同じ周波数の電圧と電流間でのみ生じるため，それぞれの電源(直流及び周波数の異なる正弦波交流)が単独で存在する回路の電力の総和(電力の重ね合わせ)として計算できる。

Point ひずみ波回路は，重ね合わせで攻略できる。

問 9 の解答　出題項目＜*RLC* 並列回路＞　　　　答え （3）

　ω_k[krad/s]における，C[F]のコンデンサの容量性リアクタンスは $-j\dfrac{1}{\omega_k C \times 10^3}$[Ω]，$L$[H]のコイルの誘導性リアクタンスは $j\omega_k L \times 10^3$[Ω]となる。問題図のコンデンサ及びコイルの並列回路について，角周波数が 5 krad/s，10 krad/s，30 krad/s における回路図を，それぞれ**図 9-1**，**図 9-2**，**図 9-3** に示す。

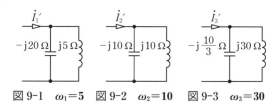

図 9-1　$\omega_1 = 5$　　図 9-2　$\omega_2 = 10$　　図 9-3　$\omega_3 = 30$

　電源電圧を基準とすると電流 $\dot{I}_1'$，$\dot{I}_2'$，$\dot{I}_3'$ は，
$$\dot{I}_1' = j\frac{1}{20} - j\frac{1}{5} = -j0.15 [A]$$

$$\dot{I}_2' = j\frac{1}{10} - j\frac{1}{10} = 0 [A]$$

$$\dot{I}_3' = j\frac{1}{10/3} - j\frac{1}{30} = j0.27 [A]$$

　抵抗を流れる電流 $\dot{I}_R$ は角周波数とは無関係に一定であることから，$\dot{I}_1$，$\dot{I}_2$，$\dot{I}_3$ の大小関係は $\dot{I}_1'$，$\dot{I}_2'$，$\dot{I}_3'$ のきさの大小関係と同じになる。

　したがって，$|\dot{I}_1'| = 0.15$ [A]，$|\dot{I}_2'| = 0$ [A]，$|\dot{I}_3'| = 0.27$ [A] より大小関係は $|\dot{I}_2'| < |\dot{I}_1'| < |\dot{I}_3'|$ となるので，$I_2 < I_1 < I_3$ となる。

解説 ・・・・・・・・・・・・・・・・・・・・・・・・・

　ω_k における L，C 回路の電流を $|\dot{I}_k|$ とすると，$I_k^2 = |\dot{I}_R|^2 + |\dot{I}_k'|^2$ かつ $|\dot{I}_R|$ は一定であることから，$|\dot{I}_k'|$ の大小関係と I_k の大小関係は一致する。これに気付けば，I_k の値を求める必要がなくなるので，解答時間の短縮につながる。

問10　出題分野＜過渡現象，静電気＞　難易度 ★★★　重要度 ★★★

　図のように，電圧 1 kV に充電された静電容量 100 μF のコンデンサ，抵抗 1 kΩ，スイッチからなる回路がある。スイッチを閉じた直後に過渡的に流れる電流の時定数 τ の値[s]と，スイッチを閉じてから十分に時間が経過するまでに抵抗で消費されるエネルギー W の値[J]の組合せとして，正しいものを次の（1）～（5）のうちから一つ選べ。

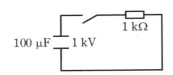

	τ	W
（1）	0.1	0.1
（2）	0.1	50
（3）	0.1	1 000
（4）	10	0.1
（5）	10	50

問11　出題分野＜電子理論＞　難易度 ★★☆　重要度 ★★★

　次の文章は，太陽電池に関する記述である。

　太陽光のエネルギーを電気エネルギーに直接変換するものとして，半導体を用いた太陽電池がある。p形半導体とn形半導体によるpn接合を用いているため，構造としては ┃(ア)┃ と同じである。太陽電池に太陽光を照射すると，半導体の中で負の電気をもつ電子と正の電気をもつ ┃(イ)┃ が対になって生成され，電子はn形半導体の側に， ┃(イ)┃ はp形半導体の側に，それぞれ引き寄せられる。その結果，p形半導体に付けられた電極がプラス極，n形半導体に付けられた電極がマイナス極となるように起電力が生じる。両電極間に負荷抵抗を接続すると太陽電池から取り出された電力が負荷抵抗で消費される。その結果，負荷抵抗を接続する前に比べて太陽電池の温度は ┃(ウ)┃ 。

　上記の記述中の空白箇所(ア)，(イ)及び(ウ)に当てはまる組合せとして，正しいものを次の（1）～（5）のうちから一つ選べ。

	(ア)	(イ)	(ウ)
（1）	ダイオード	正孔	低くなる
（2）	ダイオード	正孔	高くなる
（3）	トランジスタ	陽イオン	低くなる
（4）	トランジスタ	正孔	高くなる
（5）	トランジスタ	陽イオン	高くなる

令和
4
(2022)

令和
3
(2021)

令和
2
(2020)

**令和
元**
(2019)

平成
30
(2018)

平成
29
(2017)

平成
28
(2016)

平成
27
(2015)

平成
26
(2014)

平成
25
(2013)

平成
24
(2012)

平成
23
(2011)

平成
22
(2010)

平成
21
(2009)

平成
20
(2008)

問 10 の解答　　出題項目＜*RC* 直列回路，仕事・静電エネルギー＞　　　　答え　（2）

RC 回路の時定数 τ は，

$$\tau = CR = 100 \times 10^{-6} \times 1 \times 10^3 = 0.1\,[\text{s}]$$

　回路のスイッチを閉じると，コンデンサの電荷が抵抗を通して放電され，抵抗に電流が流れる。この電流により抵抗で消費されるエネルギー W [J] は，エネルギー保存則よりコンデンサに蓄えられていた静電エネルギー W_c と等しい。初期状態のコンデンサの端子電圧を V[V] とすると，静電エネルギー W_c は，

$$W_\text{c} = \frac{1}{2}CV^2 = \frac{100 \times 10^{-6} \times (10^3)^2}{2} = 50\,[\text{J}]$$

であるから，

$$W = W_\text{c} = 50\,[\text{J}]$$

解説

　回路の時定数は必須の知識なので覚えておきたい。

　普通，エネルギーは電力と時間の積で求めるが，過渡現象では電力が時間に伴い変化するため積分計算が必要になる（電験三種範囲外）。このような場合には，エネルギー保存則が役立つ場合が多い。

問 11 の解答　　出題項目＜太陽電池＞　　　　　　　　　　　　答え　（1）

　半導体を用いた太陽電池は，p 形半導体と n 形半導体による pn 接合を用いているため，構造としては**ダイオード**と同じである。太陽電池に太陽光を照射すると，半導体の中で負の電気をもつ電子と正の電気をもつ**正孔**が対になって生成され，電子は n 形半導体の側に，**正孔**は p 形半導体の側に，それぞれ引き寄せられる。その結果，p 形半導体に付けられた電極がプラス極，n 形半導体に付けられた電極がマイナス極となるように起電力が生じる。両電極間に負荷抵抗を接続すると太陽電池から取り出された電力が負荷抵抗で消費される。その結果，負荷抵抗を接続する前に比べて太陽電池の温度は**低くなる**。

解説

　図 11-1 は，pn 接合付近の様子を示している。構造的にダイオードであるため，光が照射しない状態では pn 接合付近でそれぞれの多数キャリアが拡散し，相手の領域のキャリアと再結合することで，p 形領域では正孔が，n 形領域では電子が不足する。この結果，p 形領域よりも n 形領域の電位が高くなり，これ以上のキャリアの拡散が抑えられ平衡状態となっている。

　pn 接合部分に光が当たると，価電子帯の電子

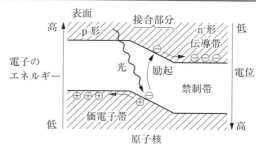

図 11-1　太陽電池の原理

が光のエネルギーを吸収してエネルギーの高い伝導帯に励起され，電子正孔対が生成する。正孔は相対的に電位の低い安定な p 形領域に，電子は相対的に電位の高い安定な n 形領域に移動することで，p 形領域が正，n 形領域が負の直流起電力を生じる。

　負荷接続前の太陽電池は，一定量の光の入射エネルギーが，気温と太陽電池の温度差で生じる放熱量と平衡している。負荷を接続すると入射エネルギーの一部が電力として消費され，その分だけ放熱量が減少する。減少した放熱量分の熱量を放熱するのに必要な温度差は小さくてよいので，気温が一定とすると太陽電池の温度は低くなる。

　図のように，極板間の距離 d[m]の平行板導体が真空中に置かれ，極板間に強さ E[V/m]の一様な電界が生じている。質量 m[kg]，電荷量 $q(>0)$[C]の点電荷が正極から放出されてから，極板間の中心 $\dfrac{d}{2}$[m]に達するまでの時間 t[s]を表す式として，正しいものを次の（1）〜（5）のうちから一つ選べ。

　ただし，点電荷の速度は光速より十分小さく，初速度は 0 m/sとする。また，重力の影響は無視できるものとし，平行板導体は十分大きいものとする。

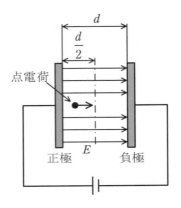

（1）　$\sqrt{\dfrac{md}{qE}}$　　　（2）　$\sqrt{\dfrac{2md}{qE}}$　　　（3）　$\sqrt{\dfrac{qEd}{m}}$　　　（4）　$\sqrt{\dfrac{qE}{md}}$　　　（5）　$\sqrt{\dfrac{2qE}{md}}$

問 12 の解答　出題項目＜電界中の電子＞　　　　　答え　（1）

正の点電荷には静電力 qE[N]により，電界の向きに加速度 a が生じる。

$$a = \frac{qE}{m}\,[\mathrm{m/s^2}]$$

この結果，点電荷は電界の向きに等加速度直線運動をする。$t = 0$[s]において正極上から初速度 $0\,\mathrm{m/s}$ で放出された点電荷は電界方向に等加速度で移動するので，時刻 t[s]における移動距離 l は，

$$l = \frac{1}{2}at^2 = \frac{qE}{2m}t^2\,[\mathrm{m}]$$

したがって，$l = \dfrac{d}{2}$ となる時刻 t は，

$$l = \frac{d}{2} = \frac{qE}{2m}t^2$$

$$t^2 = \frac{md}{qE} \quad \rightarrow \quad t = \sqrt{\frac{md}{qE}}\,[\mathrm{s}]$$

解説 ▶ ‥‥‥‥‥‥‥‥‥‥‥‥‥‥‥

加速度と力と質量の関係は，ニュートンの第 2 法則より次式で定義される。

$$加速度[\mathrm{m/s^2}] = \frac{力[\mathrm{N}]}{質量[\mathrm{kg}]}$$

また，等加速度 a[$\mathrm{m/s^2}$]の向きの初速度を v_0[m/s]（a と同じ向きを正とする）とするとき，時刻 0 s で等加速度直線運動を始める小物体の時刻 t[s]における移動距離 l[m]は次式となる。

$$l = \frac{1}{2}at^2 + v_0 t\,[\mathrm{m}]$$

なお，問題では題意より初速度は零であるから，$v_0 = 0$ とする。

この関係式は，荷電粒子の運動に関する問題では頻繁に登場するので，ぜひとも覚えておきたい。

令和
4
(2022)

令和
3
(2021)

令和
2
(2020)

令和
元
(2019)

平成
30
(2018)

平成
29
(2017)

平成
28
(2016)

平成
27
(2015)

平成
26
(2014)

平成
25
(2013)

平成
24
(2012)

平成
23
(2011)

平成
22
(2010)

平成
21
(2009)

平成
20
(2008)

問 13　出題分野＜電子回路＞　難易度 ★★★　重要度 ★★★

　図のように電圧増幅度 $A_v(>0)$ の増幅回路と帰還率 $\beta(0<\beta\leqq1)$ の帰還回路からなる負帰還増幅回路がある。この負帰還増幅回路に関する記述として，正しいものを次の(1)～(5)のうちから一つ選べ。ただし，帰還率 β は周波数によらず一定であるものとする。

（1）　負帰還増幅回路の帯域幅は，負帰還をかけない増幅回路の帯域幅よりも狭くなる。

（2）　電源電圧の変動に対して負帰還増幅回路の利得は，負帰還をかけない増幅回路よりも不安定である。

（3）　負帰還をかけることによって，増幅回路の内部で発生するひずみや雑音が増加する。

（4）　負帰還をかけない増幅回路の電圧増幅度 A_v と帰還回路の帰還率 β の積が 1 より十分小さいとき，負帰還増幅回路全体の電圧増幅度は帰還率 β の逆数で近似できる。

（5）　負帰還増幅回路全体の利得は，負帰還をかけない増幅回路の利得よりも低下する。

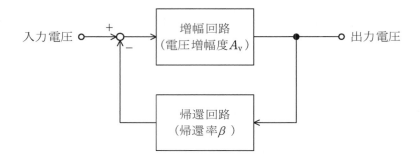

問 13 の解答　出題項目＜負帰還増幅回路＞

（1）　誤。帯域幅は**広く**なる。

（2）　誤。利得は**安定**である。

（3）　誤。ひずみや雑音は**減少**する。

（4）　誤。入力 V_i と出力 V_o の関係は，

$$A_v(V_i - \beta V_o) = V_o$$

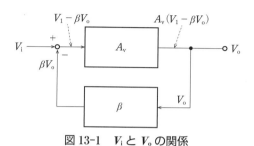

図 13-1　V_i と V_o の関係

これより負帰還増幅器の電圧増幅度 A_f は，

$$A_f = \frac{V_o}{V_i} = \frac{A_v}{1 + A_v \beta}$$

したがって，$A_v \beta \ll 1$ では $\boldsymbol{A_f \fallingdotseq A_v}$ となる。

（5）　正。

$$A_f - A_v = \frac{A_v}{1 + A_v \beta} - A_v$$

$$= \frac{-A_v^2 \beta}{1 + A_v \beta} < 0$$

より $A_f < A_v$ となるので，利得は低下する。

解　説

利得の周波数特性において，中域からの利得の低下が 3 dB 以内となる周波数領域を帯域幅という。

図 13-2 は，CR 結合増幅器において負帰還をかけない場合とかけた場合の周波数特性を表して

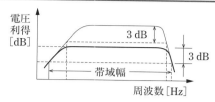

（細線は負帰還なし，太線は負帰還あり）

図 13-2　**CR 結合増幅器の帯域幅**

いる。図より，負帰還により利得は低下するが，帯域幅は広くなることがわかる。

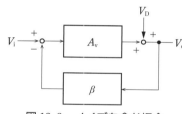

図 13-3　**ノイズを含む場合**

次に，電圧変動，ひずみ，雑音等を原因とする外乱 V_D が，増幅回路の出力に加わる場合を考える（**図 13-3** 参照）。このとき，入力 V_i，外乱 V_D，出力 V_o の関係は次式となる。

$$A_v(V_i - \beta V_o) + V_D = V_o$$

$$V_o = \frac{A_v}{1 + A_v \beta} V_i + \frac{1}{1 + A_v \beta} V_D$$

この式の右辺第 2 項は，負帰還をかけることで V_D が $\dfrac{1}{1 + A_v \beta}$ 倍に低減されることを示している。

令和4(2022)
令和3(2021)
令和2(2020)
令和元(2019)
平成30(2018)
平成29(2017)
平成28(2016)
平成27(2015)
平成26(2014)
平成25(2013)
平成24(2012)
平成23(2011)
平成22(2010)
平成21(2009)
平成20(2008)

問 14 出題分野＜電気計測＞

難易度 ★★★　重要度 ★★★

直動式指示電気計器の種類，JIS で示される記号及び使用回路の組合せとして，正しいものを次の（1）～（5）のうちから一つ選べ。

	種類	記号	使用回路
（1）	永久磁石可動コイル形		直流専用
（2）	空心電流力計形		交流・直流両用
（3）	整流形		交流・直流両用
（4）	誘導形		交流専用
（5）	熱電対形(非絶縁)		直流専用

問 14 の解答　出題項目＜指示電気計器＞　　答え　（2）

（1）　誤。記号が誤り。この記号は，**誘導形**を表す。

（2）　正。記述のとおり。

（3）　誤。使用回路が誤り。整流形の使用回路は，**交流（正弦波交流）専用**である。

（4）　誤。記号が誤り。この記号は，**熱電対形（非絶縁）**である。

（5）　誤。種類が誤り。この記号と使用回路は，**永久磁石可動コイル形**のものである。

解説

図 14-1 は，主な直動式指示電気計器の種類，記号，使用回路について，JIS に規定されている内容である。

なお，永久磁石可動コイル形は一般に，可動コイル形と呼ばれ，熱電対形は一般に，熱電形と呼ばれている。

また，整流形及び熱電対形の図記号には永久磁石可動コイル形の記号が付随しているが，これは整流波形や熱起電力を永久磁石可動コイル形計器で測定していることを示したものである。なお，整流形及び熱電対形計器の記号について，書籍等では永久磁石可動コイル形の記号を省いた記号で表されている場合もある。

種類	記号	使用回路
永久磁石可動コイル形		直流専用
可動鉄片形		交流専用
電流力計形	空心　鉄心入	交流・直流両用
整流形		交流専用
熱電対形	非絶縁　絶縁	交流・直流両用
誘導形		交流専用
静電形		交流・直流両用

図 14-1　主な指示電気計器
（JIS C 1102-1 より抜粋）

令和4 (2022)
令和3 (2021)
令和2 (2020)
令和元 (2019)
平成30 (2018)
平成29 (2017)
平成28 (2016)
平成27 (2015)
平成26 (2014)
平成25 (2013)
平成24 (2012)
平成23 (2011)
平成22 (2010)
平成21 (2009)
平成20 (2008)

B 問 題 （配点は1問題当たり(a)5点, (b)5点, 計10点）

問15　出題分野＜静電気＞　　難易度 ★★☆　重要度 ★☆★

　図のように，平らで十分大きい導体でできた床から高さ h[m]の位置に正の電気量 Q[C]をもつ点電荷がある。次の(a)及び(b)の問に答えよ。ただし，点電荷から床に下ろした垂線の足を点O，床より上側の空間は真空とし，床の導体は接地されている。真空の誘電率を ε_0[F/m]とする。

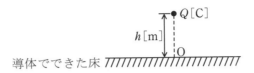

(a)　床より上側の電界は，点電荷のつくる電界と，床の表面に静電誘導によって現れた面電荷のつくる電界との和になる。床より上側の電気力線の様子として，適切なものを次の(1)～(5)のうちから一つ選べ。

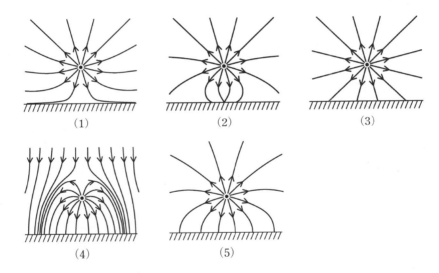

(1)　　　　　　　　(2)　　　　　　　　(3)

(4)　　　　　　　　(5)

(b)　点電荷は床表面に現れた面電荷から鉛直方向の静電吸引力 F[N]を受ける。その力は床のない状態で点Oに固定した電気量 $-\dfrac{Q}{4}$[C]の点電荷から受ける静電力に等しい。F[N]に逆らって，点電荷を高さ h[m]から z[m]（ただし $h < z$）まで鉛直方向に引き上げるのに必要な仕事 W[J]を表す式として，正しいものを次の(1)～(5)のうちから一つ選べ。

(1)　$\dfrac{Q^2}{4\pi\varepsilon_0 z^2}$　　　(2)　$\dfrac{Q^2}{4\pi\varepsilon_0}\left(\dfrac{1}{h}-\dfrac{1}{z}\right)$　　　(3)　$\dfrac{Q^2}{16\pi\varepsilon_0}\left(\dfrac{1}{h}-\dfrac{1}{z}\right)$

(4)　$\dfrac{Q^2}{16\pi\varepsilon_0 z^2}$　　　(5)　$\dfrac{Q^2}{\pi\varepsilon_0}\left(\dfrac{1}{h^2}-\dfrac{1}{z^2}\right)$

令和
4
(2022)

令和
3
(2021)

令和
2
(2020)

令和
元
(2019)

平成
30
(2018)

平成
29
(2017)

平成
28
(2016)

平成
27
(2015)

平成
26
(2014)

平成
25
(2013)

平成
24
(2012)

平成
23
(2011)

平成
22
(2010)

平成
21
(2009)

平成
20
(2008)

問15（a）の解答　出題項目＜電気力線・電束＞　　答え（5）

導体表面は等電位面である。電気力線は等電位面と垂直に交差する性質があるので，電気力線は導体でできた床面上に垂直に入る。したがって，選択肢（1），（2），（3）は不適切。また，題意により Q[C]以外の電荷は存在していないので，Q[C]の点電荷から出ていく電気力線以外の電気力線は存在しない。したがって，選択肢（4）は不適切。以上から，選択肢（5）が適切となる。

解説

電気力線は，電荷が作る電界を視覚的に表すための仮想上の曲線であり，このような線が実際に出ているわけではない。電気力線には次のような性質がある。

①　正の電荷から出て，負の電荷で終わる。

②　真空中において，正の電荷 Q[C]から出る電気力線の数は Q/ε_0 本である（ε_0 は真空の誘電率）。この本数は概念的なものなので，整数とはならないが，電気力線を図示する場合には，その方向と密度がわかるように適当な本数で描く。

③　電気力線には弾力性があり，電気力線どうしは互いに反発し，途中で分岐，交差，消滅しない。

④　電気力線は等電位面と垂直に交差する。

⑤　電気力線の向き（曲線の場合は接線の向き）がその地点の電界の向きを表す。

⑥　ある地点の電界の強さ（大きさ）は，その地点の電気力線密度（電気力線に垂直な $1\,\mathrm{m}^2$ 当たりの電気力線の本数）と等しい。

問15（b）の解答　出題項目＜仕事・静電エネルギー＞　　答え（3）

問題文を図で表すと，**図 15-1** となる。

まず，点 O にある電荷が作る電界を考え，点 H と点 Z の電位 V_H，V_Z を求める。

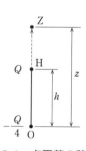

図 15-1　点電荷の移動

$$V_\mathrm{H} = \frac{-Q/4}{4\pi\varepsilon_0 h} = \frac{-Q}{16\pi\varepsilon_0 h}\,[\mathrm{V}]$$

$$V_\mathrm{Z} = \frac{-Q/4}{4\pi\varepsilon_0 z} = \frac{-Q}{16\pi\varepsilon_0 z}\,[\mathrm{V}]$$

点 Z と点 H 間の電位差の大きさ V_ZH は，点 Z の電位の方が点 H の電位より高いので，

$$V_\mathrm{ZH} = V_\mathrm{Z} - V_\mathrm{H} = \frac{Q}{16\pi\varepsilon_0}\left(\frac{1}{h} - \frac{1}{z}\right)[\mathrm{V}]$$

正の点電荷を静電力に逆らって点 H から点 Z まで移動させるには，仕事（エネルギー）が必要である。このときの仕事 W は，移動電荷の電気量 Q と 2 点間の電位差 V_ZH の積に等しいので，

$$W = QV_\mathrm{ZH} = \frac{Q^2}{16\pi\varepsilon_0}\left(\frac{1}{h} - \frac{1}{z}\right)[\mathrm{J}]$$

解説

単位電荷（1C）を電界中で静電力に逆らって移動させるのに必要な仕事 W[J]は，移動の始点と終点間の電位差の大きさ V[V]と等しい。もし，移動電荷が正の電気量 Q[C]であるなら，静電力が Q 倍になるので仕事も Q 倍になり，次の関係式が成り立つ。

$$W = QV$$

補足　問題とは逆に，正の点電荷が点 Z から初速度零で放れた場合，正の点電荷は静電力により点 H に向かい加速度運動をする。これは，電界が点電荷に対して仕事をしたことを意味する。この場合，点電荷が点 H において有する運動エネルギー W_k[J]は，点電荷の電気量 Q[C]と 2 点間の電位差 V_ZH[V]の積に等しい（$W_\mathrm{k} = QV_\mathrm{ZH}$）。

問16 　出題分野＜三相交流＞　　　難易度 ★★★　重要度 ★★★

図のように線間電圧 200 V，周波数 50 Hz の対称三相交流電源に RLC 負荷が接続されている。$R = 10\,\Omega$，電源角周波数を $\omega\,[\mathrm{rad/s}]$ として，$\omega L = 10\,\Omega$，$\dfrac{1}{\omega C} = 20\,\Omega$ である。次の（a）及び（b）の問に答えよ。

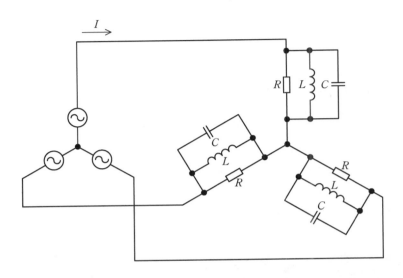

（a）　電源電流 I の値[A]として，最も近いものを次の（1）～（5）のうちから一つ選べ。
　　（1）　7　　　　（2）　10　　　　（3）　13　　　　（4）　17　　　　（5）　22

（b）　三相負荷の有効電力の値[kW]として，最も近いものを次の（1）～（5）のうちから一つ選べ。
　　（1）　1.3　　　　（2）　2.6　　　　（3）　3.6　　　　（4）　4.0　　　　（5）　12

問 16 （a）の解答　　出題項目＜Y 接続＞　　　　　答え　（3）

図 16-1 は，相電圧 $\dot{E}$ を基準としたベクトル図である。$\dot{E} = \dfrac{200}{\sqrt{3}}$ [V] を基準として，抵抗 R，コイル L，コンデンサ C を流れるそれぞれの電流ベクトル $\dot{I}_R, \dot{I}_L, \dot{I}_C$ を計算すると，

$$\dot{I}_R = \frac{\dot{E}}{R} = \frac{200/\sqrt{3}}{10} = \frac{20}{\sqrt{3}} [A]$$

$$\dot{I}_L = \frac{\dot{E}}{j\omega L} = \frac{200/\sqrt{3}}{j10} = -j\frac{20}{\sqrt{3}} [A]$$

$$\dot{I}_C = j\omega C \dot{E} = j\frac{200/\sqrt{3}}{20} = j\frac{10}{\sqrt{3}} [A]$$

となるので，電源電流（線電流）ベクトル $\dot{I}$ はこれらのベクトル和となる。

$$\dot{I} = \dot{I}_R + \dot{I}_L + \dot{I}_C = \frac{20}{\sqrt{3}} - j\frac{20}{\sqrt{3}} + j\frac{10}{\sqrt{3}}$$

$$= \frac{20}{\sqrt{3}} - j\frac{10}{\sqrt{3}} = \frac{10}{\sqrt{3}}(2-j) [A]$$

したがって，電源電流 $I = |\dot{I}|$ は，

$$I = \frac{10}{\sqrt{3}} \times \sqrt{2^2 + 1^2} = \frac{10}{\sqrt{3}} \times \sqrt{5}$$

$$\fallingdotseq 12.9 [A] \quad \rightarrow \quad 13 A$$

解 説

対称三相電源と平衡三相負荷の三相交流回路では，電源，負荷を Y 結線に置換し，1 相分の単相交流回路で考えるのが一般的な解法である。この問題の負荷は Y 結線されているので，一つの RLC 並列回路が 1 相分の負荷となる。

負荷が並列回路なので，各素子を流れる電流から合成電流を求める方法がわかりやすく計算も簡単である。

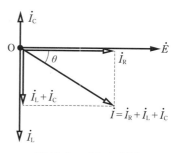

図 16-1　ベクトル図

また，負荷が並列回路なので合成アドミタンスを計算して，線電流を求める方法もある。比較的簡単な計算で線電流が求められるので，各自で確認されたい。なお，合成インピーダンスを計算して電流を求める方法もあるが，負荷が並列回路の場合には計算が煩雑になるので避けた方がよい。

Point 三相回路は，1 相分を抜き出した単相回路で考える。

問 16 （b）の解答　　出題項目＜Y 接続＞　　　　　答え　（4）

抵抗 R を流れる電流の大きさ I_R は，設問（a）より，$20/\sqrt{3}$ A である。負荷の 1 相分の有効電力は，抵抗で消費される 1 相分の有効電力と等しく RI_R^2 [W] であるから，三相負荷の有効電力 P は 1 相分の 3 倍となる。

$$P = 3RI_R^2 = 3 \times 10 \times \left(\frac{20}{\sqrt{3}}\right)^2$$

$$= 4\,000 [W] = 4 [kW]$$

解 説

三相電力は，線間電圧 V [V]，線電流 I [A]，負荷力率 $\cos\theta$ からも求められる。

負荷の力率角は，図 16-1 の θ であるから，

$$\cos\theta = \frac{I_R}{I} = \frac{2}{\sqrt{5}}$$

となるので，三相有効電力 P は，

$$P = \sqrt{3} VI \cos\theta$$

$$= \sqrt{3} \times 200 \times \frac{10\sqrt{5}}{\sqrt{3}} \times \frac{2}{\sqrt{5}}$$

$$= 4\,000 [W]$$

Point 三相電力は 1 相分の電力の 3 倍である。

問17及び問18は選択問題であり，問17又は問18のどちらかを選んで解答すること。両方解答すると採点されません。

（選択問題）

問 17　出題分野＜電子回路＞　難易度 ★★★　重要度 ★☆★

NAND IC を用いたパルス回路について，次の（a）及び（b）の問に答えよ。ただし，高電位を「1」，低電位を「0」と表すことにする。

（a）　p チャネル及び n チャネル MOSFET を用いて構成された図1の回路と真理値表が同一となるものを，図2の NAND 回路の接続（イ），（ロ），（ハ）から選び，全て列挙したものを次の（1）～（5）のうちから一つ選べ。

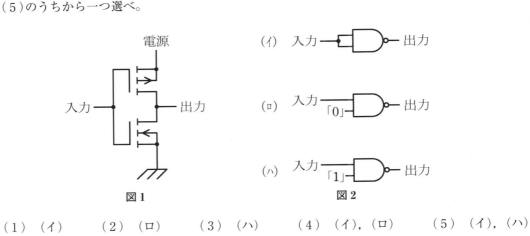

図1　　　　　　　　　　　　図2

（1）　（イ）　　　（2）　（ロ）　　　（3）　（ハ）　　　（4）　（イ），（ロ）　　　（5）　（イ），（ハ）

（次々頁に続く）

令和
4
(2022)

令和
3
(2021)

令和
2
(2020)

**令和
元**
(2019)

平成
30
(2018)

平成
29
(2017)

平成
28
(2016)

平成
27
(2015)

平成
26
(2014)

平成
25
(2013)

平成
24
(2012)

平成
23
(2011)

平成
22
(2010)

平成
21
(2009)

平成
20
(2008)

問17（a）の解答　　出題項目＜IC（集積回路）＞　　答え　（5）

問題図1の回路は，NOT回路と同じ働きをする。

問題図2のそれぞれの論理回路の真理値表を求めると**図17-1**となる。

（イ）	
入力	出力
0	1
1	0

（ロ）	
入力	出力
0	1
1	1

（ハ）	
入力	出力
0	1
1	0

図17-1　真理値表

この真理値表において，NOT回路の真理値表と同一のものは（イ）と（ハ）である。

解説

図17-2と**図17-3**は，問題図1のMOSFETを構造原理図で表した回路図である。ただし，Sはソース，Dはドレーン，Gはゲートである。

図17-2において入力が0（低電位）のとき，pチャネルMOSFETのゲートと向き合う部分には正孔が引き寄せられ，反転層ができオン状態となる。一方，nチャネルMOSFETのゲートと向き合う部分はゲートと同電位のため，反転層ができずオフ状態となる。このため出力は1（高電位）となる。

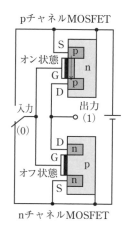

図17-2　入力が0の場合

図17-3において，入力が1（高電位）のとき，nチャネルMOSFETのゲートと向き合う部分には電子が引き寄せられ，反転層ができオン状態となる。一方，pチャネルMOSFETのゲートと向き合う部分はゲートと同電位のため，反転層ができずオフ状態となる。このため出力は0（低電位）となる。

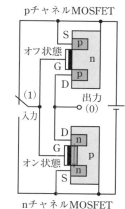

図17-3　入力が1の場合

したがって，この回路はNOT回路と同一の動作をする。

（続き）

（b）　図3の三つの回路はいずれもマルチバイブレータの一種であり，これらの回路図において
　　　　NAND IC の電源及び接地端子は省略している。同図(ニ)，(ホ)，(ヘ)の入力の数がそれぞれ0,
　　　　1，2であることに注意して，これら三つの回路と次の二つの性質を正しく対応づけたものの組
　　　　合せとして，正しいものを次の（1）～（5）のうちから一つ選べ。

　　　　性質Ⅰ：出力端子からパルスが連続的に発生し，ディジタル回路の中で発振器として用いること
　　　　　　　　ができる。

　　　　性質Ⅱ：「0」や「1」を記憶する機能をもち，フリップフロップの構成にも用いられる。

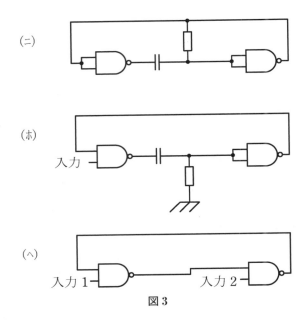

図3

	性質Ⅰ	性質Ⅱ
（1）	(ニ)	(ホ)
（2）	(ニ)	(ヘ)
（3）	(ホ)	(ニ)
（4）	(ホ)	(ヘ)
（5）	(ヘ)	(ホ)

問 17（b）の解答　出題項目＜IC（集積回路），パルス回路＞　　答え　（2）

性質Ⅰの回路は，問題図3の(ニ)である。

性質Ⅱの回路は，問題図3の(ヘ)である。

解説 ‥‥‥‥‥‥‥‥‥‥‥‥‥‥‥

問題図3において，出力は図中の右側 NAND 素子の出力端子とする。

問題図3の(ニ)は，コンデンサと抵抗の時定数で決まる周期の連続方形パルスを発生させる非安定マルチバイブレータである。この回路は，ディジタル回路の中では発振器として使用されている。（平成25年度問18参照）

問題図3の(ホ)は，単安定マルチバイブレータである。

この回路の動作は次のようになる。入力が1のとき出力が1で安定状態にあり，コンデンサは放電された状態にある。ある時刻に入力に0のパルス（入力がわずかな時間だけ0となるパルス波形）が入ると，左側 NAND の出力が0から1に反転しコンデンサが充電される。このとき抵抗の上部は1となるので出力は1から0に反転する。出力0は左側 NAND に入力されるため，入力が1に戻っても左側 NAND の出力は1を維持し，出力も0を維持する。しかし，この状態は不安定であり，時定数で決まる時間が経過すると，コンデンサの充電が進み抵抗の端子電圧が低下して抵抗の上部が0となる。この瞬間に出力は0から1に反転して安定状態に戻る。この回路は，時間設定をするような制御回路に利用されている。

問題図3の(ヘ)は，二つの安定状態を持つ双安定マルチバイブレータである。これはフリップフロップとも呼ばれ，ディジタル回路の中では記憶素子として使用されている。

この回路の動作は次のようになる。初期状態として，出力が0，入力1及び入力2が1の状態に

あるとする。これが一つ目の安定状態であり，これを安定状態1とする（**図17-4**参照）。安定状態1において入力2に0のパルスを入力すると，出力は0から1に反転する。出力1は左側 NAND の入力となり，入力1が1であることから左側 NAND の出力は1から0に反転する。この0は右側 NAND に入力されるため，出力は1を維持する。これが二つ目の安定状態であり，これを安定状態2とする（**図17-5**参照）。

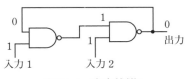

図17-4　安定状態1

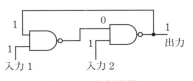

図17-5　安定状態2

次に，安定状態2において入力1に0のパルスを入力すると，左側 NAND の出力は0から1に反転する。この1は右側 NAND の入力となり，入力2が1であることから出力は1から0に反転する。出力0は左側 NAND の入力となり，左側 NAND の出力は1に維持されるため，出力は0に維持される。これで安定状態1に戻る。

なお，安定状態1において入力1に0のパルスを入力しても，出力は変化せず安定状態1を維持する。同様に，安定状態2において入力2に0のパルスを入力しても，出力は変化せず安定状態2を維持する。

（選択問題）

問18　　出題分野＜電気計測＞　　　　難易度 ★★★　　重要度 ★★★

　図1は，二重積分形 A-D 変換器を用いたディジタル直流電圧計の原理図である。次の（a）及び（b）の問に答えよ。

（a）　図1のように，負の基準電圧 $-V_r$（$V_r > 0$）[V] と切換スイッチが接続された回路があり，その回路を用いて正の未知電圧 V_x（> 0）[V] を測定する。まず，制御回路によってスイッチが S_1 側へ切り換わると，時刻 $t = 0$ s で測定電圧 V_x[V] が積分器へ入力される。その入力電圧 V_i[V] の時間変化が図2（a）であり，積分器からの出力電圧 V_o[V] の時間変化が図2（b）である。ただし，$t = 0$ s での出力電圧を $V_o = 0$ V とする。時刻 t_1 における V_o[V] は，入力電圧 V_i[V] の期間 $0 \sim t_1$[s] で囲われる面積 S に比例する。積分器の特性で決まる比例定数を k（> 0）とすると，時刻 $t = T_1$[s] のときの出力電圧は，$V_m = $ 　（ア）　[V] となる。

　定められた時刻 $t = T_1$[s] に達すると，制御回路によってスイッチが S_2 側に切り換わり，積分器には基準電圧 $-V_r$[V] が入力される。よって，スイッチ S_2 の期間中の時刻 t[s] における積分器の出力電圧の大きさは，$V_o = V_m - $ 　（イ）　[V] と表される。

　積分器の出力電圧 V_o が 0 V になると，電圧比較器がそれを検出する。$V_o = 0$ V のときの時刻を $t = T_1 + T_2$[s] とすると，測定電圧は $V_x = $ 　（ウ）　[V] と表される。さらに，図2（c）のようにスイッチ S_1，S_2 の各期間 T_1[s]，T_2[s] 中にクロックパルス発振器から出力されるクロックパルス数をそれぞれ N_1，N_2 とすると，N_1 は既知なので N_2 をカウントすれば，測定電圧 V_x がディジタル信号に変換される。ここで，クロックパルスの周期 T_s は，クロックパルス発振器の動作周波数に 　（エ）　する。

　上記の記述中の空白箇所（ア），（イ），（ウ）及び（エ）に当てはまる組合せとして，正しいものを次の（1）～（5）のうちから一つ選べ。

	（ア）	（イ）	（ウ）	（エ）
（1）	kV_xT_1	$kV_r(t-T_1)$	$\dfrac{T_2}{T_1}V_r$	反比例
（2）	kV_xT_1	kV_rT_2	$\dfrac{T_2}{T_1}V_r$	反比例
（3）	$k\dfrac{V_x}{T_1}$	$k\dfrac{V_r}{T_2}$	$\dfrac{T_1}{T_2}V_r$	比例
（4）	$k\dfrac{V_x}{T_1}$	$k\dfrac{V_r}{T_2}$	$\dfrac{T_1}{T_2}V_r$	反比例
（5）	kV_xT_1	$kV_r(t-T_1)$	$T_1T_2V_r$	比例

（次々頁に続く）

問18（a）の解答　　出題項目＜ディジタル計器＞　　答え　（1）

$t=0$[s] での出力電圧を $V_o=0$[V] とする。時刻 t_1 における V_o[V] は，入力電圧 V_i[V] の期間 $0\sim t_1$[s] で囲われる面積 S に比例する。積分器の特性で決まる比例定数を $k(>0)$ とすると，時刻 $t=T_1$[s] のときの出力電圧は，$V_m=kV_xT_1$[V] となる。

定められた時刻 $t=T_1$[s] に達すると，制御回路によってスイッチが S_2 側に切り換わり，積分器には基準電圧 $-V_r$[V] が入力される。よって，スイッチ S_2 の期間中の時刻 t[s] における積分器の出力電圧の大きさは，$V_o=V_m-kV_r(t-T_1)$[V] と表される。

積分器の出力電圧 V_o が 0 V になると，電圧比較器がそれを検出する。$V_o=0$[V] のときの時刻を $t=T_1+T_2$[s] とすると，測定電圧は $V_x=\dfrac{T_2}{T_1}V_r$[V] と表される。さらに，問題図2（c）のようにスイッチ S_1，S_2 の各期間 T_1[s]，T_2[s] 中にクロックパルス発振器から出力されるクロックパルス数をそれぞれ N_1，N_2 とすると，N_1 は既知なので N_2 をカウントすれば，測定電圧 V_x がディジタル信号に変換される。ここで，クロックパルスの周期 T_s は，クロックパルス発振器の動作周波数に**反比例**する。

解説

二重積分形 A-D 変換器は，平成28年度問14にその名称が登場しているが，動作原理に関する出題は初めてである。

次に，解答するためのポイントを示す。

「出力 V_o は，入力電圧 V_i の期間 $0\sim t_1$ で囲われる面積 S に比例し，比例定数を k とする」より次の事がわかる。入力電圧が $V_i=V_x$ で期間 T_1 のときの面積は V_xT_1 であり，比例定数 k をかけ算したものが出力 V_m なので，（ア）は kV_xT_1 である。

「定められた時刻 T_1 に達すると，S_2 側に切り換わり，積分器には基準電圧 $-V_r$ が入力される」より次の事がわかる。T_1 からスイッチ S_2 の期間中の時刻 t までの $(t-T_1)$ 間には，$-kV_r(t-T_1)$ が T_1 までの出力 V_m に加算される。これにより，t における出力 V_o は $V_m-kV_r(t-T_1)$ となるので，（イ）は $kV_r(t-T_1)$ である。

「$t=T_1+T_2$ となったとき出力は 0 V となる」より次の事がわかる。$kV_xT_1-kV_r(T_1+T_2-T_1)=0$ が成り立ち，この方程式から V_x が得られるので，（ウ）は $\dfrac{T_2}{T_1}V_r$ である。

また，周波数と周期は互いに逆数の関係にあることから，（エ）は反比例となる。

（続き）

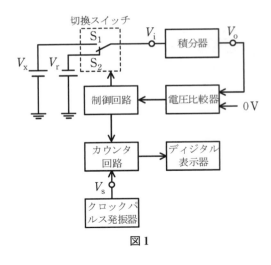

図1

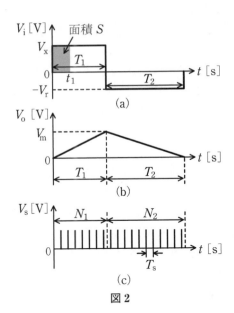

図2

（b） 基準電圧が $V_r=2.0\,\mathrm{V}$，スイッチの S_1 の期間 $T_1[\mathrm{s}]$ 中のクロックパルス数が $N_1=1.0\times10^3$ の
ディジタル直流電圧計がある。この電圧計を用いて未知の電圧 $V_x[\mathrm{V}]$ を測定したとき，スイッ
チ S_2 の期間 $T_2[\mathrm{s}]$ 中のクロックパルス数が $N_2=2.0\times10^3$ であった。測定された電圧 V_x の値 $[\mathrm{V}]$
として，最も近いものを次の（1）～（5）のうちから一つ選べ。

（1） 0.5 　　　（2） 1.0 　　　（3） 2.0 　　　（4） 4.0 　　　（5） 8.0

問 18 （ b ）の解答　　出題項目＜ディジタル計器＞　　　　答え　（4）

クロックパルス数は積分時間に比例するので，

$$\frac{T_2}{T_1}=\frac{N_2}{N_1}$$

が成り立つ。この式と設問（ a ）の V_x の式より，次式が得られ，V_x が求められる。

$$V_x=\frac{T_2}{T_1}V_r=\frac{N_2}{N_1}V_r[\text{V}]$$
$$=\frac{2\times10^3}{1\times10^3}\times2=4[\text{V}]$$

解 説 ·······················

$$V_x=\frac{N_2}{N_1}V_r \quad \rightarrow \quad N_2=\frac{(N_1)}{V_r}V_x$$

　式中の N_1/V_r は既知量（定数）なので，ディジタル出力であるパルス数 N_2 とアナログ入力である電圧値 V_x は比例関係にあることがわかる。

　二重積分形 A-D 変換器はこのような仕組みで，入力したアナログ信号を入力値に比例したディジタル信号に変換している。

理論 | 平成30年度（2018年度）

A 問 題 （配点は1問題当たり5点）

問1　出題分野＜静電気＞　　難易度 ★★★　重要度 ★★★

次の文章は，帯電した導体球に関する記述である。

真空中で導体球 A 及び B が軽い絶縁体の糸で固定点 O からつり下げられている。真空の誘電率を ε_0[F/m]，重力加速度を g[m/s²]とする。A 及び B は同じ大きさと質量 m[kg]をもつ。糸の長さは各導体球の中心点が点 O から距離 l[m]となる長さである。

まず，導体球 A 及び B にそれぞれ電荷 Q[C]，$3Q$[C]を与えて帯電させたところ，静電力による （ア） が生じ，図のように A 及び B の中心点間が d[m]離れた状態で釣り合った。ただし，導体球の直径は d に比べて十分に小さいとする。このとき，個々の導体球において，静電力 $F=$ （イ） [N]，重力 mg[N]，糸の張力 T[N]，の三つの力が釣り合っている。三平方の定理より $F^2+(mg)^2=T^2$ が成り立ち，張力の方向を考えると $\dfrac{F}{T}$ は $\dfrac{d}{2l}$ に等しい。これらより T を消去し整理すると，d が満たす式として，

$$k\left(\frac{d}{2l}\right)^3=\sqrt{1-\left(\frac{d}{2l}\right)^2}$$

が導かれる。ただし，係数 $k=$ （ウ） である。

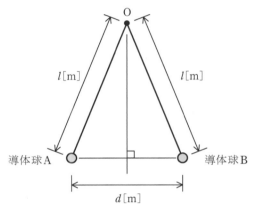

次に，A と B とを一旦接触させたところ AB 間で電荷が移動し，同電位となった。そして A と B とが力の釣合いの位置に戻った。接触前に比べ，距離 d は （エ） した。

上記の記述中の空白箇所（ア），（イ），（ウ）及び（エ）に当てはまる組合せとして，正しいものを次の（1）～（5）のうちから一つ選べ。

	（ア）	（イ）	（ウ）	（エ）
（1）	反発力	$\dfrac{3Q^2}{4\pi\varepsilon_0 d^2}$	$\dfrac{16\pi\varepsilon_0 l^2 mg}{3Q^2}$	増加
（2）	吸引力	$\dfrac{Q^2}{4\pi\varepsilon_0 d^2}$	$\dfrac{4\pi\varepsilon_0 l^2 mg}{Q^2}$	増加
（3）	反発力	$\dfrac{3Q^2}{4\pi\varepsilon_0 d^2}$	$\dfrac{4\pi\varepsilon_0 l^2 mg}{Q^2}$	増加
（4）	反発力	$\dfrac{Q^2}{4\pi\varepsilon_0 d^2}$	$\dfrac{16\pi\varepsilon_0 l^2 mg}{3Q^2}$	減少
（5）	吸引力	$\dfrac{Q^2}{4\pi\varepsilon_0 d^2}$	$\dfrac{4\pi\varepsilon_0 l^2 mg}{Q^2}$	減少

問1の解答　出題項目＜クーロンの法則＞　答え（1）

導体球 A 及び B にそれぞれ電荷 Q[C]，$3Q$[C]を与えて帯電させたところ，静電力による**反発力**が生じ，問題図のように A 及び B の中心点間が d[m]離れた状態で釣り合った。このとき，個々の導体球において，静電力 $F = \dfrac{3Q^2}{4\pi\varepsilon_0 d^2}$[N]，重力 mg[N]，糸の張力 T[N]，の三つの力が釣り合っている。三平方の定理より $F^2 + (mg)^2 = T^2$ が成り立ち，張力の方向を考えると $\dfrac{F}{T}$ は $\dfrac{d}{2l}$ に等しい。これらより T を消去するために，次のように式変形する。

$$\frac{F}{T} = \frac{d}{2l} \;\rightarrow\; \frac{1}{T} = \frac{d}{2l}\frac{1}{F} \qquad\qquad ①$$

$$F^2 + (mg)^2 = T^2 \;\rightarrow\; \frac{F^2 + (mg)^2}{T^2} = 1$$

$$\rightarrow\; \left(\frac{d}{2l}\right)^2\left\{1 + \left(\frac{mg}{F}\right)^2\right\} = 1$$

$$\rightarrow\; \left(\frac{d}{2l}\right)^2\left\{1 + \left(\frac{4\pi\varepsilon_0 mg d^2}{3Q^2}\right)^2\right\} = 1$$

$$\rightarrow\; \left(\frac{d}{2l}\right)^2\left\{1 + \left(\frac{4\pi\varepsilon_0 mg (2l)^2}{3Q^2}\right)^2\left(\frac{d}{2l}\right)^4\right\} = 1$$

$$\rightarrow\; \left(\frac{d}{2l}\right)^2 + \left(\frac{d}{2l}\right)^6\left(\frac{16\pi\varepsilon_0 mg l^2}{3Q^2}\right)^2 = 1$$

$$\rightarrow\; \left(\frac{d}{2l}\right)^6\left(\frac{16\pi\varepsilon_0 mg l^2}{3Q^2}\right)^2 = 1 - \left(\frac{d}{2l}\right)^2$$

$$\rightarrow\; \left(\frac{16\pi\varepsilon_0 mg l^2}{3Q^2}\right)\left(\frac{d}{2l}\right)^3 = \sqrt{1 - \left(\frac{d}{2l}\right)^2}$$

ゆえに係数 k は次式となる。

$$k = \frac{16\pi\varepsilon_0 l^2 mg}{3Q^2}$$

次に，A と B とを一旦接触させたところ AB 間で電荷が移動し，同電位となった。これにより，A と B の電荷は等しくなり，それぞれ $2Q$[C]となった。そして A と B とが力の釣合いの位置に戻った。ここで，A 及び B の中心点間が d[m]のときの静電力を F' とすると，

$$F' = \frac{4Q^2}{4\pi\varepsilon_0 d^2} > F$$

なので，接触前の釣合いの位置よりもさらに広がり新たな釣合いの位置で安定した。したがって，接触前に比べ，距離 d は**増加**した。

解 説

静電力は，同符号電荷間では反発力，異符号電荷間では吸引力となる。題意により，導体球の直径は d に比べ十分に小さいことから点電荷とみなすことができ，二つの点電荷間の静電力 F はクーロンの法則により求められる。

このとき，各電荷に働く静電力の大きさは，それぞれの電荷の電気量によらず等しい。

T を消去する式変形は，問題に与えられた「d が満たす式」の形に注目する。この式では $d/(2l)$ の項について整理されているので，①式より $1/T$ を $d/(2l)$ で表す。次に，$F^2 + (mg)^2 = T^2$ の両辺を T^2 で割った式に，①式を代入して T を消去する。そして，$d/(2l)$ 項の形を残したまま式変形を行う。

図 1-1 は，接触前の状態における導体球 A の力の釣合いを示す（B も同様）。静電力ベクトルと重力ベクトルのベクトル和と，糸の張力ベクトルが釣り合った位置で安定する。静電力ベクトルと重力ベクトルのなす角は直角なので，そのベクトル和の大きさは三平方の定理で計算できる。①式は，二つの相似な直角三角形の辺の比から求められる。

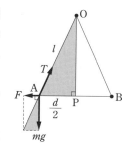

図 1-1　導体球 A の力の釣り合い

Point 二つの点電荷間に働く静電力の大きさは，クーロンの法則に従う。静電力は，同符号電荷間では反発力，異符号電荷間では吸引力になる。

問2　　出題分野＜静電気＞

次の文章は，平行板コンデンサの電界に関する記述である。

極板間距離 d_0[m]の平行板空気コンデンサの極板間電圧を一定とする。

極板と同形同面積の固体誘電体（比誘電率 $\varepsilon_r > 1$，厚さ d_1[m]$< d_0$[m]）を極板と平行に挿入すると，空気ギャップの電界の強さは，固体誘電体を挿入する前の値と比べて　（ア）　。

また，極板と同形同面積の導体（厚さ d_2[m]$< d_0$[m]）を極板と平行に挿入すると，空気ギャップの電界の強さは，導体を挿入する前の値と比べて　（イ）　。

ただし，コンデンサの端効果は無視できるものとする。

上記の記述中の空白箇所（ア）及び（イ）に当てはまる組合せとして，正しいものを次の（1）～（5）のうちから一つ選べ。

	（ア）	（イ）
（1）	強くなる	強くなる
（2）	強くなる	弱くなる
（3）	弱くなる	強くなる
（4）	弱くなる	弱くなる
（5）	変わらない	変わらない

問3　　出題分野＜電磁気＞

長さ2mの直線状の棒磁石があり，その両端の磁極は点磁荷とみなすことができ，その強さは，N極が 1×10^{-4} Wb，S極が -1×10^{-4} Wb である。図のように，この棒磁石を点BC間に置いた。このとき，点Aの磁界の大きさの値[A/m]として，最も近いものを次の（1）～（5）のうちから一つ選べ。

ただし，点A，B，Cは，一辺を2mとする正三角形の各頂点に位置し，真空中にあるものとする。真空の透磁率は $\mu_0 = 4\pi \times 10^{-7}$ H/m とする。また，N極，S極の各点磁荷以外の部分から点Aへの影響はないものとする。

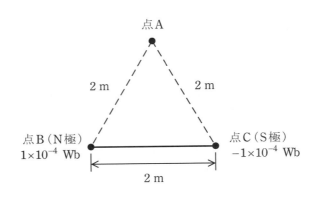

（1）　0　　　（2）　0.79　　　（3）　1.05　　　（4）　1.58　　　（5）　3.16

令和 4 (2022)
令和 3 (2021)
令和 2 (2020)
令和元 (2019)
平成 30 (2018)
平成 29 (2017)
平成 28 (2016)
平成 27 (2015)
平成 26 (2014)
平成 25 (2013)
平成 24 (2012)
平成 23 (2011)
平成 22 (2010)
平成 21 (2009)
平成 20 (2008)

問 2 の解答　出題項目＜平行板コンデンサ＞　　答え （1）

極板間の電圧を V[V] とすると，誘電体挿入前の空気ギャップの電界の強さは $E=V/d_0$[V/m]。

誘電体を挿入後は，極板間の電束密度 D[C/m²] が一定であることから，誘電体内の電界の強さ E_r[V/m] と空気ギャップの電界の強さ E_a[V/m] の間に次式が成り立つ。ただし，真空の誘電率を ε_0[F/m] とし，空気の比誘電率を 1 とする。

$$D=\varepsilon_0 E_a=\varepsilon_0\varepsilon_r E_r \;\rightarrow\; E_a=\varepsilon_r E_r$$

V は，個々の「電界の強さ×誘電体の厚さ」の総和と等しいので，次式より E_a が求められる。

$$V=E_a(d_0-d_1)+E_r d_1=E_a(d_0-d_1+d_1/\varepsilon_r)$$

$$E_a=\frac{V}{d_0-d_1+d_1/\varepsilon_r}\,[\text{V/m}]$$

E_a と E を比較するために，引き算をする。

$$E_a-E=V\left(\frac{1}{d_0-d_1+d_1/\varepsilon_r}-\frac{1}{d_0}\right)$$

$$=V\left\{\frac{d_1-d_1/\varepsilon_r}{(d_0-d_1+d_1/\varepsilon_r)d_0}\right\}>0$$

ゆえに，$E_a>E$ となるので，空気ギャップの電界の強さは，固体誘電体を挿入する前の値と比べて**強くなる**。

次に，導体を挿入した場合の空気ギャップの電界の強さ $E_a{}'$ は，電圧 V が同じで空気ギャップが d_0 から d_0-d_2 に減少したことと等価なので，

$$E_a{}'=\frac{V}{d_0-d_2}>E$$

となる。ゆえに，空気ギャップの電界の強さは，導体を挿入する前の値と比べて**強くなる**。

解説

平行板コンデンサの極板間が異なる誘電体の積層で構成されている場合，極板間の電束密度は誘電体によらず一定である。また，一様な電界方向の 2 点間の電位差は，電界の強さと 2 点間の距離との積となる。

導体を挿入した場合，導体は等電位なので導体内の電界は零となる。

問 3 の解答　出題項目＜点磁荷による磁界＞　　答え （4）

図 3-1 のように，点 A における N 極の点磁荷が作る磁界の大きさ H_N[A/m] と S 極の点磁荷が作る磁界の大きさ H_S[A/m] は等しく，

$$H_N=H_S=\frac{1\times10^{-4}}{4\pi\mu_0\times2^2}\fallingdotseq1.58\,[\text{A/m}]$$

H_N と H_S の向きは図示のとおりである。また，H_N と H_S のベクトル和の大きさを H とすると，H_N と H_S 及び H は図より正三角形の各辺に対応するので，

$$H=H_N=H_S$$
$$=1.58\,[\text{A/m}]$$

図 3-1　二つの点磁荷が作る磁界

解説

真空中において，点磁荷 m[Wb] からは均等かつ放射状に m/μ_0 本の磁力線が出る。磁界の大きさ H[A/m] は，磁力線に垂直な面の磁力線密度なので，点磁荷から r[m] 離れた点では，

$$H=\frac{m/\mu_0}{4\pi r^2}=\frac{m}{4\pi\mu_0 r^2}\,[\text{A/m}]$$

また，磁界の方向は磁力線の向きとなる。

この式は，点電荷が作る電界の大きさの考え方と同じであり，磁荷→電荷，真空の透磁率→真空の誘電率とすれば上式は電界の大きさを表す式と一致する。また，磁界 H[A/m] 中に点磁荷 m'[Wb] を置くと点磁荷には磁力 $F=m'H$[N] が働き，二つの点磁荷間に働く磁力はクーロンの法則と同形の式で表される。なお，磁荷は**磁極の強さ**と表現されることもある。

Point 磁界には電界の知識が活用できる。

問4 出題分野＜電磁気＞　難易度 ★★☆　重要度 ★★★

　図のように，原点 O を中心とし x 軸を中心軸とする半径 a[m] の円形導体ループに直流電流 I[A] を図の向きに流したとき，x 軸上の点，つまり，$(x, y, z)=(x, 0, 0)$ に生じる磁界の x 方向成分 $H(x)$ [A/m]を表すグラフとして，最も適切なものを次の(1)～(5)のうちから一つ選べ。

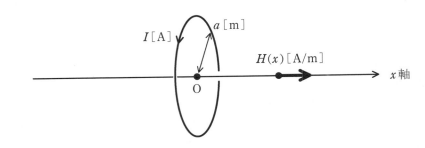

(1)

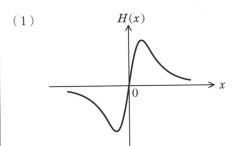

(2)

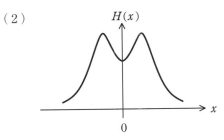

(3)

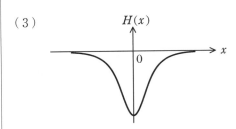

(4)

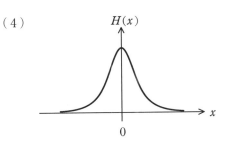

(5)

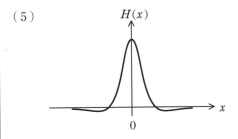

問 4 の解答　　出題項目＜電流による磁界＞　　　　　　　答え　（4）

図 4-1 のように，円形導体の円周上にある微小距離 Δl[m]を流れる電流 I[A]が点 x_1 に作る微小磁界の大きさ ΔH_1 は，ビオ・サバールの法則により計算でき，方向はアンペアの右ねじの法則により図の向きとなる。この微小磁界の x 方向成分は $\Delta H_1 \cos \theta$[A/m]である。円形導体ループすべての部分の電流が点 x_1 に作る微小磁界を総和すると，x 軸と直交する成分は相殺して零となり，x 方向成分 $H(x_1)$[A/m]のみとなる。x_1 が大きいほど r 及び θ が大きくなるので，$H(x_1)$ は小さくなるが方向は常に x 方向である。また，$x_2(<0)$ においても同様に，$|x_2|$ が大きいほど $H(x_2)$ は小さくなるが方向は常に x 方向である。したがって，グラフの選択肢（4）が最も適切である。

解 説 ⋯⋯⋯⋯⋯⋯⋯⋯⋯⋯⋯⋯⋯

図 4-1 において，ビオ・サバールの法則より ΔH_1 を計算すると，

$$\Delta H_1 = \frac{I \Delta l}{4\pi r^2} \text{[A/m]} \tag{①}$$

この式より ΔH_1 は，r^2 に反比例するため x_1 が原点（r がループの半径 a）のとき最大で，原点から離れるほど小さくなり，無限遠点で零となる。

半径 a[m]の円形ループ電流 I[A]が中心に作る磁界の大きさ H は，①式において $r=a$，Δl を円周 $2\pi a$ とすれば得られ，次式となる。

$$H = \frac{I(2\pi a)}{4\pi a^2} = \frac{I}{2a} \text{[A/m]}$$

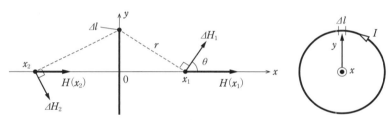

図 4-1　微小距離の電流 $I\Delta l$ が x 軸上に作る磁界

問5　出題分野＜直流回路＞　　　　　難易度 ★★★　重要度 ★★★

次の文章は，抵抗器の許容電力に関する記述である。

許容電力 $\frac{1}{4}$ W，抵抗値100Ωの抵抗器A，及び許容電力 $\frac{1}{8}$ W，抵抗値200Ωの抵抗器Bがある。抵抗器Aと抵抗器Bとを直列に接続したとき，この直列抵抗に流すことのできる許容電流の値は (ア) mAである。また，直列抵抗全体に加えることのできる電圧の最大値は，抵抗器Aと抵抗器Bとを並列に接続したときに加えることのできる電圧の最大値の (イ) 倍である。

上記の記述中の空白箇所(ア)及び(イ)に当てはまる数値の組合せとして，最も近いものを次の(1)～(5)のうちから一つ選べ。

	(ア)	(イ)
(1)	25.0	1.5
(2)	25.0	2.0
(3)	37.5	1.5
(4)	50.0	0.5
(5)	50.0	2.0

問5の解答　出題項目＜抵抗器の許容電流＞　　答え（1）

図 5-1（a）のように，直列接続において流れる電流を I[A] としたとき，各抵抗の消費電力が許容電力以下となればよいので，次式を同時に満たす最大電流を求める。

$$100I^2 \leqq 1/4, \quad 200I^2 \leqq 1/8$$

$$I \leqq 0.05[\text{A}] \quad かつ \quad I \leqq 0.025[\text{A}]$$

ゆえに，直列抵抗に流すことができる許容電流の値は **25** mA である。このときの直列抵抗全体に加わる電圧 V_s は，

$$V_s = (100 + 200) \times 0.025 = 7.5[\text{V}]$$

一方，図 5-1（b）のように，並列接続に電圧 V_p[V] を加えたとき，各抵抗の消費電力が許容電力以下となればよいので，次式を同時に満たす最大電圧を求める。

$$\frac{V_p^2}{100} \leqq \frac{1}{4}, \quad \frac{V_p^2}{200} \leqq \frac{1}{8}$$

$$V_p \leqq 5[\text{V}] \quad かつ \quad V_p \leqq 5[\text{V}] \quad \rightarrow \quad V_p = 5[\text{V}]$$

ゆえに，直列抵抗全体に加えることのできる電圧の最大値は，抵抗器 A と抵抗器 B とを並列に接続したときに加えることのできる電圧の最大値の $\dfrac{V_s}{V_p} = \dfrac{7.5}{5} = $ **1.5** 倍である。

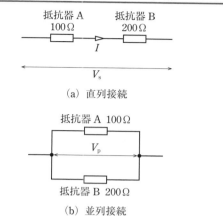

図 5-1　各抵抗の消費電力

解説 ⋯⋯⋯⋯⋯⋯⋯⋯⋯⋯⋯⋯⋯⋯⋯⋯⋯

許容電力とは，通常の使用環境において消費可能な最大電力をいう。これを超えて長時間使用すると，素子が過熱または焼損する。

Point 直列回路では流れる電流が同じ。並列回路では端子電圧が同じ。

令和 4 (2022)
令和 3 (2021)
令和 2 (2020)
令和 元 (2019)
平成 30 (2018)
平成 29 (2017)
平成 28 (2016)
平成 27 (2015)
平成 26 (2014)
平成 25 (2013)
平成 24 (2012)
平成 23 (2011)
平成 22 (2010)
平成 21 (2009)
平成 20 (2008)

問6　出題分野＜直流回路＞ 　難易度 ★★★　重要度 ★★★

R_a，R_b 及び R_c の三つの抵抗器がある。これら三つの抵抗器から二つの抵抗器（R_1 及び R_2）を選び，図のように，直流電流計及び電圧 $E = 1.4$ V の直流電源を接続し，次のような実験を行った。

実験I：R_1 を R_a，R_2 を R_b としたとき，電流 I の値は 56 mA であった。

実験II：R_1 を R_b，R_2 を R_c としたとき，電流 I の値は 35 mA であった。

実験III：R_1 を R_a，R_2 を R_c としたとき，電流 I の値は 40 mA であった。

これらのことから，R_b の抵抗値[Ω]として，最も近いものを次の（1）～（5）のうちから一つ選べ。ただし，直流電源及び直流電流計の内部抵抗は無視できるものとする。

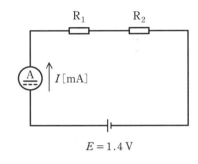

$E = 1.4$ V

（1）　10　　　（2）　15　　　（3）　20　　　（4）　25　　　（5）　30

問7　出題分野＜直流回路＞ 　難易度 ★★☆　重要度 ★★★

図のように，直流電圧 $E = 10$ V の定電圧源，直流電流 $I = 2$ A の定電流源，スイッチ S，$r = 1$ Ω と R [Ω]の抵抗からなる直流回路がある。この回路において，スイッチ S を閉じたとき，R [Ω]の抵抗に流れる電流 I_R の値[A]が S を閉じる前に比べて 2 倍に増加した。R の値[Ω]として，最も近いものを次の（1）～（5）のうちから一つ選べ。

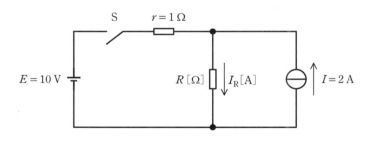

（1）　2　　　（2）　3　　　（3）　8　　　（4）　10　　　（5）　11

問6の解答　出題項目＜抵抗直列回路＞　　　　　答え　（2）

実験Ⅰよりオームの法則から次式が成り立つ。

$$R_a + R_b = \frac{1.4}{0.056} = 25[\Omega] \qquad ①$$

実験Ⅱよりオームの法則から次式が成り立つ。

$$R_b + R_c = \frac{1.4}{0.035} = 40[\Omega] \qquad ②$$

実験Ⅲよりオームの法則から次式が成り立つ。

$$R_a + R_c = \frac{1.4}{0.04} = 35[\Omega] \qquad ③$$

上記の三つの連立方程式を解き R_b を求める。

解き方は色々あるが，この場合はすべての式を
たし合わせた式を作るとよい。

①式＋②式＋③式より，

$$2R_a + 2R_b + 2R_c = 25 + 40 + 35 = 100$$

$$R_a + R_b + R_c = 50 \qquad ④$$

④式－③式より，

$$R_b = 50 - 35 = 15[\Omega]$$

解説 ⋯⋯⋯⋯⋯⋯⋯⋯⋯⋯⋯⋯⋯⋯⋯⋯⋯

　直流回路の平易な問題である。未知数が三つの
抵抗なので，各抵抗値を特定するには三つの抵抗
に関する独立した三つの方程式（三元連立方程式）
が必要になる。この場合，三つの各実験より三元
連立方程式が得られる。

　電験三種では，三元連立方程式はキルヒホッフ
の法則を用いた回路網の電流を求める際に使用さ
れることが多いが，本年度はこのような形で出題
された。

補足 　残りの抵抗値も容易に計算できる。

　④式－②式で R_a が求められる。

$$R_a = 50 - 40 = 10[\Omega]$$

　④式－①式で R_c が求められる。

$$R_c = 50 - 25 = 25[\Omega]$$

問7の解答　出題項目＜2電源・多電源＞　　　　　答え　（1）

スイッチSを開いたときの $R[\Omega]$ を流れる電流
I_{RO} は，

$$I_{RO} = I = 2[A]$$

次に，スイッチSを閉じたときの $R[\Omega]$ を流れ
る電流を I_{RC} とすると，回路の各電流はキルヒ
ホッフの第1法則（電流の法則）より図 **7-1** とな
る。このとき，図の閉回路においてキルヒホッフ
の第2法則（電圧の法則）を適用すると次式を得
る。

$$1 \times (I_{RC} - 2) + R I_{RC} = 10 \qquad ①$$

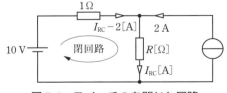

図7-1　スイッチSを閉じた回路

また，題意により $I_{RC} = 2I_{RO} = 2 \times 2 = 4[A]$ であ
るから，①式に代入すると R が求められる。

$$1 \times (4 - 2) + 4R = 10$$

$$R = \frac{10 - 2}{4} = 2[\Omega]$$

解説 ⋯⋯⋯⋯⋯⋯⋯⋯⋯⋯⋯⋯⋯⋯⋯⋯⋯

　電流源を含む直流回路の出題は，あまり多くな
い。定電流源は負荷によらず一定電流を供給する
電流源であり，理想的な電流源の内部抵抗は無限
大である。また，電流源の端子電圧は負荷によっ
て決まるので，理想的な電流源を開放すると端子
電圧が無限大となる。このため，電流源の端子は
開放厳禁である。

　このような定電流源の性質を知っていれば，回
路の方程式も容易に立式できる。

Point 理想的な電流源の内部抵抗は無限大であ
る。

令和
4
(2022)

令和
3
(2021)

令和
2
(2020)

令和
元
(2019)

平成
30
(2018)

平成
29
(2017)

平成
28
(2016)

平成
27
(2015)

平成
26
(2014)

平成
25
(2013)

平成
24
(2012)

平成
23
(2011)

平成
22
(2010)

平成
21
(2009)

平成
20
(2008)

問8　出題分野＜単相交流＞ 難易度 ★★★ 重要度 ★★★

図のように，角周波数 ω[rad/s]の交流電源と力率 $\dfrac{1}{\sqrt{2}}$ の誘導性負荷 $\dot{Z}$[Ω]との間に，抵抗値 R[Ω]の抵抗器とインダクタンス L[H]のコイルが接続されている。$R=\omega L$ とするとき，電源電圧 $\dot{V_1}$[V]と負荷の端子電圧 $\dot{V_2}$[V]との位相差の値[°]として，最も近いものを次の（1）～（5）のうちから一つ選べ。

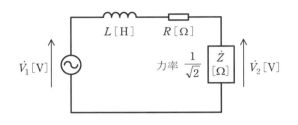

- （1）　0
- （2）　30
- （3）　45
- （4）　60
- （5）　90

問9　出題分野＜単相交流＞ 難易度 ★★★ 重要度 ★★★

次の文章は，図の回路に関する記述である。

交流電圧源の出力電圧を 10 V に保ちながら周波数 f[Hz]を変化させるとき，交流電圧源の電流の大きさが最小となる周波数は 　（ア）　 Hz である。このとき，この電流の大きさは 　（イ）　 A であり，その位相は電源電圧を基準として 　（ウ）　 。

ただし，電流の向きは図に示す矢印のとおりとする。

上記の記述中の空白箇所（ア），（イ）及び（ウ）に当てはまる組合せとして，正しいものを次の（1）～（5）のうちから一つ選べ。

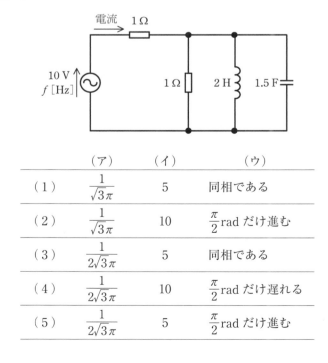

	（ア）	（イ）	（ウ）
（1）	$\dfrac{1}{\sqrt{3}\pi}$	5	同相である
（2）	$\dfrac{1}{\sqrt{3}\pi}$	10	$\dfrac{\pi}{2}$rad だけ進む
（3）	$\dfrac{1}{2\sqrt{3}\pi}$	5	同相である
（4）	$\dfrac{1}{2\sqrt{3}\pi}$	10	$\dfrac{\pi}{2}$rad だけ遅れる
（5）	$\dfrac{1}{2\sqrt{3}\pi}$	5	$\dfrac{\pi}{2}$rad だけ進む

問8の解答　　出題項目＜RL 直列回路＞　　答え　（1）

$\dot{Z}$ の大きさを Z とし，その抵抗分を r，誘導性リアクタンス分を x とする。力率角 θ はインピーダンス角と等しいので r 及び x は，$\cos\theta=1/\sqrt{2}$，$\sin\theta=\sqrt{1-\cos^2\theta}=1/\sqrt{2}$ を用いると，

$$r=Z\cos\theta=\frac{Z}{\sqrt{2}}\,[\Omega]$$

$$x=Z\sin\theta=\frac{Z}{\sqrt{2}}\,[\Omega]$$

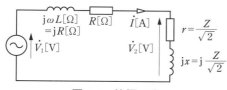

図 8-1　等価回路

図 8-1 の等価回路より回路の電流 $\dot{I}$ は，

$$\dot{I}=\frac{\dot{V}_1}{\left(R+\dfrac{Z}{\sqrt{2}}\right)+j\left(\omega L+\dfrac{Z}{\sqrt{2}}\right)}$$

$$=\frac{\dot{V}_1}{\left(R+\dfrac{Z}{\sqrt{2}}\right)(1+j)}\,[A]$$

となるので $\dot{V}_2$ は，

$$\dot{V}_2=\dot{Z}\dot{I}=\frac{Z}{\sqrt{2}}(1+j)\dot{I}$$

$$=\frac{Z(1+j)}{\sqrt{2}}\cdot\frac{\dot{V}_1}{\left(R+\dfrac{Z}{\sqrt{2}}\right)(1+j)}$$

$$=\frac{Z}{\sqrt{2}\,R+Z}\dot{V}_1\,[V]$$

Z 及び R は実数なので，$\dot{V}_2$ は $\dot{V}_1$ と同相となる。ゆえに $\dot{V}_1$ と $\dot{V}_2$ の位相差は 0° である。

解説 ....

二つの電圧ベクトルの関係式を記号法で計算し，その係数が虚数項（j 項）を含まず実数であれば両ベクトルは同じ方向となるので，同相である。なお，位相差が ϕ であるとき，係数は $(\cos\phi\pm j\sin\phi)$ の因数を含む。

Point 負荷の力率角とインピーダンス角は等しい。力率とインピーダンスの大きさより，インピーダンスの抵抗分とリアクタンス分がわかる。

問9の解答　　出題項目＜共振＞　　答え　（3）

交流電圧源の出力電圧を 10 V に保ちながら周波数 f [Hz] を変化させるとき，交流電圧源の電流の大きさが最小となる周波数は，コイルとコンデンサの並列回路が並列共振してインピーダンスが無限大となる場合なので，次式より，

$$2\pi f\times2=\frac{1}{2\pi f\times1.5}$$

$$f=\frac{1}{2\pi\sqrt{2\times1.5}}=\underline{\frac{1}{2\sqrt{3}\,\pi}}\,[Hz]$$

である。このとき，回路は抵抗の直列接続と等価になるので，回路の抵抗は $1+1=2$ [Ω] となる。この電流の大きさは $10/2=\underline{5}$ [A] であり，その位相は電源電圧を基準として同相である。

解説 ....

インダクタンス L [H] のコイルと静電容量 C [F] のコンデンサの並列回路が，並列共振を起こす周波数 f [Hz] を反共振周波数という。このとき，コイルとコンデンサのリアクタンスの大きさが等しくなる。

$$2\pi fL=\frac{1}{2\pi fC}\quad\rightarrow\quad f=\frac{1}{2\pi\sqrt{LC}}\,[Hz]$$

並列共振時の LC 並列回路には電流が流れず，問題図の電流は最小となる。

Point LC 並列共振→インピーダンス無限大→電流は零。ただし，LC を循環する電流は流れているので要注意。

令和4（2022）令和3（2021）令和2（2020）令和元（2019）平成30（2018）平成29（2017）平成28（2016）平成27（2015）平成26（2014）平成25（2013）平成24（2012）平成23（2011）平成22（2010）平成21（2009）平成20（2008）

問 10 出題分野＜過渡現象＞ 難易度 ★★★ 重要度 ★★★

　静電容量が 1 F で初期電荷が 0 C のコンデンサがある。起電力が 10 V で内部抵抗が 0.5 Ω の直流電源を接続してこのコンデンサを充電するとき，充電電流の時定数の値[s]として，最も近いものを次の（1）～（5）のうちから一つ選べ。

　　（1）　0.5　　　　（2）　1　　　　（3）　2　　　　（4）　5　　　　（5）　10

問 11 出題分野＜電子理論＞ 難易度 ★★★ 重要度 ★★★

　半導体素子に関する記述として，正しいものを次の（1）～（5）のうちから一つ選べ。
（1）　pn 接合ダイオードは，それに順電圧を加えると電子が素子中をアノードからカソードへ移動する 2 端子素子である。
（2）　LED は，pn 接合領域に逆電圧を加えたときに発光する素子である。
（3）　MOSFET は，ゲートに加える電圧によってドレーン電流を制御できる電圧制御形の素子である。
（4）　可変容量ダイオード（バリキャップ）は，加えた逆電圧の値が大きくなるとその静電容量も大きくなる 2 端子素子である。
（5）　サイリスタは，p 形半導体と n 形半導体の 4 層構造からなる 4 端子素子である。

問 10 の解答　　出題項目＜*RC* 直列回路＞

問題の等価回路は**図 10-1** となる。なお，図中の直流電圧源は理想的なもの（起電力が 10 V 一定で内部抵抗は零）である。

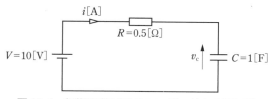

図 10-1　初期電荷が零のコンデンサの充電回路

この回路における充電電流 i の時定数 τ は CR [s] であるから，

$$\tau = CR = 1 \times 0.5 = 0.5 \, [\text{s}]$$

解説 ••••••••••••••••••••••••••••••••••

図 10-1 の回路において，初期電荷が零のコンデンサを充電する充電電流 i は，

$$i = 20\mathrm{e}^{-\frac{t}{CR}} \, [\text{A}]$$

コンデンサの端子電圧 v_C は，

$$v_\mathrm{C} = V - Ri = 10 - 10\mathrm{e}^{-\frac{t}{CR}}$$
$$= 10(1 - \mathrm{e}^{-\frac{t}{CR}}) \, [\text{V}]$$

i 及び v_C の時間変化をグラフで表したものが**図 10-2** である。この時間変化の中で $t = CR$ [s] のとき，i は充電開始時（$t = 0$）の値の 36.8 % となり，v_C は充電終了時（$t \to \infty$）の値の 63.2 % となる。

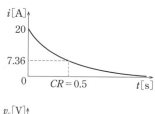

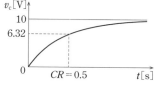

図 10-2　i と v_C の時間変化

問 11 の解答　　出題項目＜半導体・半導体デバイス＞

（1）　誤。電子は，素子中を**カソードからアノード**へ移動する。

（2）　誤。LED は，pn 接合領域に**順電圧**を加えたときに発光する。

（3）　正。

（4）　誤。可変容量ダイオードは，加えた逆電圧の値が大きくなるとその静電容量は**小さくなる**。

（5）　誤。サイリスタは，p 形半導体と n 形半導体の 4 層構造からなる **3 端子素子**である。

解説 ••••••••••••••••••••••••••••••••••

pn 接合ダイオードでは，アノードが正，カソードが負となる電圧の向きを順方向電圧または順電圧といい，この向きに順電流が流れる。電子の流れは電流と逆なので，電子はカソードからアノードに移動する。

LED は順電圧で動作する。アノードから供給されたホールとカソードから供給された電子が pn 接合領域で再結合する際，そのエネルギーの差分を光として放出する。

MOSFET は電圧制御形の素子であるが，バイポーラトランジスタは電流制御形の素子である。この二つの素子を構造的に組み合わせ，ゲート電圧でコレクタ電流をオン・オフする素子が IGBT である。

可変容量ダイオードは逆電圧で使用する。逆電圧を高めると pn 接合付近の空乏層が広がり，ちょうどコンデンサの電極間距離が増加したと同じ効果をもたらす。このため，逆電圧が大きいほど静電容量は小さくなる。

サイリスタは，アノード，カソードの他にゲートを持つ 3 端子素子である。ゲート信号オフの状態では順方向に電圧を加えても電流が流れないが（オフ状態），ゲート信号を与えることでオン状態に移行できる（ターンオン）。しかし，一度オン状態になったサイリスタは，ゲート信号でオフ状態に戻すことはできない。

令和 4 (2022)
令和 3 (2021)
令和 2 (2020)
令和元 (2019)
平成 30 (2018)
平成 29 (2017)
平成 28 (2016)
平成 27 (2015)
平成 26 (2014)
平成 25 (2013)
平成 24 (2012)
平成 23 (2011)
平成 22 (2010)
平成 21 (2009)
平成 20 (2008)

問12　出題分野＜電子理論＞　　難易度 ★★★　重要度 ★★★

次の文章は，磁界中の電子の運動に関する記述である。

図のように，平等磁界の存在する真空かつ無重力の空間に，電子を x 方向に初速度 v [m/s]で放出する。平等磁界は z 方向であり磁束密度の大きさ B [T]をもつとし，電子の質量を m [kg]，素電荷の大きさを e [C]とする。ただし，紙面の裏側から表側への向きを z 方向の正とし，v は光速に比べて十分小さいとする。このとき，電子の運動は　(ア)　となり，時間 $T =$　(イ)　[s]後に元の位置に戻ってくる。電子の放出直後の軌跡は破線矢印の　(ウ)　のようになる。

一方，電子を磁界と平行な z 方向に放出すると，電子の運動は　(エ)　となる。

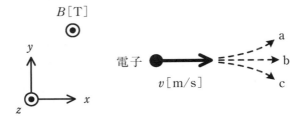

上記の記述中の空白箇所(ア)，(イ)，(ウ)及び(エ)に当てはまる組合せとして，正しいものを次の(1)～(5)のうちから一つ選べ。

	(ア)	(イ)	(ウ)	(エ)
(1)	単振動	$\dfrac{m}{eB}$	a	等加速度運動
(2)	単振動	$\dfrac{m}{2\pi eB}$	b	らせん運動
(3)	等速円運動	$\dfrac{m}{eB}$	c	等速直線運動
(4)	等速円運動	$\dfrac{2\pi m}{eB}$	c	らせん運動
(5)	等速円運動	$\dfrac{2\pi m}{eB}$	a	等速直線運動

問 12 の解答　　出題項目＜磁界中の電子＞

問題図のように，平等磁界の存在する真空かつ無重力の空間に，電子を x 方向に初速度 v[m/s] で放出する。平等磁界は z 方向であり磁束密度の大きさ B[T] をもつとし，電子の質量を m[kg]，素電荷（電子の電荷）の大きさを e[C] とする。ただし，紙面の裏側から表側への向きを z 方向の正とし，v は光速に比べて十分小さいとする。このとき，電子の運動は**等速円運動**となり，時間

$$T = \frac{2\pi m}{eB} \text{[s]}$$

後に元の位置に戻ってくる。電子の放出直後の軌跡は破線矢印の **a** のようになる。

一方，電子を磁界と平行な z 方向に放出すると，電子の運動は**等速直線運動**となる。

解説

正電荷 q[C] を帯びた荷電粒子を磁界 B[T] の向きと直角方向に速度 v[m/s] で放出すると，その荷電粒子には**ローレンツ力** $F_m = qvB$[N] が速度の方向と磁界（磁束密度）の方向の双方に直角な向きに生じる。ローレンツ力の向きは，荷電粒子の移動を電流と見立てたとき，フレミングの左手の法則に従う。したがって，正の電荷をもつ荷電粒子は進行方向に対して磁界の方向を上向きとすると，常に進行方向に対して右向きの力を受ける。一方，電子は負の電荷をもつので，電子の移動に伴う電流の向きが逆と考えると，電子の進行方向に対して磁界の方向を上向きとすると，常に進行方向に対して左向きの力を受ける。このとき，荷電粒子は進行方向に力を受けないので等速運動となるが，ローレンツ力により軌道が曲げられ（問題図の電子は破線矢印 a のような運動をする）結果的に**等速円運動**をする。

図 12-1 のように，速度 v[m/s] で等速円運動をする質量 m[kg] の荷電粒子には，円軌道の中心に向かう**向心力**（ローレンツ力）F_m と，軌道が曲げられることで生じる見かけの力である**遠心力**（慣性力）F_v が働いている。円軌道の半径を r[m]

とすると，遠心力の大きさ F_v は，

$$F_v = \frac{mv^2}{r} \text{[N]}$$

で与えられる。

等速円運動では F_m と F_v が釣り合った半径 r の円軌道を描く。r は $F_m = F_v$ より，

$$qvB = \frac{mv^2}{r} \quad \rightarrow \quad r = \frac{mv}{qB} \text{[m]}$$

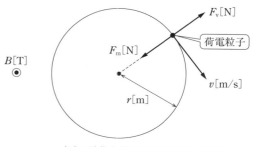

（正の電荷を帯びた荷電粒子の場合）

図 12-1　ローレンツ力による等速円運動

また，荷電粒子は円軌道の円周 $2\pi r$[m] を v[m/s] で移動するので，一周に要する時間を T[s] とすると次式が成り立ち T が求められる。

$$vT = 2\pi r$$

$$T = \frac{2\pi r}{v} = \frac{2\pi}{v}\frac{mv}{qB} = \frac{2\pi m}{qB} \text{[s]}$$

なお，電子の場合は $q \rightarrow e$ とすればよい。

ローレンツ力は磁界と平行な移動に対しては生じないので，磁界と平行な運動は初速度による**等速直線運動**となる。

補足　磁界に対して角度 θ，初速度 v で放出する荷電粒子の運動は，磁界に直角な速度成分 $v_V = v\sin\theta$ と平行な速度成分 $v_P = v\cos\theta$ に分解して考える。ローレンツ力は v_V にのみ関係するので v_V で等速円運動をしながら，v_P で磁界方向に等速直線運動をし，結果としてらせん状の軌跡を描く。

（類題：平成 24 年度問 12）

問 13　出題分野＜電子回路＞

難易度 ★★★　　重要度 ★★☆

　図 1 は，ダイオード D，抵抗値 $R[\Omega]$ の抵抗器，及び電圧 $E[V]$ の直流電源からなるクリッパ回路に，正弦波電圧 $v_i = V_m \sin \omega t[V]$（ただし，$V_m > E > 0$）を入力したときの出力電圧 $v_o[V]$ の波形である。図 2（a）～（e）のうち図 1 の出力波形が得られる回路として，正しいものの組合せを次の（1）～（5）のうちから一つ選べ。

　ただし，$\omega[rad/s]$ は角周波数，$t[s]$ は時間を表す。また，順電流が流れているときのダイオードの端子間電圧は 0 V とし，逆電圧が与えられているときのダイオードに流れる電流は 0 A とする。

（1）（a），（e）　　　　（2）（b），（d）　　　　（3）（a），（d）
（4）（b），（c）　　　　（5）（c），（e）

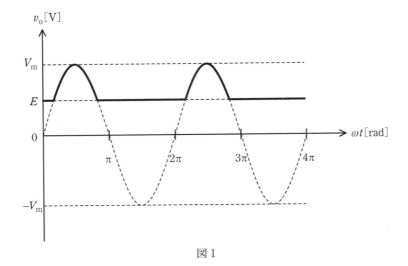

図 1

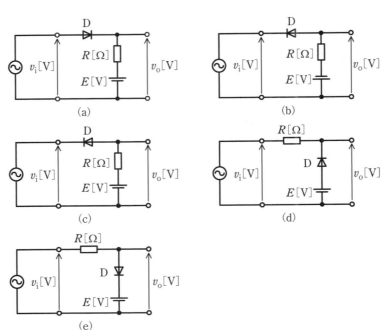

図 2

問 13 の解答　出題項目＜パルス回路＞　　答え（3）

問題図1の波形となる条件は次のとおり。

① $v_i > E$ の場合に v_i が出力される。

② $v_i \leqq E$ の場合に E が出力される。

この条件を満たす回路を見つけ出す。なお，以下の説明では，ダイオードの両端の電圧が0Vの場合は非導通状態として扱うものとする（導通状態として扱っても同じ結果となる）。

（a）の回路：$v_i > E$ の場合，ダイオードは導通状態となり v_o に v_i が出力される。このとき，v_i と E の電位差は抵抗 $R[\Omega]$ に現れるので，E は v_o に現れない。一方，$v_i \leqq E$ の場合，ダイオードは非導通状態となり v_o に E が出力される。このとき，出力電流が零なので抵抗 $R[\Omega]$ の電圧降下は零である。以上から，**条件を満たす**。

（b）の回路：$v_i < -E$ の場合，ダイオードは導通状態となり v_o に v_i が出力される。このとき，v_i と $-E$ の電位差は抵抗 $R[\Omega]$ に現れるので，$-E$ は v_o に現れない。一方，$v_i \geqq -E$ の場合，ダイオードは非導通状態となり v_o に $-E$ が出力される。このとき，出力電流が零なので抵抗 $R[\Omega]$ の電圧降下は零である。以上から，条件を満たさない。

（c）の回路：$v_i < E$ の場合，ダイオードは導通状態となり v_o に v_i が出力される。このとき，v_i と E の電位差は抵抗 $R[\Omega]$ に現れるので，E は v_o に現れない。一方，$v_i \geqq E$ の場合，ダイオードは非導通状態となり v_o に E が出力される。このとき，出力電流が零なので抵抗 $R[\Omega]$ の電圧降下は零である。以上から，条件を満たさない。

（d）の回路：$v_i < E$ の場合，ダイオードは導通状態となり v_o に E が出力される。このとき，v_i と E の電位差は抵抗 $R[\Omega]$ に現れるので，v_i は v_o に現れない。一方，$v_i \geqq E$ の場合，ダイオードは非導通状態となり v_o に v_i が出力される。このとき，出力電流が零なので抵抗 $R[\Omega]$ の電圧降下は零である。以上から，**条件を満たす**。

（e）の回路：$v_i > E$ の場合，ダイオードは導通状態となり v_o に E が出力される。このとき，v_i と E の電位差は抵抗 $R[\Omega]$ に現れるので，v_i は v_o に現れない。一方，$v_i \leqq E$ の場合，ダイオードが非導通状態となり v_o に v_i が出力される。このとき，出力電流が零なので抵抗 $R[\Omega]$ の電圧降下は零である。以上から，条件を満たさない。

解説

クリッパ回路では，この問題とは逆に回路が与えられて正しい出力波形を選択する問題も考えられる。いずれにしても，ダイオードが導通，非導通となる条件を調べることが，クリッパ回路攻略のカギとなる。

令和4 (2022) / 令和3 (2021) / 令和2 (2020) / 令和元 (2019) / 平成30 (2018) / 平成29 (2017) / 平成28 (2016) / 平成27 (2015) / 平成26 (2014) / 平成25 (2013) / 平成24 (2012) / 平成23 (2011) / 平成22 (2010) / 平成21 (2009) / 平成20 (2008)

問 14　出題分野＜その他＞

難易度 ★★★　重要度 ★★★

固有の名称をもつ SI 組立単位の記号と，これと同じ内容を表す他の表し方の組合せとして，誤っているものを次の（1）～（5）のうちから一つ選べ。

	SI 組立単位の記号	SI 組立単位及び SI 組立単位による他の表し方
（1）	F	C/V
（2）	W	J/s
（3）	S	A/V
（4）	T	Wb/m^2
（5）	Wb	V/s

問 14 の解答　　出題項目＜電気一般＞　　　　　　　　答え　（5）

（1）　正。静電容量[F]は電荷[C]/電圧[V]。

（2）　正。電力[W]は 1[s]間当たりの仕事[J]。

（3）　正。コンダクタンス（アドミタンス，サセプタンスも同様）[S]は電流[A]/電圧[V]。

（4）　正。磁束密度[T]は磁束と直交する平面 1[m²]当たりの磁束[Wb]。

（5）　誤。電磁誘導の関係式より，磁束[Wb]はインダクタンス[H]・電流[A]で表され，また，電圧[V]はインダクタンス[H]・電流[A]/時間[s]で表される。両関係式から[H]を消去すると，

$$[\text{Wb}] \rightarrow [\text{H}]\cdot[\text{A}] \rightarrow \{[\text{V}][\text{s}]/[\text{A}]\}\cdot[\text{A}]$$
$$\rightarrow [\text{V}][\text{s}] \rightarrow \mathbf{[V\cdot s]}$$

解説

　SI 単位系では 7 種類（m，kg，s，A，K，mol，cd）を基本単位としている。その他の単位はこの 7 種類により組み立てられた組立単位である。なお，組立単位の中には電荷[C]，電圧[V]，磁束[Wb]など，固有の名称を使うものも多くある。

令和4（2022）
令和3（2021）
令和2（2020）
令和元（2019）
平成30（2018）
平成29（2017）
平成28（2016）
平成27（2015）
平成26（2014）
平成25（2013）
平成24（2012）
平成23（2011）
平成22（2010）
平成21（2009）
平成20（2008）

B 問 題　（配点は 1 問題当たり（a）5 点，（b）5 点，計 10 点）

問 15　　出題分野＜三相交流＞　　　　　難易度 ★★★　重要度 ★★★

　図のように，起電力 $\dot{E}_\mathrm{a}$[V]，$\dot{E}_\mathrm{b}$[V]，$\dot{E}_\mathrm{c}$[V]をもつ三つの定電圧源に，スイッチ S₁，S₂，$R_1 = 10\ \Omega$ 及び $R_2 = 20\ \Omega$ の抵抗を接続した交流回路がある。次の（a）及び（b）の問に答えよ。

　ただし，$\dot{E}_\mathrm{a}$[V]，$\dot{E}_\mathrm{b}$[V]，$\dot{E}_\mathrm{c}$[V]の正の向きはそれぞれ図の矢印のようにとり，これらの実効値は 100 V，位相は $\dot{E}_\mathrm{a}$[V]，$\dot{E}_\mathrm{b}$[V]，$\dot{E}_\mathrm{c}$[V]の順に $\dfrac{2}{3}\pi$[rad]ずつ遅れているものとする。

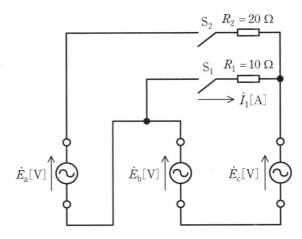

（a）　スイッチ S₂ を開いた状態でスイッチ S₁ を閉じたとき，R_1[Ω]の抵抗に流れる電流 $\dot{I}_1$ の実効値[A]として，最も近いものを次の（1）～（5）のうちから一つ選べ。

　　（1）　0　　　　（2）　5.77　　　　（3）　10.0　　　　（4）　17.3　　　　（5）　20.0

（b）　スイッチ S₁ を開いた状態でスイッチ S₂ を閉じたとき，R_2[Ω]の抵抗で消費される電力の値[W]として，最も近いものを次の（1）～（5）のうちから一つ選べ。

　　（1）　0　　　　（2）　500　　　　（3）　1 500　　　　（4）　2 000　　　　（5）　4 500

問15（a）の解答　　出題項目＜三相電源＞　　　　　　　　答え　（4）

　等価回路を**図 15-1** に，また，$\dot{E}_\mathrm{b}$ を基準とした
ベクトル図を**図 15-2** に示す。ただし，$R_1[\Omega]$ の
端子電圧を $\dot{E}_1$（大きさ E_1），$\dot{I}_1$ の大きさ（実効値）
を I_1 とする。

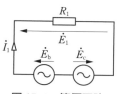

図 15-1　等価回路 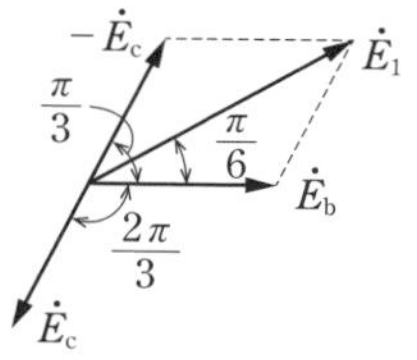　　　図 15-2　ベクトル図

　ベクトル図より，E_1 は $|\dot{E}_\mathrm{b}|$ と $|-\dot{E}_\mathrm{c}|$ を 2 辺と
する平行四辺形（ひし形）の対角線の長さから計算
でき，

$$
\begin{aligned}
E_1 &= \sqrt{|\dot{E}_\mathrm{b}|^2 + |-\dot{E}_\mathrm{c}|^2 + 2|\dot{E}_\mathrm{b}||-\dot{E}_\mathrm{c}|\cos(\pi/3)} \\
&= \sqrt{100^2 + 100^2 + 2 \times 100^2 \times \cos(\pi/3)} \\
&= 100\sqrt{3}\,[\mathrm{V}]
\end{aligned}
$$

ゆえに，電流 $\dot{I}_1$ の実効値 I_1 は，

$$
I_1 = \frac{E_1}{R_1} = \frac{100\sqrt{3}}{10} = 10\sqrt{3}\,[\mathrm{A}] \quad \rightarrow \quad 17.3\,\mathrm{A}
$$

解説

　図 15-1 における二つの起電力は実効値が同じ
でも位相が異なるので，直列接続した場合の合成
起電力を求めるにはベクトル図を参考にベクトル
和（差）で計算する必要がある。

　$\dot{E}_1$ は図 15-2 のベクトル図上で $\dot{E}_\mathrm{b}$ と $-\dot{E}_\mathrm{c}$ の
和となるので，E_1 は平行四辺形の対角線として
求めることができるが，この問題では $\dot{E}_\mathrm{b}$ と $-\dot{E}_\mathrm{c}$
は大きさが同じで位相差が $\pi/3$ なので，二つの
正三角形を合わせたひし形の対角線となる。この
ため，$\dot{E}_1$ は，大きさが $\dot{E}_\mathrm{b}$ の大きさの $\sqrt{3}$ 倍で，
$\dot{E}_\mathrm{b}$ より位相が $\pi/6$ 進んだベクトルとなることが
わかる。

$$
\dot{E}_1 = 100\sqrt{3} \angle \pi/6\,[\mathrm{V}]
$$

　なお，これは，Y 結線された対称三相交流電
源の相電圧と線間電圧の関係と同じである。

補足　　このベクトル和の数値計算は容易で
はない。例えば $\dot{E}_\mathrm{b}$ の位相角を零として極形式で
$\dot{E}_1$ を表すと，

$$
\begin{aligned}
\dot{E}_1 &= \dot{E}_\mathrm{b} - \dot{E}_\mathrm{c} = 100 \angle 0 - 100 \angle -2\pi/3 \\
&= 100 \angle 0 + 100 \angle \pi/3
\end{aligned}
$$

となるが，極形式の和（差）は簡単には計算できな
い。さらに計算を行うには，極形式を直交形式で
表して計算し，計算結果を再び極形式で表す必要
がある。

Point　位相差がある交流起電力の和は，ベクト
ル和で計算する。

問15（b）の解答　　出題項目＜三相電源＞　　　　　　　　答え　（4）

　等価回路を**図 15-3** に，また，$\dot{E}_\mathrm{a}$ を基準とした
ベクトル図を**図 15-4** に示す。ただし，$R_2[\Omega]$ の
端子電圧を $\dot{E}_2$（大きさ E_2）とする。

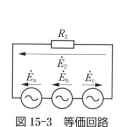
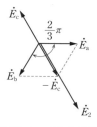

図 15-3　等価回路

図 15-4　ベクトル図

ベクトル図より，$\dot{E}_\mathrm{a} + \dot{E}_\mathrm{b}$ と $-\dot{E}_\mathrm{c}$ は同相なので，

$$
E_2 = |\dot{E}_\mathrm{a} + \dot{E}_\mathrm{b}| + |-\dot{E}_\mathrm{c}| = 100 + 100 = 200\,[\mathrm{V}]
$$

ゆえに，抵抗 $R_2[\Omega]$ の消費電力 P は，

$$
P = \frac{E_2{}^2}{R_2} = \frac{200^2}{20} = 2\,000\,[\mathrm{W}]
$$

解説

　図 15-3 のように三つの起電力を直列接続した
場合，合成起電力はベクトル和となるのでベクト
ル図で考えるとわかりやすい。

　設問（a）も含めこの問題のベクトル図は，対称
三相交流電源のベクトル図が参考になる。そのた
めか，例年 B 問題で出題されていた三相交流回
路に関する出題が本年度はなかった。

令和4（2022）
令和3（2021）
令和2（2020）
令和元（2019）
平成30（2018）
平成29（2017）
平成28（2016）
平成27（2015）
平成26（2014）
平成25（2013）
平成24（2012）
平成23（2011）
平成22（2010）
平成21（2009）
平成20（2008）

問 16　出題分野＜電子回路＞　　難易度 ★★☆　重要度 ★★★

エミッタホロワ回路について，次の（ a ）及び（ b ）の問に答えよ。

（ a ）　図 1 の回路で $V_{CC}=10\,\mathrm{V}$，$R_1=18\,\mathrm{k\Omega}$，$R_2=82\,\mathrm{k\Omega}$ とする。動作点におけるエミッタ電流を
1 mA としたい。抵抗 R_E の値 [kΩ] として，最も近いものを次の（ 1 ）～（ 5 ）のうちから一つ選
べ。ただし，動作点において，ベース電流は R_2 を流れる直流電流より十分小さく無視できるも
のとし，ベース-エミッタ間電圧は 0.7 V とする。

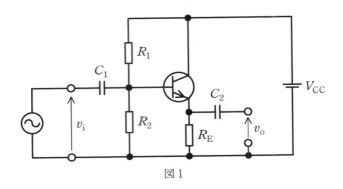

図 1

（ 1 ）　1.3　　　（ 2 ）　3.0　　　（ 3 ）　7.5　　　（ 4 ）　13　　　（ 5 ）　75

（ b ）　図 2 は，エミッタホロワ回路の交流等価回路である。ただし，使用する周波数において図 1 の
二つのコンデンサのインピーダンスが十分に小さい場合を考えている。ここで，$h_{ie}=2.5\,\mathrm{k\Omega}$，
$h_{fe}=100$ であり，R_E は小問（ a ）で求めた値とする。入力インピーダンス $\dfrac{v_i}{i_i}$ の値 [kΩ] として，
最も近いものを次の（ 1 ）～（ 5 ）のうちから一つ選べ。ただし，v_i と i_i はそれぞれ図 2 に示す入力
電圧と入力電流である。

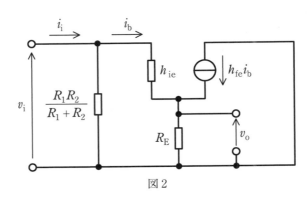

図 2

（ 1 ）　2.5　　　（ 2 ）　15　　　（ 3 ）　80　　　（ 4 ）　300　　　（ 5 ）　750

問 16 （a）の解答　出題項目＜トランジスタ増幅回路＞　答え　（3）

ただし書き（動作点において，ベース電流は R_2 を流れる直流電流より十分小さく無視できる）より，R_2 の端子電圧 V_{R2} は R_1 と R_2 の分圧で計算できる。ただし，抵抗は[kΩ]で計算した。

$$V_{R2}=\frac{R_2}{R_1+R_2}V_{CC}=\frac{82}{100}\times10=8.2[\text{V}]$$

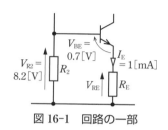

図 16-1　回路の一部

R_E の端子電圧を V_{RE} とし，ベース-エミッタ間電圧（エミッタに対するベースの電位差）を V_{BE} とすると，**図 16-1** において次式が成り立つ。

$$V_{R2}=V_{BE}+V_{RE}$$

これより，V_{RE} が計算できる。

$$V_{RE}=V_{R2}-V_{BE}=8.2-0.7=7.5[\text{V}]$$

また，$V_{RE}=R_E I_E$（I_E はエミッタ電流）より，

$$R_E=\frac{V_{RE}}{I_E}=\frac{7.5}{1\times10^{-3}}=7.5\times10^3[\Omega]$$
$$\rightarrow\ 7.5\ \text{kΩ}$$

解 説

エミッタホロワ回路は，コレクタ接地回路とも呼ばれ，負荷抵抗がエミッタ側にあり（R_E），コレクタ側が交流信号に対して接地状態にある。エミッタホロワ回路はほとんど出題されておらず，戸惑った受験者も多かったのではないか。しかし，考え方は動作点（バイアス回路）の計算なので，単なる直流回路の計算となる。

問 16 （b）の解答　出題項目＜トランジスタ増幅回路＞　答え　（2）

問題図2において，R_1 と R_2 の並列接続の合成抵抗を R とすると，

$$R=\frac{R_1 R_2}{R_1+R_2}=\frac{18\times82}{18+82}=14.76[\text{kΩ}]$$

R を流れる電流は v_i/R である。また，$i_i=v_i/R+i_b$ なので，i_b を v_i の関係式で表せば入力インピーダンス $Z_i=v_i/i_i$ が計算できる。問題図2より，

$$v_i=h_{ie}i_b+R_E(i_b+h_{fe}i_b)=i_b\{h_{ie}+R_E(1+h_{fe})\}$$

$$i_b=\frac{v_i}{h_{ie}+R_E(1+h_{fe})}$$

$$Z_i=\frac{v_i}{i_i}=\frac{v_i}{\dfrac{v_i}{R}+\dfrac{v_i}{h_{ie}+R_E(1+h_{fe})}}$$

$$=\frac{1}{\dfrac{1}{14.76}+\dfrac{1}{2.5+7.5\times(1+100)}}$$

$$\fallingdotseq14.5[\text{kΩ}]\ \rightarrow\ 15\ \text{kΩ}$$

ただし，R，h_{ie}，R_E は[kΩ]で計算した。

解 説

問題図2は，トランジスタをエミッタ接地の h パラメータ（簡略化した等価回路）で表した交流信号回路である。この回路は，問題図1の直流電源及びコンデンサを短絡して求められる（インピーダンスを零とみなすため）。

等価回路がわかれば，必要な諸量が計算できる。

補 足　この回路の電圧増幅度 A_v は次式となる。

$$v_o=i_b R_E(1+h_{fe})=\frac{v_i R_E(1+h_{fe})}{h_{ie}+R_E(1+h_{fe})}$$

$$A_v=\frac{v_o}{v_i}=\frac{R_E(1+h_{fe})}{h_{ie}+R_E(1+h_{fe})}=\frac{7.5\times101}{2.5+7.5\times101}$$
$$\fallingdotseq0.997\ \rightarrow\ \textbf{ほぼ 1}$$

一般にエミッタホロワ回路は，高い入力インピーダンスを低い出力インピーダンスに変換する回路として使用される。

Point エミッタホロワ回路の電圧増幅度 $\fallingdotseq1$

令和 4 (2022)　令和 3 (2021)　令和 2 (2020)　令和 元 (2019)　平成 30 (2018)　平成 29 (2017)　平成 28 (2016)　平成 27 (2015)　平成 26 (2014)　平成 25 (2013)　平成 24 (2012)　平成 23 (2011)　平成 22 (2010)　平成 21 (2009)　平成 20 (2008)

問17及び問18は選択問題であり，問17又は問18のどちらかを選んで解答すること。両方解答すると採点されません。

（選択問題）

問 17　出題分野＜静電気＞　　難易度 ★★☆　重要度 ★★★

空気（比誘電率 1）で満たされた極板間距離 $5d$[m]の平行板コンデンサがある。図のように，一方の極板と大地との間に電圧 V_0[V]の直流電源を接続し，極板と同形同面積で厚さ $4d$[m]の固体誘電体（比誘電率 4）を極板と接するように挿入し，他方の極板を接地した。次の（a）及び（b）の問に答えよ。

ただし，コンデンサの端効果は無視できるものとする。

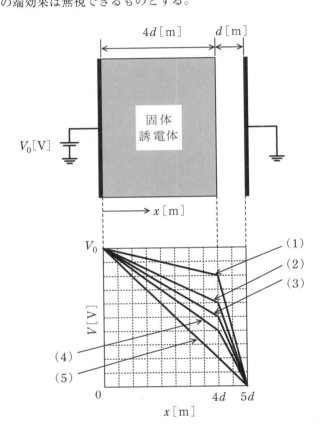

（a）　極板間の電位分布を表すグラフ（縦軸：電位 V[V]，横軸：電源が接続された極板からの距離 x[m]）として，最も近いものを図中の（1）～（5）のうちから一つ選べ。

（b）　$V_0 = 10$ kV，$d = 1$ mm とし，比誘電率 4 の固体誘電体を比誘電率 ε_r の固体誘電体に差し替え，空気ギャップの電界の強さが 2.5 kV/mm となったとき，ε_r の値として最も近いものを次の（1）～（5）のうちから一つ選べ。

（1）　0.75　　　（2）　1.00　　　（3）　1.33　　　（4）　1.67　　　（5）　2.00

問 17 （a）の解答　　出題項目＜平行板コンデンサ＞　　　答え　（3）

固体誘電体内及び空気中の電界の大きさは，値は異なるがそれぞれ一定値なので，その電位分布は x に対して直線的に変化する。したがって，固体誘電体と空気の境界面の電位を計算すれば，正しい電位分布のグラフがわかる。

固体誘電体内及び空気中の電界の大きさをそれぞれ $E_r[V/m]$，$E_a[V/m]$ とし，真空の誘電率を $\varepsilon_0[F/m]$ とする。極板間の電束密度 D（大きさ）は誘電体の誘電率によらず一定なので，

$$D = \varepsilon_0 E_a = 4\varepsilon_0 E_r \quad \rightarrow \quad E_a = 4E_r$$

また，極板間の電位差 V_0 は，電界の大きさと距離（誘電体の厚み）の積の和で求められるので次式が成り立つ。

$$V_0 = 4dE_r + dE_a = 4dE_r + 4dE_r = 8dE_r$$

ゆえに，E_r 及び E_a は，

$$E_r = \frac{V_0}{8d}[V/m], \quad E_a = 4E_r = \frac{V_0}{2d}[V/m]$$

となり，固体誘電体と空気の境界面の電位 V は，

$$V = dE_a = \frac{V_0}{2}[V]$$

したがって，選択肢（3）のグラフが最も近い。

【別解】　この平行板コンデンサを図 17-1 に示すコンデンサの直列接続と考え，V を求めてもよい。

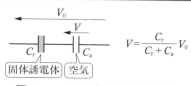

$$V = \frac{C_r}{C_r + C_a}V_0$$

図 17-1　コンデンサの直列接続

極板面積を $S[m^2]$ と仮定すると，

$$C_r = \frac{4\varepsilon_0 S}{4d}[F], \quad C_a = \frac{\varepsilon_0 S}{d}[F]$$

これより，$C_r = C_a$ となるので，

$$V = \frac{C_r}{C_r + C_a}V_0 = \frac{V_0}{2}[V]$$

解説

一般に，真空及び誘電率が異なる誘電体を積層した平行板コンデンサの電界を求めるには，次の①及び②から得られる関係式を使う。

① 端効果が無視できるとき電極に分布する電荷密度は均等となるので，電極間の電束密度も一様になる。これにより，真空及び各誘電体における電界の大きさ相互の関係式が得られる。

② 一様な電界においては，電界方向に沿った2点間の電位差は電界の大きさと2点間の距離の積となるので，電界の大きさと極板間の電圧の関係式が得られる。

問 17 （b）の解答　　出題項目＜平行板コンデンサ＞　　　答え　（3）

設問（a）と同様に，$E_a = \varepsilon_r E_r$ が成り立つ。

電圧を[kV]，距離を[mm]，電界の強さ（大きさ）を[kV/mm]で表すとき，平行板コンデンサの端子電圧 V_0 は次式となる。

$$V_0 = 4dE_r + dE_a = 4d\frac{E_a}{\varepsilon_r} + dE_a$$

題意より $V_0 = 10[kV]$，$d = 1[mm]$，$E_a = 2.5[kV/mm]$ を上式に代入して ε_r を求めると，

$$10 = \frac{4 \times 1 \times 2.5}{\varepsilon_r} + 1 \times 2.5$$

$$\varepsilon_r = \frac{4 \times 1 \times 2.5}{10 - 2.5} ≒ 1.33$$

解説

固体誘電体の比誘電率を4から ε_r に置き換え，設問（a）と同じように考える。平行板コンデンサに関する問題は比較的難しいものが多いので，考え方を十分理解しておきたい。

Point 平行板コンデンサは，極板間の各部分の電界の強さ（大きさ）を計算する方法をマスターする。

令和4（2022）
令和3（2021）
令和2（2020）
令和元（2019）
平成30（2018）
平成29（2017）
平成28（2016）
平成27（2015）
平成26（2014）
平成25（2013）
平成24（2012）
平成23（2011）
平成22（2010）
平成21（2009）
平成20（2008）

（選択問題）

問 18　出題分野＜電気計測＞　　　難易度 ★★★　重要度 ★★★

　　内部抵抗が 15 kΩ の 150 V 測定端子と内部抵抗が 10 kΩ の 100 V 測定端子をもつ永久磁石可動コイル形直流電圧計がある。この直流電圧計を使用して，図のように，電流 I[A]の定電流源で電流を流して抵抗 R の両端の電圧を測定した。

　　測定Ⅰ：150 V の測定端子で測定したところ，直流電圧計の指示値は 101.0 V であった。

　　測定Ⅱ：100 V の測定端子で測定したところ，直流電圧計の指示値は 99.00 V であった。

次の（ a ）及び（ b ）の問に答えよ。

ただし，測定に用いた機器の指示値に誤差はないものとする。

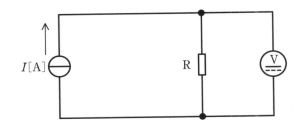

（ a ）　抵抗 R の抵抗値[Ω]として，最も近いものを次の（ 1 ）～（ 5 ）のうちから一つ選べ。
　　（ 1 ）　241　　　（ 2 ）　303　　　（ 3 ）　362　　　（ 4 ）　486　　　（ 5 ）　632

（ b ）　電流 I の値[A]として，最も近いものを次の（ 1 ）～（ 5 ）のうちから一つ選べ。
　　（ 1 ）　0.08　　　（ 2 ）　0.17　　　（ 3 ）　0.25　　　（ 4 ）　0.36　　　（ 5 ）　0.49

令和4 (2022)
令和3 (2021)
令和2 (2020)
令和元 (2019)
平成30 (2018)
平成29 (2017)
平成28 (2016)
平成27 (2015)
平成26 (2014)
平成25 (2013)
平成24 (2012)
平成23 (2011)
平成22 (2010)
平成21 (2009)
平成20 (2008)

問18（a）の解答　　出題項目＜測定誤差＞　　　答え　（5）

測定Ⅰの等価回路を図18-1に，測定Ⅱの等価回路を図18-2に示す。

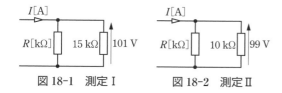

図18-1　測定Ⅰ　　　図18-2　測定Ⅱ

図18-1の等価回路において，オームの法則より次式が成り立つ。

$$101 = \frac{15R \times 10^3}{15 + R} I \qquad ①$$

図18-2の等価回路において，オームの法則より次式が成り立つ。

$$99 = \frac{10R \times 10^3}{10 + R} I \qquad ②$$

この二つの連立方程式からIを消去してRを求める。①式と②式の左辺どうし，右辺どうしを割り算してRについて整理する。

$$\frac{101}{99} = \frac{15R}{15 + R} \frac{10 + R}{10R} = \frac{3(10 + R)}{2(15 + R)}$$

$$202(15 + R) = 297(10 + R)$$

$$95R = 202 \times 15 - 297 \times 10 = 60$$

$$R \fallingdotseq 0.632 \,[\text{k}\Omega] \quad \rightarrow \quad 632\ \Omega$$

解説

可動コイル形電圧計は等価的に抵抗（電圧計の内部抵抗）と同じであり，指示値はその抵抗の端子電圧と等しい。問題図の回路において，抵抗Rと電圧計を並列に接続したときの電圧計の指示値は，$R\,[\Omega]$と電圧計の内部抵抗$r\,[\Omega]$を並列接続した合成抵抗R_pの端子電圧を示す。

合成抵抗R_pは，

$$R_\text{p} = \frac{Rr}{R + r} \,[\Omega]$$

であり，電流源から$I\,[\text{A}]$が供給されるので，電圧計の指示値Vは次式となる。

$$V = R_\text{p} I \,[\text{V}] \qquad ③$$

補足　電圧計の測定値が有効数字4桁で表されているが，これは測定値を単に有効数字4桁で読み取ったことを表しているにすぎない。問題文には有効数字の扱いについての特記事項がないので，他の計算問題同様，普通に計算すればよい。

また，③式は，

$$V = R_\text{p} I = \frac{Rr}{R + r} I = \frac{R}{R/r + 1} I$$

となるので，内部抵抗rが大きいほど指示値Vは真値（真の値）RIに近づく。したがって，測定に伴う誤差が無視できる場合，電圧計の内部抵抗が大きいほど指示値は真値に近づく。

Point 理想的な電圧計の内部抵抗は無限大である。

問18（b）の解答　　出題項目＜測定誤差＞　　　答え　（2）

設問（a）で求めた連立方程式①式及び②式からIを求めればよい。すでに設問（a）でRが求められているので，この値を①式または②式に代入してIを求める。例えば①式を用いると，

$$I = \frac{101(15 + R)}{15R \times 10^3} = \frac{101 \times 15.632}{15 \times 0.632 \times 10^3}$$

$$\fallingdotseq 0.167 \,[\text{A}] \quad \rightarrow \quad 0.17\ \text{A}$$

解説

Iは設問（a）の連立方程式の解なので，容易に計算できるであろう。

なお，Rの端子電圧の真値V_Tは$RI\,[\text{V}]$であるが，計算で算出したR及びIの値には誤差が含まれているので，V_Tが$632 \times 0.167 \fallingdotseq 105.5\,[\text{V}]$付近にあることはわかるが，特定はできない。

Point 連立方程式の解は，元の方程式に代入して検算することを忘れずに。

理論 平成29年度（2017年度）

問1 出題分野＜静電気＞ 難易度 ★★★ 重要度 ★★☆

電界の状態を仮想的な線で表したものを電気力線という。この電気力線に関する記述として，誤っているものを次の（1）～（5）のうちから一つ選べ。

（1） 同じ向きの電気力線同士は反発し合う。

（2） 電気力線は負の電荷から出て，正の電荷へ入る。

（3） 電気力線は途中で分岐したり，他の電気力線と交差したりしない。

（4） 任意の点における電気力線の密度は，その点の電界の強さを表す。

（5） 任意の点における電界の向きは，電気力線の接線の向きと一致する。

問2 出題分野＜静電気＞ 難易度 ★★☆ 重要度 ★★★

極板の面積 $S[\text{m}^2]$，極板間の距離 $d[\text{m}]$ の平行板コンデンサ A，極板の面積 $2S[\text{m}^2]$，極板間の距離 $d[\text{m}]$ の平行板コンデンサ B 及び極板の面積 $S[\text{m}^2]$，極板間の距離 $2d[\text{m}]$ の平行板コンデンサ C がある。各コンデンサは，極板間の電界の強さが同じ値となるようにそれぞれ直流電源で充電されている。各コンデンサをそれぞれの直流電源から切り離した後，全コンデンサを同じ極性で並列に接続し，十分時間が経ったとき，各コンデンサに蓄えられる静電エネルギーの総和の値[J]は，並列に接続する前の総和の値[J]の何倍になるか。その倍率として，最も近いものを次の（1）～（5）のうちから一つ選べ。

ただし，各コンデンサの極板間の誘電率は同一であり，端効果は無視できるものとする。

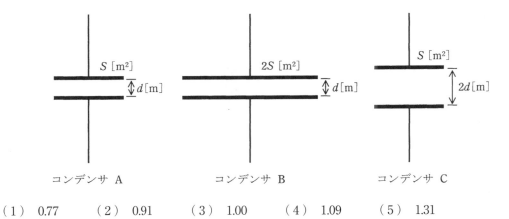

コンデンサ A　　　　　コンデンサ B　　　　　コンデンサ C

（1） 0.77　　　（2） 0.91　　　（3） 1.00　　　（4） 1.09　　　（5） 1.31

令和 **4** (2022)
令和 **3** (2021)
令和 **2** (2020)
令和 **元** (2019)
平成 **30** (2018)
平成 **29** (2017)
平成 **28** (2016)
平成 **27** (2015)
平成 **26** (2014)
平成 **25** (2013)
平成 **24** (2012)
平成 **23** (2011)
平成 **22** (2010)
平成 **21** (2009)
平成 **20** (2008)

問1の解答　出題項目＜電気力線・電束＞　　答え（2）

（1）　正。記述のとおり。

（2）　誤。電気力線は，**正の電荷から出て負の電荷へ入る**。

（3）　正。記述のとおり。

（4）　正。記述のとおり。

（5）　正。電気力線の定義である。

解説

　電界は静電力と同じ向きを持つので，この向きが接線となる曲線群を電界中に考えることができる。この仮想上の曲線を電気力線という（定義）。また，電界の向きに垂直な単位面積（1 m²）を貫く電気力線の本数（電気力線密度）で電界の大きさを表すと約束することで，電気力線は，電界の様子を視覚的に把握するのに役立つ。定義から，電気力線は次のような性質をもつ。

①　電気力線は正電荷から出て負電荷で終わり，途中で発生や消滅はしない。

②　電気力線は途中で枝分かれされたり，交わったりしない。

③　電気力線は互いに反発し合う。

Point 電気力線の接線の向き ⇒ 電界の向き
電気力線密度 ⇒ 電界の大きさ

問2の解答　出題項目＜平行板コンデンサ，仕事・静電エネルギー＞　　答え（2）

　コンデンサ A，B，C の各静電容量を C_A，C_B，C_C，極板間の誘電率を ε[F/m] とすると，

$$C_A = \frac{\varepsilon S}{d}[\mathrm{F}], \quad C_B = \frac{2\varepsilon S}{d}[\mathrm{F}], \quad C_C = \frac{\varepsilon S}{2d}[\mathrm{F}]$$

　コンデンサ A，B，C の各端子電圧 V_A，V_B，V_C は，極板間の電界の強さを E[V/m] とすると，

$$V_A = dE[\mathrm{V}], \quad V_B = dE[\mathrm{V}], \quad V_C = 2dE[\mathrm{V}]$$

　これより，コンデンサ A，B，C が蓄える各電荷 Q_A，Q_B，Q_C 及び総電荷 $Q = Q_A + Q_B + Q_C$ は，

$$Q_A = C_A V_A = \varepsilon SE[\mathrm{C}], \quad Q_B = C_B V_B = 2\varepsilon SE[\mathrm{C}]$$

$$Q_C = C_C V_C = \varepsilon SE[\mathrm{C}], \quad Q = 4\varepsilon SE[\mathrm{C}]$$

　これより，コンデンサに蓄えられる静電エネルギーの総和 W は，

$$W = \frac{1}{2}(Q_A V_A + Q_B V_B + Q_C V_C)$$

$$= \frac{\varepsilon SdE^2 + 2\varepsilon SdE^2 + 2\varepsilon SdE^2}{2} = \frac{5\varepsilon SdE^2}{2}[\mathrm{J}]$$

　次に，各コンデンサを同じ極性で並列に接続して十分に時間が経過した後の，コンデンサ A，B，C が蓄える各電荷を Q_A'，Q_B'，Q_C'，コンデンサの端子電圧を V'

図2-1　並列接続後の電荷と電圧

とする（図2-1 参照）。

　各コンデンサの静電容量は変化しないので，各電荷は，

$$Q_A' = C_A V'[\mathrm{C}], \quad Q_B' = C_B V'[\mathrm{C}], \quad Q_C' = C_C V'[\mathrm{C}]$$

総電荷 $Q' = Q_A' + Q_B' + Q_C'$ は，

$$Q' = (C_A + C_B + C_C)V' = \frac{7\varepsilon S}{2d}V'[\mathrm{C}]$$

　電荷保存の法則より，$Q' = Q$ が成り立つので，

$$\frac{7\varepsilon S}{2d}V' = 4\varepsilon SE \quad \rightarrow \quad V' = \frac{8dE}{7}[\mathrm{V}]$$

　これより，並列接続後の全エネルギー W' は，

$$W' = \frac{1}{2}Q'V' = \frac{1}{2}\left\{\frac{7\varepsilon S}{2d}\left(\frac{8dE}{7}\right)^2\right\} = \frac{16\varepsilon SdE^2}{7}[\mathrm{J}]$$

　したがって，

$$\frac{W'}{W} = \frac{(16\varepsilon SdE^2/7)}{(5\varepsilon SdE^2/2)} = \frac{16\times 2}{5\times 7} \fallingdotseq 0.91$$

解説

　問題を解く上で誘電率，電界の強さが必要になるが，問題中に与えられていないので各自で定義する。これでエネルギーを求めるのに必要な，静電容量，電荷，電圧の式が得られる。

　また，並列接続後の電圧及び電荷は，電荷保存の法則を用いることで計算できる。

問3　出題分野＜電磁気＞　　難易度 ★★★　重要度 ★★★

　環状鉄心に，コイル1及びコイル2が巻かれている。二つのコイルを図1のように接続したとき，端子 A-B 間の合成インダクタンスの値は 1.2 H であった。次に，図2のように接続したとき，端子 C-D 間の合成インダクタンスの値は 2.0 H であった。このことから，コイル1の自己インダクタンス L の値[H]，コイル1及びコイル2の相互インダクタンス M の値[H]の組合せとして，正しいものを次の（1）〜（5）のうちから一つ選べ。

　ただし，コイル1及びコイル2の自己インダクタンスはともに L[H]，その巻数を N とし，また，鉄心は等断面，等質であるとする。

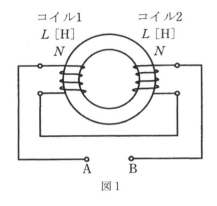
図1

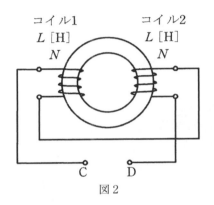
図2

	自己インダクタンス L	相互インダクタンス M
（1）	0.4	0.2
（2）	0.8	0.2
（3）	0.8	0.4
（4）	1.6	0.2
（5）	1.6	0.4

問3の解答　出題項目〈インダクタンス〉

答え　（2）

　問題図1の結線では，コイルに流れる電流の向きより両コイルがつくる磁束は互いに打ち消し合う。このような結線を二つのコイルの**差動接続**といい，端子 A-B 間の合成インダクタンス L_{AB} は次式となる。

$$L_{AB} = L + L - 2M = 2L - 2M\,[H] \qquad (1)$$

　一方，問題図2の結線では，コイルに流れる電流の向きより両コイルがつくる磁束は互いに加わり合う。このような結線を二つのコイルの**和動接続**といい，端子 C-D 間の合成インダクタンス L_{CD} は次式となる。

$$L_{CD} = L + L + 2M = 2L + 2M\,[H] \qquad (2)$$

　題意より，$L_{AB} = 1.2\,[H]$，$L_{CD} = 2.0\,[H]$ であるから，（1）式，（2）式より，

$$2L - 2M = 1.2,\quad 2L + 2M = 2.0$$

連立方程式を解くと，

$$L = 0.8\,[H],\quad M = 0.2\,[H]$$

解説

　和動接続の合成インダクタンスの式は，次のように求められる。**図 3-1** において，コイル2がつくる磁束 Φ_2 の影響を受けたコイル1の見かけの自己インダクタンスを L_{12}，コイル1がつくる磁

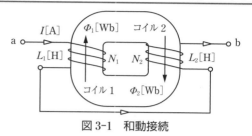

図 3-1　和動接続

束 Φ_1 の影響を受けたコイル2の見かけの自己インダクタンスを L_{21} とする。また，コイル1及びコイル2の自己インダクタンスを L_1, L_2 とする。

$$L_{12} = \frac{N_1(\Phi_1 + \Phi_2)}{I} = \frac{N_1\Phi_1}{I} + \frac{N_1\Phi_2}{I} = L_1 + M\,[H]$$

$$L_{21} = \frac{N_2(\Phi_2 + \Phi_1)}{I} = \frac{N_2\Phi_2}{I} + \frac{N_2\Phi_1}{I} = L_2 + M\,[H]$$

　端子 a-b 間の合成インダクタンス L は，

$$L = L_{12} + L_{21} = L_1 + M + L_2 + M = L_1 + L_2 + 2M\,[H]$$

また，差動接続では磁束が打ち消し合い，

$$L_{12} = \frac{N_1(\Phi_1 - \Phi_2)}{I}\,[H],\quad L_{21} = \frac{N_2(\Phi_2 - \Phi_1)}{I}\,[H]$$

となるので，同様に計算すると次式を得る。

$$L = L_{12} + L_{21} = L_1 - M + L_2 - M$$
$$= L_1 + L_2 - 2M\,[H]$$

問4　出題分野＜電磁気＞　｜難易度 ★★★｜｜重要度 ★★★｜

図は，磁性体の磁化曲線(BH曲線)を示す。次の文章は，これに関する記述である。

1　直交座標の横軸は，　(ア)　である。

2　a は，　(イ)　の大きさを表す。

3　鉄心入りコイルに交流電流を流すと，ヒステリシス曲線内の面積に　(ウ)　した電気エネルギー
　が鉄心の中で熱として失われる。

4　永久磁石材料としては，ヒステリシス曲線の a と b がともに　(エ)　磁性体が適している。

　上記の記述中の空白箇所(ア)，(イ)，(ウ)及び(エ)に当てはまる組合せとして，正しいものを次の
(1)〜(5)のうちから一つ選べ。

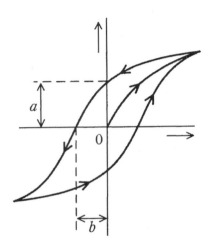

	(ア)	(イ)	(ウ)	(エ)
(1)	磁界の強さ[A/m]	保磁力	反比例	大きい
(2)	磁束密度[T]	保磁力	反比例	小さい
(3)	磁界の強さ[A/m]	残留磁気	反比例	小さい
(4)	磁束密度[T]	保磁力	比例	大きい
(5)	磁界の強さ[A/m]	残留磁気	比例	大きい

問 4 の解答　　出題項目＜磁化特性＞

　1　直交座標の横軸は，**磁界の強さ[A/m]** である。

　2　a は，**残留磁気**の大きさを表す。

　3　鉄心入りコイルに交流電流を流すと，ヒステリシス曲線内の面積に**比例**した電気エネルギーが鉄心の中で熱として失われる。

　4　永久磁石材料としては，ヒステリシス曲線の a と b がともに**大きい**磁性体が適している。

解説

　図 4-1 は，磁化されていない強磁性体の磁化曲線である。点 o から磁化していくと，B の増加は徐々に緩やかになり，やがて**磁気飽和**する（点 a）。点 a から H を負の向きに変化させると，同じ経路を通らずに点 b に至る。途中，$H=0$ でも磁性体には**残留磁気** B_r[T] が残る。$B_r=0$ となる逆向きの磁界の大きさ H_c[A/m] を**保磁力**とい

う。次に，点 b から H を正の向きに変化させると，別の経路を通り再び点 a に至る。このループ状の特性を**ヒステリシス曲線**といい，曲線内の面積に相当する損失を**ヒステリシス損**という。

　また，永久磁石材料は，残留磁気が大きく容易に消えない必要があるので，B_r 及び H_c ともに大きな磁性体が適する。

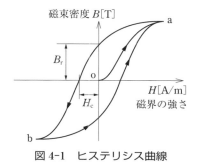

図 4-1　ヒステリシス曲線

令和 **4** (2022)

令和 **3** (2021)

令和 **2** (2020)

令和 **元** (2019)

平成 **30** (2018)

平成 **29** (2017)

平成 **28** (2016)

平成 **27** (2015)

平成 **26** (2014)

平成 **25** (2013)

平成 **24** (2012)

平成 **23** (2011)

平成 **22** (2010)

平成 **21** (2009)

平成 **20** (2008)

問5 出題分野＜直流回路＞

難易度 ★★★ **重要度** ★★★

図のように直流電源と4個の抵抗からなる回路がある。この回路において20 Ωの抵抗に流れる電流 I の値[A]として，最も近いものを次の(1)～(5)のうちから一つ選べ。

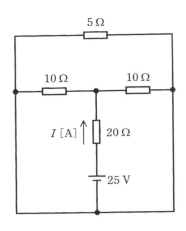

（1） 0.5 　　（2） 0.8 　　（3） 1.0 　　（4） 1.2 　　（5） 1.5

問6 出題分野＜直流回路＞

難易度 ★★☆ **重要度** ★★☆

$R_1 = 20$ Ω，$R_2 = 30$ Ω の抵抗，インダクタンス $L_1 = 20$ mH，$L_2 = 40$ mH のコイル及び静電容量 $C_1 = 400$ μF，$C_2 = 600$ μF のコンデンサからなる図のような直並列回路がある。直流電圧 $E = 100$ V を加えたとき，定常状態において L_1，L_2，C_1 及び C_2 に蓄えられるエネルギーの総和の値[J]として，最も近いものを次の(1)～(5)のうちから一つ選べ。

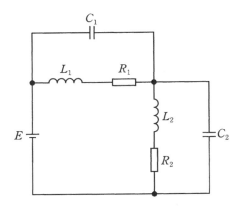

（1） 0.12 　　（2） 1.20 　　（3） 1.32 　　（4） 1.40 　　（5） 1.52

問5の解答　出題項目＜抵抗直並列回路＞　答え（3）

　問題図の回路において，5Ωの抵抗の両端は導線でつながれているので，両端の電位差は零である。このため，5Ωの抵抗には電流が流れないので，この抵抗を取り除いても他の抵抗を流れる電流は変化しない。したがって，問題図は**図5-1**に示す回路と等価である。

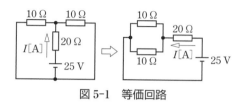

図5-1　等価回路

　図5-1より，回路の合成抵抗 R は，

$$R=\frac{10\times10}{10+10}+20=25[\Omega]$$

であるから，20Ωの抵抗を流れる電流 I は，

$$I=\frac{25}{25}=1[A]$$

解説

　回路網の問題に見えるが，電源が一つであるため合成抵抗を求めることで，オームの法則により各抵抗を流れる電流を計算できる。

　抵抗の両端が同電位である場合は，抵抗には電流が流れないので抵抗の有無は回路に影響を与えない。このような場合には，当該抵抗を取り除くか，または，両端を導線で短絡することで，回路を簡単にできる場合が多い。

補足　回路中に等電位点がある場合の考え方。

　① 等電位点間を短絡しても，短絡線に電流が流れないので，等電位点間を短絡できる。

　② 等電位点間に接続された抵抗には電流が流れないので，当該抵抗を取り除くことができる。

　③ 同じ等電位点間を結ぶ複数の導線は，一つの導線にまとめる（一つを残し他の導線を取り除く）ことができる。

（類題：平成25年度問8）

問6の解答　出題項目＜L と C の定常特性＞　答え（5）

　定常状態にある直流回路では，抵抗，コイル，コンデンサを流れる電流は変化しない。このため，コイルには逆起電力が発生せず両端の電位差は零となり，等価的に短絡状態となる。また，コンデンサには電荷の出入りがないため電流は零となり，等価的に開放状態となる。以上から，定常状態の回路は**図6-1**となる。

　これより，電流 I は2Aと計算できるので，二つのコイルを流れる電流はともに2[A]，静電容量 C_1 及び C_2 の各コンデンサの端子電圧 V_1，V_2 は，並列に接続された抵抗の端子電圧と等しく，$V_1=40[V]$，$V_2=60[V]$である。

　以上から，L_1，L_2，C_1，C_2 に蓄えられるエネル

図6-1　定常状態の回路

ギー W_{L1}，W_{L2}，W_{C1}，W_{C2} 及び回路に蓄えられるエネルギーの総和 W は次のようになる。

$$W_{L1}=L_1I^2/2=20\times10^{-3}\times2^2/2=0.04[J]$$
$$W_{L2}=L_2I^2/2=40\times10^{-3}\times2^2/2=0.08[J]$$
$$W_{C1}=C_1V_1^2/2=400\times10^{-6}\times40^2/2=0.32[J]$$
$$W_{C2}=C_2V_2^2/2=600\times10^{-6}\times60^2/2=1.08[J]$$
$$W=W_{L1}+W_{L2}+W_{C1}+W_{C2}=1.52[J]$$

解説

　定常状態にある直流回路では，コイルは短絡，コンデンサは開放として扱い，抵抗のみの回路として電流を計算する。コイルを流れる電流及びコンデンサの端子電圧は，回路中の各抵抗の電圧と電流から求めることができる。

Point 定常状態にある直流回路では，回路の電圧，電流は変化しない。

| 問7 | 出題分野＜直流回路＞ | | 難易度 ★★★ | 重要度 ★★★ |

次の文章は，直流回路に関する記述である。

図の回路において，電流の値 I[A]は 4A よりも　（ア）　。このとき，抵抗 R_1 の中で動く電子の流れる向きは図の　（イ）　であり，電界の向きに併せて考えると，電気エネルギーが失われることになる。また，0.25 s の間に電源が供給する電力量に対し，同じ時間に抵抗 R_1 が消費する電力量の比は　（ウ）　である。抵抗は，消費した電力量だけの熱を発生することで温度が上昇するが，一方で，周囲との温度差に　（エ）　する熱を放出する。

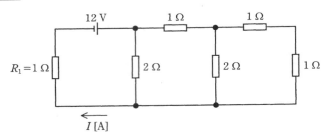

上記の記述中の空白箇所（ア），（イ），（ウ）及び（エ）に当てはまる組合せとして，正しいものを次の（1）～（5）のうちから一つ選べ。

	（ア）	（イ）	（ウ）	（エ）
（1）	大きい	上から下	0.5	ほぼ比例
（2）	小さい	上から下	0.25	ほぼ反比例
（3）	大きい	上から下	0.25	ほぼ比例
（4）	小さい	下から上	0.25	ほぼ反比例
（5）	大きい	下から上	0.5	ほぼ反比例

| 問8 | 出題分野＜単相交流＞ | | 難易度 ★★★ | 重要度 ★★★ |

図のように，交流電圧 $E=100$ V の電源，誘導性リアクタンス $X=4$ Ω のコイル，R_1[Ω]，R_2[Ω]の抵抗からなる回路がある。いま，回路を流れる電流の値が $I=20$ A であり，また，抵抗 R_1 に流れる電流 I_1[A]と抵抗 R_2 に流れる電流 I_2[A]との比が，$I_1 : I_2 = 1 : 3$ であった。このとき，抵抗 R_1 の値[Ω]として，最も近いものを次の（1）～（5）のうちから一つ選べ。

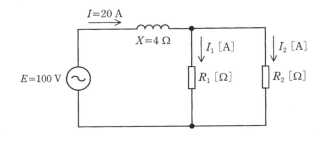

（1）　1.0　　　（2）　3.0　　　（3）　4.0　　　（4）　9.0　　　（5）　12

問7の解答　　出題項目＜はしご回路＞　　答え（1）

問題図の回路において，電流の値 $I[A]$ は回路の計算より 6 A となるので，4 A よりも**大きい**。このとき，抵抗 R_1 の中で動く電子の流れる向きは，電流の流れと逆向きなので図の**上から下**であり，電界の向きを併せて考えると，電気エネルギーが失われることになる。また，0.25 s の間に電源が供給する電力量に対し，同じ時間に抵抗 R_1 が消費する電力量の比は，**0.5** である。抵抗は，消費した電力量だけの熱を発生することで温度が上昇するが，一方で，周囲との温度差に**ほぼ比例**する熱を放出する。

解説 ⋯⋯⋯⋯⋯⋯⋯⋯⋯⋯⋯⋯⋯⋯⋯

図 7-1 のように，R_1 を除く 5 個の抵抗の合成抵抗は 1 Ω と計算できるので，R_1 を含む全合成抵抗は 2 Ω となり，回路を流れる電流は 6 A と計算できる。

0.25 s 間に電源から供給される電力量 W_1 は，

$$W_1 = 12 \times 6 \times 0.25 = 18 [J]$$

同じ時間に抵抗 R_1 が消費する電力量 W_2 は，

$$W_2 = 0.25 R_1 I^2 = 0.25 \times 1 \times 6^2 = 9 [J]$$

なので，$W_2 / W_1 = 9/18 = 0.5$ となる。

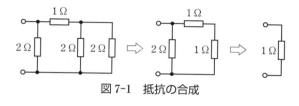

図 7-1　抵抗の合成

また，抵抗の温度上昇に伴う周囲との温度差により熱が放出されるが，放射による熱の伝搬が無視できる場合，熱流は温度差にほぼ比例し熱回路のオームの法則が成り立つ。定常状態では抵抗の消費電力が熱流として放出されるので，抵抗の温度上昇値は，熱流と抵抗が持つ熱抵抗の積として計算できる。なお，熱の伝搬については，機械科目の電熱分野などを参照されたい。

問8の解答　　出題項目＜RL 直並列回路＞　　答え（5）

R_1 と R_2 の端子電圧は等しいので，$R_1 I_1 = R_2 I_2$ が成り立ち，題意より $I_2 = 3I_1$ を使うと次式を得る。

$$\frac{R_1}{R_2} = \frac{I_2}{I_1} = 3 \quad \rightarrow \quad R_1 = 3R_2$$

この関係式を使い，R_1 と R_2 の合成抵抗 R を R_1 で表すと次式となる。

$$R = \frac{R_1 R_2}{R_1 + R_2} = \frac{R_1 (R_1/3)}{R_1 + (R_1/3)} = \frac{R_1}{4} [\Omega]$$

また，**図 8-1**，**図 8-2** より，この回路のインピーダンスの大きさ Z は，合成抵抗 R と誘導性リアクタンス X より，

$$Z = \sqrt{R^2 + X^2} [\Omega]$$

であるとともに，電源電圧 E と電流 I より，

$$Z = \frac{E}{I} = \frac{100}{20} = 5 [\Omega]$$

なので，合成抵抗 R は次のように計算できる。

$$5 = \sqrt{R^2 + 4^2}$$
$$R = \sqrt{5^2 - 4^2} = 3 [\Omega]$$

以上から，

$$R_1 = 4R = 4 \times 3 = 12 [\Omega]$$

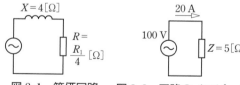

図 8-1　等価回路　　図 8-2　回路のインピーダンス

解説 ⋯⋯⋯⋯⋯⋯⋯⋯⋯⋯⋯⋯⋯⋯⋯

この問題のように，大きさの計算のみで特に位相関係を使わなくてよい場合は，あえてベクトル図を描く必要はない。合成抵抗 R とリアクタンス X の直列回路なので，$Z = \sqrt{R^2 + X^2}$ の関係と交流回路のオームの法則で解ける。

令和 4 (2022)
令和 3 (2021)
令和 2 (2020)
令和元 (2019)
平成 30 (2018)
平成 29 (2017)
平成 28 (2016)
平成 27 (2015)
平成 26 (2014)
平成 25 (2013)
平成 24 (2012)
平成 23 (2011)
平成 22 (2010)
平成 21 (2009)
平成 20 (2008)

問9　出題分野＜単相交流＞

難易度 ★★☆　重要度 ★★☆

$R＝5\,\Omega$ の抵抗に，ひずみ波交流電流

$$i＝6\sin\omega t＋2\sin 3\omega t\,[\mathrm{A}]$$

が流れた。

このとき，抵抗 $R＝5\,\Omega$ で消費される平均電力 P の値[W]として，最も近いものを次の（1）～（5）のうちから一つ選べ。ただし，ω は角周波数[rad/s]，t は時刻[s]とする。

（1）　40　　　（2）　90　　　（3）　100　　　（4）　180　　　（5）　200

問10　出題分野＜過渡現象＞

難易度 ★★★　重要度 ★★☆

図のように，電圧 $E\,[\mathrm{V}]$ の直流電源に，開いた状態のスイッチS，$R_1\,[\Omega]$ の抵抗，$R_2\,[\Omega]$ の抵抗及び電流が0Aのコイル（インダクタンス $L\,[\mathrm{H}]$）を接続した回路がある。次の文章は，この回路に関する記述である。

1　スイッチSを閉じた瞬間（時刻 $t＝0\,\mathrm{s}$）に $R_1\,[\Omega]$ の抵抗に流れる電流は，　　（ア）　　[A]となる。

2　スイッチSを閉じて回路が定常状態とみなせるとき，$R_1\,[\Omega]$ の抵抗に流れる電流は，　　（イ）　　[A]となる。

上記の記述中の空白箇所（ア）及び（イ）に当てはまる式の組合せとして，正しいものを次の（1）～（5）のうちから一つ選べ。

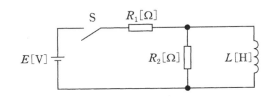

	（ア）	（イ）
（1）	$\dfrac{E}{R_1＋R_2}$	$\dfrac{E}{R_1}$
（2）	$\dfrac{R_2 E}{(R_1＋R_2)R_1}$	$\dfrac{E}{R_1}$
（3）	$\dfrac{E}{R_1}$	$\dfrac{E}{R_1＋R_2}$
（4）	$\dfrac{E}{R_1}$	$\dfrac{E}{R_1}$
（5）	$\dfrac{E}{R_1＋R_2}$	$\dfrac{E}{R_1＋R_2}$

令和 **4** (2022)
令和 **3** (2021)
令和 **2** (2020)
令和 **元** (2019)
平成 **30** (2018)
平成 **29** (2017)
平成 **28** (2016)
平成 **27** (2015)
平成 **26** (2014)
平成 **25** (2013)
平成 **24** (2012)
平成 **23** (2011)
平成 **22** (2010)
平成 **21** (2009)
平成 **20** (2008)

問 9 の解答　　出題項目＜ひずみ波＞　　　　答え（3）

ひずみ波電流の実効値 I は，

$$I=\sqrt{(6/\sqrt{2})^2+(2/\sqrt{2})^2}=\sqrt{20}\,[\mathrm{A}]$$

となるので，電力 P は，

$$P=RI^2=5\times(\sqrt{20})^2=100\,[\mathrm{W}]$$

解説

電流の実効値 I がわかれば，波形に関わりなく電力は $P=EI=RI^2$（E は R の端子電圧の実効値）で計算できる。

ひずみ波電流の直流分を I_0，基本波（角周波数 ω）の実効値を I_1，第 n 調波（角周波数 $n\omega$）の実効値を I_n とすると，ひずみ波電流の実効値 I は次式となる。

$$I=\sqrt{I_0{}^2+I_1{}^2+I_2{}^2+\cdots+I_n{}^2+\cdots}\,[\mathrm{A}]$$

ひずみ波電圧の実効値も同様。

補足 $R=5\,[\Omega]$ の抵抗に加わる電圧の瞬時値 e は，オームの法則より次式となる。

$$e=Ri=5\times(6\sin\omega t+2\sin3\omega t)$$
$$=30\sin\omega t+10\sin3\omega t\,[\mathrm{V}]$$

交流電力は，同じ周波数の電圧と電流の間にのみ発生するので，図 9-1 のように周波数の異なる正弦波交流電源（$e_1=30\sin\omega t$，$e_3=10\sin3\omega t$）ごとの回路の重ね合わせとして計算できる。

個々の回路は正弦波交流回路であるから，e_1 と i_1 の実効値を E_1，I_1 とし，e_3 と i_3 の実効値を E_3，I_3 とすると，

$$E_1=30/\sqrt{2}\,[\mathrm{V}],\quad I_1=6/\sqrt{2}\,[\mathrm{A}]$$
$$E_3=10/\sqrt{2}\,[\mathrm{V}],\quad I_3=2/\sqrt{2}\,[\mathrm{A}]$$

となり，ひずみ波回路の電力 P は，個々の正弦波回路の電力 $P_1=E_1I_1$，$P_3=E_3I_3$ の和となる。

$$P=P_1+P_3=E_1I_1+E_3I_3=100\,[\mathrm{W}]$$

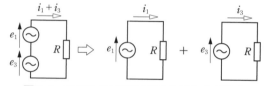

図 9-1　ひずみ波交流における電力の考え方

Point ひずみ波回路の計算は，正弦波回路の重ね合わせ。

問 10 の解答　　出題項目＜RL 直並列回路＞　　　　答え（1）

1　スイッチ S を閉じた瞬間（時刻 $t=0\,\mathrm{s}$）に $R_1\,[\Omega]$ の抵抗に流れる電流は，$\dfrac{E}{R_1+R_2}\,[\mathrm{A}]$ である。

2　スイッチ S を閉じて回路が定常状態とみなせるとき，$R_1\,[\Omega]$ の抵抗に流れる電流は，$\dfrac{E}{R_1}$ $[\mathrm{A}]$ となる。

解説

スイッチ S を閉じた瞬間（$t=0\,[\mathrm{s}]$），コイルは逆起電力を発生するためコイルには電流が流れない。このため，コイルは回路から切り放された状態となり，等価回路は図 10-1 となる。したがって，R_1 の抵抗を流れる電流 I_0 は，

$$I_0=\frac{E}{R_1+R_2}\,[\mathrm{A}]$$

回路が定常状態（$t\to\infty$）になると各素子を流れる電流が一定となるので，コイルの起電力は零となる。このため，コイルは導線と同じ状態になり R_2 は短絡されるので，等価回路は図 10-2 となる。したがって，R_1 の抵抗を流れる電流 I_∞ は，

$$I_\infty=\frac{E}{R_1}\,[\mathrm{A}]$$

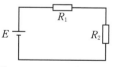 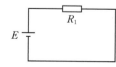

図 10-1　$t=0$ 時の回路　　図 10-2　$t\to\infty$ 時の回路

このように直流回路の過渡現象では，$t=0$ と定常状態における回路の電流は，比較的容易に計算できる。

問 11　出題分野＜電子理論＞

難易度 ★★★　重要度 ★★★

半導体の pn 接合の性質によって生じる現象若しくは効果，又はそれを利用したものとして，全て正しいものを次の（1）〜（5）のうちから一つ選べ。

（1）　表皮効果，ホール効果，整流作用

（2）　整流作用，太陽電池，発光ダイオード

（3）　ホール効果，太陽電池，超伝導現象

（4）　整流作用，発光ダイオード，圧電効果

（5）　超伝導現象，圧電効果，表皮効果

問 12　出題分野＜その他＞

難易度 ★★★　重要度 ★★★

次の文章は，紫外線ランプの構造と動作に関する記述である。

紫外線ランプは，紫外線を透過させる石英ガラス管と，その両端に設けられた　(ア)　からなり，ガラス管内には数百パスカルの　(イ)　及び微量の水銀が封入されている。両極間に高電圧を印加すると，　(ウ)　から出た電子が電界で加速され，　(イ)　原子に衝突してイオン化する。ここで生じた正イオンは電界で加速され，　(ウ)　に衝突して電子をたたき出す効果，放電が安定に持続する。管内を走行する電子が水銀原子に衝突すると，電子からエネルギーを得た水銀原子は励起され，特定の波長の紫外線の光子を放出して安定な状態に戻る。さらに　(エ)　はガラス管の内側の面にある種の物質を塗り，紫外線を　(オ)　に変換するようにしたものである。

上記の記述中の空白箇所(ア)，(イ)，(ウ)，(エ)及び(オ)に当てはまる組合せとして，正しいものを次の（1）〜（5）のうちから一つ選べ。

	（ア）	（イ）	（ウ）	（エ）	（オ）
（1）	磁極	酸素	陰極	マグネトロン	マイクロ波
（2）	電極	酸素	陽極	蛍光ランプ	可視光
（3）	磁極	希ガス	陰極	進行波管	マイクロ波
（4）	電極	窒素	陽極	赤外線ヒータ	赤外光
（5）	電極	希ガス	陰極	蛍光ランプ	可視光

問 11 の解答　出題項目＜半導体・半導体デバイス＞　　　　　　　答え　（2）

（1）誤。**表皮効果**と**ホール効果**は，**pn 接合**の性質とは特に関係ない。

（2）正。いずれも pn 接合の性質を利用している。

（3）誤。**超伝導現象**は，pn 接合の性質とは特に関係ない。

（4）誤。**圧電効果**は，pn 接合の性質とは特に関係ない。

（5）誤。いずれも pn 接合の性質とは特に関係ない。

解説

　表皮効果は，交流電流が導体を流れるときに，導体中心部のリアクタンスの増加により電流が導体の周辺部（導体表面）に沿って流れようとする現象である。この現象は，電流の周波数が高いほど顕著になる。

　ホール効果は，電流が流れている導体または半導体に電流の向きに対して直角方向に磁界を加えると，電流，磁界双方に対して直角方向に起電力が生じる現象である。これは，キャリアに働くローレンツ力により起こる。半導体のホール効果も同じで，pn 接合の性質とは無関係である。

　超伝導現象は，ある種の金属，あるいは特定の化合物を非常に低い温度に冷却すると電気抵抗が零になる現象である。この現象を起こす物質を**超伝導物質**と呼ぶ。超伝導を起こす温度を**臨界温度**といい，超伝導物質により異なる。なお，超伝導を"超電導"と記すこともある。

　圧電現象は，水晶やロッシェル塩などの結晶を電極板で挟み，結晶に外力を加えたときに電極間に電圧が発生する現象である。これは，**ピエゾ効果**，**圧電気現象**，**圧電効果**などとも呼ばれる。逆に，電極間に電圧を加えると結晶に機械的な歪みが生じる。

問 12 の解答　出題項目＜照明＞　　　　　　　答え　（5）

　紫外線ランプは，紫外線を透過させる石英ガラス管と，その両端に設けられた**電極**からなり，ガラス管内には数百パスカルの**希ガス**及び微量の水銀が封入されている。両極間に高電圧を印加すると，**陰極**から出た電子が電界で加速され，希ガス原子に衝突してイオン化する。ここで生じた正イオンは電界で加速され，陰極に衝突して電子をたたき出す結果，放電が安定に持続する。管内を走行する電子が水銀原子に衝突すると，電子からエネルギーを得た水銀原子は励起され，特定の波長の紫外線の光子を放出して安定な状態に戻る。さらに**蛍光ランプ**はガラス管の内側の面にある種の物質を塗り，紫外線を**可視光**に変換するようにしたものである。

解説

　蛍光ランプは，紫外線ランプの管の内側に蛍光物質を塗布したものである。紫外線は，電子の衝突で励起状態にある水銀原子が安定な元の状態に戻るとき放射される。このような熱放射以外の発光を**ルミネセンス**という。また，紫外線の照射による蛍光物質の発光を**ホトルミネセンス**という（**図 12-1** 参照）。

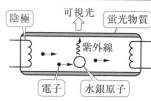

図 12-1 蛍光ランプの発光原理

　封入された希ガスには，水銀を電離しやすくする効果があり放電開始電圧を下げる働きや，陰極物質の消耗を抑え寿命を延ばす働きなどもある。

　Point 紫外線ランプは，低圧水銀蒸気中のアーク放電により紫外線を発生。蛍光ランプは，蛍光物質で紫外線を可視光に変換。

令和4 (2022)
令和3 (2021)
令和2 (2020)
令和元 (2019)
平成30 (2018)
平成29 (2017)
平成28 (2016)
平成27 (2015)
平成26 (2014)
平成25 (2013)
平成24 (2012)
平成23 (2011)
平成22 (2010)
平成21 (2009)
平成20 (2008)

問 13 出題分野＜電子回路＞ 難易度 ★★★ 重要度 ★★★

図 1 は，固定バイアス回路を用いたエミッタ接地トランジスタ増幅回路である。図 2 は，トランジスタの五つのベース電流 I_B に対するコレクター―エミッタ間電圧 V_{CE} とコレクタ電流 I_C との静特性を示している。この V_{CE}-I_C 特性と直流負荷線との交点を動作点という。図 1 の回路の直流負荷線は図 2 のように与えられる。動作点が $V_{CE}=4.5$ V のとき，バイアス抵抗 R_B の値［MΩ］として最も近いものを次の（1）～（5）のうちから一つ選べ。

ただし，ベース―エミッタ間電圧 V_{BE} は，直流電源電圧 V_{CC} に比べて十分小さく無視できるものとする。なお，R_L は負荷抵抗であり，C_1，C_2 は結合コンデンサである。

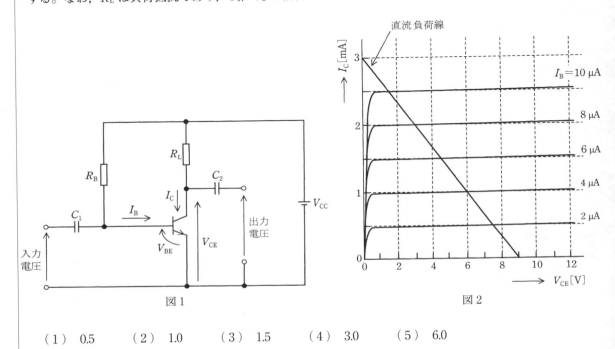

図 1   図 2

（1） 0.5   （2） 1.0   （3） 1.5   （4） 3.0   （5） 6.0

問 14 出題分野＜電気計測＞ 難易度 ★★☆ 重要度 ★★★

次の（1）～（5）は，計測の結果，得られた測定値を用いた計算である。これらのうち，有効数字と単位の取り扱い方がともに正しいものを一つ選べ。

（1） 0.51 V $+2.2$ V $=2.71$ V

（2） 0.670 V $÷1.2$ A $=0.558$ Ω

（3） 1.4 A $×3.9$ ms $=5.5×10^{-6}$ C

（4） 0.12 A -10 mA $=0.11$ m

（5） $0.5×2.4$ F $×0.5$ V $×0.5$ V $=0.3$ J

問 13 の解答　　出題項目＜トランジスタ増幅回路＞　　答え　（3）

問題図 2 より動作点 $V_{CE}=4.5[V]$ における I_C 及び I_B の値は, おおよそ次の値となる（図 13-1 参照）。

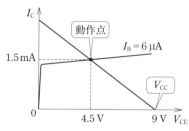

図 13-1　動作点の I_C, I_B

$$I_C=1.5[mA], \quad I_B=6[\mu A]$$

また, コレクタ回路の関係式 $V_{CC}=R_L I_C + V_{CE}$ より, V_{CC} は $I_C=0$ における V_{CE} と等しいので, 問題図 2 より $V_{CC}=9[V]$ である。

次に, ベース回路において次式が成り立つ。

$$V_{CC}=R_B I_B + V_{BE}$$

題意より $V_{CC} \gg V_{BE}$ なので, 上式は $V_{CC}=R_B I_B$ となり, これより R_B は,

$$R_B=\frac{V_{CC}}{I_B}=\frac{9}{6 \times 10^{-6}}=1.5 \times 10^6[\Omega]=1.5[M\Omega]$$

解説

増幅回路の動作点を決めるには, $V_{CE}-I_C$ 特性上に直流負荷線を引く必要がある。直流負荷線は次のような直線である。

$V_{CC}=R_L I_C + V_{CE}$ を式変形すると次式となる。

$$I_C=-\frac{1}{R_L}V_{CE}+\frac{V_{CC}}{R_L}$$

この式は, 静特性上において傾き $-1/R_L$, I_C 軸の切片が V_{CC}/R_L である 1 次関数（直線）のグラフを表しているので, $I_C=0$ における V_{CE} の点（問題図 2 では $V_{CE}=V_{CC}=9[V]$）及び $V_{CE}=0$ における I_C の点（問題図 2 では $I_C=V_{CC}/R_L=3[mA]$）の 2 点を両端とする直線として描ける。

問題では R_L の値は明示されていないが, 問題図 2 の $V_{CE}=0$ における I_C の値より,

$$R_L=V_{CC}/I_C=9[V]/3[mA]=3[k\Omega]$$

であることがわかる。

また, バイアス回路（直流回路）の計算では, 結合コンデンサは不要なので取り除く。

問 14 の解答　　出題項目＜有効数字＞　　答え　（5）

（1）誤。加法（減法も同様）の場合の計算結果は, 小数点以下の桁数が最も小さい数 2.2（小数点以下 1 桁）に合わせ, **2.7 V** と表示する。なお, 左辺の有効数字はともに 2 桁である。

（2）誤。左辺の有効数字は, 第 1 項が 3 桁, 第 2 項が 2 桁である。除法（乗法も同様）では, 計算結果の有効数字を左辺の有効数字の最小値（この場合 2 桁）に合わせて表すので, 小数第 3 位を四捨五入して **0.56 Ω** と表示する。

（3）誤。計算結果が間違い。**5.5×10⁻³ C** と表示する。

（4）誤。単位が間違い。**[A] の引き算の結果, 単位が [m] になることはない。**なお, 0.12 の有効数字は 2 桁だが, 10 は末尾の 0 が有効数字か否かわからない。しかし, いずれにしても単位を [A] とした場合の計算結果は, 小数点以下の桁数を 0.12 に合わせて小数第 2 位まで表示し, 0.11 A とする。なお, 10 の有効数字が 2 桁であることを明示するには, 1.0×10 のように表示する。

（5）正。左辺の有効数字の最小値は 1 桁なので, 乗法の計算結果は有効数字 1 桁で 0.3 と表示すればよく正しい。単位も正しい。

解説

有効数字では, 0 の扱いに注意が必要である。①有効数字の先頭は 0 ではない最高位の数字。②二つの有効数字の間の 0 は有効数字。③有効数字に続く小数点以降の 0 は有効数字。④ 0 ではない数字以降がすべて 0 である整数（例えば 123 000）の 0 は, 有効数字か否かわからない。例えば有効数字が 4 桁の場合は, 1.230×10⁵ と表示する。

令和 4 (2022)
令和 3 (2021)
令和 2 (2020)
令和元 (2019)
平成 30 (2018)
平成 29 (2017)
平成 28 (2016)
平成 27 (2015)
平成 26 (2014)
平成 25 (2013)
平成 24 (2012)
平成 23 (2011)
平成 22 (2010)
平成 21 (2009)
平成 20 (2008)

B 問 題　（配点は 1 問題当たり(a)5 点，(b)5 点，計 10 点）

問 15　出題分野＜単相交流＞　　難易度 ★★★　　重要度 ★★★

　図は未知のインピーダンス $\dot{Z}$[Ω]を測定するための交流ブリッジである。電源の電圧を $\dot{E}$[V]，角周波数を ω[rad/s]とする。ただし ω，静電容量 C_1[F]，抵抗 R_1[Ω]，R_2[Ω]，R_3[Ω]は零でないとする。次の(a)及び(b)の問に答えよ。

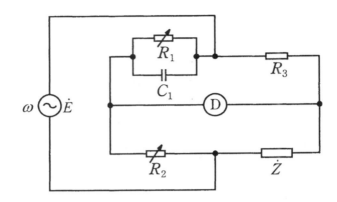

（ a ）　交流検出器 D による検出電圧が零となる平衡条件を $\dot{Z}$，R_1，R_2，R_3，ω 及び C_1 を用いて表すと，

$$\left(\;\boxed{}\;\right)\dot{Z}=R_2 R_3$$

となる。

　上式の空白に入る式として適切なものを次の(1)～(5)のうちから一つ選べ。

（ 1 ）　$R_1+\dfrac{1}{\mathrm{j}\omega C_1}$　　　　（ 2 ）　$R_1-\dfrac{1}{\mathrm{j}\omega C_1}$　　　　（ 3 ）　$\dfrac{R_1}{1+\mathrm{j}\omega C_1 R_1}$

（ 4 ）　$\dfrac{R_1}{1-\mathrm{j}\omega C_1 R_1}$　　　　（ 5 ）　$\sqrt{\dfrac{R_1}{\mathrm{j}\omega C_1}}$

（ b ）　$\dot{Z}=R+\mathrm{j}X$ としたとき，この交流ブリッジで測定できる R[Ω]と X[Ω]の満たす条件として，正しいものを次の(1)～(5)のうちから一つ選べ。

（ 1 ）　$R\geqq0$，$X\leqq0$　　　　（ 2 ）　$R>0$，$X<0$　　　　（ 3 ）　$R=0$，$X>0$

（ 4 ）　$R>0$，$X>0$　　　　（ 5 ）　$R=0$，$X\leqq0$

令和
4
(2022)

令和
3
(2021)

令和
2
(2020)

令和
元
(2019)

平成
30
(2018)

平成
29
(2017)

平成
28
(2016)

平成
27
(2015)

平成
26
(2014)

平成
25
(2013)

平成
24
(2012)

平成
23
(2011)

平成
22
(2010)

平成
21
(2009)

平成
20
(2008)

問15 （ a ）の解答　出題項目＜交流ブリッジ＞　答え　（3）

交流ブリッジの平衡条件より，次式が成り立つ。

$$\left(\cfrac{1}{\cfrac{1}{R_1}+\mathrm{j}\omega C_1}\right)\dot{Z}=R_2R_3$$

上式の左辺（　）内を整理すると，

$$\left(\frac{\boldsymbol{R_1}}{\boldsymbol{1+\mathrm{j}\omega C_1R_1}}\right)\dot{Z}=R_2R_3 \qquad (1)$$

解説

交流ブリッジの平衡条件は，次のように求めることができる。**図 15-1** の回路において，A 点とB 点の電位を $\dot{V}_\mathrm{A}$，$\dot{V}_\mathrm{B}$ とする。

$$\dot{V}_\mathrm{A}=\frac{\dot{Z}_2}{\dot{Z}_1+\dot{Z}_2}\dot{E}, \quad \dot{V}_\mathrm{B}=\frac{\dot{Z}_4}{\dot{Z}_3+\dot{Z}_4}\dot{E}$$

$\dot{V}_\mathrm{A}=\dot{V}_\mathrm{B}$ のとき D には電流が流れない。これが交流ブリッジの平衡条件であり，式を整理すると，

$$\frac{\dot{Z}_2}{\dot{Z}_1+\dot{Z}_2}\dot{E}=\frac{\dot{Z}_4}{\dot{Z}_3+\dot{Z}_4}\dot{E}$$

$$(\dot{Z}_3+\dot{Z}_4)\dot{Z}_2=(\dot{Z}_1+\dot{Z}_2)\dot{Z}_4$$

$$\dot{Z}_2\dot{Z}_3+\dot{Z}_2\dot{Z}_4=\dot{Z}_1\dot{Z}_4+\dot{Z}_2\dot{Z}_4$$

$$\dot{Z}_2\dot{Z}_3=\dot{Z}_1\dot{Z}_4 \cdots\cdots 図 15\text{-}1 の回路の平衡条件$$

問題図の回路では，

$$\dot{Z}_1=\frac{R_1}{1+\mathrm{j}\omega C_1R_1}, \quad \dot{Z}_2=R_2, \quad \dot{Z}_3=R_3, \quad \dot{Z}_4=\dot{Z}$$

なので，（1）式を得る。

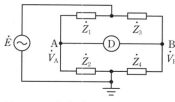

図 15-1　交流ブリッジの平衡条件

Point 交流ブリッジの平衡条件は，ホイートストンブリッジの平衡条件と同じ原理である。

問15 （ b ）の解答　出題項目＜交流ブリッジ＞　答え　（4）

$\dot{Z}=R+\mathrm{j}X$ として，これを（1）式に代入し Rと X を求める。

$$\left(\frac{R_1}{1+\mathrm{j}\omega C_1R_1}\right)(R+\mathrm{j}X)=R_2R_3$$

$$R+\mathrm{j}X=\frac{R_2R_3(1+\mathrm{j}\omega C_1R_1)}{R_1}$$

$$=\frac{R_2R_3}{R_1}+\mathrm{j}\omega C_1R_2R_3[\Omega]$$

$$R=\frac{R_2R_3}{R_1}[\Omega] \qquad (2)$$

$$X=\omega C_1R_2R_3[\Omega] \qquad (3)$$

題意より，ω，C_1，R_1，R_2，R_3 は零ではない正の数なので，（2）式の右辺は正，（3）式の右辺は正となる。したがって，

$$R>0, \quad X>0$$

解説

この問題の交流ブリッジは，マクスウェルブリッジと呼ばれるものである。平衡条件の式より，比較的簡単な計算で R，X を求めることができる。

交流ブリッジの計算はベクトルの演算なので，計算はすべて記号法で行う必要がある。

補足 インピーダンス $\dot{Z}$ は $R+\mathrm{j}X$，$X>0$で表されることから，抵抗と誘導性リアクタンスの直列接続と考えることができる。X をコイルのリアクタンスとすれば，X はコイルのインダクタンス $L[\mathrm{H}]$ を用いて，

$$X=\omega L[\Omega]$$

と表されるので，（3）式は，

$$L=C_1R_2R_3[\mathrm{H}]$$

となり，電源周波数とは無関係に L の値を求めることができる。

Point 交流ブリッジの計算は記号法で行う。

$R+\mathrm{j}X=r+\mathrm{j}x\Leftrightarrow R=r$ かつ $X=x$（ただし，R，r，X，x は実数）

問16　出題分野＜三相交流＞　難易度 ★★★　重要度 ★★★

　図のように，線間電圧 V[V]，周波数 f[Hz]の対称三相交流電源に，R[Ω]の抵抗とインダクタンス L[H]のコイルからなる三相平衡負荷を接続した交流回路がある。この回路には，スイッチSを介して，負荷に静電容量 C[F]の三相平衡コンデンサを接続することができる。次の（a）及び（b）の問に答えよ。

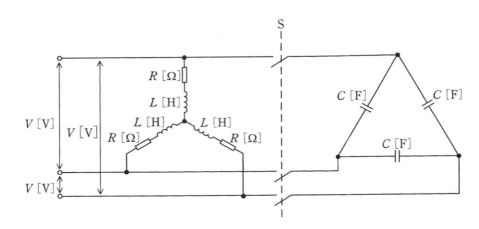

（a）　スイッチSを開いた状態において，$V = 200$ V，$f = 50$ Hz，$R = 5$ Ω，$L = 5$ mH のとき，三相負荷全体の有効電力の値[W]と力率の値の組合せとして，最も近いものを次の（1）～（5）のうちから一つ選べ。

	有効電力	力率
（1）	2.29×10^3	0.50
（2）	7.28×10^3	0.71
（3）	7.28×10^3	0.95
（4）	2.18×10^4	0.71
（5）	2.18×10^4	0.95

（b）　スイッチSを閉じてコンデンサを接続したとき，電源からみた負荷側の力率が1になった。

　このとき，静電容量 C の値[F]を示す式として，正しいものを次の（1）～（5）のうちから一つ選べ。

　ただし，角周波数を ω[rad/s]とする。

（1）　$C = \dfrac{L}{R^2 + \omega^2 L^2}$　　　　（2）　$C = \dfrac{\omega L}{R^2 + \omega^2 L^2}$　　　　（3）　$C = \dfrac{L}{\sqrt{3}(R^2 + \omega^2 L^2)}$

（4）　$C = \dfrac{L}{3(R^2 + \omega^2 L^2)}$　　　　（5）　$C = \dfrac{\omega L}{3(R^2 + \omega^2 L^2)}$

令和
4
(2022)

令和
3
(2021)

令和
2
(2020)

令和
元
(2019)

平成
30
(2018)

平成
29
(2017)

平成
28
(2016)

平成
27
(2015)

平成
26
(2014)

平成
25
(2013)

平成
24
(2012)

平成
23
(2011)

平成
22
(2010)

平成
21
(2009)

平成
20
(2008)

問16（a）の解答　出題項目＜Y接続＞　答え（3）

1相分の回路を図16-1に示す。

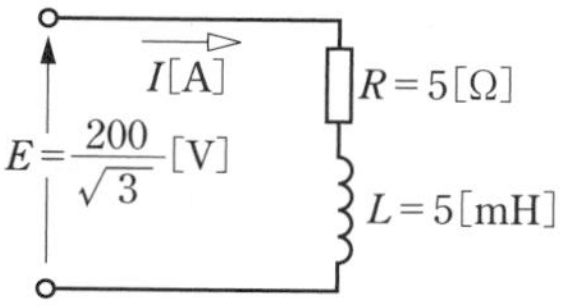

1相分のインピーダンスの大きさをZ，線電流の大きさをI，力率を$\cos\theta$とすると，

$$Z=\sqrt{R^2+(2\pi fL)^2}\,[\Omega]$$

図16-1　1相分の回路

$$I=\frac{E}{Z}=\frac{\dfrac{200}{\sqrt{3}}}{\sqrt{5^2+(2\pi\times50\times5\times10^{-3})^2}}≒22.03\,[\text{A}]$$

$$\cos\theta=\frac{R}{Z}=\frac{5}{\sqrt{5^2+(2\pi\times50\times5\times10^{-3})^2}}$$
$$≒0.954　\rightarrow　0.95$$

以上から，三相有効電力Pは，

$$P=\sqrt{3}\,VI\cos\theta=\sqrt{3}\times200\times22.03\times0.954$$
$$≒7.28\times10^3\,[\text{W}]$$

解説

三相交流回路の典型的な問題である。負荷がY結線なので，定石通り1相分で考える。

また，三相有効電力Pは，1相分の有効電力P_1の3倍で計算することもできる。

$$P=3P_1=3RI^2=3\times5\times(22.03)^2$$
$$≒7.28\times10^3\,[\text{W}]$$

Point 三相平衡負荷では，三相負荷の力率は1相分の負荷力率と等しく，三相電力は1相分の電力の3倍である。

問16（b）の解答　出題項目＜YΔ混合＞　答え（4）

電源からみた負荷側の力率が1であるとき，三相平衡負荷の遅れ無効電力とΔ結線された三相平衡コンデンサの進み無効電力が相殺され，全体で無効電力は零となる。

三相平衡負荷の遅れ無効電力の大きさQ_Lは，力率角をθとすると，

$$Q_L=\sqrt{3}\,VI\sin\theta\,[\text{var}]$$

ここで$\sin\theta$は，コイルの誘導性リアクタンスが$\omega L\,[\Omega]$なので，

$$\sin\theta=\frac{\omega L}{Z}=\frac{\omega L}{\sqrt{R^2+(\omega L)^2}}$$

また，線電流Iは，

$$I=\frac{E}{Z}=\frac{V}{\sqrt{3}\sqrt{R^2+(\omega L)^2}}\,[\text{A}]$$

したがって，

$$Q_L=\sqrt{3}\,VI\sin\theta$$
$$=\sqrt{3}\,V\frac{V}{\sqrt{3}\sqrt{R^2+(\omega L)^2}}\frac{\omega L}{\sqrt{R^2+(\omega L)^2}}$$
$$=\frac{\omega LV^2}{R^2+(\omega L)^2}\,[\text{var}]$$

次に，Δ結線された三相平衡コンデンサの進み無効電力の大きさQ_Cを求める。線間に接続されたコンデンサに流れる電流I_Cは，

$$I_C=\omega CV\,[\text{A}]$$

個々のコンデンサの無効電力の大きさはVI_C[var]なので，Q_Cはその3倍となり，

$$Q_C=3VI_C=3\omega CV^2\,[\text{var}]$$

電源からみた負荷側の力率が1となる条件は$Q_L=Q_C$であるから，

$$\frac{\omega LV^2}{R^2+(\omega L)^2}=3\omega CV^2$$

これよりCを求めると，

$$C=\frac{L}{3(R^2+\omega^2L^2)}\,[\text{F}]$$

解説

力率改善の問題であり，特に力率が1となる条件は頻出である。コンデンサの無効電力はΔ結線のままで容易に計算できるので，Y結線に変換する必要は特にない。

Point 力率1⇔遅れ無効電力＝進み無効電力
（類題：平成25年度問15）

問 17 及び問 18 は選択問題であり，問 17 又は問 18 のどちらかを選んで解答すること。両方解答すると採点されません。

(選択問題)

問 17 出題分野＜電磁気＞　　　　　難易度 ★★☆　重要度 ★★★

巻線 N のコイルを巻いた鉄心 1 と，空隙(エアギャップ)を隔てて置かれた鉄心 2 からなる図 1 のような磁気回路がある。この二つの鉄心の比透磁率はそれぞれ $\mu_{r1} = 2\,000$，$\mu_{r2} = 1\,000$ であり，それらの磁路の平均の長さはそれぞれ $l_1 = 200\,\mathrm{mm}$，$l_2 = 98\,\mathrm{mm}$，空隙長は $\delta = 1\,\mathrm{mm}$ である。ただし，鉄心 1 及び鉄心 2 のいずれの断面も同じ形状とし，磁束は断面内で一様で，漏れ磁束や空隙における磁束の広がりはないものとする。このとき，次の(a)及び(b)の問に答えよ。

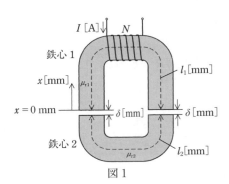

図 1

(a)　空隙における磁界の強さ H_0 に対する磁路に沿った磁界の強さ H の比 $\dfrac{H}{H_0}$ を表すおおよその図として，最も近いものを図 2 の(1)～(5)のうちから一つ選べ。ただし，図 1 に示す $x = 0\,\mathrm{mm}$ から時計回りに磁路を進む距離を $x\,[\mathrm{mm}]$ とする。また，図 2 は片対数グラフであり，空隙長 $\delta\,[\mathrm{mm}]$ は実際より大きく表示している。

(1)
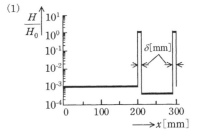

(2)
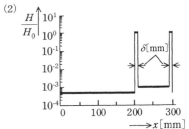

(3)
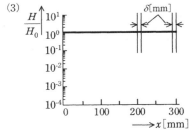

(4)
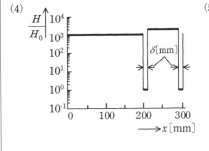

(5)
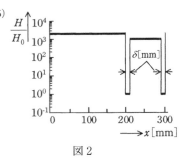

図 2

(b)　コイルに電流 $I = 1\,\mathrm{A}$ を流すとき，空隙における磁界の強さ H_0 を $2 \times 10^4\,\mathrm{A/m}$ 以上とするのに必要なコイルの最小巻数 N の値として，最も近いものを次の(1)～(5)のうちから一つ選べ。
(1)　24　　　(2)　44　　　(3)　240　　　(4)　4 400　　　(5)　40 400

問17 （a）の解答　出題項目＜環状ソレノイド＞　　答え　（2）

磁束は断面内で一様，漏れ磁束や空隙における磁束の広がりはないので，この磁気回路における磁束密度B[T]は一定である。真空の透磁率をμ_0[H/m]とすると，空隙，鉄心1及び鉄心2の磁界の強さH_0，H_1，H_2は，

$$H_0 = \frac{B}{\mu_0}\,[\text{A/m}]$$

$$H_1 = \frac{B}{\mu_0 \mu_{r1}} = \frac{B}{2\,000\,\mu_0}\,[\text{A/m}]$$

$$H_2 = \frac{B}{\mu_0 \mu_{r2}} = \frac{B}{1\,000\,\mu_0}\,[\text{A/m}]$$

これより，

$$\frac{H_0}{H_0} = 1, \quad \frac{H_1}{H_0} = \frac{1}{2\,000} = 5 \times 10^{-4}$$

$$\frac{H_2}{H_0} = \frac{1}{1\,000} = 10^{-3}$$

となるので，横軸にx，縦軸にH/H_0を取ったグラフは**図17-1**のようになる。ただし，数値の位置はおおよその位置であることに注意。

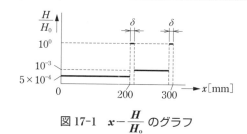

図 17-1　$x - \dfrac{H}{H_0}$ のグラフ

したがって，選択肢（2）のグラフが最も近い。

解説

この問題では，磁束密度Bが一定であることを利用する。

$$H = \frac{B}{\mu_0 \mu_r}$$

より各部分の磁界の強さは，当該部分の比透磁率に反比例する。また，各部分の磁界の強さHをH_0に対する比で表すと，Bは計算過程で消去される。このため，Bを起磁力や磁気抵抗から特に求める必要がなくなり，計算が簡単になる。

問17 （b）の解答　出題項目＜環状ソレノイド＞　　答え　（2）

空隙の磁界の強さH_0が2×10^4 A/mにおけるコイルの巻数Nを計算する。

アンペアの周回路の法則より，磁気回路中の各部分の磁界の強さと磁路の長さの積を，全磁路について総和したものは磁気回路の起磁力に等しい。これより次式が成り立つ。

$$H_1 l_1 + H_0 \delta + H_2 l_2 + H_0 \delta = IN$$

ここで，$H_1 = 5 \times 10^{-4}\,H_0$，$H_2 = 10^{-3}\,H_0$の関係を使うと，

$$5 \times 10^{-4}\,H_0 l_1 + 2H_0 \delta + 10^{-3}\,H_0 l_2 = IN$$

$$(5 \times 10^{-4}\,l_1 + 2\delta + 10^{-3}\,l_2)H_0 = IN$$

数値を代入してNを求めると，

$$N = (5 \times 10^{-4} \times 0.2 + 2 \times 10^{-3} + 10^{-3} \times 0.098) \times 2 \times 10^4$$
$$= 43.96$$

磁界の強さは起磁力$IN = N$に比例するので，

巻数Nを整数とすると，H_0を2×10^4 A/m以上とするのに必要な最小巻数は，44となる。

解説

アンペアの周回路の法則が使えることに気付きたい（設問（a）で各部の磁界の強さを扱っていることがヒント）。磁気抵抗や磁気回路のオームの法則に踏み込むと計算が複雑になるので，できれば避けたい。

なお，最小巻数を求めるための式は，一般に不等式で表現される。しかし，不等式はミスを招きやすいので，解答で用いたように限界値（この場合最小値）についての方程式で計算するのも一つの方法である。

Point アンペアの周回路の法則は，磁気回路でも有効である。

令和4 (2022)
令和3 (2021)
令和2 (2020)
令和元 (2019)
平成30 (2018)
平成29 (2017)
平成28 (2016)
平成27 (2015)
平成26 (2014)
平成25 (2013)
平成24 (2012)
平成23 (2011)
平成22 (2010)
平成21 (2009)
平成20 (2008)

（選択問題）

問 18　　出題分野＜電子回路＞　　　　　難易度 ★★☆　重要度 ★★★

演算増幅器を用いた回路について，次の（a）及び（b）の問に答えよ。

（a）　図1の回路の電圧増幅度 $\dfrac{v_o}{v_i}$ を3とするためには，α をいくらにする必要があるか。α の値として，最も近いものを次の（1）～（5）のうちから一つ選べ。

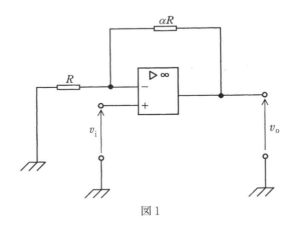

図1

（1）　0.3　　　（2）　0.5　　　（3）　1　　　（4）　2　　　（5）　3

（b）　図2の回路は，図1の回路に，帰還回路として2個の5 kΩ の抵抗と2個の 0.1 μF のコンデンサを追加した発振回路である。発振の条件を用いて発振周波数の値 f[kHz]を求め，最も近いものを次の（1）～（5）のうちから一つ選べ。

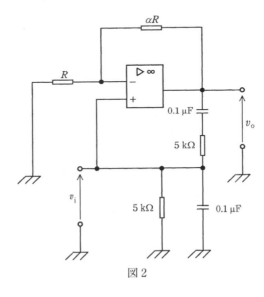

図2

（1）　0.2　　　（2）　0.3　　　（3）　0.5　　　（4）　2　　　（5）　3

令和
4
(2022)

令和
3
(2021)

令和
2
(2020)

令和
元
(2019)

平成
30
(2018)

平成
29
(2017)

平成
28
(2016)

平成
27
(2015)

平成
26
(2014)

平成
25
(2013)

平成
24
(2012)

平成
23
(2011)

平成
22
(2010)

平成
21
(2009)

平成
20
(2008)

問 18 （a）の解答　　出題項目＜オペアンプ＞　　　　　答え　（4）

演算増幅器の反転入力端子の電圧を v_- とすると，

$$v_- = \frac{R}{R + \alpha R} v_\mathrm{o} = \frac{1}{1+\alpha} v_\mathrm{o}$$

イマジナルショートより $v_\mathrm{i} = v_-$ が成り立ち，

$$v_\mathrm{i} = \frac{1}{1+\alpha} v_\mathrm{o}$$

したがって，

$$\frac{v_\mathrm{o}}{v_\mathrm{i}} = 1 + \alpha = 3$$

$$\alpha = 2$$

解 説 ･･････････････････････････････････････

イマジナルショートの原理を用いた，演算増幅器に関する基本問題である。確実に解けるようにしたい。

Point 演算増幅器 ⇒ イマジナルショート
（類題：平成 22 年度問 18（b））

問 18 （b）の解答　　出題項目＜オペアンプ，発振回路＞　　　　答え　（2）

この回路の発振条件より，発振周波数 f は次式で与えられる（**解 説** を参照）。

$$f = \frac{1}{2\pi\sqrt{C_1 C_2 R_1 R_2}} [\mathrm{Hz}] \qquad (1)$$

したがって，発振周波数 f は，

$$f = \frac{1}{2\pi\sqrt{(0.1 \times 10^{-6})^2 \times (5 \times 10^3)^2}} \fallingdotseq 318 [\mathrm{Hz}]$$

$$= 0.318 [\mathrm{kHz}] \quad \rightarrow \quad 0.3\,\mathrm{kHz}$$

解 説 ･･････････････････････････････････

発振回路は原理的に正帰還増幅器であり，回路構成は**図 18-1** となる。図より，

$$v_\mathrm{o} = \frac{A}{1 - A\beta} v_\mathrm{i}$$

となり，入力 v_i が零でも持続的に出力 v_o を得る条件は $1 - A\beta = 0$ である（一巡した増幅度が1）。

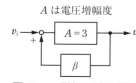

図 18-1　発振回路の構成

次に，問題図 2 の発振回路はウィーンブリッジ発振回路と呼ばれ，一般に回路構成は**図 18-2** となる。ここで β は，破線で囲った部分に相当する。この回路に発振条件 $1 - A\beta = 0$

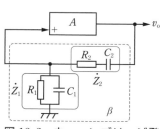

図 18-2　ウィーンブリッジ発振回路

を適用し，関係式をつくる。

$$A\beta = A \frac{\dot{Z}_1}{\dot{Z}_1 + \dot{Z}_2} = 1$$

$$A \frac{\dfrac{1}{1/R_1 + \mathrm{j}\omega C_1}}{\dfrac{1}{1/R_1 + \mathrm{j}\omega C_1} + R_2 + \dfrac{1}{\mathrm{j}\omega C_2}} = 1$$

$$A = \left(\frac{1}{1/R_1 + \mathrm{j}\omega C_1} + R_2 + \frac{1}{\mathrm{j}\omega C_2} \right)(1/R_1 + \mathrm{j}\omega C_1)$$

$$= 1 + R_2(1/R_1 + \mathrm{j}\omega C_1) + \frac{(1/R_1 + \mathrm{j}\omega C_1)}{\mathrm{j}\omega C_2}$$

$$= 1 + \frac{R_2}{R_1} + \frac{C_1}{C_2} + \mathrm{j}\left(\omega C_1 R_2 - \frac{1}{\omega C_2 R_1} \right)$$

A は実数なので，次式が成り立つ。

$$A = 1 + \frac{R_2}{R_1} + \frac{C_1}{C_2} \qquad (2)$$

$$\omega C_1 R_2 - \frac{1}{\omega C_2 R_1} = 0 \qquad (3)$$

（2）式は A が満たす式である。また，（3）式より（1）式を得る。（2）式の右辺に問題図 2 の数値を代入すると，$R_1 = R_2$，$C_1 = C_2$ より 3 となる。これは $A = 3$ と一致し，発振条件を満たす。

この問題は，ウィーンブリッジの発振周波数の式を覚えていない限り，試験時間内で正答に至るのは難しいかもしれない。

Point 発振条件は，$1 - A\beta = 0$

理論 平成 28 年度（2016 年度）

問 1 出題分野＜静電気＞ 難易度 ★★★ 重要度 ★★★

　真空中において，図のように x 軸上で距離 $3d$[m]隔てた点 A$(2d, 0)$，点 B$(-d, 0)$にそれぞれ $2Q$[C]，$-Q$[C]の点電荷が置かれている。xy 平面上で電位が 0 V となる等電位線を表す図として，最も近いものを次の（1）〜（5）のうちから一つ選べ。

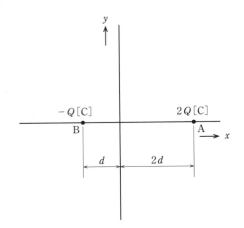

（1）
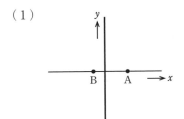

（2）
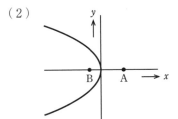

（3）
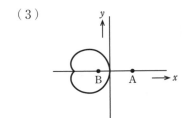

（4）
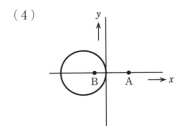

（5）
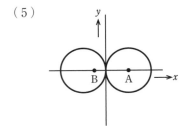

問1の解答　　出題項目＜点電荷による電位・電界＞　　　　　　答え （4）

図 **1-1** において，xy 平面上の点 $P(X, Y)$ に点
A の電荷が作る電位を V_A，点 B の電荷が作る電
位を V_B とする。

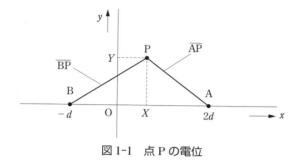

図 1-1　点 P の電位

AP，BP 間の距離 $\overline{AP}$，$\overline{BP}$ は，

$$\overline{AP}=\sqrt{(2d-X)^2+Y^2}$$
$$\overline{BP}=\sqrt{\{X-(-d)\}^2+Y^2}$$

となるので，$\dfrac{1}{4\pi\varepsilon_0}=k$ とすれば，

$$V_A=k\frac{2Q}{\overline{AP}}\,[\mathrm{V}], \quad V_B=k\frac{-Q}{\overline{BP}}\,[\mathrm{V}]$$

したがって，点 P の電位 V_P は，

$$V_P=V_A+V_B=k\frac{2Q}{\sqrt{(2d-X)^2+Y^2}}$$
$$+k\frac{-Q}{\sqrt{\{X-(-d)\}^2+Y^2}}\,[\mathrm{V}]$$

$V_P=0$ としてこの式を整理すると，

$$\frac{2}{\sqrt{(2d-X)^2+Y^2}}=\frac{1}{\sqrt{\{X-(-d)\}^2+Y^2}}$$
$$2\sqrt{\{X-(-d)\}^2+Y^2}=\sqrt{(2d-X)^2+Y^2}$$
$$4(X^2+2dX+d^2+Y^2)=4d^2-4dX+X^2+Y^2$$
$$3X^2+3Y^2+12dX=0$$
$$X^2+Y^2+4dX=0$$
$$(X+2d)^2+Y^2=(2d)^2$$

となり，この式は中心座標 $(-2d, 0)$，半径 $2d$ の
円の方程式となる。したがって，選択肢（4）の図
が最も近い。

解 説 ・・・

$V_P=0$ を満たす点 P を X，Y の関係式で表す
ことで，求める図形の方程式が得られる。

数式から図形を求める問題には，他にベクトル
軌跡や荷電粒子の運動がある。図形は大抵，円，
放物線，直線のいずれかとなる。

令和
4
(2022)

令和
3
(2021)

令和
2
(2020)

令和
元
(2019)

平成
30
(2018)

平成
29
(2017)

平成
28
(2016)

平成
27
(2015)

平成
26
(2014)

平成
25
(2013)

平成
24
(2012)

平成
23
(2011)

平成
22
(2010)

平成
21
(2009)

平成
20
(2008)

問2　出題分野＜静電気＞

難易度 ★★★　重要度 ★★★

　極板 A と極板 B との間に一定の直流電圧を加え，極板 B を接地した平行板コンデンサに関する記述 a〜d として，正しいものの組合せを次の（1）〜（5）のうちから一つ選べ。

　ただし，コンデンサの端効果は無視できるものとする。

a　極板間の電位は，極板 A からの距離に対して反比例の関係で変化する。

b　極板間の電界の強さは，極板 A からの距離に対して一定である。

c　極板間の等電位線は，極板に対して平行である。

d　極板間の電気力線は，極板に対して垂直である。

（1）a　　　（2）b　　　（3）a, c, d　　　（4）b, c, d　　　（5）a, b, c, d

問 2 の解答　　出題項目＜平行板コンデンサ＞

a は誤り。平行板コンデンサ内の電界，等電位線を図 2-1 に示す。

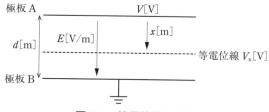

図 2-1　等電位線と電位

極板間の電圧を V[V]，極板間隔を d[m]とすると，極板間の電界の強さ E は，

$$E = \frac{V}{d} \text{[V/m]（一定）}$$

なので，極板 A から x[m]離れた等電位線の電位 V_x は，

$$V_\mathrm{x} = E(d-x) \text{[V]}$$

したがって，V_x は x に対して**一次関数で変化し，反比例ではない**。

b は正しい。極板間の電界は一様で，x によらない。

c は正しい。等電位線は電界と直交する。電界が極板に対して垂直であるから，等電位線は極板に対して平行である。

d は正しい。極板は等電位面なので，電気力線は極板に対して垂直に伸び，極板 A から極板 B に至る。

以上から，正しいものの組合せは b，c，d となる。

解説

平行板コンデンサは頻出問題である。内部の電界や等電位線（面），電気力線の様子は必須の知識である。

Point 平行板コンデンサでは端効果を無視する。

令和 4 (2022)
令和 3 (2021)
令和 2 (2020)
令和元 (2019)
平成 30 (2018)
平成 29 (2017)
平成 28 (2016)
平成 27 (2015)
平成 26 (2014)
平成 25 (2013)
平成 24 (2012)
平成 23 (2011)
平成 22 (2010)
平成 21 (2009)
平成 20 (2008)

問3　出題分野＜電磁気＞

難易度 ★★★　重要度 ★★★

　図のように，長い線状導体の一部が点Pを中心とする半径 r[m]の半円形になっている。この導体に電流 I[A]を流すとき，点Pに生じる磁界の大きさ H[A/m]はビオ・サバールの法則より求めることができる。H を表す式として正しいものを，次の(1)〜(5)のうちから一つ選べ。

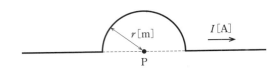

(1) $\dfrac{I}{2\pi r}$　　(2) $\dfrac{I}{4r}$　　(3) $\dfrac{I}{\pi r}$　　(4) $\dfrac{I}{2r}$　　(5) $\dfrac{I}{r}$

問4　出題分野＜電磁気＞

難易度 ★★★　重要度 ★★★

　図のように，磁極 N，S の間に中空球体鉄心を置くと，N から S に向かう磁束は， (ア) ようになる。このとき，球体鉄心の中空部分(内部の空間)の点 A では，磁束密度は極めて (イ) なる。これを (ウ) という。

　ただし，磁極 N，S の間を通る磁束は，中空球体鉄心を置く前と置いた後とで変化しないものとする。

　上記の記述中の空白箇所(ア)，(イ)及び(ウ)に当てはまる組合せとして，正しいものを次の(1)〜(5)のうちから一つ選べ。

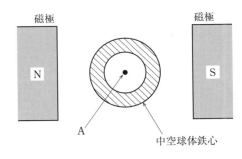

	(ア)	(イ)	(ウ)
(1)	鉄心を避けて通る	低く	磁気誘導
(2)	鉄心中を通る	低く	磁気遮へい
(3)	鉄心を避けて通る	高く	磁気遮へい
(4)	鉄心中を通る	低く	磁気誘導
(5)	鉄心中を通る	高く	磁気誘導

問 3 の解答　　出題項目＜電流による磁界＞　　　　　　　答え　（2）

図 3-1 において，ビオ・サバールの法則によれば，微小な長さ Δl [m] を流れる電流 I [A] は，$\theta = 0$ となる Δl 方向の地点には磁界を作らない。したがって，問題図の長い線状導体部分を流れる電流は，点 P の位置に磁界を作らず，点 P の磁界は半円形の導体部分を流れる電流によって作られる。

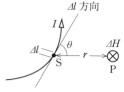

図 3-1　ビオ・サバールの法則

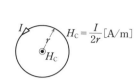

図 3-2　円形電流が作る磁界

図 3-2 のように，半径 r [m] の円形電流 I [A] が中心の位置に作る磁界の強さ H_C は，ビオ・サバールの法則より，

$$H_C = \frac{I}{2r} \ [\text{A/m}] \qquad ①$$

したがって，半円部分の電流が作る磁界 H は H_C の半分となるので，

$$H = \frac{I}{4r} \ [\text{A/m}]$$

解説

図 3-1 のように，点 S にある微小な長さ Δl [m] を流れる電流 I [A] が，点 P の位置に作る微小磁界の大きさ ΔH は次式で表される。これをビオ・サバールの法則という。

$$\Delta H = \frac{I \Delta l}{4 \pi r^2} \sin \theta \ [\text{A/m}] \qquad ②$$

式中の r [m] は点 S-P 間の距離，θ は Δl と r のなす角である。また，磁界の向きは，Δl と r を含む平面上で見ると，アンペアの右ねじの法則により紙面の表から裏に向かう。

円形電流がその中心に作る磁界の強さは，②式において $\theta = \pi/2$ として Δl について円周一周の総和をとればよい。これは一般に積分を行うことを意味するが，②式の右辺が Δl 以外はすべて定数なので，Δl を円周の総和 $2 \pi r$ に置き換えればよい。したがって，円形コイルの電流が中心に作る磁界 H_C は，

$$H_C = \frac{2 \pi r I}{4 \pi r^2} \sin \frac{\pi}{2} = \frac{I}{2r} \ [\text{A/m}]$$

となり，①式を得る。

Point 無限に長い直線の電流が作る磁界と，円形電流が中心に作る磁界は頻出である。

問 4 の解答　　出題項目＜磁気遮蔽＞　　　　　　　答え　（2）

問題図のように，磁極 N，S の間に中空球体鉄心を置くと，N から S に向かう磁束は，**鉄心中を通る**ようになる。このとき，球体鉄心の中空部分（内部の空間）の点 A では，磁束密度は極めて**低く**なる。これを**磁気遮へい**という。

解説

ある物体の周囲を透磁率の大きな磁性体で囲むことで，内部の物体が外部の磁界の影響を受けないようにすることを**磁気遮へい**という。

磁束は磁気抵抗の小さい経路を通過する性質があるため，**図 4-1** のように鉄心中を通ろうとす

る。このため，鉄心中から中空部分へ漏れ出る磁束は少なく，磁束密度も低くなる。しかし，真空（空気中）の磁気抵抗は，鉄心の磁気抵抗の比透磁率倍しかないため，わずかではあるが磁束が鉄心から漏れ出す。これを**漏れ磁束**という。このため，磁気を完全に遮へいすることは難しい。

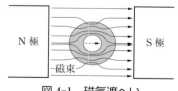

図 4-1　磁気遮へい

問5 出題分野＜直流回路＞　　　難易度 ★★★　重要度 ★★★

　図のように，内部抵抗 $r=0.1\,\Omega$，起電力 $E=9\,V$ の電池4個を並列に接続した電源に抵抗 $R=0.5\,\Omega$ の負荷を接続した回路がある。この回路において，抵抗 $R=0.5\,\Omega$ で消費される電力の値[W]として，最も近いものを次の(1)～(5)のうちから一つ選べ。

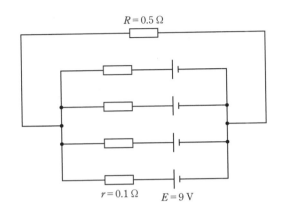

(1) 50　　　(2) 147　　　(3) 253　　　(4) 820　　　(5) 4 050

問6 出題分野＜直流回路＞　　　難易度 ★★★　重要度 ★★★

　図のような抵抗の直並列回路に直流電圧 $E=5\,V$ を加えたとき，電流比 $\dfrac{I_2}{I_1}$ の値として，最も近いものを次の(1)～(5)のうちから一つ選べ。

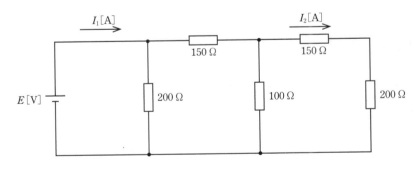

(1) 0.1　　　(2) 0.2　　　(3) 0.3　　　(4) 0.4　　　(5) 0.5

問5の解答　　出題項目＜2電源・多電源＞　　答え　（2）

電池4個を並列に接続した回路の両端を a，b として，a-b 間の電圧を V とする。図5-1 のように，各電池を流れる電流を I とすると，

$$I=\frac{V-E}{r}[\mathrm{A}]$$

a 点側においてキルヒホッフの電流則を使うと，$4I=0$ より I は零となる。したがって，

$$V=E=9[\mathrm{V}]$$

また，a-b 間の抵抗は，$r=0.1[\Omega]$ の4分の1となるので，0.025 Ω となる。したがって，問題図は図5-2 と等価になる。

抵抗 R を接続したときに流れる電流 I_R は，

$$I_\mathrm{R}=\frac{9}{0.025+0.5}≒17.14[\mathrm{A}]$$

となるので，R で消費される電力 P は，

$$P=I_\mathrm{R}^2R=(17.14)^2×0.5≒147[\mathrm{W}]$$

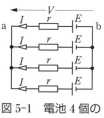

図5-1　電池4個の
並列接続

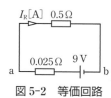

図5-2　等価回路

解説

電池4個の等価回路を求めることが，この問題を解くカギとなる。四つの電池は起電力，内部抵抗ともに等しいので，並列に接続しても電池間に循環電流が流れないことは直感的にわかるであろう。そこから a-b 間の電圧が 9 V と結論づけてもよいが，解答では敢えて根拠を示した。

また，同じ抵抗を n 個並列接続した場合の合成抵抗値は，1個の抵抗値の n 分の1になることは知っておきたい。

問6の解答　　出題項目＜はしご回路＞　　答え　（1）

図6-1 は，I_2 が流れる二つの抵抗を合成抵抗として表したものである。また，150 Ω を流れる電流を $I_3[\mathrm{A}]$，200 Ω を流れる電流を $I_4[\mathrm{A}]$ とする。

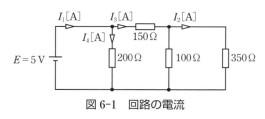

図6-1　回路の電流

$$I_3=\frac{5}{150+\dfrac{100×350}{100+350}}≒0.021\,95[\mathrm{A}]$$

$$I_2=\frac{100}{100+350}I_3=\frac{100×0.021\,95}{450}$$
$$≒4.878×10^{-3}[\mathrm{A}]$$

$$I_1=I_3+I_4=0.021\,95+0.025$$
$$=0.046\,95[\mathrm{A}]$$

したがって，電流比 $\dfrac{I_2}{I_1}$ は，

$$\frac{I_2}{I_1}=\frac{4.878×10^{-3}}{0.046\,95}≒0.104　→　0.1$$

解説

抵抗の直並列回路の電流を計算する比較的平易な問題である。計算は分数を用いて正確に行ってもよいが，計算が煩雑になるので解答では小数で計算した。

この問題は I_2 から求めるのが簡単である。I_1 を求めようとして，複雑な全合成抵抗の計算を行うと計算量が増え，計算ミスを犯す可能性も高くなる。まず，電源と並列に接続されている 200 Ω を流れる電流は，容易に求められることに気づきたい。抵抗の直並列回路では，回路の特徴を確認してからアプローチを考える。

Point 合成抵抗を求める前に，もう一度回路をチェックすること。

問7 出題分野＜静電気＞ ｜難易度 ★★★｜ ｜重要度 ★★★｜

　静電容量が1μFのコンデンサ3個を下図のように接続した回路を考える。全てのコンデンサの電圧を500V以下にするために，a-b間に加えることができる最大の電圧 V_m の値[V]として，最も近いものを次の(1)～(5)のうちから一つ選べ。

　ただし，各コンデンサの初期電荷は零とする。

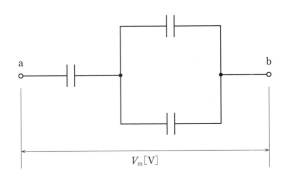

(1)　500　　　　(2)　625　　　　(3)　750　　　　(4)　875　　　　(5)　1 000

問8 出題分野＜その他＞ ｜難易度 ★★★｜ ｜重要度 ★★★｜

電気に関する法則の記述として，正しいものを次の(1)～(5)のうちから一つ選べ。
(1)　オームの法則は，「均一の物質から成る導線の両端の電位差を V とするとき，これに流れる定常電流 I は V に反比例する」という法則である。
(2)　クーロンの法則は，「二つの点電荷の間に働く静電力の大きさは，両電荷の積に反比例し，電荷間の距離の2乗に比例する」という法則である。
(3)　ジュールの法則は「導体内に流れる定常電流によって単位時間中に発生する熱量は，電流の値の2乗と導体の抵抗に反比例する」という法則である。
(4)　フレミングの右手の法則は，「右手の親指・人差し指・中指をそれぞれ直交するように開き，親指を磁界の向きに，人差し指を導体が移動する向きに向けると，中指の向きは誘導起電力の向きと一致する」という法則である。
(5)　レンツの法則は，「電磁誘導によってコイルに生じる起電力は，誘導起電力によって生じる電流がコイル内の磁束の変化を妨げる向きとなるように発生する」という法則である。

問 7 の解答　　出題項目＜コンデンサの接続＞　　　　答え　（3）

a–b 間の等価回路は**図 7-1** となる。

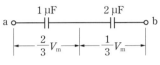

図 7-1　各コンデンサの電圧

初期電荷が零のとき，コンデンサの直列回路では各コンデンサの電荷は等しいので，各コンデンサが分担する電圧は静電容量に反比例する。

1 μF の端子電圧を V_1[V]，2 μF の端子電圧を V_2[V] とすると，

$$V_1 : V_2 = \frac{1}{1} : \frac{1}{2} = 2 : 1$$

また，$V_1 + V_2 = V_m$ より，

$$V_1 = \frac{2}{3} V_m [\text{V}], \quad V_2 = \frac{1}{3} V_m [\text{V}]$$

ゆえに，$V_1 > V_2$ となるので，V_1 が 500 V のとき，二つの並列接続されたコンデンサの端子電圧は 500 V より小さくなり（250 V となる），題意に合う。このときの a–b 間の電圧 V_m は，

$$V_m = \frac{3}{2} V_1 = \frac{3 \times 500}{2} = 750 [\text{V}]$$

解説

コンデンサの直列接続における，各コンデンサの電圧を求める比較的平易な問題である。電験三種頻出の分野なので，コンデンサの合成静電容量並びに電荷，電圧，静電容量の関係を十分に学習しておきたい。

Point 複数のコンデンサを合成する場合，コンデンサの直列接続は抵抗の並列接続と，コンデンサの並列接続は抵抗の直列接続と同じ計算方法となる。

問 8 の解答　　出題項目＜電気一般＞　　　　答え　（5）

（1）　誤。定常電流 I は電位差 V に**比例**する。これがオームの法則である。このとき，比例定数 G を用いると $I = GV$ となる。

G は，その物質の電流の通しやすさを表す量で，コンダクタンスと呼ばれる。

（2）　誤。クーロンの法則は，「二つの点電荷の間に働く静電力の大きさは，両電荷の積に**比例**し，電荷間の距離の 2 乗に**反比例**する」という法則である。

なお，電荷の単位をクーロン，距離の単位をメートル，真空の誘電率を ε_0[F/m] とするとき，比例定数 k は真空中において，

$$k = \frac{1}{4\pi\varepsilon_0} \fallingdotseq 9 \times 10^9 [\text{N·m}^2/\text{C}^2]$$

（3）　誤。ジュールの法則は「導体内を流れる定常電流によって単位時間中に発生する熱量は，電流の値の 2 乗と導体の抵抗に**比例**する」という法則である。

なお，単位時間当たりの熱量は仕事率を意味する。したがって，熱量（ジュール）は仕事率（ワット）と時間（秒）の積となる。

（4）　誤。フレミングの右手の法則は，「右手の親指・人差し指・中指をそれぞれ直交するように開き，親指を**導体が移動する向き**，人差し指を**磁界の向き**に向けると，中指の向きは誘導起電力の向きと一致する」という法則である。

（5）　正。説明のとおり。なお，ファラデーの電磁誘導の法則と合わせた式では，レンツの法則はマイナス符号で表現される。

解説

いずれも電気理論の重要な法則である。すべてを正確に理解する必要がある。また，数式で表現されるものは，その使い方も合わせて理解しておきたい。

Point フレミングの法則は，右手が発電機，左手がモータ。指の意味は，中指，人差し指，親指の順に，「電」，「磁」，「力」。

令和4（2022）令和3（2021）令和2（2020）令和元（2019）平成30（2018）平成29（2017）平成28（2016）平成27（2015）平成26（2014）平成25（2013）平成24（2012）平成23（2011）平成22（2010）平成21（2009）平成20（2008）

問9 出題分野＜単相交流＞ 難易度 ★★★ 重要度 ★★★

　図のように，$R=1\,\Omega$ の抵抗，インダクタンス $L_1=0.4\,\text{mH}$，$L_2=0.2\,\text{mH}$ のコイル，及び静電容量 $C=8\,\mu\text{F}$ のコンデンサからなる直並列回路がある。この回路に交流電圧 $V=100\,\text{V}$ を加えたとき，回路のインピーダンスが極めて小さくなる直列共振角周波数 ω_1 の値[rad/s]及び回路のインピーダンスが極めて大きくなる並列共振角周波数 ω_2 の値[rad/s]の組合せとして，最も近いものを次の（1）～（5）のうちから一つ選べ。

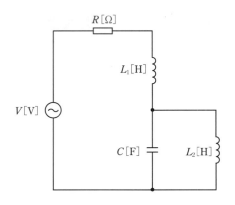

	ω_1	ω_2
（1）	2.5×10^4	3.5×10^3
（2）	2.5×10^4	3.1×10^4
（3）	3.5×10^3	2.5×10^4
（4）	3.1×10^4	3.5×10^3
（5）	3.1×10^4	2.5×10^4

問9の解答　出題項目＜共振＞

　回路のインピーダンスが極めて大きくなるのは，C と L_2 が並列共振する場合に起こる。このとき，L_1 のリアクタンス及び抵抗 R は並列共振には無関係になる。

　並列共振は L_2 と C のリアクタンスが等しいとき起こるので，

$$\omega_2 L_2 = \frac{1}{\omega_2 C}$$

が成り立ち，並列共振角周波数 ω_2 は，

$$\omega_2 = \frac{1}{\sqrt{L_2 C}} = \frac{1}{\sqrt{0.2 \times 10^{-3} \times 8 \times 10^{-6}}}$$
$$= 2.5 \times 10^4 [\text{rad/s}]$$

　次に，回路のインピーダンスが極めて小さくなるのは，C と L_2 の並列接続の合成リアクタンス $\dot{X}_{CL2}$ が容量性リアクタンスであって，L_1 の誘導性リアクタンス $\dot{X}_{L1}$ と直列共振する場合に起こる。

$$\dot{X}_{L1} = j\omega_1 L_1 [\Omega]$$

$$\dot{X}_{CL2} = \frac{\dfrac{1}{j\omega_1 C} \times j\omega_1 L_2}{\dfrac{1}{j\omega_1 C} + j\omega_1 L_2}$$

$$= \frac{j\omega_1 L_2}{1 - \omega_1^2 L_2 C} = -j \frac{\omega_1 L_2}{\omega_1^2 L_2 C - 1} [\Omega]$$

　直列共振も $\dot{X}_{L1}$ と $\dot{X}_{CL2}$ の大きさが等しいときに起こるので，

$$\omega_1 L_1 = \frac{\omega_1 L_2}{\omega_1^2 L_2 C - 1}$$

が成り立ち，直列共振角周波数 ω_1 は，

$$\omega_1^2 L_1 L_2 C - L_1 = L_2$$

$$\omega_1 = \sqrt{\frac{L_1 + L_2}{L_1 L_2 C}}$$

$$= \sqrt{\frac{0.4 \times 10^{-3} + 0.2 \times 10^{-3}}{0.4 \times 10^{-3} \times 0.2 \times 10^{-3} \times 8 \times 10^{-6}}}$$

$$\fallingdotseq 3.06 \times 10^4 [\text{rad/s}]$$

$$\rightarrow \quad 3.1 \times 10^4 \text{ rad/s}$$

解説

　直列共振と並列共振は，ともに誘導性リアクタンスの大きさと容量性リアクタンスの大きさが等しいときに起こる。このため，問題図の電圧 100 V や抵抗 1 Ω は共振とは無関係な数値となる。真っ先に回路の合成インピーダンスの計算を始めてしまうような勇み足は避けたい。

令和4 (2022)
令和3 (2021)
令和2 (2020)
令和元 (2019)
平成30 (2018)
平成29 (2017)
平成28 (2016)
平成27 (2015)
平成26 (2014)
平成25 (2013)
平成24 (2012)
平成23 (2011)
平成22 (2010)
平成21 (2009)
平成20 (2008)

問10　出題分野＜過渡現象＞　難易度 ★★★　重要度 ★★★

　図のように，電圧 E[V]の直流電源，スイッチ S，R[Ω]の抵抗及び静電容量 C[F]のコンデンサから
なる回路がある。この回路において，スイッチ S を 1 側に接続してコンデンサを十分に充電した後，
時刻 $t=0$ s でスイッチ S を 1 側から 2 側に切り換えた。2 側に切り換えた以降の記述として，誤ってい
るものを次の（1）～（5）のうちから一つ選べ。

　ただし，自然対数の底は，2.718 とする。

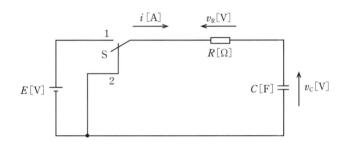

（1）　回路の時定数は，C の値[F]に比例する。

（2）　コンデンサの端子電圧 v_C[V]は，R の値[Ω]が大きいほど緩やかに減少する。

（3）　時刻 $t=0$ s から回路の時定数だけ時間が経過すると，コンデンサの端子電圧 v_C[V]は直流電
　　　源の電圧 E[V]の 0.368 倍に減少する。

（4）　抵抗の端子電圧 v_R[V]の極性は，切り換え前（コンデンサ充電中）と逆になる。

（5）　時刻 $t=0$ s における回路の電流 i[A]は，C の値[F]に関係する。

問 10 の解答　出題項目＜*RC* 直列回路＞

（1）　正。この回路の時定数は $CR[\mathrm{s}]$ なので，時定数は C の値 $[\mathrm{F}]$ に比例する。

（2）　正。R の値が大きいほどコンデンサの放電電流を制限するため，コンデンサの放電時間は長くなる。このため，電荷は緩やかにコンデンサから出て行くので，コンデンサの端子電圧 v_C は R の値が大きいほど緩やかに減少する。

（3）　正。コンデンサの電圧 v_C は，次の指数関数で減少する（**図 10-1** 参照）。ただし，e は自然対数の底である。

$$v_\mathrm{C}=E\,\mathrm{e}^{-t/CR} \qquad ①$$

この式において，$t=CR$ を代入すると，

$$v_\mathrm{C}=E\,\mathrm{e}^{-1}=\frac{E}{2.718}≒0.368E\,[\mathrm{V}]$$

（4）　正。充電時と放電時では抵抗を流れる電流の向きは逆になるので，v_R の極性は切り換え前と逆になる。

（5）　誤。時刻 $t=0$ の電流 i は $E/R\,[\mathrm{A}]$ となるので，C の値には**関係しない**。

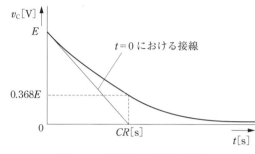

図 10-1　時定数と電圧の減少

▶**解　説**▶・・・・・・・・・・・・・・・・・・・・・・・

放電時の変化は①式で表される。また，充電時の変化は次式で表される。

$$v_\mathrm{C}=E(1-\mathrm{e}^{-t/CR})\,[\mathrm{V}] \qquad ②$$

①式，②式は覚えておく価値はある。

問 11　出題分野＜電子理論＞　　難易度 ★★★　重要度 ★★★

半導体に関する記述として，誤っているものを次の（1）〜（5）のうちから一つ選べ。

（1）　極めて高い純度に精製されたシリコン（Si）の真性半導体に，価電子の数が 3 個の原子，例えばホウ素（B）を加えると p 形半導体になる。

（2）　真性半導体に外部から熱を与えると，その抵抗率は温度の上昇とともに増加する。

（3）　n 形半導体のキャリアは正孔より自由電子の方が多い。

（4）　不純物半導体の導電率は金属よりも小さいが，真性半導体よりも大きい。

（5）　真性半導体に外部から熱や光などのエネルギーを加えると電流が流れ，その向きは正孔の移動する向きと同じである。

問 12　出題分野＜電子理論＞　　難易度 ★★★　重要度 ★★★

電荷 q[C]をもつ荷電粒子が磁束密度 B[T]の中を速度 v[m/s]で運動するとき受ける電磁力はローレンツ力と呼ばれ，次のように導出できる。まず，荷電粒子を微小な長さ Δl[m]をもつ線分とみなせると仮定すれば，単位長さ当たりの電荷（線電荷密度という。）は $\dfrac{q}{\Delta l}$[C/m]となる。次に，この線分が長さ方向に速度 v で動くとき，線分には電流 $I=\dfrac{vq}{\Delta l}$[A]が流れていると考えられる。そして，この微小な線電流が受ける電磁力は $F=BI\Delta l \sin\theta$[N]であるから，ローレンツ力の式 $F=\boxed{\text{（ア）}}$[N]が得られる。ただし，θ は v と B との方向がなす角である。F は v と B の両方に直交し，F の向きはフレミングの $\boxed{\text{（イ）}}$ の法則に従う。では，真空中でローレンツ力を受ける電子の運動はどうなるだろうか。鉛直下向きの平等な磁束密度 B が存在する空間に，負の電荷をもつ電子を速度 v で水平方向に放つと，電子はその進行方向を前方とすれば $\boxed{\text{（ウ）}}$ のローレンツ力を受けて $\boxed{\text{（エ）}}$ をする。

ただし，重力の影響は無視できるものとする。

上記の記述中の空白箇所（ア），（イ），（ウ）及び（エ）に当てはまる組合せとして，正しいものを次の（1）〜（5）のうちから一つ選べ。

	（ア）	（イ）	（ウ）	（エ）
（1）	$qvB\sin\theta$	右　手	右方向	放物線運動
（2）	$qvB\sin\theta$	左　手	右方向	円運動
（3）	$qvB\Delta l\sin\theta$	右　手	左方向	放物線運動
（4）	$qvB\Delta l\sin\theta$	左　手	左方向	円運動
（5）	$qvB\Delta l\sin\theta$	左　手	右方向	ブラウン運動

問 11 の解答　　出題項目＜半導体・半導体デバイス＞　　答え　（2）

（1）　正。加える不純物を**アクセプタ**という。アクセプタが真性半導体と共有結合を作るとき，価電子が1個不足するため正孔が生じる。正孔自体は移動することはないが，正孔には容易に電子が出入りできるので，見かけ上，正孔は電気伝導を担うキャリアとして振る舞う。このように，電気伝導が主に正孔によって行われる半導体を p 形半導体という。

（2）　誤。真性半導体では，原子核に拘束されている電子は，熱エネルギーを得て比較的容易に自由電子となることができる。この結果，真性半導体内部には自由電子と同数の正孔が生じ，ともにキャリアとして電気伝導を担う。熱エネルギーが多いほどキャリア数が増すので，**抵抗率は温度上昇とともに減少する。**

（3）　正。n 形半導体は，リン（P），ヒ素（As），アンチモン（Sb）などの5個の価電子を持つ 15 族の元素を，不純物として微量加えて作る。加える不純物を**ドナー**という。ドナーが真性半導体と共有結合を作るとき，価電子が1個余る。この電子は自由電子として振る舞い，n 形半導体では主に自由電子が多数キャリアとなる。

（4）　正。不純物半導体のキャリアの数は，真性半導体よりも多いが金属よりは少ない。このため，導電率は金属よりは小さいが，真性半導体よりも大きくなる。

（5）　正。真性半導体に加えられたエネルギーにより，キャリアが増加して電流が流れるようになる。キャリアは自由電子と正孔が同数存在する。正孔は見かけ上，正の電荷を持つ荷電粒子として振る舞うので，電位の高い方から低い方へ移動する。これは電流の流れと同方向である。

解説

半導体の電気的な性質や温度特性を，原子のレベルで理解しておくことは重要である。その際，原子内の電子のエネルギー帯（価電子帯，禁制帯，伝導帯）を理解しておくとよい。

問 12 の解答　　出題項目＜磁界中の電子＞　　答え　（2）

荷電粒子を微小な長さ Δl [m] を持つ線分とみなせると仮定すれば，線電荷密度は $q/\Delta l$ [C/m] となる。この線分が長さ方向に速度 v [m/s] で動くとき，線分には電流 $I = vq/\Delta l$ [A] が流れていると考えられる。この微小な線電流が受ける電磁力は $F = BI\Delta l \sin\theta$ [N] であるから，ローレンツの式 $F = B(vq/\Delta l)\Delta l \sin\theta = \boldsymbol{qvB \sin\theta}$ [N] が得られる。ただし，θ は v と B との方向がなす角である。F は v と B の両方に直交し，F の向きはフレミングの**左手**の法則に従う。

鉛直下向きの平等な磁束密度 B が存在する空間に，負の電荷を持つ電子を速度 v で水平方向に放つと，電子はその進行方向を前方とすれば**右方向**のローレンツ力を受けて**円運動**する

解説

電流は，単位時間当たりの電荷の移動量で定義される。このため，1個の荷電粒子の移動では，荷電粒子の大きさが微小であるとすると，電荷が通過した瞬間だけ極めて大きな電流が流れることになり都合が悪い。そこで，荷電粒子の移動を電磁力の式が使えるような定常電流とみなすために，荷電粒子を微小な長さ Δl [m] を持つ線分とみなせると仮定する。この仮定で Δl 間は連続的に電荷が移動することになるので，定常電流とみなすことができる。

正の荷電粒子の場合，進行方向に電流が流れることになるが，電子のような負の荷電粒子では，進行方向と逆向きに電流が流れることになる。

また，磁界と直角（$\theta = 90°$）に放たれた荷電粒子は，ローレンツ力と遠心力が釣り合う半径で円運動する。

問 13　出題分野＜電子回路＞　難易度 ★★★　重要度 ★★★

　図は，エミッタ(E)を接地したトランジスタ増幅回路の簡易小信号等価回路である。この回路において コレクタ抵抗 R_C と負荷抵抗 R_L の合成抵抗が $R_L'=1\,\mathrm{k\Omega}$ のとき，電圧利得は 40 dB であった。入力電圧 $v_i=10\,\mathrm{mV}$ を加えたときにベース(B)に流れる入力電流 i_b の値[μA]として，最も近いものを次の (1)～(5)のうちから一つ選べ。

　ただし，v_o は合成抵抗 R_L' の両端における出力電圧，i_c はコレクタ(C)に流れる出力電流，h_{ie} はトランジスタの入力インピーダンスであり，小信号電流増幅率 $h_{fe}=100$ とする。

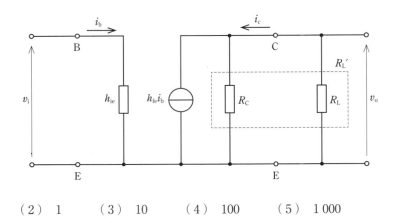

（1）　0.1　　　（2）　1　　　（3）　10　　　（4）　100　　　（5）　1 000

問 14　出題分野＜電気計測＞　難易度 ★★★　重要度 ★★★

ディジタル計器に関する記述として，誤っているものを次の(1)～(5)のうちから一つ選べ。
（1）　ディジタル計器用の A-D 変換器には，二重積分形が用いられることがある。
（2）　ディジタルオシロスコープでは，周期性のない信号波形を測定することはできない。
（3）　量子化とは，連続的な値を何段階かの値で近似することである。
（4）　ディジタル計器は，測定値が数字で表示されるので，読み取りの間違いが少ない。
（5）　測定可能な範囲(レンジ)を切り換える必要がない機能(オートレンジ)は，測定値のおよその値が分からない場合にも便利な機能である。

令和
4
(2022)

令和
3
(2021)

令和
2
(2020)

令和元
(2019)

平成
30
(2018)

平成
29
(2017)

平成
28
(2016)

平成
27
(2015)

平成
26
(2014)

平成
25
(2013)

平成
24
(2012)

平成
23
(2011)

平成
22
(2010)

平成
21
(2009)

平成
20
(2008)

問 13 の解答　出題項目＜トランジスタ増幅回路＞　答え　(3)

電圧増幅度を A とすると，電圧利得 G は，

$$G = 20 \log_{10} A$$

で表されるので，$40 = 20 \log_{10} A$ より電圧増幅度 A は 100 となる。

一方，**図 13-1** に示す簡易小信号等価回路において，入力 v_i と出力 v_o の関係は次のようになる。

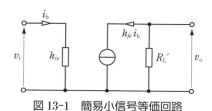

図 13-1　簡易小信号等価回路

$$v_o = -R_L h_{fe} i_b = -\frac{R_L h_{fe}}{h_{ie}} v_i$$

この式より電圧増幅度 A は，

$$A = \left| \frac{v_o}{v_i} \right| = \frac{R_L h_{fe}}{h_{ie}}$$

これより，トランジスタの入力インピーダンス h_{ie} を求めることができる。

$$h_{ie} = \frac{R_L h_{fe}}{A} = \frac{10^3 \times 100}{100} = 1\,000 \, [\Omega]$$

したがって，$v_i = 10 \times 10^{-3} \, [\text{V}]$ のときのベース電流 i_b は，

$$i_b = \frac{v_i}{h_{ie}} = \frac{10 \times 10^{-3}}{1\,000} = 10 \times 10^{-6} \, [\text{A}]$$
$$= 10 \, [\mu\text{A}]$$

解 説

トランジスタを用いた増幅器の典型的な問題である。電圧利得と電圧増幅度の関係式は必ず覚えておきたい重要式である。

問題中に簡易小信号等価回路が与えられているので，単純な回路の計算で解くことができる。

Point 小信号交流の計算は簡易小信号等価回路。バイアスの計算は直流回路。

問 14 の解答　出題項目＜ディジタル計器＞　答え　(2)

（1）正。ディジタル計器では，入力のアナログ量を A-D 変換器でディジタル量に変換する。変換方式のうち，計測器に用いられる代表的なものが**二重積分形**である（解説参照）。

（2）**誤**。ディジタルオシロスコープは，入力信号をディジタル信号としてメモリに蓄積できる。このため，単発のパルスや過渡現象の波形のような，**周期性のない信号波形を表示，測定できる**。

（3）正。連続的な値を 0 と 1 の 2 進数で表すことを**量子化**という。量子化では，最下位ビットで表すことができるアナログ量より小さな量は丸め込まれ，アナログ量は段階的なディジタル量に近似変換される。ここで生じる誤差を**量子化誤差**という。したがって，ビット数の多いディジタルデータほど誤差が少ない。1 ビット当たりのアナログ量を**分解能**といい，どこまで細かく測定でき

るかの目安となる。

（4）正。記述のとおり。

（5）正。記述のとおり。

解 説

二重積分形 A-D 変換器の原理は次のようになる。①アナログ信号（電圧）を**積分器**（演算増幅器の帰還回路にコンデンサを使ったもの）で一定時間 (t_0) 積分し溜め込み，その間の入力信号を総和する。②その後，積分器の入力として基準電圧をマイナスの向きに加えて（引き算）さらに積分し，入力信号の総和と基準信号の積分値との和が零となる時間 t_1 を求める。③ t_0 と t_1 の比と基準信号から，入力電圧を知ることができるが，このとき，t_1 の間だけ一定周期のクロックパルスをパルス計数器でカウントする。このカウント値が入力信号に比例したディジタル値となる。

B 問 題 （配点は1問題当たり（a）5点，（b）5点，計10点）

問15 出題分野＜三相交流＞ 難易度 ★★☆ 重要度 ★★★

図のように，r[Ω]の抵抗6個が線間電圧の大きさ V[V]の対称三相電源に接続されている。b相の×印の位置で断線し，c-a相間が単相状態になったとき，次の（a）及び（b）の問に答えよ。

ただし，電源の線間電圧の大きさ及び位相は，断線によって変化しないものとする。

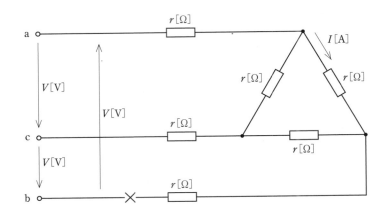

（a）図中の電流 I の大きさ[A]は，断線前の何倍となるか。その倍率として，最も近いものを次の（1）～（5）のうちから一つ選べ。

（1）0.50 （2）0.58 （3）0.87 （4）1.15 （5）1.73

（b）×印の両側に現れる電圧の大きさ[V]は，電源の線間電圧の大きさ V[V]の何倍となるか。その倍率として，最も近いものを次の（1）～（5）のうちから一つ選べ。

（1）0 （2）0.58 （3）0.87 （4）1.00 （5）1.15

問15 （a）の解答　　出題項目＜Δ接続＞　　　　答え　（1）

断線前の 1 相分の等価回路を**図 15-1** に示す。
これより線電流 I_L は，

$$I_L = \frac{\dfrac{V}{\sqrt{3}}}{r + \dfrac{r}{3}} = \frac{\sqrt{3}\,V}{4r}\,[\text{A}]$$

ゆえに，問題図の Δ 回路の相電流 I は，

$$I = \frac{I_L}{\sqrt{3}} = \frac{V}{4r}\,[\text{A}]$$

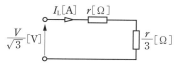

図 15-1　1 相分の等価回路

一方，断線後の等価回路を**図 15-2** に示す。ただし，電流の大きさに注目しているので，a-c 間の電圧の向きを問題図の電流の向きに合わせた。
合成抵抗 R は，

$$R = 2r + \frac{2r^2}{2r+r} = \frac{8r}{3}\,[\Omega]$$

なので，線電流 I_L は，

$$I_L = \frac{V}{R} = \frac{3V}{8r}\,[\text{A}]$$

I は分流の計算より，

$$I = \frac{r}{2r+r}I_L = \frac{V}{8r}\,[\text{A}]$$

したがって，電流 I は断線前の 0.5 倍となる。

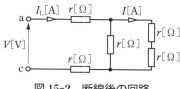

図 15-2　断線後の回路

解説 ・・・・・・・・・・・・・・・・・・・・・・・・・・・・・・・・・

三相回路の計算は，1 相分の等価回路で考えることが原則。その際，相電圧は線間電圧の $1/\sqrt{3}$，Δ 結線負荷を Y 結線に変換するとインピーダンスは $1/3$，Δ 結線の相電流は線電流の $1/\sqrt{3}$ となる。

問15 （b）の解答　　出題項目＜Δ接続＞　　　　答え　（3）

図 15-3 は，相電圧を $\dot{E}_a$，$\dot{E}_b$，$\dot{E}_c$，相順を a，b，c の順としたときの，$\dot{E}_a$ を基準としたベクトル図である。なお，このベクトル図の点 O は中性点の電位であり，0 V とする。

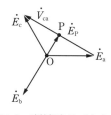

図 15-3　断線時のベクトル図

断線地点の抵抗 $r[\Omega]$ 側を点 P とする。断線時の点 P の中性点に対する電位 $\dot{E}_P$ は，負荷が平衡負荷であることから，点 O から c-a 間の電圧 $\dot{V}_{ca}$ の中央点 P に向かうベクトルとなる。

一方，b 相側の電位は $\dot{E}_b$ なので，断線箇所の

両側の電位差 $\dot{V}_0$ は，$\dot{E}_b$ を基準にすると $\dot{V}_0 = \dot{E}_P - \dot{E}_b$ となる。$\dot{E}_P$ は，ベクトル図より大きさが $\dot{E}_b$ の半分で逆向きなので，

$$\dot{V}_0 = \dot{E}_P - \dot{E}_b = -\frac{\dot{E}_b}{2} - \dot{E}_b = -\frac{3\dot{E}_b}{2}\,[\text{V}]$$

したがって，大きさは $|\dot{V}_0| = \dfrac{3|\dot{E}_b|}{2}\,[\text{V}]$ となる。

相電圧は線間電圧の $1/\sqrt{3}$ なので，

$$|\dot{V}_0| = \frac{3|\dot{E}_b|}{2} = \frac{3V}{2\sqrt{3}} \fallingdotseq 0.866\,V\,[\text{V}] \to 0.87\,\text{倍}$$

解説 ・・・・・・・・・・・・・・・・・・・・・・・・・・・・・・・・・

断線時，c-a 間は単相回路となるが，この回路の電圧ベクトル $\dot{V}_{ca}$ と，b 相の相電圧は位相が異なるので，断線の両端に現れる電圧はベクトル図で考えなければならない。

令和
4
(2022)

令和
3
(2021)

令和
2
(2020)

令和
元
(2019)

平成
30
(2018)

平成
29
(2017)

平成
28
(2016)

平成
27
(2015)

平成
26
(2014)

平成
25
(2013)

平成
24
(2012)

平成
23
(2011)

平成
22
(2010)

平成
21
(2009)

平成
20
(2008)

問 16　出題分野＜電気計測＞　　　難易度 ★★★　重要度 ★★★

　図のような回路において，抵抗 R の値[Ω]を電圧降下法によって測定した。この測定で得られた値は，電流計 $I=1.600\,\text{A}$，電圧計 $V=50.00\,\text{V}$ であった。次の（a）及び（b）の問に答えよ。

　ただし，抵抗 R の真の値は $31.21\,\Omega$ とし，直流電源，電圧計及び電流計の内部抵抗の影響は無視できるものである。また，抵抗 R の測定値は有効数字 4 桁で計算せよ。

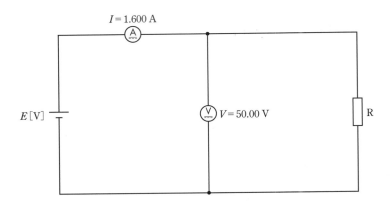

（a）　抵抗 R の絶対誤差[Ω]として，最も近いものを次の（1）〜（5）のうちから一つ選べ。

（1）　0.004　　（2）　0.04　　（3）　0.14　　（4）　0.4　　（5）　1.4

（b）　絶対誤差の真の値に対する比率を相対誤差という。これを百分率で示した，抵抗 R の百分率誤差（誤差率）[%]として，最も近いものを次の（1）〜（5）のうちから一つ選べ。

（1）　0.0013　　（2）　0.03　　（3）　0.13　　（4）　0.3　　（5）　1.3

問 16 （a）の解答　　出題項目＜測定誤差＞　　　　答え　（2）

電圧降下法により測定した抵抗 R の値 R は，

$$R = \frac{V}{I} = \frac{50.00}{1.600} = 31.25[\Omega]$$

絶対誤差 ε は，測定値 − 真の値であるから，

$$\varepsilon = 31.25 - 31.21 = 0.04[\Omega]$$

解説 ⋯⋯⋯⋯⋯⋯⋯⋯⋯⋯⋯

　誤差の定義を知っていれば，大変やさしい問題である。

　電圧計及び電流計の測定値がともに有効数字4桁で与えられているので，二つの数値の割り算である抵抗値も有効数字4桁で得られる。

補足 　測定時の誤差として原因がはっきりしているものに，計器の内部抵抗を原因とするものがある。

　例えば，問題図の回路では電圧計の内部抵抗のために，電流計の指示は抵抗を流れる電流よりも少し大きな値を示す。このため，抵抗の測定値は真の値よりも小さい値となる。この場合の測定誤差は，計器の内部抵抗値が必要な有効数字の桁数で与えられていれば計算により排除できる。しかし，実際の測定にともなう誤差には，原因が特定できないものが少なくない。

　測定時の誤差は，**系統誤差**と**偶発的誤差**に分けられる。

　1．系統誤差

　これは計器が持つ独特のクセのようなもので，

例えば，物差しの目盛の間隔が平均的なものよりもわずかに広い物差しで長さを測ると，真の値よりも若干小さな値を示す。また，温度変化等により物差し自体が伸縮することによる目盛の狂いでは，温度等の外的な原因が測定値に与える傾向をある程度予測できる場合もある。このように，同じ方法で測定を行うときに，真の値からある傾向を持って系統的にずれて測定されるような誤差を系統誤差という。

　系統誤差は，その特性や傾向が特定できる場合は測定値から取り除くことができるが，実際には特性や傾向を特定できないような事例もあり，誤差を完全に取り除くことは難しいとされている。

　2．偶発的誤差

　同じ量を同じ方法で複数回測定すると，真の値が同じであるにもかかわらず，測定値にバラツキを生じるのが普通である。このように，何かの要因が偶然に作用して，真の値からずれて測定されるような誤差を偶発的誤差という。

　偶発的誤差は偶然性に起因するので，1回の測定からでは偶発的誤差を取り除くことができない。しかし，測定回数を増やすことで，プラスの誤差とマイナスの誤差がほぼ均等になることが期待できることから，測定値の平均をとることで，ある程度偶発的誤差を取り除くことができる。

問 16 （b）の解答　　出題項目＜測定誤差＞　　　　答え　（3）

　誤差率は問題文にもあるように，絶対誤差の真の値に対する比率[%]であるから，

$$\frac{0.04}{31.21} \times 100 \fallingdotseq 0.128[\%] \quad \rightarrow \quad 0.13\%$$

解説 ⋯⋯⋯⋯⋯⋯⋯⋯⋯⋯⋯

　問題文にヒントが記載されているので，その通りの計算をすると誤差率が求められる。

補足 　誤差率と似たものに，指示電気計器

の**許容差**がある。どんなに精度の良い計器でも真の値を示すことは保証できず，指示値と真の値の間には幾分かの差が生じる。この許容される限界値と真の値の差を指示計器の許容差という。指示計器の許容差は**階級**で表示されている。例えば1.0級の計器では，許容差が ± 最大目盛りの1.0%許されていることを意味する。

令和 4 (2022)
令和 3 (2021)
令和 2 (2020)
令和元 (2019)
平成 30 (2018)
平成 29 (2017)
平成 28 (2016)
平成 27 (2015)
平成 26 (2014)
平成 25 (2013)
平成 24 (2012)
平成 23 (2011)
平成 22 (2010)
平成 21 (2009)
平成 20 (2008)

問17及び問18は選択問題であり，問17又は問18のどちらかを選んで解答すること。両方解答すると採点されません。

（選択問題）

問 **17** 出題分野＜静電気＞	難易度 ★☆★	重要度 ★★★

図のように，十分大きい平らな金属板で覆われた床と平板電極とで作られる空気コンデンサが二つ並列接続されている。二つの電極は床と平行であり，それらの面積は左側が $A_1 = 10^{-3}$ m^2，右側が $A_2 = 10^{-2}$ m^2 である。床と各電極の間隔は左側が $d = 10^{-3}$ m で固定，右側が x[m]で可変，直流電源電圧は $V_0 = 1\,000$ V である。次の（a）及び（b）の問に答えよ。

ただし，空気の誘電率を $\varepsilon = 8.85 \times 10^{-12}$ F/m とし，静電容量を考える際にコンデンサの端効果は無視できるものとする。

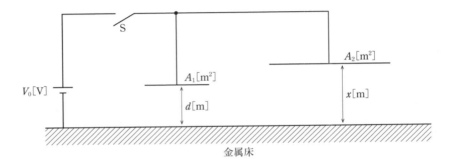

（a） まず，右側の x[m]を d[m]と設定し，スイッチSを一旦閉じてから開いた。このとき，二枚の電極に蓄えられる合計電荷 Q の値[C]として最も近いものを次の（1）〜（5）のうちから一つ選べ。

（1） 8.0×10^{-9} （2） 1.6×10^{-8} （3） 9.7×10^{-8}

（4） 1.9×10^{-7} （5） 1.6×10^{-6}

（b） 上記（a）の操作の後，徐々に x を増していったところ，$x = 3.0 \times 10^{-3}$ m のときに左側の電極と床との間に火花放電が生じた。左側のコンデンサの空隙の絶縁破壊電圧 V の値[V]として最も近いものを次の（1）〜（5）のうちから一つ選べ。

（1） 3.3×10^2 （2） 2.5×10^3 （3） 3.0×10^3

（4） 5.1×10^3 （5） 3.0×10^4

B 問題　**233**

令和
4
(2022)

令和
3
(2021)

令和
2
(2020)

令和
元
(2019)

平成
30
(2018)

平成
29
(2017)

平成
28
(2016)

平成
27
(2015)

平成
26
(2014)

平成
25
(2013)

平成
24
(2012)

平成
23
(2011)

平成
22
(2010)

平成
21
(2009)

平成
20
(2008)

問 17 （a）の解答　　出題項目＜平行板コンデンサ，コンデンサの接続＞　　答え　（3）

端効果が無視できることから，二つの電極から金属床に向かう電気力線は，電極に対して垂直で電極直下の金属床まで至る空間のみに存在する。このため，問題図の等価回路は**図 17-1** となり，二つのコンデンサの並列接続で表される。

図 17-1　等価回路

問題図左側のコンデンサの静電容量を C_1，右側のコンデンサの静電容量を C_2 とすると，

$$C_1 = 8.85 \times 10^{-12} \times \frac{10^{-3}}{10^{-3}} = 8.85 \times 10^{-12} [\text{F}]$$

$$C_2 = 8.85 \times 10^{-12} \times \frac{10^{-2}}{10^{-3}} = 88.5 \times 10^{-12} [\text{F}]$$

合成静電容量 C は $C = C_1 + C_2 = 97.4 \times 10^{-12} [\text{F}]$ なので，二枚の電極に蓄えられる合計電荷 Q は，

$$Q = C V_0 = 97.4 \times 10^{-12} \times 1\,000$$
$$= 9.74 \times 10^{-8} [\text{C}] \quad \rightarrow \quad 9.7 \times 10^{-8}\,\text{C}$$

解説••••••••••••

平行平板コンデンサの問題であるが，下部電極が共通の金属床となっている点が従来の問題と異なる。しかし，端効果が無視できるため，上部電極直下の金属床部分だけが下部電極として働き，それ以外の部分は導線と考えることができる。

Point コンデンサは，電気力線が存在する領域だけに現れる。

問 17 （b）の解答　　出題項目＜平行板コンデンサ，コンデンサの接続＞　　答え　（2）

スイッチ S は開いているので，二つの電極に蓄えられた合計電荷量は保存される。

図 17-2 において，$x = 3.0 \times 10^{-3} [\text{m}]$ としたときの左右二つの電極に蓄えられる電荷を $Q_1 [\text{C}]$，$Q_2 [\text{C}]$ とする。また，左右のコンデンサの静電容量を $C_1 [\text{F}]$，$C_2' [\text{F}]$ とする。ただし，左側のコンデンサの電極間には火花放電は起きないものとして，以後の計算を進める。

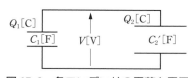

図 17-2　各コンデンサの電荷と電圧

電荷保存の法則より次式が成り立つ。

$$Q_1 + Q_2 = Q = 9.74 \times 10^{-8} [\text{C}]$$

各コンデンサの静電容量は，

$$C_1 = 8.85 \times 10^{-12} \times \frac{10^{-3}}{10^{-3}} = 8.85 \times 10^{-12} [\text{F}]$$

$$C_2' = 8.85 \times 10^{-12} \times \frac{10^{-2}}{3 \times 10^{-3}} = 29.5 \times 10^{-12} [\text{F}]$$

二つのコンデンサの端子電圧は等しく，その値を $V [\text{V}]$ とすると $Q_1 = C_1 V$，$Q_2 = C_2' V$ より，

$$Q_1 + Q_2 = C_1 V + C_2' V = (C_1 + C_2') V$$

となるので，端子電圧 V は，

$$V = \frac{Q_1 + Q_2}{C_1 + C_2'} = \frac{9.74 \times 10^{-8}}{38.35 \times 10^{-12}}$$
$$\fallingdotseq 2\,540 [\text{V}] \quad \rightarrow \quad 2.5 \times 10^3\,\text{V}$$

実際の現象では，x を徐々に増すと端子電圧は徐々に上昇し，$x = 3.0 \times 10^{-3} [\text{m}]$ に達したとき，この電圧で火花放電を起こしたことになる。したがって，この電圧が左側のコンデンサの空隙の絶縁破壊電圧となる。

解説••••••••••••

この問題は，電荷が保存される場合における，二つのコンデンサに共通の端子電圧を求める問題に帰着できる。この種の問題は，直流回路のコンデンサの問題としては出題頻度が高いので，十分学習しておきたい。

（選択問題）

問18　出題分野＜電子回路＞　難易度 ★★★　重要度 ★★☆

振幅変調について，次の（a）及び（b）の問に答えよ。

（a）　図1の波形は，正弦波である信号波によって搬送波の振幅を変化させて得られた変調波を表している。この変調波の変調度の値として，最も近いものを次の（1）～（5）のうちから一つ選べ。

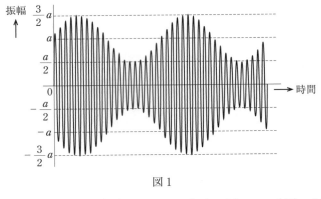

図1

（1）　0.33　　　（2）　0.5　　　（3）　1.0　　　（4）　2.0　　　（5）　3.0

（b）　次の文章は，直線検波回路に関する記述である。

　　　振幅変調した変調波の電圧を，図2の復調回路に入力して復調したい。コンデンサ C[F]と抵抗 R[Ω]を並列接続した合成インピーダンスの両端電圧に求められることは，信号波の成分が　（ア）　ことと，搬送波の成分が　（イ）　ことである。そこで，合成インピーダンスの大きさは，信号波の周波数に対してほぼ抵抗 R[Ω]となり，搬送波の周波数に対して十分に　（ウ）　なくてはならない。

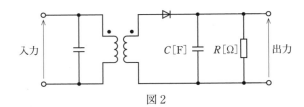

図2

　　　上記の記述中の空白箇所（ア），（イ）及び（ウ）に当てはまる組合せとして，正しいものを次の（1）～（5）のうちから一つ選べ。

	（ア）	（イ）	（ウ）
（1）	ある	なくなる	大きく
（2）	ある	なくなる	小さく
（3）	なくなる	ある	小さく
（4）	なくなる	なくなる	小さく
（5）	なくなる	ある	大きく

問 18（a）の解答　出題項目＜変調・復調＞　　答え（2）

変調度とは，搬送波の振幅 E_C に対する信号波の振幅 E_S の比をいう。問題図の変調波は，図 18-1 のように，振幅 a の搬送波に振幅 $a/2$ の信号波が乗っている形なので，変調度 m は，

$$m=\frac{E_S}{E_C}=\frac{\dfrac{a}{2}}{a}=0.5$$

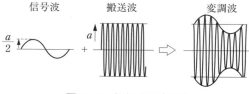

図 18-1　振幅変調（AM）

解説

問題図の変調方式は，搬送波の振幅に信号波を

含ませるもので，振幅変調（AM）と呼ばれる。他の変調方式として周波数変調（FM），位相変調（PM）がある。

変調度は変調率とも呼ばれる。変調度は図 18-2 のように，変調波の正負を合わせた最大振れ幅 A と最小振れ幅 B の値からも求めることができる。信号波の振幅 E_S 及び搬送波の振幅 E_C は，

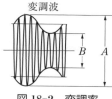

図 18-2　変調率

$$E_S=\frac{A/2-B/2}{2},\quad E_C=\frac{A/2+B/2}{2}$$

となるので，変調度 m は次式となる。

$$m=\frac{E_S}{E_C}=\frac{A-B}{A+B}$$

問 18（b）の解答　出題項目＜変調・復調＞　　答え（2）

振幅変調した変調波の電圧を，問題図 2 の復調回路で復調する。コンデンサ $C[\mathrm{F}]$ と抵抗 $R[\Omega]$ を並列接続した合成インピーダンスの両端電圧に求められることは，信号波の成分が**ある**ことと，搬送波の成分が**なくなる**ことである。そこで，合成インピーダンスの大きさは，信号波の周波数に対してほぼ抵抗 $R[\Omega]$ となり，搬送波の周波数に対して十分に**小さく**なくてはならない。

解説

問題図 2 の変成器入力側のコンデンサと変成器のコイルは，搬送波に対して並列共振させることで，搬送波の特定の周波数を選択する**同調回路**を構成する。変成器の出力側から得られた変調波はダイオードで負の部分がカットされる（図 18-3 参照）。これを**復調**または**検波**という。

検波された波には搬送波成分が含まれているが，C のインピーダンスが搬送波の周波数に対して十分小さくすることで，検波波形の振幅の山と山の間がならされてつながる（**包絡線**）。さらに，

C のインピーダンスが信号波の周波数に対して十分大きくなるようにすることで，R の両端には信号波に直流分が乗った出力が得られる。

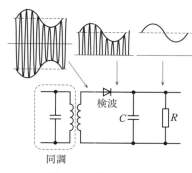

図 18-3　復調の流れ

この出力から信号成分だけを取り出すには，直流分を阻止するコンデンサを通せばよい。

Point 搬送波に信号波を乗せる→変調
変調波から信号波を取り出す→検波（復調）
（類題：平成 20 年度問 18（b））

理論 平成27年度（2015年度）

問1 出題分野＜静電気＞ 難易度 ★★★ 重要度 ★★★

平行平板コンデンサにおいて，極板間の距離，静電容量，電圧，電界をそれぞれ d[m]，C[F]，V[V]，E[V/m]，極板上の電荷を Q[C] とするとき，誤っているものを次の（1）～（5）のうちから一つ選べ。

ただし，極板の面積及び極板間の誘電率は一定であり，コンデンサの端効果は無視できるものとする。

（1） Q を一定として d を大きくすると，C は減少する。

（2） Q を一定として d を大きくすると，E は上昇する。

（3） Q を一定として d を大きくすると，V は上昇する。

（4） V を一定として d を大きくすると，E は減少する。

（5） V を一定として d を大きくすると，Q は減少する。

問1の解答　　出題項目＜平行板コンデンサ＞　　　　　　　　　　答え　（2）

（1）　正。極板の面積を $A\,[\text{m}^2]$，誘電体の誘電率を $\varepsilon\,[\text{F/m}]$ としたとき，静電容量 C は，

$$C=\varepsilon\frac{A}{d}\,[\text{F}] \tag{①}$$

したがって，C は d に反比例する。

（2）　誤。極板間の電束密度を $D\,[\text{C/m}^2]$ とする。電束密度は極板上の電荷密度と等しいので，

$$D=\frac{Q}{A}\,[\text{C/m}^2] \tag{②}$$

したがって，電界 E は，

$$E=\frac{D}{\varepsilon}=\frac{Q}{\varepsilon A}\,[\text{V/m}]$$

上式より，**電界は極板間の距離 d に依存せず一定となる。**

（3）　正。電圧 V は，

$$V=\frac{Q}{C}\,[\text{V}] \tag{③}$$

①式より C を消去すると，

$$V=\frac{Q}{C}=\frac{Qd}{\varepsilon A}\,[\text{V}]$$

したがって，電圧 V は距離 d に比例する。

（4）　正。電界 E は，

$$E=\frac{V}{d}\,[\text{V/m}] \tag{④}$$

したがって，電界 E は距離 d に反比例する。

（5）　正。電荷 Q は，

$$Q=CV\,[\text{C}]$$

①式より C を消去すると，

$$Q=CV=\frac{\varepsilon A V}{d}\,[\text{C}]$$

したがって，電荷 Q は距離 d に反比例する。

解説 ・・・・・・・・・・・・・・・・・・・・・・

問題文のただし書き「コンデンサの端効果は無視できる」により，電荷は極板上に均一に分布し極板間の電界分布も一様になる。この結果，②式，④式が成り立ち，コンデンサの式（①式）が導かれる。

（2）において，次のように考えてもよい。

電界として④式を用いて，式中の V を③式で消去し，さらに①式で C を消去すると，

$$E=\frac{V}{d}=\frac{Q}{dC}=\frac{Q}{\varepsilon A}$$

Point　「端効果無視」の効能は大きい。

令和4 (2022)
令和3 (2021)
令和2 (2020)
令和元 (2019)
平成30 (2018)
平成29 (2017)
平成28 (2016)
平成27 (2015)
平成26 (2014)
平成25 (2013)
平成24 (2012)
平成23 (2011)
平成22 (2010)
平成21 (2009)
平成20 (2008)

問2　出題分野＜静電気＞　　　　難易度 ★★★　　重要度 ★★★

　図のように，真空中で2枚の電極を平行に向かい合せたコンデンサを考える。各電極の面積を A [m²]，電極の間隔を l[m]とし，端効果を無視すると，静電容量は □（ア）□ [F]である。このコンデンサに直流電圧源を接続し，電荷 Q[C]を充電してから電圧源を外した。このとき，電極間の電界 $E=$ □（イ）□ [V/m]によって静電エネルギー $W=$ □（ウ）□ [J]が蓄えられている。この状態で電極間隔を増大させると静電エネルギーも増大することから，二つの電極間には静電力の □（エ）□ が働くことが分かる。

　ただし，真空の誘電率を ε_0[F/m]とする。

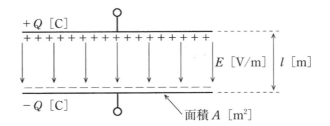

　上記の記述中の空白箇所（ア），（イ），（ウ）及び（エ）に当てはまる組合せとして，正しいものを次の（1）～（5）のうちから一つ選べ。

	（ア）	（イ）	（ウ）	（エ）
（1）	$\varepsilon_0\dfrac{A}{l}$	$\dfrac{Ql}{\varepsilon_0 A}$	$\dfrac{Q^2 l}{\varepsilon_0 A}$	引　力
（2）	$\varepsilon_0\dfrac{A}{l}$	$\dfrac{Q}{\varepsilon_0 A}$	$\dfrac{Q^2 l}{2\varepsilon_0 A}$	引　力
（3）	$\dfrac{A}{\varepsilon_0 l}$	$\dfrac{Ql}{\varepsilon_0 A}$	$\dfrac{Q^2 l}{2\varepsilon_0 A}$	斥　力
（4）	$\dfrac{A}{\varepsilon_0 l}$	$\dfrac{Q}{\varepsilon_0 A}$	$\dfrac{Q^2 l}{\varepsilon_0 A}$	斥　力
（5）	$\varepsilon_0\dfrac{A}{l}$	$\dfrac{Q}{\varepsilon_0 A}$	$\dfrac{Q^2 l}{2\varepsilon_0 A}$	斥　力

問 2 の解答　出題項目〈平行板コンデンサ，仕事・静電エネルギー〉　答え　(2)

　問題図のコンデンサにおいて，端効果を無視すると静電容量 C は $\varepsilon_0 \dfrac{A}{l}$ [F] である。このコンデンサに直流電源を接続し，電荷 Q[C] を充電してから電源を外す。このとき電極間の電圧は $V = \dfrac{Q}{C}$ [V] なので，電極間の電界 $E = \dfrac{V}{l} = \dfrac{Q}{lC} = \dfrac{Q}{\varepsilon_0 A}$ [V/m] によって静電エネルギー $W = \dfrac{Q^2}{2C} = \dfrac{Q^2 l}{2\varepsilon_0 A}$ [J] が蓄えられている。この状態で電極間隔を増大させると静電エネルギーも増大することから，二つの電極間には静電力の**引力**が働くことがわかる。

解説

　問題図のように，コンデンサの上下電極には異符号の電荷があり，静電力（クーロン力）により引き合うことで電荷を蓄えている。この静電力は電荷が存在する電極間の引力として現れる。

　極板間の静電力と静電エネルギーを考えるために，図 2-1 のように，上部電極が作る電界 E 中に下部電極の電荷 $-Q$ を置いた場合を考える。

　電界 E は一定なので下部電極が受ける力 F は，

$$F = QE = \frac{Q^2}{2\varepsilon_0 A} \text{[N]（一定）}$$

　電極間隔を Δl[m] だけ増大する仕事 ΔW_F は，

$$\Delta W_\mathrm{F} = F \Delta l = \frac{Q^2 \Delta l}{2\varepsilon_0 A} \text{[J]}$$

　一方，電極間隔 $l + \Delta l$ のコンデンサに蓄えられる静電エネルギー W' は，

$$W' = \frac{Q^2 (l + \Delta l)}{2\varepsilon_0 A} \text{[J]}$$

　Δl による静電エネルギーの増加分 ΔW_C は，

$$\Delta W_\mathrm{C} = W' - W = \frac{Q^2 \Delta l}{2\varepsilon_0 A} = \Delta W_\mathrm{F}$$

　ゆえに，電極間隔を増大させる仕事は，静電エネルギーとして蓄えられることがわかる。

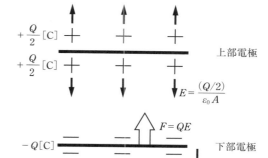

図 2-1　上部電極が作る電界と下部電極の力

令和4 (2022)
令和3 (2021)
令和2 (2020)
令和元 (2019)
平成30 (2018)
平成29 (2017)
平成28 (2016)
平成27 (2015)
平成26 (2014)
平成25 (2013)
平成24 (2012)
平成23 (2011)
平成22 (2010)
平成21 (2009)
平成20 (2008)

問3 出題分野＜電磁気＞ | 難易度 ★★★ | 重要度 ★★★

次の文章は，ある強磁性体の初期磁化特性について述べたものである。

磁界の向きに強く磁化され，比透磁率 μ_r が1よりも非常に __(ア)__ 物質を強磁性体という。まだ磁化されていない強磁性体に磁界 $H[\mathrm{A/m}]$ を加えて磁化していくと，磁束密度 $B[\mathrm{T}]$ は図のように変化する。よって，透磁率 $\mu[\mathrm{H/m}]\left(=\dfrac{B}{H}\right)$ も磁界の強さによって変化する。図から，この強磁性体の透磁率 μ の最大値はおよそ $\mu_{max}=$ __(イ)__ $\mathrm{H/m}$ であることが分かる。このとき，強磁性体の比透磁率はほぼ $\mu_r=$ __(ウ)__ である。点P以降は磁界に対する磁束密度の増加が次第に緩くなり，磁束密度はほぼ一定の値となる。この現象を __(エ)__ という。

ただし，真空の透磁率を $\mu_0=4\pi\times10^{-7}[\mathrm{H/m}]$ とする。

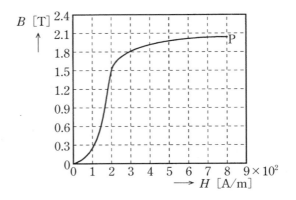

上記の記述中の空白箇所（ア），（イ），（ウ）及び（エ）に当てはまる組合せとして，正しいものを次の（1）～（5）のうちから一つ選べ。

	（ア）	（イ）	（ウ）	（エ）
（1）	大きい	7.5×10^{-3}	6.0×10^{3}	磁気飽和
（2）	小さい	7.5×10^{-3}	9.4×10^{-9}	残留磁気
（3）	小さい	1.5×10^{-2}	9.4×10^{-9}	磁気遮へい
（4）	大きい	7.5×10^{-3}	1.2×10^{4}	磁気飽和
（5）	大きい	1.5×10^{-2}	1.2×10^{4}	残留磁気

問3の解答　出題項目＜磁化特性＞

　比透磁率 μ_r が1よりも非常に**大きい**物質を強磁性体という。まだ磁化されていない強磁性体に磁界 H[A/m] を加えて磁化していくと，磁束密度 B[T] は問題図のように変化する。よって，透磁率 μ[H/m] も磁界の強さによって変化する。磁化は**図3-1**のように，H の増加に伴い磁化特性曲線上を移動する。曲線上の点 Q における透磁率は $\mu = B/H$ より，原点と点 Q を結ぶ直線の傾きを θ とすると $\mu = \dfrac{B}{H} = \tan\theta$ なので，μ の最大値は θ が最大となる曲線上の地点である。これは原点を通る直線が特性曲線と接する地点であり，図中の点 R である。このときの磁界の強さと磁束密度は問題図より $H = 2 \times 10^2$[A/m]，$B = 1.5$[T] なので，この強磁性体の透磁率の最大値はおよそ $\mu_{\max} = \dfrac{1.5}{2 \times 10^2} = \boldsymbol{7.5 \times 10^{-3}}$[H/m] であることがわかる。このとき，強磁性体の比透磁率はほぼ $\mu_r = \dfrac{\mu_{\max}}{\mu_0} \fallingdotseq 5.97 \times 10^3 \rightarrow \boldsymbol{6.0 \times 10^3}$ である。点 P 以降は磁界に対する磁束密度の増加が次第に緩くなり，磁束密度はほぼ一定の値となる。この現象を**磁気飽和**という。

解説

　透磁率は問題文中にあるように $\dfrac{B}{H}$ である。こ

こで注意を要するのは，B，H ともに零からの変量という点である。これを変化量 ΔB，ΔH と誤解すると，$\dfrac{\Delta B}{\Delta H}$ の最大値は特性曲線の傾きが最大になる値なので，図3-1 では直線 m の傾きに相当し，おおよそ 1.5×10^{-2} H/m である。この値は解答の選択肢にも含まれているので，要注意。

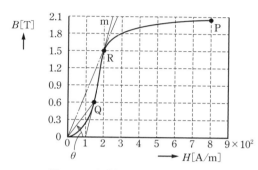

図3-1　強磁性体の初期磁化特性

　また，点 P から H を減少させると，磁化特性は同じ経路を通らない。これを強磁性体のヒステリシスといい，$H = 0$ でも B は零にならない。このときの B を残留磁気という。

　磁気遮蔽とは，透磁率の高い物質で周囲を囲うことで，内部に磁束が進入しないようにすること。しかし，漏れ磁束の排除が困難なため，磁気遮蔽は一般に容易ではない。

令和4（2022）
令和3（2021）
令和2（2020）
令和元（2019）
平成30（2018）
平成29（2017）
平成28（2016）
平成27（2015）
平成26（2014）
平成25（2013）
平成24（2012）
平成23（2011）
平成22（2010）
平成21（2009）
平成20（2008）

問4　出題分野＜直流回路＞　　難易度 ★★★　重要度 ★★★

　図のような直流回路において，直流電源の電圧が90Vであるとき，抵抗 $R_1[\Omega]$，$R_2[\Omega]$，$R_3[\Omega]$ の両端電圧はそれぞれ30V，15V，10Vであった。抵抗 R_1，R_2，R_3 のそれぞれの値[Ω]の組合せとして，正しいものを次の（1）～（5）のうちから一つ選べ。

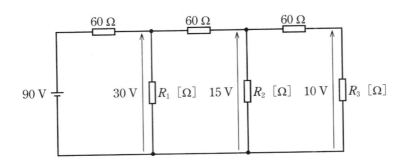

	R_1	R_2	R_3
（1）	30	90	120
（2）	80	60	120
（3）	30	90	30
（4）	60	60	30
（5）	40	90	120

問 4 の解答　出題項目＜はしご回路＞

図 **4-1** のように，60 Ω の各抵抗の端子電圧は，左から $90-30=60$ [V]，$30-15=15$ [V]，$15-10=5$[V]なので，60 Ω の各抵抗を流れる電流は，左から $\dfrac{60}{60}=1$[A]，$\dfrac{15}{60}=0.25$[A]，$\dfrac{5}{60}=\dfrac{1}{12}$[A]である。

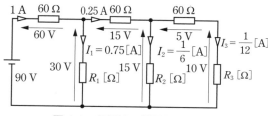

図 **4-1**　各抵抗の端子電圧と電流

抵抗 R_1，R_2，R_3 を流れる電流 I_1，I_2，I_3 は，

$$I_1=1-0.25=0.75[\text{A}]$$

$$I_2=0.25-\frac{1}{12}=\frac{1}{6}[\text{A}]$$

$$I_3=\frac{1}{12}[\text{A}]$$

したがって，

$$R_1=\frac{30}{I_1}=\frac{30}{0.75}=40[\Omega]$$

$$R_2=\frac{15}{I_2}=\frac{15}{\frac{1}{6}}=90[\Omega]$$

$$R_3=\frac{10}{I_3}=\frac{10}{\frac{1}{12}}=120[\Omega]$$

解 説

複雑な回路網に見えるが，電源が一つなので単なる抵抗の直並列回路に帰着できる。電源電圧並びに R_1，R_2，R_3 の端子電圧から，60 Ω の各抵抗の端子電圧が決まるので，各枝電流が決まり R_1，R_2，R_3 の値が求められる。

問5 出題分野＜電磁気＞   難易度 ★★★ 重要度 ★★☆

十分長いソレノイド及び小さい三角形のループがある。図1はソレノイドの横断面を示しており，三角形ループも同じ面内にある。図2はその破線部分の拡大図である。面 $x=0$ から右側の領域（$x>0$ の領域）は直流電流を流したソレノイドの内側であり，そこには $+z$ 方向の平等磁界が存在するとする。その磁束密度を B[T]（$B>0$）とする。

一方，左側領域（$x<0$）はソレノイドの外側であり磁界は零であるとする。ここで，三角形 PQR の抵抗器付き導体ループが xy 平面内を等速度 u[m/s] で $+x$ 方向に進み，ソレノイドの巻線の隙間から内側に侵入していく。その際，導体ループの辺 QR は y 軸と平行を保っている。頂点 P が面 $x=0$ を通過する時刻を T[s] とする。また，抵抗器の抵抗 r[Ω] は十分大きいものとする。

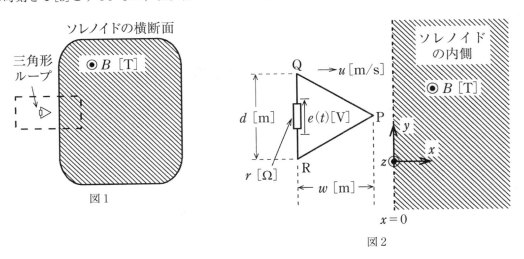

図1

図2

辺 QR の中央の抵抗器に時刻 t[s] に加わる誘導電圧を $e(t)$[V] とし，その符号は図中の矢印の向きを正と定義する。三角形ループがソレノイドの外側から内側に入り込むときの $e(t)$ を示す図として，最も近いものを次の（1）～（5）のうちから一つ選べ。

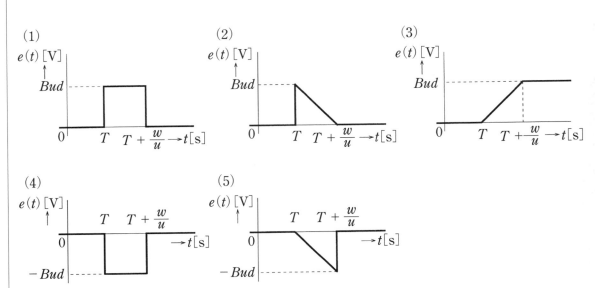

問 5 の解答　出題項目＜誘導起電力＞

三角形ループがソレノイドに侵入するまで（$0 \leqq t \leqq T$）は，磁界が零なので三角形ループに誘導起電力は生じない。ゆえに $e(t)$ は零。

次に，三角形ループがソレノイドに侵入を開始してから，辺 QR がソレノイド内部に侵入する瞬間まで（$T \leqq t \leqq T + w/u$）は，**図 5-1** のように，ソレノイド内にある部分の導体 MP，PN にはフレミングの右手の法則に従う方向に，誘導起電力 e_1，e_2 が生じる。起電力の大きさは，

$$e_1 = Bu\overline{\text{MP}} \sin(\pi/6) = Bu\overline{\text{MP}}/2 \, [\text{V}]$$

$$e_2 = Bu\overline{\text{PN}} \sin(\pi/6) = Bu\overline{\text{PN}}/2 \, [\text{V}]$$

$$\overline{\text{MP}} = \overline{\text{PN}} = u(t-T)/\cos(\pi/6) = 2u(t-T)/\sqrt{3}$$

より誘導起電力は，

$$e_1 = e_2 = (Bu/2)\{2u(t-T)/\sqrt{3}\}$$
$$= Bu^2(t-T)/\sqrt{3} \, [\text{V}]$$

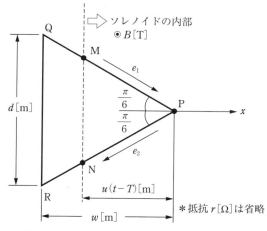

図 5-1　$T \leqq t \leqq T + w/u$ における誘導起電力

したがって，時刻 $t\,[\text{s}]$（$T \leqq t \leqq T + w/u$）における抵抗器に加わる誘導電圧 $e(t)$ は，

$$e(t) = -(e_1 + e_2) = -2Bu^2(t-T)/\sqrt{3} \, [\text{V}]$$

上式は t の一次関数で傾きが負のグラフとなる。$t = T$ では $e(T)$ は零，$t = T + w/u$ では，

$$e(T + w/u) = -2Buw/\sqrt{3}$$

$w = d\cos(\pi/6)$ より，$2w/\sqrt{3} = d$ なので，

$$e(T + w/u) = -2Buw/\sqrt{3} = -Bud \, [\text{V}]$$

最後に，辺 QR がソレノイド内部に侵入すると（$t \geqq T + w/u$），抵抗を含む導体 QR には点 Q から点 R 方向に大きさ $Bud\,[\text{V}]$ の誘導電圧が生じ，これは導体 QP，PR の起電力と相殺するので $e(t)$ は零。以上から $e(t)$ の時間変化は**図 5-2** となる。

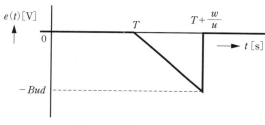

図 5-2　$e(t)$ の時間変化

解　説

ソレノイド内部では三角形ループの鎖交磁束が一定なので，$e(t)$ は零と考えてもよい。

また，「抵抗 r が十分大きい」とは，三角形ループを環流する電流が極めて小さく，導体の電圧降下が無視できることを意味する。

令和
4
(2022)

令和
3
(2021)

令和
2
(2020)

令和
元
(2019)

平成
30
(2018)

平成
29
(2017)

平成
28
(2016)

平成
27
(2015)

平成
26
(2014)

平成
25
(2013)

平成
24
(2012)

平成
23
(2011)

平成
22
(2010)

平成
21
(2009)

平成
20
(2008)

問6　　出題分野＜直流回路＞　　　　　　難易度 ★★★　　重要度 ★★★

　図のように，抵抗とスイッチSを接続した直流回路がある。いま，スイッチSを開閉しても回路を流れる電流 I[A]は，$I=30$ A で一定であった。このとき，抵抗 R_4 の値[Ω]として，最も近いものを次の（1）～（5）のうちから一つ選べ。

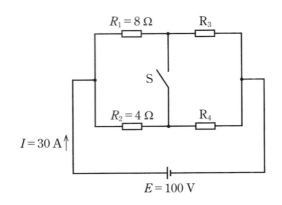

（1）　0.5　　　　（2）　1.0　　　　（3）　1.5　　　　（4）　2.0　　　　（5）　2.5

問6の解答　出題項目＜ブリッジ回路＞

答え　(2)

スイッチ S の開閉で電流 I に変化がないのは，スイッチを閉じてもスイッチを開いた状態と回路的に変わらない，すなわちスイッチの両端は同電位であることを意味する。これは，このブリッジ回路が平衡条件を満たすことと同意であるから，

$$8R_4 = 4R_3 \quad \rightarrow \quad R_3 = 2R_4 \qquad ①$$

スイッチを閉じた場合の合成抵抗 R を求め，①式より R_3 を消去すると，

$$R = \frac{8 \times 4}{8+4} + \frac{R_3 R_4}{R_3 + R_4} = \frac{8 + 2R_4}{3}$$

R は $\dfrac{E}{I} = \dfrac{100}{30} = \dfrac{10}{3}\,[\Omega]$ なので，

$$\frac{10}{3} = \frac{8 + 2R_4}{3} \quad \rightarrow \quad R_4 = 1\,[\Omega]$$

解説

合成抵抗 R を求めるために，解答ではスイッチを閉じた回路を用いたが，スイッチを開いた回路を用いても同じ結果になる。

また，スイッチの開閉時それぞれについて合成抵抗を求め，両者が $\dfrac{10}{3}\,\Omega$ であることから解くこともできるが，計算式が煩雑になるのでブリッジの平衡条件を用いた方がよい。

問7　出題分野＜その他＞　難易度 ★★★　重要度 ★★★

以下の記述で，誤っているものを次の（1）～（5）のうちから一つ選べ。

（1）　直流電圧源と抵抗器，コンデンサが直列に接続された回路のコンデンサには，定常状態では電流が流れない。

（2）　直流電圧源と抵抗器，コイルが直列に接続された回路のコイルの両端の電位差は，定常状態では零である。

（3）　電線の抵抗値は，長さに比例し，断面積に反比例する。

（4）　並列に接続した二つの抵抗器 R_1，R_2 を一つの抵抗器に置き換えて考えると，合成抵抗の値は R_1，R_2 の抵抗値の逆数の和である。

（5）　並列に接続した二つのコンデンサ C_1，C_2 を一つのコンデンサに置き換えて考えると，合成静電容量は C_1，C_2 の静電容量の和である。

問8　出題分野＜単相交流＞　難易度 ★★★　重要度 ★★★

$R = 10\,\Omega$ の抵抗と誘導性リアクタンス $X\,[\Omega]$ のコイルとを直列に接続し，100 V の交流電源に接続した交流回路がある。いま，回路に流れる電流の値は $I = 5$ A であった。このとき，回路の有効電力 P の値[W]として，最も近いものを次の（1）～（5）のうちから一つ選べ。

（1）　250　　　　（2）　289　　　　（3）　425　　　　（4）　500　　　　（5）　577

令和 **4** (2022)
令和 **3** (2021)
令和 **2** (2020)
令和 **元** (2019)
平成 **30** (2018)
平成 **29** (2017)
平成 **28** (2016)
平成 **27** (2015)
平成 **26** (2014)
平成 **25** (2013)
平成 **24** (2012)
平成 **23** (2011)
平成 **22** (2010)
平成 **21** (2009)
平成 **20** (2008)

問7の解答　出題項目＜電気回路共通＞　　答え（4）

（1）　正。初期電荷零のコンデンサと抵抗の直列回路に直流電圧源を接続すると，回路にはコンデンサを充電する電流が流れ，時間経過に伴いコンデンサの端子電圧が上昇する。十分な時間が経過するとコンデンサの端子電圧は電源電圧と平衡し定常状態となる。定常状態ではコンデンサの端子電圧と電源電圧が等しいので，回路に電流は流れない。

（2）　正。抵抗とコイルの直列回路に直流電圧源を接続すると，接続した瞬間は，コイルの誘導起電力が電源電圧と平衡しているため回路には電流が流れない。その後の時間経過で電流は徐々に増加するが，コイルの誘導起電力が電流の増加を妨げるよう作用するので，電流は定常値に徐々に滑らかに近づく。このため，電流の変化率が小さくなるに従いコイルの誘導起電力は徐々に低下する。定常状態では電流の変化率が零なので，コイルの誘導起電力，すなわちコイルの両端の電位差は零となる。

（3）　正。記述のとおり。また，電線の抵抗値は電線材料の抵抗率にも比例する。抵抗率の逆数は導電率なので，抵抗値は導電率に反比例すると表現することもできる。

（4）　誤。抵抗値 R_1，R_2 の抵抗を並列に接続した場合の合成抵抗値 R は，

$$\frac{1}{R}=\frac{1}{R_1}+\frac{1}{R_2}$$

したがって，**合成抵抗値の逆数は R_1，R_2 の逆数の和である**。

（5）　正。静電容量 C_1，C_2 のコンデンサを並列に接続した場合の合成静電容量 C は，

$$C=C_1+C_2$$

解説

（1），（2）では，コンデンサは直流を通さず，コイルは直流抵抗が零と考えてもよいが，過渡現象としても理解しておきたい。

Point 抵抗の並列回路の合成と，コンデンサの直列回路の合成は同じ手順である。

問8の解答　出題項目＜RL直列回路＞　　答え（1）

問題の回路図を**図8-1**に示す。

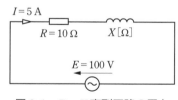

図8-1　R，X 直列回路の電力

有効電力 P は抵抗で消費されるので，

$$P=I^2R=25\times10=250\,[\text{W}]$$

解説

平易な問題である。しかし，この問題は派生問題としての余地が残る。例えば，①回路の力率を求める，②負荷のインピーダンスを求める，③誘導性リアクタンス X を求める，④回路の無効電力を求める，などの設問が可能である。また，周波数が既知であればコイルのインダクタンスを求めることもできる。さらに，R，X 直列負荷と並列にコンデンサを接続して，力率改善の問題まで発展できる。これらの派生問題はすべて電験三種標準問題であり，試験に出題される可能性の高い問題である。

＊**参考**：上記派生問題の解答例を示す。

①　皮相電力 S は 500 V·A なので，力率 $\cos\theta$ は，
　$\cos\theta=P/S=250/500=0.5$

②　回路のインピーダンス Z は，
　$Z=100\,[\text{V}]/5\,[\text{A}]=20\,[\Omega]$

③　$X=\sqrt{20^2-10^2}=10\sqrt{3}\,[\Omega]$

④　無効電力 Q は，
　$Q=I^2X=25\times10\sqrt{3}=250\sqrt{3}\,[\text{var}]$
または，回路の力率を用いて，
　$Q=S\sin\theta=S\sqrt{1-\cos^2\theta}$
　　$=500\sqrt{3}/2=250\sqrt{3}\,[\text{var}]$

問 9　出題分野＜単相交流＞　　　難易度 ★★★　重要度 ★★★

　図のように，静電容量 $C_1 = 10\,\mu F$，$C_2 = 900\,\mu F$，$C_3 = 100\,\mu F$，$C_4 = 900\,\mu F$ のコンデンサからなる直並列回路がある。この回路に周波数 $f = 50\,Hz$ の交流電圧 $V_{in}[V]$ を加えたところ，C_4 の両端の交流電圧は $V_{out}[V]$ であった。このとき，$\dfrac{V_{out}}{V_{in}}$ の値として，最も近いものを次の（1）～（5）のうちから一つ選べ。

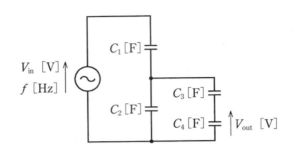

（1）　$\dfrac{1}{1\,000}$　　　　（2）　$\dfrac{9}{1\,000}$　　　　（3）　$\dfrac{1}{100}$　　　　（4）　$\dfrac{99}{1\,000}$　　　　（5）　$\dfrac{891}{1\,000}$

問9の解答　　出題項目<コンデンサ直並列回路>　　　　答え（1）

すべてコンデンサで構成されているため，各コンデンサの端子電圧は交流電源電圧と同相である。したがって，問題図の回路は**図9-1**に示す直流回路の問題と等価に考えることができる。

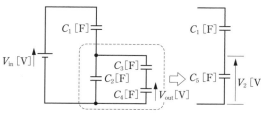

図9-1　直流回路のコンデンサの分圧

C_2 の端子電圧を V_2 とし，C_2 の端子間の合成静電容量を C_5 とすると，

$$V_2 = \frac{C_1 V_{in}}{C_1 + C_5}, \quad C_5 = C_2 + \frac{C_3 C_4}{C_3 + C_4}$$

$$V_{out} = \frac{C_3 V_2}{C_3 + C_4} = \frac{C_3 C_1 V_{in}}{(C_3 + C_4)(C_1 + C_5)}$$

上式に C_5 の式を代入して整理すると，

$$\frac{V_{out}}{V_{in}} = \frac{C_1 C_3}{(C_1 + C_2)(C_3 + C_4) + C_3 C_4}$$

分母分子を $C_1 C_3$ で割ると，

$$\frac{V_{out}}{V_{in}} = \frac{1}{\left(1 + \dfrac{C_2}{C_1}\right)\left(1 + \dfrac{C_4}{C_3}\right) + \dfrac{C_4}{C_1}} \qquad ①$$

$$= \frac{1}{(1+90)(1+9)+90} = \frac{1}{1\,000}$$

【別 解】　各コンデンサのリアクタンスを X_1, X_2, X_3, X_4 とし，C_2 の端子電圧を V_2，C_2 の端子間の合成リアクタンスを X_5 とすると，

$$V_2 = \frac{X_5 V_{in}}{X_1 + X_5}, \quad X_5 = \frac{X_2(X_3 + X_4)}{X_2 + X_3 + X_4}$$

$$V_{out} = \frac{X_4 V_2}{X_3 + X_4} = \frac{X_4 X_5 V_{in}}{(X_3 + X_4)(X_1 + X_5)}$$

上式に X_5 の式を代入して整理し，$\dfrac{V_{out}}{V_{in}}$ を求めると，

$$\frac{V_{out}}{V_{in}} = \frac{1}{\left(1 + \dfrac{X_1}{X_2}\right)\left(1 + \dfrac{X_3}{X_4}\right) + \dfrac{X_1}{X_4}}$$

$X = \dfrac{1}{\omega C}$ を代入すると①式になる。

解説　⋯⋯⋯⋯⋯⋯⋯⋯⋯⋯⋯⋯⋯⋯

解答，別解ともに直並列回路の分圧計算を利用している。また，リアクタンス回路では電流を用いて計算してもよい。

令和
4
(2022)

令和
3
(2021)

令和
2
(2020)

令和
元
(2019)

平成
30
(2018)

平成
29
(2017)

平成
28
(2016)

平成
27
(2015)

平成
26
(2014)

平成
25
(2013)

平成
24
(2012)

平成
23
(2011)

平成
22
(2010)

平成
21
(2009)

平成
20
(2008)

問 10 出題分野＜過渡現象＞ 難易度 ★★★ 重要度 ★★☆

　図のように，直流電圧 E[V]の電源，抵抗 R[Ω]の抵抗器，インダクタンス L[H]のコイルまたは静電容量 C[F]のコンデンサ，スイッチ S からなる 2 種類の回路（RL 回路，RC 回路）がある。各回路において，時刻 $t=0$ s でスイッチ S を閉じたとき，回路を流れる電流 i[A]，抵抗の端子電圧 v_r[V]，コイルの端子電圧 v_l[V]，コンデンサの端子電圧 v_c[V]の波形の組合せを示す図として，正しいものを次の（1）～（5）のうちから一つ選べ。

　ただし，電源の内部インピーダンス及びコンデンサの初期電荷は零とする。

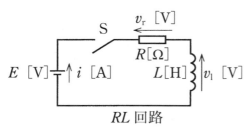

RL 回路

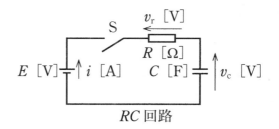

RC 回路

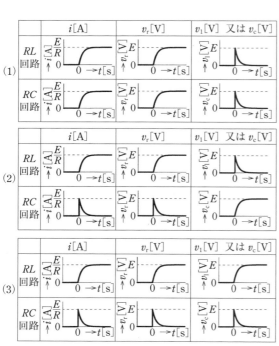

問 10 の解答　　出題項目＜*RL* 直列回路，*RC* 直列回路＞　　答え　（2）

　問題図 *RL* 回路の電流 i は，$t=0$ ではコイルの誘導起電力のために流れることができず零である。その後**図 10-1** のように，電流は v_l の低下に伴い徐々に増加し，定常状態 $i=E/R$[A] に徐々に滑らかに近づく。また v_r は，$v_r=iR$ より図 10-1 の i 軸を R 倍した軸となる。次に v_l は，$v_l=E-v_r$ より**図 10-2** となる。

　問題図 *RC* 回路の電流 i は，初期電荷が零なので $t=0$ ではコンデンサは短絡状態となり，$i=E/R$[A] となる。その後**図 10-3** のように，電流はコ

ンデンサを充電するので，v_c が上昇するに伴い電流は徐々に滑らかに減少し，定常状態 $i=0$[A] に近づく。また v_r は，$v_r=iR$ より図 10-3 の i 軸を R 倍した軸となる。次に v_c は，$v_c=E-v_r$ より**図 10-4** となる。

解説

　RL 回路，*RC* 回路の過渡現象は頻出問題である。電流変化はワンパターンなので，グラフの形を覚えておくとよい。

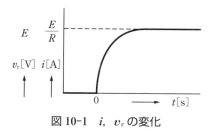

図 10-1　i，v_r の変化

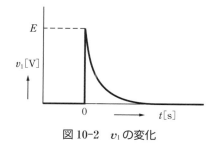

図 10-2　v_l の変化

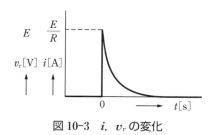

図 10-3　i，v_r の変化

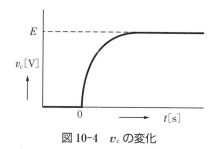

図 10-4　v_c の変化

令和 4 (2022)
令和 3 (2021)
令和 2 (2020)
令和 元 (2019)
平成 30 (2018)
平成 29 (2017)
平成 28 (2016)
平成 27 (2015)
平成 26 (2014)
平成 25 (2013)
平成 24 (2012)
平成 23 (2011)
平成 22 (2010)
平成 21 (2009)
平成 20 (2008)

問11 出題分野＜電子理論＞　難易度 ★★★　重要度 ★★★

次の文章は，半導体レーザ（レーザダイオード）に関する記述である。

レーザダイオードは，図のような3層構造を成している。p形層とn形層に挟まれた層を （ア） 層といい，この層は上部のp形層及び下部のn形層とは性質の異なる材料で作られている。前後の面は半導体結晶による自然な反射鏡になっている。

レーザダイオードに （イ） を流すと， （ア） 層の自由電子が正孔と再結合して消滅するとき光を放出する。

この光が二つの反射鏡の間に閉じ込められることによって， （ウ） 放出が起き，同じ波長の光が多量に生じ，外部にその一部が出力される。光の特別な波長だけが共振状態となって （ウ） 放出が誘起されるので，強い同位相のコヒーレントな光が得られる。

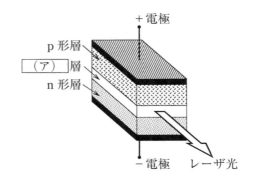

上記の記述中の空白箇所（ア），（イ）及び（ウ）に当てはまる組合せとして，正しいものを次の（1）～（5）のうちから一つ選べ。

	（ア）	（イ）	（ウ）
（1）	空乏	逆電流	二次
（2）	活性	逆電流	誘導
（3）	活性	順電流	二次
（4）	活性	順電流	誘導
（5）	空乏	順電流	二次

問 11 の解答　　出題項目＜半導体・半導体デバイス＞　　　答え　（4）

レーザダイオードは，問題図のような 3 層構造を成している。p 形層と n 形層に挟まれた層を**活性**層といい，この層は上部の p 形層および下部の n 形層とは異なる材料で作られている。前後の面は半導体結晶による自然な反射鏡になっている。

レーザダイオードに**順電流**を流すと，活性層の自由電子が正孔と再結合して消滅するとき光を放出する。

この光が二つの反射鏡の間に閉じ込められることによって，**誘導**放出が起き，同じ波長の光が多量に生じ，外部にその一部が出力される。光の特別な波長だけが共振状態となって誘導放出が誘起されるので，強い同位相のコヒーレントな光が得られる。

解説 ････････････････････････････

レーザダイオードの発光原理は，LED（発光ダイオード）と同様に，順方向電流で起こる電子と正孔の再結合（電子がエネルギーの低い安定した状態に遷移し，その際正孔と再結合する）時に起こる発光現象を利用している。しかし，遷移のエネルギー差には多少のばらつきがあるため，波長分布が多少山形に広がり，発光タイミングは各電子ごとに互いに無関係に起こる。このため放出光はコヒーレント（位相が一致した状態）ではない。レーザダイオードでは活性層の中で光を共振状態にして同じ波長の光を選別するとともに，誘導放出（現存する光が同波長，同位相の光の発光を誘起する現象）により同波長，同位相の光を増大させる。この一部の光が反射鏡（ハーフミラー）を通過して外部に放出されるため，LED とは異なりコヒーレントな光が得られる。

Point レーザダイオードは，**誘導放出**を利用してコヒーレントな光を作る。

令和
4
(2022)

令和
3
(2021)

令和
2
(2020)

令和
元
(2019)

平成
30
(2018)

平成
29
(2017)

平成
28
(2016)

平成
27
(2015)

平成
26
(2014)

平成
25
(2013)

平成
24
(2012)

平成
23
(2011)

平成
22
(2010)

平成
21
(2009)

平成
20
(2008)

問 12　出題分野＜電子理論＞　難易度 ★★★　重要度 ★★★

　ブラウン管は電子銃，偏向板，蛍光面などから構成される真空管であり，オシロスコープの表示装置として用いられる。図のように，電荷 $-e$[C]をもつ電子が電子銃から一定の速度 v[m/s]で z 軸に沿って発射される。電子は偏向板の中を通過する間，x 軸に平行な平等電界 E[V/m]から静電力 $-eE$[N]を受け，x 方向の速度成分 u[m/s]を与えられ進路を曲げられる。偏向板を通過後の電子は z 軸と $\tan\theta = \dfrac{u}{v}$ なる角度 θ をなす方向に直進して蛍光面に当たり，その点を発光させる。このとき発光する点は蛍光面の中心点から x 方向に距離 X[m]だけシフトした点となる。

　u と X を表す式の組合せとして，正しいものを次の(1)～(5)のうちから一つ選べ。

　ただし，電子の静止質量を m[kg]，偏向板の z 方向の大きさを l[m]，偏向板の中心から蛍光面までの距離を d[m]とし，$l \ll d$ と仮定してよい。また，速度 v は光速に比べて十分小さいものとする。

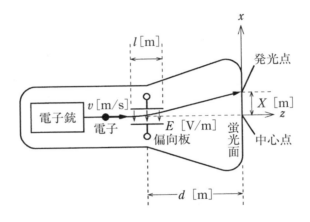

	u	X
(1)	$\dfrac{elE}{mv}$	$\dfrac{2eldE}{mv^2}$
(2)	$\dfrac{elE^2}{mv}$	$\dfrac{2eldE}{mv^2}$
(3)	$\dfrac{elE}{mv^2}$	$\dfrac{eldE^2}{mv}$
(4)	$\dfrac{elE^2}{mv^2}$	$\dfrac{eldE}{mv}$
(5)	$\dfrac{elE}{mv}$	$\dfrac{eldE}{mv^2}$

問 12 の解答　出題項目＜電界中の電子＞　　　答え　(5)

図 12-1 において，偏向板内の電界 E により電子は x 方向の力 $F = eE$ を受けるので，その方向に加速度 $a = \dfrac{F}{m} = \dfrac{eE}{m}$ [m/s²] を生じる。

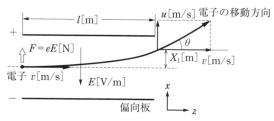

図 12-1　偏向板内の電子の運動

これにより，電子は x 方向に初速度零で等加速度運動する。一方，電子は z 方向の力を受けないため，速度 v で z 方向に等速直線運動する。

電子が偏向板を通過するのに要する時間 t_1 は，

$$t_1 = \frac{l}{v} \text{[s]}$$

電子はこの間 x 方向に等加速度運動するので，偏向板を出る際の x 方向の速度 u は，

$$u = at_1 = \frac{elE}{mv} \text{[m/s]}$$

x 方向への移動距離 X_1 は等加速度運動より，

$$X_1 = \frac{1}{2}at_1{}^2 = \frac{eEl^2}{2mv^2} \text{[m]}$$

次に，偏向板右端から蛍光面までの距離 $d - l/2$ は，$l \ll d$ より d とみなしてよいので，この間の電子の x 方向の移動距離 X_2 は，

$$X_2 = d \tan\theta = \frac{du}{v} = \frac{elEd}{mv^2} \text{[m]}$$

したがって，蛍光面中心点からの距離 X は，

$$X = X_1 + X_2 = \frac{eEl^2}{2mv^2} + \frac{elEd}{mv^2} = \frac{elE(l+2d)}{2mv^2}$$

上式の $l + 2d$ は $2d$ とみなせるので，

$$X = \frac{elE(l+2d)}{2mv^2} = \frac{eldE}{mv^2} \text{[m]}$$

解説 ････････････････････････････････････

$v \ll c$（光速）より電子の質量は一定。偏向板内の電子は x 方向に加速度 a で等加速度運動し，z 方向に速度 v で等速直線運動する。このため，偏向板内の電子の軌跡は放物線を描く。

問 13　出題分野＜電子回路＞　難易度 ★★★　重要度 ★★★

バイポーラトランジスタを用いた電力増幅回路に関する記述として，誤っているものを次の(1)～(5)のうちから一つ選べ。

(1) コレクタ損失とは，コレクタ電流とコレクタ・ベース間電圧との積である。

(2) コレクタ損失が大きいと，発熱のためトランジスタが破壊されることがある。

(3) A級電力増幅回路の電源効率は，50 %以下である。

(4) B級電力増幅回路では，無信号時にコレクタ電流が流れず，電力の無駄を少なくすることができる。

(5) C級電力増幅回路は，高周波の電力増幅に使用される。

問 14　出題分野＜電気計測＞　難易度 ★★★　重要度 ★★☆

目盛が正弦波交流に対する実効値になる整流形の電圧計(全波整流形)がある。この電圧計で図のような周期 20 ms の繰り返し波形電圧を測定した。

このとき，電圧計の指示の値[V]として，最も近いものを次の(1)～(5)のうちから一つ選べ。

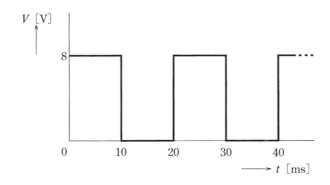

(1) 4.00　　(2) 4.44　　(3) 4.62　　(4) 5.14　　(5) 5.66

問 13 の解答　出題項目＜トランジスタ増幅回路＞　　答え　(1)

（1）誤。コレクタ損失とは，**コレクタ電流と コレクタ・エミッタ間電圧との積**である。

（2）正。記述のとおり。

（3）正。**図 13-1** に示す $V_{BE}-I_C$ 特性において，動作点を点 A に置き，無信号時でもコレクタ電流が流れた状態で動作させるものを A 級増幅という。特性の直線部分を増幅に利用できるので，波形の歪みが無く線形性がよい。しかし，無信号時にも電力が必要になるため，電源効率（出力電力/電源供給電力）は 50 % 以下になる。

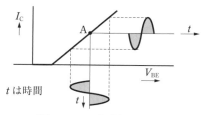

t は時間

図 13-1　A 級増幅の原理

（4）正。**図 13-2** に示す $V_{BE}-I_C$ 特性において，動作点を点 B に置き動作させるものを B 級増幅という。入力波形の＋側半分だけ増幅するので，通常もう一つ B 級増幅器を用いて，残りの－側半分の増幅を行わせるプッシュプル増幅回路として使用する。B 級増幅は無信号時にコレクタ電流が流れず A 級増幅に比べ電源効率が高い。

（5）正。**図 13-3** に示す $V_{BE}-I_C$ 特性におい

て，動作点を点 C に置き動作させるものを C 級増幅という。入力波形の一部分だけ増幅するため出力波形は歪み，振幅に情報を持つ低周波回路には使用できない。しかし，電源効率が高いことを利用して，高周波回路に使用される。

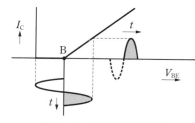

図 13-2　B 級増幅の原理

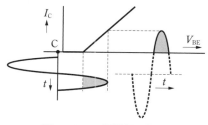

図 13-3　C 級増幅の原理

解説

電力増幅回路はバイアス量の違いで，A 級，B 級，C 級に大別され，それぞれ電源効率に違いがある。大振幅の信号を出力する電力増幅回路では電源効率が重要になるので，特徴を生かした用途に用いられる。

問 14 の解答　出題項目＜電圧計＞　　答え　(2)

問題図の電圧波形の平均値 $\overline{V}$ は，

$$\overline{V}=\frac{8[V]\times10[ms]+0[V]\times10[ms]}{20[ms]}$$

$$=4[V]$$

整流形計器は，全波整流波形の平均値を 1.11（正弦波の波形率）倍した値を指示する。

問題図の電圧波形はすべて正なので，全波整流しても波形は元の波形と同じである。したがって，$\overline{V}\times1.11$ が整流形電圧計の指示となる。

電圧計の指示 $=4\times1.11=4.44[V]$

解説

整流形計器は測定波形を全波整流して可動コイル形計器で計測するため，動作原理上整流波形の平均値を指示する。ところが，整流形計器は正弦波交流の実効値の測定を前提としているので，正弦波の波形率（1.11）倍した目盛りを割り振ることで，見かけ上実効値を示すように工夫されている。このため，波形率が異なる非正弦波の計測では正しい実効値を測定できない。

令和4 (2022)
令和3 (2021)
令和2 (2020)
令和元 (2019)
平成30 (2018)
平成29 (2017)
平成28 (2016)
平成27 (2015)
平成26 (2014)
平成25 (2013)
平成24 (2012)
平成23 (2011)
平成22 (2010)
平成21 (2009)
平成20 (2008)

B　問　題　（配点は 1 問題当たり（a）5 点，（b）5 点，計 10 点）

問 15　出題分野＜直流回路，電気計測＞　難易度 ★★★　重要度 ★★☆

図のように，a-b 間の長さが 15 cm，最大値が 30 Ω のすべり抵抗器 R，電流計，検流計，電池 E_0[V]，電池 E_x[V]が接続された回路がある。この回路において次のような実験を行った。

実験 I：図 1 でスイッチ S を開いたとき，電流計は 200 mA を示した。

実験 II：図 1 でスイッチ S を閉じ，すべり抵抗器 R の端子 c を b の方向へ移動させて行き，検流計が零を指したとき移動を停止した。このとき，a-c 間の距離は 4.5 cm であった。

実験 III：図 2 に配線を変更したら，電流計の値は 50 mA であった。

次の（a）及び（b）の問に答えよ。

ただし，各計測器の内部抵抗及び接触抵抗は無視できるものとし，また，すべり抵抗器 R の長さ[cm]と抵抗値[Ω]とは比例するものであるとする。

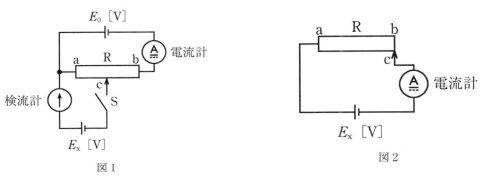

図 1　　　　図 2

（a）　電池 E_x の起電力の値[V]として，最も近いものを次の（1）〜（5）のうちから一つ選べ。

　　（1）　1.0　　　（2）　1.2　　　（3）　1.5　　　（4）　1.8　　　（5）　2.0

（b）　電池 E_x の内部抵抗の値[Ω]として，最も近いものを次の（1）〜（5）のうちから一つ選べ。

　　（1）　0.5　　　（2）　2.0　　　（3）　3.5　　　（4）　4.2　　　（5）　6.0

問15（a）の解答　出題項目＜電位差計＞　　　　答え　（4）

実験Ⅰより，すべり抵抗の両端 a-b 間の端子電圧は $200[\text{mA}] \times 30[\Omega] = 6[\text{V}]$。実験Ⅱより，a-c 間の距離が 4.5 cm。長さと抵抗値は比例するので，長さとその間の電圧も比例する。したがって，a-c 間の電圧 V_{ac} は，

$$V_{ac} = \frac{4.5}{15} \times 6 = 1.8[\text{V}]$$

図 15-1 は，問題図 1 の実験Ⅱにおける等価回路である。検流計が零を示しているので，E_x と V_{ac} は等しい。したがって，$E_x = 1.8[\text{V}]$。

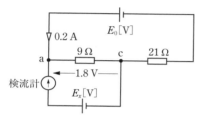

図 15-1　実験Ⅱの等価回路

解 説

この実験は電位差計の原理に基づき，未知の電池の起電力 E_x を測定している。図 15-2 のように，通常行われる電圧計による電圧測定では，指針を駆動するために被測定電池に電流 I が流れる。電池は内部抵抗 r を含んでいるため，電圧計の指示 V は $V = E_x - Ir$ となり，正しい起電力 E_x を測定できない。

$V = E_x$ となるには $I = 0$，つまり測定回路に電流を流さない方法が必要になる。このためには，V が外部の既知の起電力であればよい。このように，測定したい未知量と同種で，量が可変できる既知量を平衡させることで，未知量を知る方法を「零位法」という。ホイートストンブリッジによる抵抗値測定は零位法の原理を利用している。零位法は精密測定に適する。これに対して，電圧計のように指針の振れ（偏位）により，未知量を知る方法を偏位法という。

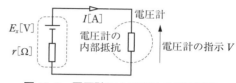

図 15-2　電圧計による電池の電圧測定

補足　起電力 E_x の精密な測定には電位差計を用いるが，実際に測定する場合は，図 15-1 の回路では次の点に注意が必要になる。

①　電源 E_0 を流れる電流 I を正確に決める。このために零位法を利用する。この方法は次のとおり。E_x の代わりに標準電池（正確な起電力がわかる電池）を接続し，すべり抵抗の位置を調整して平衡状態にする。このとき，抵抗器の位置と，標準電池の起電力から電流 I が決定できる。

②　決定された電流 I が常に一定値を保つよう留意する。

Point 零位法→量の平衡（バランス）を利用。偏位法→指針の振れを利用。

問15（b）の解答　出題項目＜電位差計＞　　　　答え　（5）

問題図 2 において，電池の内部抵抗を $r[\Omega]$ としたときの等価回路を図 15-3 に示す。

$$(30 + r) \times 0.05 = 1.8 \quad \rightarrow \quad r = 6[\Omega]$$

図 15-3　実験Ⅲの等価回路

解 説

計器の内部抵抗および接触抵抗を題意により無視しているので，電流計による回路への影響は考慮しなくてよい。このため，簡単な計算で電池の内部抵抗が求められる。

Point 理想的な電流計の内部インピーダンスは零。

令和4(2022)
令和3(2021)
令和2(2020)
令和元(2019)
平成30(2018)
平成29(2017)
平成28(2016)
平成27(2015)
平成26(2014)
平成25(2013)
平成24(2012)
平成23(2011)
平成22(2010)
平成21(2009)
平成20(2008)

問 16　出題分野＜単相交流＞　　難易度 ★★★　重要度 ★★★

図1の端子 a-d 間の合成静電容量について，次の（a）及び（b）の問に答えよ。

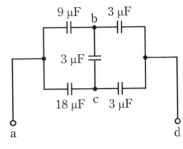

図 1

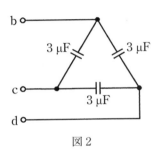

図 2

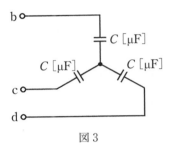

図 3

（a）　端子 b-c-d 間は図 2 のように Δ 結線で接続されている。これを図 3 のように Y 結線に変換したとき，電気的に等価となるコンデンサ C の値[μF]として，最も近いものを次の（1）～（5）のうちから一つ選べ。

（1）　1.0　　　（2）　2.0　　　（3）　4.5　　　（4）　6.0　　　（5）　9.0

（b）　図 3 を用いて，図 1 の端子 b-c-d 間を Y 結線回路に変換したとき，図 1 の端子 a-d 間の合成静電容量 C_0 の値[μF]として，最も近いものを次の（1）～（5）のうちから一つ選べ。

（1）　3.0　　　（2）　4.5　　　（3）　4.8　　　（4）　6.0　　　（5）　9.0

問 16（a）の解答　出題項目＜コンデンサ直並列回路＞　　答え（5）

図 **16-1** に示すインピーダンスの Δ—Y 変換では，$Z_\Delta = 3Z_Y$ が成り立つ。

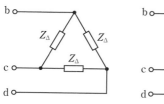
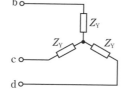

図 16-1　インピーダンスの **Δ—Y** 変換

回路の角周波数を ω[rad/s] とすると，問題図2, 3 から，

$$Z_\Delta = \frac{1}{3[\mu F]\omega}, \quad Z_Y = \frac{1}{\omega C[\mu F]}$$

ゆえに，

$$\frac{1}{3[\mu F]\omega} = \frac{3}{\omega C[\mu F]}$$

$$C = 3 \times 3[\mu F] = 9[\mu F] \quad \rightarrow \quad 9.0\,\mu F$$

【別　解】 端子 b-c，c-d，d-b 間それぞれの合成静電容量が，問題図2, 3 相互で等しいことを利用する。三つの各端子間の静電容量は等しいので，そのうちの一組の端子について考える。

問題図2の端子 b-c 間の合成静電容量は，

$$3 + \frac{3 \times 3}{3+3} = 4.5[\mu F]$$

問題図3の端子 b-c 間の合成静電容量は，

$$C/2[\mu F]$$

両者は等しいので $C/2 = 4.5$ より，

$$C = 9[\mu F]$$

解　説 ･･････････････････････････

平衡三相負荷の Δ—Y 変換を用いれば解答のように容易に計算できる。ただし，コンデンサの Δ—Y 変換は，インピーダンスの場合の逆数となるので要注意。三相回路においては，このようなコンデンサの Δ—Y 変換は頻出なので，誤解のないようにしたい。

補　足 一般の Δ—Y 変換の関係式も別解と同様な方法で求めることができる（**図 16-2** 参照）。

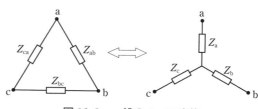

図 16-2　一般の **Δ—Y** 変換

* Δ→Y へ変換：$k = Z_{ab} + Z_{bc} + Z_{ca}$ とする。

$$Z_a = \frac{Z_{ca}Z_{ab}}{k}, \quad Z_b = \frac{Z_{ab}Z_{bc}}{k}, \quad Z_c = \frac{Z_{bc}Z_{ca}}{k} \quad ①$$

* Y→Δ へ変換：$m = Z_aZ_b + Z_bZ_c + Z_cZ_a$ とする。

$$Z_{bc} = \frac{m}{Z_a}, \quad Z_{ca} = \frac{m}{Z_b}, \quad Z_{ab} = \frac{m}{Z_c} \quad ②$$

①式において $Z_{ab} = Z_{bc} = Z_{ca} = Z_\Delta$ のとき，

$$Z_a = Z_b = Z_c = \underline{Z_Y = Z_\Delta/3}$$

②式において，$Z_a = Z_b = Z_c = Z_Y$ のとき，

$$Z_{ab} = Z_{bc} = Z_{ca} = \underline{Z_\Delta = 3Z_Y}$$

問 16（b）の解答　出題項目＜コンデンサ直並列回路＞　　答え（3）

図 **16-3** において，合成静電容量 C_0 を計算する。a-e 間の合成静電容量は，

$$\frac{9 \times 9}{9+9} + \frac{18 \times 9}{18+9} = 4.5 + 6 = 10.5[\mu F]$$

$$C_0 = \frac{10.5 \times 9}{10.5+9} \fallingdotseq 4.85[\mu F] \quad \rightarrow \quad 4.8\,\mu F$$

解　説 ･･････････････････････････

単に合成静電容量を求めればよい。

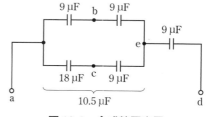

図 16-3　合成静電容量

問 17 及び問 18 は選択問題であり，問 17 又は問 18 のどちらかを選んで解答すること。両方解答すると採点されません。

（選択問題）

問 17　出題分野＜三相交流＞　難易度 ★★☆　重要度 ★★☆

　図のような V 結線電源と三相平衡負荷とからなる平衡三相回路において，$R=5\,\Omega$，$L=16\,\mathrm{mH}$ である。また，電源の線間電圧 $e_\mathrm{a}[\mathrm{V}]$ は，時刻 $t[\mathrm{s}]$ において $e_\mathrm{a}=100\sqrt{6}\,\sin(100\pi t)[\mathrm{V}]$ と表され，線間電圧 $e_\mathrm{b}[\mathrm{V}]$ は $e_\mathrm{a}[\mathrm{V}]$ に対して振幅が等しく，位相が 120° 遅れている。ただし，電源の内部インピーダンスは零である。このとき，次の（a）及び（b）の問に答えよ。

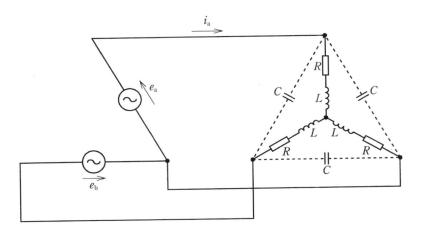

（a）　図の点線で示された配線を切断し，3 個のコンデンサを三相回路から切り離したとき，三相電力 P の値[kW]として，最も近いものを次の（1）～（5）のうちから一つ選べ。
　　（1）　1　　　　（2）　3　　　　（3）　6　　　　（4）　9　　　　（5）　18

（b）　点線部を接続することによって同じ特性の 3 個のコンデンサを接続したところ，i_a の波形は e_a の波形に対して位相が 30° 遅れていた。このときのコンデンサ C の静電容量の値[F]として，最も近いものを次の（1）～（5）のうちから一つ選べ。
　　（1）　3.6×10^{-5}　　　（2）　1.1×10^{-4}　　　（3）　3.2×10^{-4}
　　（4）　9.6×10^{-4}　　　（5）　2.3×10^{-3}

問 17 （a）の解答　出題項目＜Y 接続＞　　答え　（2）

i_a の実効値を I_a，i_a が流れる相を a 相としたとき，a 相 1 相分の等価回路を図 17-1 に示す。

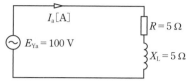

図 17-1　1 相分の回路

瞬時式 e_a より，線間電圧の実効値 E_a は $100\sqrt{3}$ V，周波数は 50 Hz である。相電圧は線間電圧の $1/\sqrt{3}$ なので，a 相の相電圧の大きさ E_{Ya} は，

$E_{Ya}=100\sqrt{3}/\sqrt{3}=100[V]$

負荷の誘導性リアクタンス X_L は，

$X_L=2\pi\times50\times16\times10^{-3}=5[\Omega]$

負荷 1 相分のインピーダンス Z は，

$Z=\sqrt{5^2+5^2}=5\sqrt{2}[\Omega]$

相電流 I_a は，

$I_a=\dfrac{E_{Ya}}{Z}=\dfrac{100}{5\sqrt{2}}=10\sqrt{2}[A]$

電力は R で消費され，三相電力 P は単相電力の 3 倍であるから，

$P=3I_a^2R=3\times(10\sqrt{2})^2\times5=3\,000[W]=3[kW]$

解説

V 結線の電源でも，負荷から見れば対称三相電源に変わりないので，Δ 結線の電源同様に 1 相分の等価回路で考えることができる。

問 17 （b）の解答　出題項目＜YΔ 混合＞　　答え　（2）

相電圧 $\dot{E}_{Ya}$ を基準とした線間電圧 $\dot{E}_a$ のベクトル図を図 17-2 に示す。

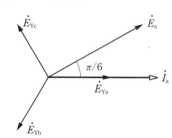

図 17-2　線間電圧と相電圧のベクトル図

題意より $\dot{I}_a$ の位相は $\dot{E}_a$ に対して $30°(\pi/6)$ 遅れなので，相電流 $\dot{I}_a$ は相電圧 $\dot{E}_{Ya}$ と同相である。したがって，コンデンサを含む負荷の力率は 1 である。

コンデンサを Y 結線に変換した 1 相分の負荷を図 17-3 に示す。また，相電圧 $\dot{E}_{Ya}$ を基準とした，負荷に流れる電流のベクトル図を図 17-4 に示す。ただし，コンデンサを流れる電流を $\dot{I}_C$，誘導性負荷を流れる電流を $\dot{I}_{RL}$ とする。

$\dot{I}_{RL}=100/(5+j5)=10-j10[A]$

$\dot{I}_C+\dot{I}_{RL}=\dot{I}_a$ が $\dot{E}_{Ya}$ と同相になるには，

$\dot{I}_C=j10[A]$，∴ $I_C=|\dot{I}_C|=10[A]$

コンデンサの容量性リアクタンス X_C は，

$X_C=E_{Ya}/I_C=100/10=10[\Omega]$

$X_C=\dfrac{1}{100\pi\times3C}=10$

$C=\dfrac{1}{100\pi\times3\times10}$

$\fallingdotseq1.06\times10^{-4}[F]$　→　1.1×10^{-4} F

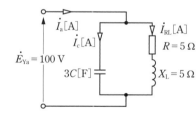

図 17-3　コンデンサを含む負荷と電流

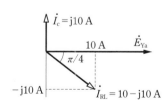

図 17-4　負荷電流のベクトル図

解説

i_a，e_a を実効値ベクトルに置き換えてベクトル図で考える。この問題では線間電圧 $\dot{E}_a$ と相電圧 $\dot{E}_{Ya}$，相電流 $\dot{I}_a$ の位相関係が重要になる。

（選択問題）

問 18　出題分野＜電子回路＞　　難易度 ★★☆　重要度 ★★★

演算増幅器（オペアンプ）について，次の（a）及び（b）の問に答えよ。

（a）　演算増幅器は，その二つの入力端子に加えられた信号の　(ア)　を高い利得で増幅する回路である。演算増幅器の入力インピーダンスは極めて　(イ)　ため，入力端子電流は　(ウ)　とみなしてよい。一方，演算増幅器の出力インピーダンスは非常に　(エ)　ため，その出力端子電圧は負荷による影響を　(オ)　。さらに，演算増幅器は利得が非常に大きいため，抵抗などの部品を用いて負帰還をかけたときに安定した有限の電圧利得が得られる。

上記の記述中の空白箇所（ア），（イ），（ウ），（エ）及び（オ）に当てはまる組合せとして，正しいものを次の（1）～（5）のうちから一つ選べ。

	（ア）	（イ）	（ウ）	（エ）	（オ）
（1）	差動成分	大きい	ほぼ零	小さい	受けにくい
（2）	差動成分	小さい	ほぼ零	大きい	受けやすい
（3）	差動成分	大きい	極めて大きな値	大きい	受けやすい
（4）	同相成分	大きい	ほぼ零	小さい	受けやすい
（5）	同相成分	小さい	極めて大きな値	大きい	受けにくい

（b）　図のような直流増幅回路がある。この回路に入力電圧 0.5 V を加えたとき，出力電圧 V_0 の値 [V] と電圧利得 A_v の値 [dB] の組合せとして，最も近いものを次の（1）～（5）のうちから一つ選べ。

ただし，演算増幅器は理想的なものとし，$\log_{10} 2 = 0.301$，$\log_{10} 3 = 0.477$ とする。

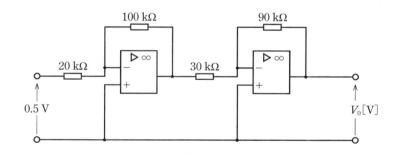

	V_0	A_v
（1）	7.5	12
（2）	−15	12
（3）	−7.5	24
（4）	15	24
（5）	7.5	24

問 18 （a）の解答　出題項目＜オペアンプ＞　　答え　（1）

演算増幅器は，二つの入力端子に加えられた信号の**差動成分**を高い利得で増幅する回路である。演算増幅器の入力インピーダンスは極めて**大きい**ため，入力端子電流は**ほぼ零**とみなしてよい。一方，出力インピーダンスは非常に**小さい**ため，その出力端子電圧は負荷による影響を**受けにくい**。

解説

演算増幅器に関する計算問題は，次の理想的な条件を用いている。①入力インピーダンスは無限大。②出力インピーダンスは零。③利得は無限大。④周波数帯域は零（直流）から無限大。⑤動作時イマジナルショート（二つの入力端子間の電位差が零）の状態にある。

問 18 （b）の解答　出題項目＜オペアンプ＞　　答え　（5）

問題図は，図 18-1 に示す直流増幅回路を 2 段接続した回路である。図 18-1 において，出力電圧を V_{OUT}，入力電圧を V_{IN} とし，演算増幅器のマイナス入力（反転入力）端子を P 点とする。

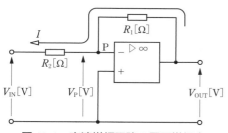

図 18-1　直流増幅回路の電圧増幅度

出力から入力に流れる電流 I は，演算増幅器の入力インピーダンスが極めて大きいため，すべて入力 V_{IN} 側に流れる。このため，P 点の電圧 V_P は抵抗 R_1，R_2 の分圧で決まり，

$$V_P = V_{IN} + (V_{OUT} - V_{IN}) \frac{R_2}{R_1 + R_2} \qquad ①$$

演算増幅器が正常に動作している状態では，イマジナルショートにより $V_P = 0$ となる。①式に代入し整理して，電圧増幅度 $A = V_{OUT}/V_{IN}$ を求めると，

$$A = \frac{V_{OUT}}{V_{IN}} = 1 - \frac{R_1 + R_2}{R_2} \qquad ②$$

問題図において，前段（左），後段（右）の電圧増幅度 A_1，A_2 を②式から求めると，

$$A_1 = 1 - \frac{100[\text{k}\Omega] + 20[\text{k}\Omega]}{20[\text{k}\Omega]} = -5$$

$$A_2 = 1 - \frac{90[\text{k}\Omega] + 30[\text{k}\Omega]}{30[\text{k}\Omega]} = -3$$

これより，前段後段合わせた電圧増幅度 A_{12} は，

$$A_{12} = A_1 A_2 = (-5) \times (-3) = 15 \qquad ③$$

したがって，問題図の出力電圧 V_0 は，

$$V_0 = 0.5 A_{12} = 0.5 \times 15 = 7.5[\text{V}]$$

次に，A_{12} を電圧利得 $A_v[\text{dB}]$ で表す。

$$
\begin{aligned}
A_v &= 20 \log_{10} |A_{12}| = 20 \log_{10} 15 \qquad ④\\
&= 20 \log_{10}(30/2) = 20(\log_{10} 30 - \log_{10} 2)\\
&= 20(\log_{10} 10 + \log_{10} 3 - \log_{10} 2)\\
&= 20 \times (1 + 0.477 - 0.301)\\
&= 23.52[\text{dB}] \quad \rightarrow \quad 24\ \text{dB}
\end{aligned}
$$

解説

問題図の回路は，抵抗値のみが異なる同じタイプの増幅器二段で構成されているので，電圧増幅度を文字式で導出した②式を用いると便利である。

2 段に結合された増幅器の増幅度は，③式のようにそれぞれの積になる。

また，対数計算の中で④式から次の式への変形（15 を 30/2 と置き換える）は，$\log_{10} 3$，$\log_{10} 2$ の値を利用するために必要となる。

補足　対数計算は，機械科目の利得計算でも使用するので，次の基本ルールは覚えておきたい。

$$\log_{10}(MN) = \log_{10} M + \log_{10} N$$
$$\log_{10}(M/N) = \log_{10} M - \log_{10} N$$
$$\log_{10}(M^t) = t \log_{10} M$$
$$\log_{10} 10 = 1, \quad \log_{10} 1 = 0$$

ただし，M，N は正の数，t は実数である。

Point　増幅度は無単位，利得の単位は[dB]である。

令和4 (2022)
令和3 (2021)
令和2 (2020)
令和元 (2019)
平成30 (2018)
平成29 (2017)
平成28 (2016)
平成27 (2015)
平成26 (2014)
平成25 (2013)
平成24 (2012)
平成23 (2011)
平成22 (2010)
平成21 (2009)
平成20 (2008)

理論 | 平成26年度(2014年度)

A 問題 （配点は1問題当たり5点）

問1　出題分野＜静電気＞　難易度 ★★★　重要度 ★★★

極板 A–B 間が比誘電率 $\varepsilon_r = 2$ の誘電体で満たされた平行平板コンデンサがある。極板間の距離は d [m]，極板間の直流電圧は V_0[V]である。極板と同じ形状と大きさをもち，厚さが $\dfrac{d}{4}$ [m]の帯電していない導体を図に示す位置 P–Q 間に極板と平行に挿入したとき，導体の電位の値[V]として，正しいものを次の（1）～（5）のうちから一つ選べ。

ただし，コンデンサの端効果は無視できるものとする。

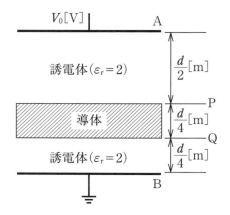

（1）　$\dfrac{V_0}{8}$　　（2）　$\dfrac{V_0}{6}$　　（3）　$\dfrac{V_0}{4}$　　（4）　$\dfrac{V_0}{3}$　　（5）　$\dfrac{V_0}{2}$

問1の解答　　出題項目＜平行板コンデンサ＞

図1-1(a)の導体を含むコンデンサは，図1-1(b)に示す静電容量 C_1[F]，C_2[F] の二つのコンデンサの直列回路と等価である。ゆえに，導体の電位は C_2 の端子電圧 V と等しい。

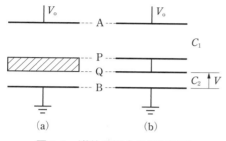

図1-1　導体の場合の等価回路

C_2 の極板間の距離は C_1 の半分なので，$C_2 = 2C_1$。合成静電容量 C は，

$$C = \frac{C_1 C_2}{C_1 + C_2} = \frac{2C_1{}^2}{3C_1} = \frac{2C_1}{3}[\text{F}]$$

各コンデンサの電荷 Q は $Q = CV_0$[C]なので，C_2 の端子電圧 V（導体の電位）は，

$$V = \frac{Q}{C_2} = \frac{CV_0}{C_2} = \frac{2C_1}{3} \cdot \frac{V_0}{2C_1} = \frac{V_0}{3}[\text{V}]$$

【別解】　導体上下の誘電体中の電界の大きさを E[V/m]とする。導体 P-Q 間の電位差は零なので，A-P 間と Q-B 間の電位差の和は V_0 となり，

$$E\frac{d}{2} + E\frac{d}{4} = V_0$$

この式から，電界の大きさは，

$$E = \frac{4V_0}{3d}$$

したがって，導体の電位 V は，

$$V = E\frac{d}{4} = \frac{4V_0}{3d} \cdot \frac{d}{4} = \frac{V_0}{3}[\text{V}]$$

解説 ……………………………………………

両極板間に，極板と同じ形状で厚みが一定の導体または誘電体が極板に平行に挿入された問題では，次の二通りの解法が考えられる。①解答のように等価なコンデンサの直列回路で考える。②別解のように極板間の電束密度が一定であることを利用し，真空または誘電体中の電界の大きさを用いて考える（導体中の電界は零）。

（類題：平成24年度問2，平成21年度問17）

補足　図1-2のように，極板 A-B 間とは異なる比誘電率 ε_r の誘電体を挿入した場合は，三つのコンデンサによる直列回路と等価である。

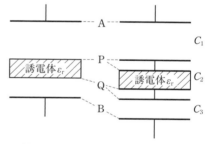

図1-2　誘電体の場合の等価回路

令和4 (2022)
令和3 (2021)
令和2 (2020)
令和元 (2019)
平成30 (2018)
平成29 (2017)
平成28 (2016)
平成27 (2015)
平成26 (2014)
平成25 (2013)
平成24 (2012)
平成23 (2011)
平成22 (2010)
平成21 (2009)
平成20 (2008)

問2　出題分野＜静電気＞　　　　難易度 ★★★　　重要度 ★★★

次の文章は，静電気に関する記述である。

図のように真空中において，負に帯電した帯電体Aを，帯電していない絶縁された導体Bに近づけると，導体Bの帯電体Aに近い側の表面c付近に　(ア)　の電荷が現れ，それと反対側の表面d付近に　(イ)　の電荷が現れる。

この現象を　(ウ)　という。

上記の記述中の空白箇所(ア)，(イ)及び(ウ)に当てはまる組合せとして，正しいものを次の(1)～(5)のうちから一つ選べ。

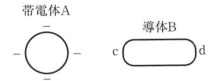

	（ア）	（イ）	（ウ）
（1）	正	負	静電遮へい
（2）	負	正	静電誘導
（3）	負	正	分　極
（4）	負	正	静電遮へい
（5）	正	負	静電誘導

問2の解答　出題項目＜静電誘導＞　　　　　　　　　　答え（5）

　図2-1のように，帯電した物体を帯電していない絶縁された導体に近づけると，導体の帯電体に近い表面に帯電体の電荷とは異符号の電荷が現れ，その反対側表面には帯電体と同符号の電荷が現れる。帯電体は負の電荷を帯びているので，導体Bの表面c付近に**正**の電荷が現れる。それと

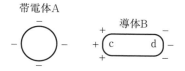

図2-1　導体上の誘導電荷

反対側の表面d付近に**負**の電荷が現れる。この現象を**静電誘導**という。

解説

　「静電遮へい」とは，ある導体の周囲を導電性の物質で囲うことで，内部の導体に静電誘導が生じないようにすること。また，「分極（誘電分極）」とは，電気的に中性な分子において，外部電界の作用で分子内部の正負電荷の重心がずれ，分子の一方の側が正，反対側が負の電気を帯びた状態になること。

令和
4
(2022)

令和
3
(2021)

令和
2
(2020)

令和
元
(2019)

平成
30
(2018)

平成
29
(2017)

平成
28
(2016)

平成
27
(2015)

平成
26
(2014)

平成
25
(2013)

平成
24
(2012)

平成
23
(2011)

平成
22
(2010)

平成
21
(2009)

平成
20
(2008)

問3　出題分野＜電磁気＞
難易度 ★★★　重要度 ★★★

環状鉄心に絶縁電線を巻いて作った磁気回路に関する記述として，誤っているものを次の（1）～（5）のうちから一つ選べ。

（1）　磁気抵抗は，磁束の通りにくさを表している。毎ヘンリー[H^{-1}]は，磁気抵抗の単位である。

（2）　電気抵抗が導体断面積に反比例するように，磁気抵抗は，鉄心断面積に反比例する。

（3）　鉄心の透磁率が大きいほど，磁気抵抗は小さくなる。

（4）　起磁力が同じ場合，鉄心の磁気抵抗が大きいほど，鉄心を通る磁束は小さくなる。

（5）　磁気回路における起磁力と磁気抵抗は，電気回路におけるオームの法則の電流と電気抵抗にそれぞれ対応する。

問4　出題分野＜電磁気＞
難易度 ★★☆　重要度 ★★★

図のように，十分に長い直線状導体 A，B があり，A と B はそれぞれ直角座標系の x 軸と y 軸に沿って置かれている。A には $+x$ 方向の電流 I_x[A]が，B には $+y$ 方向の電流 I_y[A]が，それぞれ流れている。$I_x > 0$，$I_y > 0$ とする。

このとき，xy 平面上で I_x と I_y のつくる磁界が零となる点（x[m]，y[m]）の満たす条件として，正しいものを次の（1）～（5）のうちから一つ選べ。

ただし，$x \neq 0$，$y \neq 0$ とする。

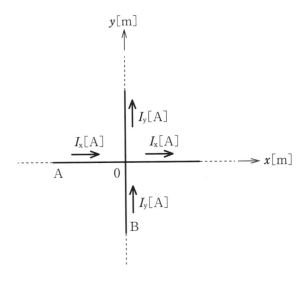

（1）　$y = \dfrac{I_x}{I_y} x$　　（2）　$y = \dfrac{I_y}{I_x} x$　　（3）　$y = -\dfrac{I_x}{I_y} x$　　（4）　$y = -\dfrac{I_y}{I_x} x$　　（5）　$y = \pm x$

問3の解答　出題項目＜環状ソレノイド＞　　　　　　答え　（5）

環状鉄心に絶縁電線を N 回巻いて作った磁気回路を**図 3-1** に示す。

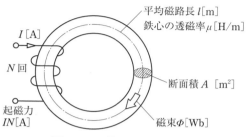

図 3-1　環状鉄心の磁気回路

（1）　正。磁気回路の磁気抵抗 R は，

$$R = \frac{l[\mathrm{m}]}{\mu[\mathrm{H/m}]A[\mathrm{m}^2]}$$

この式中の単位に注目する。分子の [m] と分母の $[\mathrm{m}^2]/[\mathrm{m}] = [\mathrm{m}]$ が消去できるので，R の単位として $1/[\mathrm{H}] = [\mathrm{H}^{-1}]$ が残る。

（2）　正。磁気抵抗の式より，磁気抵抗は鉄心

断面積 A に反比例する。

（3）　正。磁気抵抗の式より，磁気抵抗は透磁率に反比例する。したがって，透磁率 μ が大きいほど磁気抵抗は小さくなる。

（4）　正。磁気回路のオームの法則から，

$$\Phi[\mathrm{Wb}] = \frac{IN[\mathrm{A}]}{R[\mathrm{A/Wb}]}$$

磁束は磁気抵抗に反比例するので，鉄心の磁気抵抗が大きいほど，鉄心を通る磁束は小さい。

（5）　誤。磁気回路のオームの法則では，電気回路のオームの法則と次の対応関係にある。起磁力⇔起電力，磁束⇔電流，磁気抵抗⇔電気抵抗。したがって，「起磁力は電流に対応する」は誤り。

解　説 ……………………………………

磁気抵抗と電気抵抗の式には類似性があり，透磁率を導電率に換えると電気抵抗の式になる。

Point 磁束は「磁気」の流れと考える。

問4の解答　出題項目＜電流による磁界＞　　　　　　答え　（1）

導体 A，B が作る磁界の向きは**図 4-1** のようになる。第 2，第 4 象限では A，B 両導体の電流が作る磁界の向きが同じになるため，磁界が零となる点（座標）は存在しない。

第 1 象限の点 (x, y) において，導体 A，B の電流が作る磁界の大きさ H_A，H_B は，

$$H_\mathrm{A} = \frac{I_\mathrm{x}}{2\pi y}[\mathrm{A/m}], \quad H_\mathrm{B} = \frac{I_\mathrm{y}}{2\pi x}[\mathrm{A/m}]$$

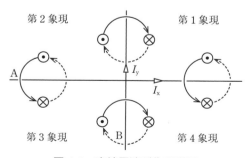

図 4-1　直線電流が作る磁界

磁界は互いに反対向きなので，$H_\mathrm{A} = H_\mathrm{B}$ のとき磁界が零となる。

$$\frac{I_\mathrm{x}}{2\pi y} = \frac{I_\mathrm{y}}{2\pi x} \quad \rightarrow \quad y = \frac{I_\mathrm{x}}{I_\mathrm{y}}x$$

第 3 象限では x，y の座標はマイナスとなり，導体 A，B からの距離は $-y$，$-x$ となるが，結果的に第 1 象限と同じ式になる。

解　説 ……………………………………

磁界が零になる点の集合を図示すると，**図 4-2** のような原点を除く直線となる。

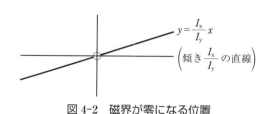

図 4-2　磁界が零になる位置

問5　出題分野＜直流回路＞　　難易度 ★★☆　重要度 ★★★

　図のように，コンデンサ3個を充電する回路がある。スイッチS_1及びS_2を同時に閉じてから十分に時間が経過し，定常状態となったとき，a点からみたb点の電圧の値[V]として，正しいものを次の（1）～（5）のうちから一つ選べ。

　ただし，各コンデンサの初期電荷は零とする。

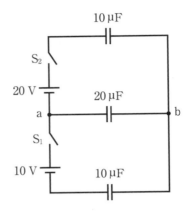

（1）　$-\dfrac{10}{3}$　　　（2）　-2.5　　　（3）　2.5　　　（4）　$\dfrac{10}{3}$　　　（5）　$\dfrac{20}{3}$

問6　出題分野＜直流回路＞　　難易度 ★☆☆　重要度 ★★★

　図のように，抵抗を直並列に接続した直流回路がある。この回路を流れる電流Iの値は，$I=10\,\mathrm{mA}$であった。このとき，抵抗$R_2[\mathrm{k}\Omega]$として，最も近いR_2の値を次の（1）～（5）のうちから一つ選べ。

　ただし，抵抗$R_1[\mathrm{k}\Omega]$に流れる電流$I_1[\mathrm{mA}]$と抵抗$R_2[\mathrm{k}\Omega]$に流れる電流$I_2[\mathrm{mA}]$の電流比$\dfrac{I_1}{I_2}$の値は$\dfrac{1}{2}$とする。

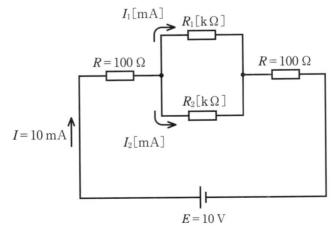

（1）　0.3　　　（2）　0.6　　　（3）　1.2　　　（4）　2.4　　　（5）　4.8

問5の解答　　出題項目＜LとCの定常特性＞　　　　答え　（3）

S_1，S_2 を閉じて十分に時間が経過したとき（定常状態），各コンデンサには図5-1に示す向きに，電荷 $q_1[\mu C]$，$q_2[\mu C]$，$q_3[\mu C]$ が充電されたとする。

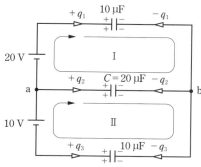

図5-1　充電電荷と閉回路

閉回路Ⅰ，Ⅱについて方程式を作る。
閉回路Ⅰにおいて電圧の総和は零より，

$$20-\frac{q_1[\mu C]}{10[\mu F]}+\frac{q_2[\mu C]}{20[\mu F]}=0$$

$$2q_1-q_2=400 \qquad ①$$

閉回路Ⅱにおいて電圧の総和は零より，

$$10-\frac{q_2[\mu C]}{20[\mu F]}+\frac{q_3[\mu C]}{10[\mu F]}=0$$

$$q_2-2q_3=200 \qquad ②$$

b点側において電荷の総量は零（初期電荷零）より，$(-q_1)+(-q_2)+(-q_3)=0$ なので，

$$q_1+q_2+q_3=0 \qquad ③$$

以上の連立方程式から q_2 を求める。
2×③式-①式で q_1 を消去すると，

$$3q_2+2q_3=-400 \qquad ④$$

②式＋④式で q_3 を消去すると，

$$4q_2=-200 \quad → \quad q_2=-50[\mu C]$$

q_2 の符号がマイナスなので，実際に $C=20$ $[\mu F]$ に充電された電荷は図5-2に示す向きである。したがって，a点からみたb点の電圧 $V[V]$ は，

$$V=\frac{q_2[\mu C]}{C[\mu F]}=\frac{50}{20}=2.5[V]$$

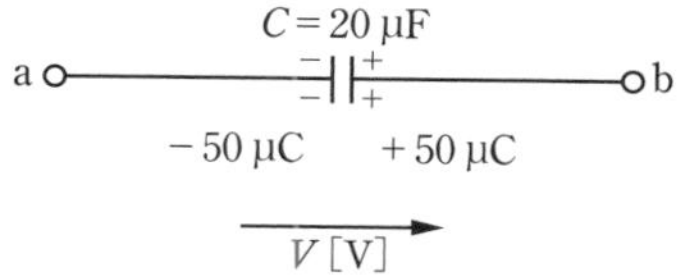

図5-2　C の電荷と電圧

解説 ▶

コンデンサの直流回路網の計算は，電荷についての連立方程式を解くことで各電荷が得られる。これは，コンデンサを抵抗に置き換えた回路において，各枝電流を求めるために用いるキルヒホッフの法則と同じ方法である。

問6の解答　　出題項目＜抵抗直並列回路＞　　　　答え　（3）

R_1，R_2 の端子電圧は等しいので，

$$I_1 R_1=I_2 R_2, \quad I_1/I_2=1/2$$

ゆえに，$R_1=2R_2$
R_1，R_2 の合成抵抗を R_2 で表せば，

$$\frac{R_1 R_2}{R_1+R_2}=\frac{2R_2 R_2}{2R_2+R_2}=\frac{2R_2}{3}[k\Omega]$$

以上から，回路は図6-1となる。回路の合成抵抗は $10[V]/10[mA]=1[k\Omega]$ なので，

$$1=\frac{2R_2}{3}+0.2$$

$$\frac{2R_2}{3}=0.8 \quad → \quad R_2=1.2[k\Omega]$$

解説 ▶

R_1，R_2 の関係は I_1，I_2 の電流比から求められる。分流する電流は抵抗値に反比例することから直ちに $R_1=2R_2$ が得られるが，解答では「並列回路では電圧が等しい」ことを利用した。

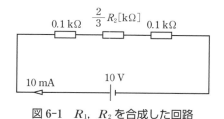

図6-1　R_1，R_2 を合成した回路

問7 出題分野＜直流回路＞ 　難易度 ★★★ 　重要度 ★★★

図に示す直流回路において，抵抗 $R_1 = 5\,\Omega$ で消費される電力は抵抗 $R_3 = 15\,\Omega$ で消費される電力の何倍となるか。その倍率として，最も近い値を次の（1）〜（5）のうちから一つ選べ。

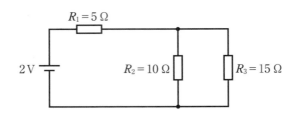

（1） 0.9 　　（2） 1.2 　　（3） 1.5 　　（4） 1.8 　　（5） 2.1

問8 出題分野＜単相交流＞ 　難易度 ★★★ 　重要度 ★★★

図の交流回路において，電源を流れる電流 $I\,[\mathrm{A}]$ の大きさが最小となるように静電容量 $C\,[\mathrm{F}]$ の値を調整した。このときの回路の力率の値として，最も近いものを次の（1）〜（5）のうちから一つ選べ。

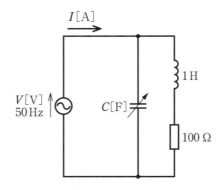

（1） 0.11 　　（2） 0.50 　　（3） 0.71 　　（4） 0.87 　　（5） 1

令和
4
(2022)

令和
3
(2021)

令和
2
(2020)

令和
元
(2019)

平成
30
(2018)

平成
29
(2017)

平成
28
(2016)

平成
27
(2015)

平成
26
(2014)

平成
25
(2013)

平成
24
(2012)

平成
23
(2011)

平成
22
(2010)

平成
21
(2009)

平成
20
(2008)

問7の解答　出題項目＜抵抗直並列回路＞　　答え (5)

図 **7-1** において，抵抗 R_1，R_3 を流れる電流 [A] を I_1，I_3 としたとき，I_3 は分流の計算により，

$$I_3 = \frac{R_2}{R_2 + R_3} I_1 = \frac{10}{10+15} I_1 = \frac{2}{5} I_1 \,[\text{A}]$$

R_1，R_3 で消費される電力 P_1，P_3 は，

$$P_1 = I_1^2 R_1 = 5I_1^2 \,[\text{W}]$$

$$P_3 = I_3^2 R_3 = 15 \times \left(\frac{2I_1}{5}\right)^2 = \frac{12}{5} I_1^2 \,[\text{W}]$$

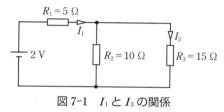

図 7-1　I_1 と I_3 の関係

ゆえに，

$$\frac{P_1}{P_3} = \frac{5I_1^2}{\frac{12I_1^2}{5}} \fallingdotseq 2.08 \quad \rightarrow \quad 2.1$$

解説

すべての抵抗および電源電圧が既知なので，回路の合成抵抗から I_1 を，分流の計算で I_3 を求め，その後に P_1，P_3 の値を計算した上で比を求めてもよい。しかし，値ではなく比を求める問題の場合は，未知数を含んでいても比をとることで未知数を消去できる場合がある。これも文字式の活用による利点である。

Point 計算問題の考察は文字式で行うことに慣れておきたい。数値計算を最後に行うことで，余分な計算を省けることが多い。

問8の解答　出題項目＜力率＞　　答え (5)

図 **8-1** において，コンデンサを流れる電流を $\dot{I}_C$，コイルと抵抗の直列回路を流れる電流を $\dot{I}_{LR}$ とする。電源を流れる電流 $\dot{I}$ は，

$$\dot{I} = \dot{I}_C + \dot{I}_{LR}$$

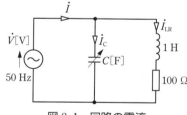

図 8-1　回路の電流

これらの電流ベクトルを，電源電圧 $\dot{V}$ を基準としてベクトル図に表すと**図 8-2** になる。

静電容量 C の値により $\dot{I}_C$ の大きさが変わるので，$\dot{I}$ ベクトルの先端の軌跡は，図中の点 A（$\dot{I}_{LR}$ の先端）を始点とした半直線になる。$\dot{I}$ の大きさが最小になるのは，**図 8-3** のように $\dot{I}$ が実軸上にあるとき，すなわち $\dot{V}$ と同相のときなので，回路の力率は 1 となる。

解説

力率改善の問題であり，ベクトル図を用いることで特に数値計算を必要とせずに解答を得られ

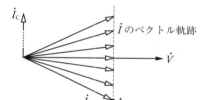

図 8-2　$\dot{I}$ のベクトル軌跡

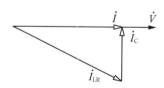

図 8-3　$|\dot{I}|$ が最小になる場合

る。この問題では，インダクタンスと抵抗値が記入されているため，あたかもインピーダンスや力率の計算が必要であるかのような表現がなされているが，特に必要ではない。問題文や図に提示されている数値や定数は，必ずしも解答する上ですべて用いるとは限らない。解答の際には，解答の道筋を確認するためベクトル図等をうまく活用したい。

問9 出題分野＜単相交流＞ ⟨難易度 ★★★⟩ ⟨重要度 ★★★⟩

　図のように，二つの LC 直列共振回路 A，B があり，それぞれの共振周波数が f_A[Hz]，f_B[Hz]である。これら A，B をさらに直列に接続した場合，全体としての共振周波数が f_{AB}[Hz]になった。f_A，f_B，f_{AB} の大小関係として，正しいものを次の（1）～（5）のうちから一つ選べ。

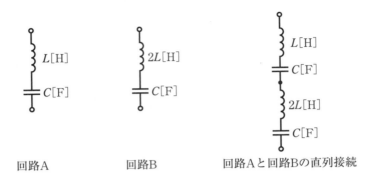

回路A　　　　　　回路B　　　　回路Aと回路Bの直列接続

（1）　$f_A < f_B < f_{AB}$　　　（2）　$f_A < f_{AB} < f_B$　　　（3）　$f_{AB} < f_A < f_B$

（4）　$f_{AB} < f_B < f_A$　　　（5）　$f_B < f_{AB} < f_A$

問10 出題分野＜単相交流＞ ⟨難易度 ★★★⟩ ⟨重要度 ★★★⟩

交流回路に関する記述として，誤っているものを次の（1）～（5）のうちから一つ選べ。
ただし，抵抗 R[Ω]，インダクタンス L[H]，静電容量 C[F]とする。

（1）　正弦波交流起電力の最大値を E_m[V]，平均値を E_a[V]とすると，平均値と最大値の関係は，理論的に次のように表される。

$$E_a = \frac{2E_m}{\pi} \fallingdotseq 0.637 E_m [\text{V}]$$

（2）　ある交流起電力の時刻 t[s]における瞬時値が，$e = 100 \sin 100\pi t$[V]であるとすると，この起電力の周期は 20 ms である。

（3）　RLC 直列回路に角周波数 ω[rad/s]の交流電圧を加えたとき，$\omega L > \dfrac{1}{\omega C}$ の場合，回路を流れる電流の位相は回路に加えた電圧より遅れ，$\omega L < \dfrac{1}{\omega C}$ の場合，回路を流れる電流の位相は回路に加えた電圧より進む。

（4）　RLC 直列回路に角周波数 ω[rad/s]の交流電圧を加えたとき，$\omega L = \dfrac{1}{\omega C}$ の場合，回路のインピーダンス Z[Ω]は，$Z = R$[Ω]となり，回路に加えた電圧と電流は同相になる。この状態を回路が共振状態であるという。

（5）　RLC 直列回路のインピーダンス Z[Ω]，電力 P[W]及び皮相電力 S[V·A]を使って回路の力率 $\cos\theta$ を表すと，$\cos\theta = \dfrac{R}{Z}$，$\cos\theta = \dfrac{S}{P}$ の関係がある。

令和4 (2022)
令和3 (2021)
令和2 (2020)
令和元 (2019)
平成30 (2018)
平成29 (2017)
平成28 (2016)
平成27 (2015)
平成26 (2014)
平成25 (2013)
平成24 (2012)
平成23 (2011)
平成22 (2010)
平成21 (2009)
平成20 (2008)

問9の解答　出題項目＜共振＞　　答え（5）

直列共振周波数の式から，

$$f_A = \frac{1}{2\pi\sqrt{LC}}$$

$$f_B = \frac{1}{2\pi\sqrt{2LC}} = \frac{1}{2\sqrt{2}\pi\sqrt{LC}}$$

$$= \frac{1}{\sqrt{2}}f_A \fallingdotseq 0.707f_A$$

回路 A と回路 B を直列接続した回路を**図9-1**に示す。

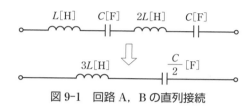

図9-1　回路 A，B の直列接続

この回路の共振周波数は，

$$f_{AB} = \frac{1}{2\pi\sqrt{\dfrac{3LC}{2}}} = \sqrt{\frac{2}{3}}f_A \fallingdotseq 0.816f_A$$

したがって，f_A，f_B，f_{AB} の大小関係は，

$$f_B < f_{AB} < f_A$$

解説 ･･････････････････････････

　LC 共振は，インダクタンス L[H] の誘導性リアクタンス X_L と，静電容量 C[F] の容量性リアクタンス X_C が等しい場合に起こる。共振周波数を f とすると，

$$2\pi fL = \frac{1}{2\pi fC}$$

$$f = \frac{1}{2\pi\sqrt{LC}}\,[\text{Hz}]$$

　この式の LC に回路 A，B，C のインダクタンスと静電容量を代入してそれぞれの回路の共振周波数を求める。次に，共振周波数を比較するために，いずれかの回路の共振周波数を基準にして他の回路の共振周波数を表す。解答では，f_A を基準とした。この方法は量の比較によく用いられる。

Point 値を基準値で表すと比較は容易になる。

問10の解答　出題項目＜RLC 直列回路，力率，共振，波高値・平均値＞　　答え（5）

（1）　正。最大値/実効値を波高率，実効値/平均値を波形率という。正弦波交流ではそれぞれ $\sqrt{2}$，$\pi/(2\sqrt{2})$ なので，$E_a = (2/\pi)E_m$[V]。

（2）　正。正弦波交流電圧の瞬時式は，最大値を E_m[V]，周波数を f[Hz]，時間を t[s] とすれば，

$$e = E_m \sin(2\pi ft)\,[\text{V}]$$

$2\pi ft = 100\pi t$ なので，

$$f = 50\,[\text{Hz}]$$

周期 T は，$T = 1/f = 0.02[\text{s}] = 20[\text{ms}]$。

（3）　正。RLC 直列回路のインピーダンス $\dot{Z}$ は，

$$\dot{Z} = R + j(\omega L - 1/(\omega C))$$

$\omega L > 1/(\omega C)$ の場合は，$\dot{Z}$ は誘導性となるので電流の位相は電圧に対して遅れる。$\omega L < 1/(\omega C)$ の場合は，$\dot{Z}$ は容量性となるので電流の位相は電圧に対して進む。

（4）　正。誘導性リアクタンス ωL と容量性リアクタンス $1/(\omega C)$ が等しい場合は，直列共振が起こりリアクタンス分は零となるので，回路のインピーダンスは抵抗のみとなる。

（5）　誤。回路の力率は $\cos\theta = R/Z$ で正しい。

　一方，**図10-1** のベクトル図（誘導性の場合）から，$\dot{S}$ と $\dot{P}$ のなす角は負荷のインピーダンス角 θ と等しいので，$\boldsymbol{\cos\theta = P/S}$ となる。

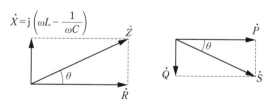

図10-1　インピーダンス角と力率角

解説 ･･････････････････････････

　波高率，波形率は波形により異なるので，非正弦波の場合は要注意である。

問11　　出題分野＜過渡現象＞　　難易度 ★★☆　重要度 ★★★

　図のように，直流電圧 E[V] の電源が 2 個，R[Ω] の抵抗が 2 個，静電容量 C[F] のコンデンサ，スイッチ S_1 と S_2 からなる回路がある。スイッチ S_1 と S_2 の初期状態は，共に開いているものとする。電源の内部インピーダンスは零とする。時刻 $t = t_1$[s] でスイッチ S_1 を閉じ，その後，時定数 CR[s] に比べて十分に時間が経過した時刻 $t = t_2$[s] でスイッチ S_1 を開き，スイッチ S_2 を閉じる。このとき，コンデンサの端子電圧 v[V] の波形を示す図として，最も近いものを次の（1）～（5）のうちから一つ選べ。

　ただし，コンデンサの初期電荷は零とする。

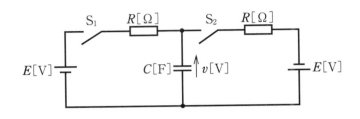

（1）

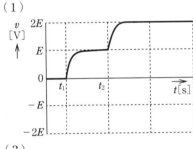

（2）

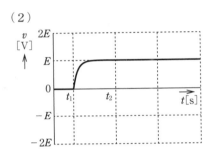

（3）

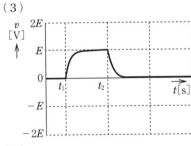

（4）

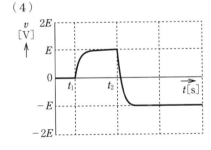

（5）

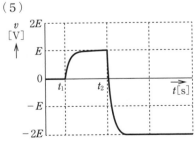

問 11 の解答　出題項目＜*RC* 直列回路＞

答え　**(4)**

S₁ を閉じた瞬間（$t = t_1$），コンデンサの初期電荷は零なので $v = 0$ [V]。その後の時間経過に伴い，コンデンサは抵抗を通して充電され v は上昇する。充電電流は電源電圧 E と v の差によって流れるので，v が上昇するほど減少する。このため v の上昇の度合いは，v の上昇に伴い緩やかになる。したがって，$t_1 \leq t \leq t_2$ 間の v の時間変化は，**図 11-1** のような $v = E$ [V]（破線）を漸近線とする滑らかな曲線になる。

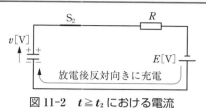

図 11-2　$t \geq t_2$ における電流

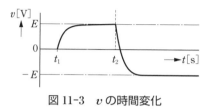

図 11-3　v の時間変化

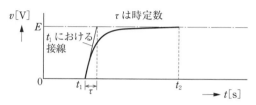

図 11-1　v の時間変化（$t_1 \leq t \leq t_2$）

次に S₁ を開き S₂ を閉じた瞬間（$t = t_2$），コンデンサは**図 11-2** のように放電を開始する。

$t > t_2$ では放電により v は徐々に低下して 0 V に達する。その後，コンデンサが反対向きに充電されるのに伴い v はさらに低下し，十分時間が経過した後 $v = -E$ [V]（$v = -E$ が漸近線）になる。以上から，v の時間変化は**図 11-3** のようになる。

解説

「時定数 CR に比べて十分に時間が経過した時刻」とは，コンデンサが完全に充電された状態（定常状態）にあることを意味する。

過渡現象は時間の経過に伴い定常状態に向かって変化する。この問題の過渡現象では，**定常状態は *x* 軸に平行な直線（漸近線）**で表される。時定数は定常状態近傍に達するまでの時間的目安を表す数値であり，図 11-1 では，t_1 における接線が定常値と交差するまでの時間に相当する。

令和
4
(2022)

令和
3
(2021)

令和
2
(2020)

令和
元
(2019)

平成
30
(2018)

平成
29
(2017)

平成
28
(2016)

平成
27
(2015)

平成
26
(2014)

平成
25
(2013)

平成
24
(2012)

平成
23
(2011)

平成
22
(2010)

平成
21
(2009)

平成
20
(2008)

問 12　出題分野＜電子理論＞

難易度 ★★★　重要度 ★★★

半導体の pn 接合を利用した素子に関する記述として，誤っているものを次の（1）〜（5）のうちから一つ選べ。

（1）　ダイオードに p 形が負，n 形が正となる電圧を加えたとき，p 形，n 形それぞれの領域の少数キャリヤに対しては，順電圧と考えられるので，この少数キャリヤが移動することによって，極めてわずかな電流が流れる。

（2）　pn 接合をもつ半導体を用いた太陽電池では，その pn 接合部に光を照射すると，電子と正孔が発生し，それらが pn 接合部で分けられ電子が n 形，正孔が p 形のそれぞれの電極に集まる。その結果，起電力が生じる。

（3）　発光ダイオードの pn 接合領域に順電圧を加えると，pn 接合領域でキャリヤの再結合が起こる。再結合によって，そのエネルギーに相当する波長の光が接合部付近から放出される。

（4）　定電圧ダイオード（ツェナーダイオード）はダイオードにみられる順電圧・電流特性の急激な降伏現象を利用したものである。

（5）　空乏層の静電容量が，逆電圧によって変化する性質を利用したダイオードを可変容量ダイオード又はバラクタダイオードという。逆電圧の大きさを小さくしていくと，静電容量は大きくなる。

令和4(2022)
令和3(2021)
令和2(2020)
令和元(2019)
平成30(2018)
平成29(2017)
平成28(2016)
平成27(2015)
平成26(2014)
平成25(2013)
平成24(2012)
平成23(2011)
平成22(2010)
平成21(2009)
平成20(2008)

問 12 の解答　出題項目＜半導体・半導体デバイス＞　　答え　(4)

（1）　正。実際のダイオードに逆電圧を加えた場合の現象である。一方，理想的なダイオードは順方向電圧 0 V，逆電圧時の電流は 0 A である。

（2）　正。発電原理は記述のとおり。光が照射され続ける限り発電が可能であるが，電気エネルギーへの変換効率は十数パーセント余りで比較的低い。太陽電池は化学反応を利用した化学電池に対して，物理電池と呼ばれる。

（3）　正。発光原理は記述のとおり。発生する光は，基本的に単色光であり白色光ではない。再結合時のエネルギー差が大きいほど放出光の波長は短く，可視光では青に近い色となる。

（4）　誤。定電圧ダイオードは逆電圧時の降伏現象（ツェナー効果）による定電圧特性を利用するので，**逆電圧・電流特性を利用している**。

（5）　正。空乏層はキャリアが存在しない絶縁層であり，空乏層の幅は逆電圧が小さいほど狭くなる。このため，極板間隔を狭めたコンデンサと同様に静電容量は大きくなる。

解 説

発光ダイオードは順電圧で使用し，定電圧ダイオードと可変容量ダイオードは逆電圧で使用する。可変容量ダイオードは，その性質を利用して，電圧で発信周波数を制御できる電圧制御発振器（VCO）などに利用されている。

問13 出題分野＜電子回路＞ 難易度 ★★★ 重要度 ★★★

図のような，演算増幅器を用いた能動回路がある。直流入力電圧 V_{in}[V] が3Vのとき，出力電圧 V_{out}[V]として，最も近い V_{out} の値を次の(1)～(5)のうちから一つ選べ。

ただし，演算増幅器は，理想的なものとする。

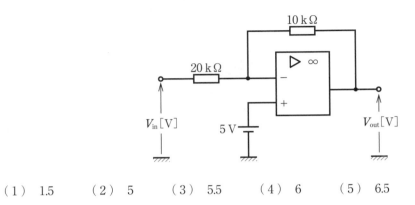

(1) 1.5 　(2) 5 　(3) 5.5 　(4) 6 　(5) 6.5

問14 出題分野＜電気計測，三相交流＞ 難易度 ★★★ 重要度 ★★★

図のように200Vの対称三相交流電源に抵抗 R[Ω]からなる平衡三相負荷を接続したところ，線電流は1.73Aであった。いま，電力計の電流コイルをc相に接続し，電圧コイルをc−a相間に接続したとき，電力計の指示 P[W]として，最も近い P の値を次の(1)～(5)のうちから一つ選べ。

ただし，対称三相交流電源の相回転はa，b，cの順とし，電力計の電力損失は無視できるものとする。

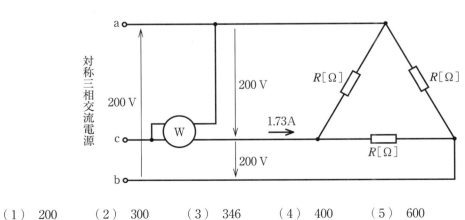

(1) 200 　(2) 300 　(3) 346 　(4) 400 　(5) 600

問 13 の解答　　出題項目＜オペアンプ＞

図 **13-1** において，理想的な演算増幅器は入力インピーダンスが無限大なので，出力側から入力側へ流れる電流は演算増幅器には流れ込まない。したがって，P 点の電圧 V_p は二つの抵抗の分圧で決まる。

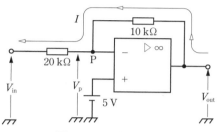

図 13-1　P 点の電位

$$V_\mathrm{p}=V_\mathrm{in}+\frac{20[\mathrm{k}\Omega]}{10[\mathrm{k}\Omega]+20[\mathrm{k}\Omega]}(V_\mathrm{out}-V_\mathrm{in})$$

$$=V_\mathrm{in}+\frac{2}{3}(V_\mathrm{out}-V_\mathrm{in})=\frac{2}{3}V_\mathrm{out}+\frac{1}{3}V_\mathrm{in}[\mathrm{V}]$$

イマジナルショートにより $V_\mathrm{p}=5[\mathrm{V}]$，また，$V_\mathrm{in}=3[\mathrm{V}]$ なので，

$$\frac{2}{3}V_\mathrm{out}+\frac{1}{3}\times3=5$$

$$V_\mathrm{out}=6[\mathrm{V}]$$

【**別解**】　演算増幅器は，二つの入力値の差を増幅する差動増幅器でもある。仮に演算増幅器の増幅度を A とすると，

$$V_\mathrm{out}=A(5-V_\mathrm{p}),\quad V_\mathrm{p}=\frac{2}{3}V_\mathrm{out}+\frac{1}{3}V_\mathrm{in}$$

上式を整理して，

$$V_\mathrm{out}=\frac{4}{\left(\dfrac{1}{A}+\dfrac{2}{3}\right)}[\mathrm{V}]$$

理想的な演算増幅器の増幅度 A は無限大なので，

$$V_\mathrm{out}=6[\mathrm{V}]$$

解 説

理想的な演算増幅器が正常に動作している場合，二つの入力端子間の電位差は零になる。これをイマジナルショートまたはバーチャルショートという。

（類題：平成 22 年度問 18）

問 14 の解答　　出題項目＜電力計，Δ 接続＞

各相電圧[V]を $\dot{E}_\mathrm{a}$，$\dot{E}_\mathrm{b}$，$\dot{E}_\mathrm{c}$，線間電圧[V]を $\dot{V}_\mathrm{ab}$，$\dot{V}_\mathrm{bc}$，$\dot{V}_\mathrm{ca}$，c 相の相電流[A]を $\dot{I}_\mathrm{c}$ として $\dot{E}_\mathrm{a}$ を基準に描いたベクトル図が**図 14-1** である。

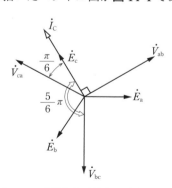

図 14-1　各電圧，電流のベクトル図

電力計の電圧コイルは $\dot{V}_\mathrm{ca}$ に，電流コイルは $\dot{I}_\mathrm{c}$ に接続されているので，$\dot{V}_\mathrm{ca}$ と $\dot{I}_\mathrm{c}$ のなす角を θ とすれば電力計の指示 P は，

$$P=|\dot{V}_\mathrm{ca}||\dot{I}_\mathrm{c}|\cos\theta$$

$$=200\times1.73\times\cos(\pi/6)\fallingdotseq300[\mathrm{W}]$$

解 説

電圧コイルが別の線間に接続された場合も考察してみよう。

①　$\dot{V}_\mathrm{bc}$ の場合。$\dot{V}_\mathrm{bc}$ と $\dot{I}_\mathrm{c}$ のなす角は，図 14-1 より $5\pi/6$ なので，

$$P=|\dot{V}_\mathrm{bc}||\dot{I}_\mathrm{c}|\cos(5\pi/6)\fallingdotseq-300[\mathrm{W}]$$

指針が逆振れする。

②　$\dot{V}_\mathrm{ab}$ の場合。$\dot{V}_\mathrm{ab}$ と $\dot{I}_\mathrm{c}$ のなす角は，図 14-1 より $\pi/2$ なので，

$$P=|\dot{V}_\mathrm{ab}||\dot{I}_\mathrm{c}|\cos(\pi/2)=0[\mathrm{W}]$$

指針は振れない。

Point 三相回路に単相電力計を接続する場合，接続の仕方で異なる値を示す場合がある。

Ｂ　問　題　（配点は1問題当たり（a）5点，（b）5点，計10点）

問15　出題分野＜単相交流＞　難易度 ★★★　重要度 ★★☆

　図のように，正弦波交流電圧 E[V]の電源が誘導性リアクタンス X[Ω]のコイルと抵抗 R[Ω]との並列回路に電力を供給している。この回路において，電流計の指示値は 12.5 A，電圧計の指示値は 300 V，電力計の指示値は 2 250 W であった。

　ただし，電圧計，電流計及び電力計の損失はいずれも無視できるものとする。

　次の（a）及び（b）の問に答えよ。

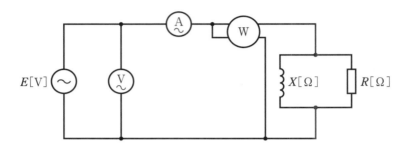

（a）　この回路における無効電力 Q[var]として，最も近い Q の値を次の（1）～（5）のうちから一つ選べ。

　　（1）　1 800　　　（2）　2 250　　　（3）　2 750　　　（4）　3 000　　　（5）　3 750

（b）　誘導性リアクタンス X[Ω]として，最も近い X の値を次の（1）～（5）のうちから一つ選べ。

　　（1）　16　　　（2）　24　　　（3）　30　　　（4）　40　　　（5）　48

問15 （a）の解答　出題項目<RL 並列回路>　　答え　（4）

単相電力計は負荷の有効電力 $P = 2\,250$ [W] を示している。一方，皮相電力 S は電圧計と電流計の指示値の積なので，

$$S = 300 \times 12.5 = 3\,750 [\mathrm{V \cdot A}]$$

図 15-1 は皮相電力 $\dot{S}$，有効電力 $\dot{P}$，無効電力 $\dot{Q}$ のベクトル図である。

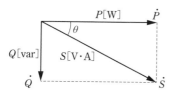

図 15-1　交流電力のベクトル図

$$Q = \sqrt{S^2 - P^2} = \sqrt{3\,750^2 - 2\,250^2} = 3\,000 [\mathrm{var}]$$

【**別解**】　皮相電力と有効電力の比から負荷力率 $\cos\theta$ を求めることができる。

$$\cos\theta = \frac{P}{S} = \frac{2\,250}{3\,750} = 0.6$$

無効電力 Q は，

$$Q = S\sin\theta = S\sqrt{1 - \cos^2\theta}$$
$$= 3\,750 \times \sqrt{1 - 0.6^2} = 3\,000 [\mathrm{var}]$$

解説

電力計は抵抗で消費される有効電力の値を示す。

また，端子電圧が既知なので，抵抗値 R を求めることもできる。

$$R = \frac{E^2}{P} = \frac{300^2}{2\,250} = 40 [\Omega]$$

問15 （b）の解答　出題項目<RL 並列回路>　　答え　（3）

前問より，負荷の無効電力 Q は 3 000 var である。無効電力は負荷の誘導性リアクタンスの電力なので，

$$X = \frac{E^2}{Q} = \frac{300^2}{3\,000} = 30 [\Omega]$$

解説

電力から求める方法が最も簡単であるが，別解として負荷力率とインピーダンスの関係を用いて解くこともできる。しかし，この問題のように負荷が並列回路の場合は，次のような誤りに注意が必要である。

誤答例

負荷のインピーダンス Z は，

$$Z = \frac{300}{12.5} = 24 [\Omega]$$

回路の力率は有効電力と皮相電力の比から，

$$\cos\theta = 0.6, \quad \sin\theta = 0.8$$

したがって，負荷の抵抗とリアクタンスは，

$$R = Z\cos\theta = 24 \times 0.6 = 14.4 [\Omega]$$
$$X = Z\sin\theta = 24 \times 0.8 = 19.2 [\Omega]$$

この結果は誤りであるが，その理由を考えてみよう。正解は次のようになる。R の逆数を G（コンダクタンス），X の逆数を B（サセプタンス），Z の逆数を Y（アドミタンス）とすると，**R，X の並列回路**では負荷力率 $\cos\theta$ は，

$$\cos\theta = \frac{G}{Y} = \frac{Z}{R}$$

$$\sin\theta = \frac{B}{Y} = \frac{Z}{X}$$

ゆえに，

$$R = \frac{Z}{\cos\theta} = \frac{24}{0.6} = 40 [\Omega]$$

$$X = \frac{Z}{\sin\theta} = \frac{24}{0.8} = 30 [\Omega]$$

補足　誤答例の結果には，次の意味がある。

$R = 14.4 [\Omega]$，$X = 19.2 [\Omega]$ は，並列回路の負荷を**直列の等価回路**で表した場合の抵抗分とリアクタンス分に相当する。以上は，並列回路のインピーダンスをベクトル記号法で計算して，抵抗分 $+j$ リアクタンス分で表すことで確認できる。

問 16　出題分野＜三相交流＞

難易度 ★★★　重要度 ★★★

　図1のように，線間電圧200 V，周波数50 Hzの対称三相交流電源に1Ωの抵抗と誘導性リアクタンス $\frac{4}{3}$ Ωのコイルとの並列回路からなる平衡三相負荷（Y結線）が接続されている。また，スイッチSを介して，コンデンサC（Δ結線）を接続することができるものとする。次の（a）及び（b）の問に答えよ。

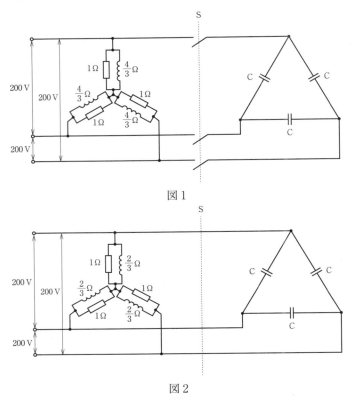

図1

図2

（a）　スイッチSが開いた状態において，三相負荷の有効電力 P の値[kW]と無効電力 Q の値[kvar]の組合せとして，正しいものを次の（1）～（5）のうちから一つ選べ。

	P	Q
（1）	40	30
（2）	40	53
（3）	80	60
（4）	120	90
（5）	120	160

（b）　図2のように三相負荷のコイルの誘導性リアクタンスを $\frac{2}{3}$ Ωに置き換え，スイッチSを閉じてコンデンサCを接続する。このとき，電源からみた有効電力と無効電力が図1の場合と同じ値となったとする。コンデンサCの静電容量の値[μF]として，最も近いものを次の（1）～（5）のうちから一つ選べ。

（1）　800　　　（2）　1 200　　　（3）　2 400　　　（4）　4 800　　　（5）　7 200

問16（a）の解答　出題項目＜Y接続＞　　答え　（1）

負荷1相分の回路を**図16-1**に示す。

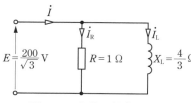

図16-1　負荷1相分の回路

有効電力は抵抗 $R[\Omega]$ で消費される電力である。相電圧を $E[V]$ とすると，1相分の電力 P' は，

$$P' = \frac{E^2}{R} = \frac{(200/\sqrt{3})^2}{1} = \frac{40\,000}{3}[W]$$

三相電力 P は1相分の3倍なので，

$$P = 3P' = 3 \times \frac{40\,000}{3} = 40\,000[W] = 40[kW]$$

無効電力は誘導性リアクタンス $X_L[\Omega]$ の電力なので，1相分の無効電力 Q' は，

$$Q' = \frac{E^2}{X_L} = \frac{(200/\sqrt{3})^2}{4/3} = 10\,000[var]$$

三相無効電力 Q は1相分の3倍なので，

$$Q = 3Q' = 3 \times 10\,000 = 30\,000[var] = 30[kvar]$$

解説

負荷が抵抗と誘導性リアクタンスの並列回路なので，合成インピーダンスからのアプローチでは計算が複雑になる。また，三相電力の公式 $P = \sqrt{3}\,VI\cos\theta$ を用いる場合は，負荷力率を電流の有効分と無効分（**図16-2**参照）から求めなければならないため，計算量が増す。解答の方法が比較的簡潔である。

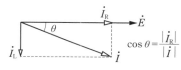

$$\cos\theta = \frac{|\dot{i}_R|}{|\dot{i}|}$$

図16-2　負荷電流のベクトル図

問16（b）の解答　出題項目＜YΔ混合＞　　答え　（1）

図16-3は，Δ結線されたコンデンサのリアクタンス $X_C[\Omega]$ をY結線に変換した場合の1相分の回路である。

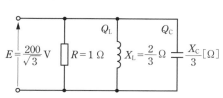

図16-3　コンデンサを加えた回路

コイルとコンデンサの無効電力 Q_L，Q_C は，

$$Q_L = \frac{E^2}{X_L} = \frac{(200/\sqrt{3})^2}{\dfrac{2}{3}} = 2 \times 10^4[var]$$

$$Q_C = \frac{E^2}{\dfrac{X_C}{3}} = \frac{(200/\sqrt{3})^2}{\dfrac{X_C}{3}} = \frac{4 \times 10^4}{X_C}[var]$$

遅れ無効電力を正とすると，この回路の遅れ無効電力は $Q_L - Q_C$。これが前問で求めた1相分の

無効電力 $Q' = 10^4[var]$ と等しいので，

$$Q_L - Q_C = Q'$$

$$2 \times 10^4 - \frac{4 \times 10^4}{X_C} = 10^4 \quad \rightarrow \quad X_C = 4[\Omega]$$

$X_C = \dfrac{1}{2\pi f C}$，$f = 50[Hz]$ なので，

$$C = \frac{1}{100\pi \times 4} \fallingdotseq 796 \times 10^{-6}[F]$$

$$= 796[\mu F] \quad \rightarrow \quad 800\,\mu F$$

解説

三相交流回路の計算は1相分について行うのが原則なので，コンデンサをY結線に変換した。このとき，容量性リアクタンスはΔ結線時の1/3倍になるが，**静電容量は3倍になる**ので注意を要する。

Point 平衡三相負荷のY-Δ変換において，静電容量の扱いは要注意である。

令和4 (2022)
令和3 (2021)
令和2 (2020)
令和元 (2019)
平成30 (2018)
平成29 (2017)
平成28 (2016)
平成27 (2015)
平成26 (2014)
平成25 (2013)
平成24 (2012)
平成23 (2011)
平成22 (2010)
平成21 (2009)
平成20 (2008)

問 17 及び問 18 は選択問題であり,問 17 又は問 18 のどちらかを選んで解答すること。なお,両方解答すると採点されません。

(選択問題)

問 17 　出題分野<静電気> 　　難易度 ★★★ 　重要度 ★★★

図のように,真空中において二つの小さな物体 A,B が距離 r[m] を隔てて鉛直線上に置かれている。A は固定されており,A の真下に B がある。物体 A,B はそれぞれ,質量 m_A[kg],m_B[kg] をもち,電荷 $+q_A$[C],$-q_B$[C] を帯びている。$q_A>0$,$q_B>0$ とし,真空の誘電率を ε_0[F/m] とする。次の(a)及び(b)の問に答えよ。

ただし,小問(a)においては重力加速度 g[m/s^2] の重力を,小問(b)においては無重力を,それぞれ仮定する。物体 A,B の間の万有引力は無視する。

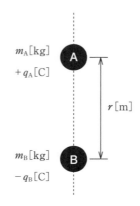

（a）　重力加速度 g[m/s^2] の重力のもとで B を初速度零で放ったとき,B は A に近づくように上昇を始めた。このときの条件を表す式として,正しいものを次の(1)～(5)のうちから一つ選べ。

（1）　$\dfrac{q_A q_B}{4\pi\varepsilon_0 r^2} > m_B g$ 　　　（2）　$\dfrac{q_A q_B}{4\pi\varepsilon_0 r} > m_B g$ 　　　（3）　$\dfrac{q_A q_B}{4\pi r} > m_B g$

（4）　$\dfrac{q_A q_B}{2\pi\varepsilon_0 r^2} > m_B g$ 　　　（5）　$\dfrac{q_A q_B}{2\pi\varepsilon_0 r} > m_B g$

（b）　無重力のもとで B を下向きの初速度 v_B[m/s] で放ったとき,B は下降を始めたが,途中で速度の向きが変わり上昇に転じた。このときの条件を表す式として,正しいものを次の(1)～(5)のうちから一つ選べ。

（1）　$\dfrac{1}{2} m_B v_B^2 < \dfrac{q_A q_B}{4\pi\varepsilon_0 r^2}$ 　　　（2）　$\dfrac{1}{2} m_B v_B^2 < \dfrac{q_A q_B}{4\pi\varepsilon_0 r}$ 　　　（3）　$m_B v_B < \dfrac{q_A q_B}{4\pi\varepsilon_0 r^2}$

（4）　$m_B v_B < \dfrac{q_A q_B}{4\pi\varepsilon_0 r}$ 　　　（5）　$\dfrac{1}{2} m_B v_B < \dfrac{q_A q_B}{4\pi\varepsilon_0 r^2}$

問 17 （ a ） の解答　出題項目＜クーロンの法則＞　答え　(1)

図 17-1 において，物体 B に働く力は，物体 A-B 間に働くクーロン力（静電力）と重力である。B を初速度零で放つとき，解放された B が上昇するためには，クーロン力と重力の合力（ベクトル和）が A 方向（図の上向き）でなければならない。したがって，クーロン力 f_Q[N]と重力 f_G[N]の大きさの関係は，上向きを正とすると次式が成り立つ。

$$f_Q - f_G > 0 \qquad\qquad ①$$

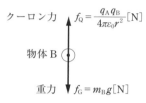

クーロン力　$f_Q = \dfrac{q_A q_B}{4\pi\varepsilon_0 r^2}$[N]

物体 B

重力　$f_G = m_B g$[N]

図 17-1　物体 B に働く力

$$f_Q = \frac{q_A q_B}{4\pi\varepsilon_0 r^2}[\text{N}], \quad f_G = m_B g[\text{N}]$$

ゆえに，①式に当てはめると，

$$\frac{q_A q_B}{4\pi\varepsilon_0 r^2} > m_B g$$

解　説 ・・・・・・・・・・・・・・・・・・・・・・・・・・

力の合力はベクトル和で計算する。この問題の場合，二つの力は同一直線上にあり互いに反対向きなので，二つのベクトル和は大きさの差になる。しかし，上下いずれかの向きを「正」と決める必要がある。解答では上向きを正とした。一方，下向きを正と決めた場合，下向きの力は $f_G - f_Q$，B が上昇するには合力が負になる必要があるので $f_G - f_Q < 0$ となる。結果的に①式と同じになる。

Point 力の合力はベクトル和で計算すること。

問 17 （ b ） の解答　出題項目＜クーロンの法則，仕事・静電エネルギー＞　答え　(2)

物体 B が有するエネルギーは，運動エネルギーと位置エネルギーの和である。

B が v_B で放たれた瞬間の B のエネルギーを考える。運動エネルギー E_m は，

$$E_m = \frac{1}{2} m_B v_B{}^2[\text{J}]$$

次に，B に働く力はクーロン力（静電力）だけなので，クーロン力による位置エネルギー E_P は，A の電荷が作る電界の電位と B の電荷の積で求められる。A の電荷が作る電界による B の位置の電位 V_B は，

$$V_B = \frac{q_A}{4\pi\varepsilon_0 r}[\text{V}]$$

B の電荷 $-q_B$ による位置エネルギー E_P は，

$$E_P = -\frac{q_A q_B}{4\pi\varepsilon_0 r}[\text{J}]$$

運動エネルギーは B が A から離れるためのエネルギーであり，位置エネルギーは B が A に引き寄せられるエネルギーである。

「始めに B は A から離れたが途中から反転して A に近づいて行った」ことから，結果的に引き寄せる位置エネルギーの大きさが，遠ざかる運動エネルギーより大きかったことを意味する。

$$E_m < |E_P| \quad \rightarrow \quad E_m < -E_P$$

$$\frac{1}{2} m_B v_B{}^2 < \frac{q_A q_B}{4\pi\varepsilon_0 r}$$

解　説 ・・・・・・・・・・・・・・・・・・・・・・・・・・

クーロン力による位置エネルギーとは，q[C]の電荷をクーロン力に逆らって V[V]の電位差を移動させるのに必要なエネルギーである。

A から無限遠点の電位は零なので，B の位置の電位が電位差になる。$-q_B$ を無限遠点から B の位置まで移動するエネルギー（位置エネルギー）は，B の位置の電位と B の電荷の積となる。A，B の電荷が異符号なので，引力による位置エネルギーは負のエネルギーになる。運動エネルギーは正のエネルギーなので，B が A に引き寄せられる条件は，$E_m + E_P < 0$ と表すことができる。

Point 仕事（エネルギー）＝電位差×電荷

（選択問題）

問18　　出題分野＜電子回路＞　　難易度 ★★★　重要度 ★★★

図1は，代表的なスイッチング電源回路の原理図を示している。次の（a）及び（b）の問に答えよ。

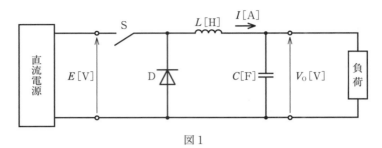

図1

（a）　回路の説明として，誤っているものを次の（1）～（5）のうちから一つ選べ。

（1）　インダクタンス $L[H]$ のコイルはスイッチSがオンのときに電磁エネルギーを蓄え，Sがオフのときに蓄えたエネルギーを放出する。

（2）　ダイオードDは，スイッチSがオンのときには電流が流れず，Sがオフのときに電流が流れる。

（3）　静電容量 $C[F]$ のコンデンサは出力電圧 $V_0[V]$ を平滑化するための素子であり，静電容量 $C[F]$ が大きいほどリプル電圧が小さい。

（4）　コイルのインダクタンスやコンデンサの静電容量値を小さくするためには，スイッチSがオンとオフを繰り返す周期（スイッチング周期）を長くする。

（5）　スイッチの実現には，バイポーラトランジスタや電界効果トランジスタが使用できる。

（b）　スイッチSがオンの間にコイルの電流 I が増加する量を $\Delta I_1[A]$ とし，スイッチSがオフの間に I が減少する量を $\Delta I_2[A]$ とすると，定常的には図2の太線に示すような電流の変化がみられ，$\Delta I_1 = \Delta I_2$ が成り立つ。

ここで出力電圧 $V_0[V]$ のリプルは十分小さく，出力電圧を一定とし，電流 I の増減は図2のように直線的であるとする。また，ダイオードの順方向電圧は0Vと近似する。さらに，スイッチSがオン並びにオフしている時間をそれぞれ $T_{ON}[s]$，$T_{OFF}[s]$ とする。

ΔI_1 と V_0 を表す式の組合せとして，正しいものを次の（1）～（5）のうちから一つ選べ。

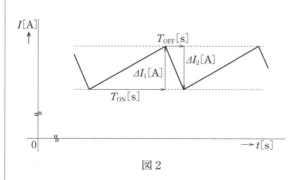

図2

	ΔI_1	V_0
（1）	$\dfrac{(E-V_0)T_{ON}}{L}$	$\dfrac{T_{OFF}E}{T_{ON}+T_{OFF}}$
（2）	$\dfrac{(E-V_0)T_{ON}}{L}$	$\dfrac{T_{ON}E}{T_{ON}+T_{OFF}}$
（3）	$\dfrac{(E-V_0)T_{ON}}{L}$	$\dfrac{(T_{ON}+T_{OFF})E}{T_{OFF}}$
（4）	$\dfrac{(V_0-E)T_{ON}}{L}$	$\dfrac{(T_{ON}+T_{OFF})E}{T_{ON}}$
（5）	$\dfrac{(V_0-E)T_{ON}}{L}$	$\dfrac{(T_{ON}+T_{OFF})E}{T_{OFF}}$

問 18（a）の解答　出題項目＜チョッパ＞　　答え（4）

（1）　正。記述のとおり。

（2）　正。S がオフのとき，負荷を流れた電流はダイオードを流れ循環する。D を環流ダイオードまたはフリーホイーリングダイオードという。

（3）　正。記述のとおり。

（4）　誤。L や C を小さくすれば，蓄えるエネルギーも小さくなる。以前と同じエネルギーの授受を行うためには単位時間当たりのエネルギー授受の回数を増やす必要があるので，**スイッチング周期を短くする。**

（5）　正。記述のとおり。

解説

　問題図 1 の回路は降圧チョッパ方式（$E > V_0$）の電源回路であり，スイッチングによるコイルの誘導起電力を利用し，スイッチ S のオン・オフ時間により出力電圧を制御する。ダイオード D はオフ時の電流を還流させることで，オン時に蓄えた磁気エネルギーをオフ時に出力側に送り出す働きがある。一般にスイッチング電源は，小型軽量で効率も高い。

Point　チョッパとは，**電流を切り刻む**という意味である。

問 18（b）の解答　出題項目＜チョッパ＞　　答え（2）

　S がオンのときの回路を**図 18-1** に示す。インダクタンス L のコイルが発生する誘導起電力 e は，問題図 2 の電流の変化から，

$$e = L\frac{\Delta I_1}{T_{\mathrm{ON}}}\,[\mathrm{V}]$$

起電力の方向は電流の増加を妨げる向きである。

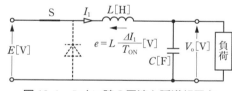

図 18-1　S オン時の電流と誘導起電力

　直流電圧 E とコイルの誘導起電力 e，出力電圧 V_0 の関係は，

$$E = e + V_0 = L\frac{\Delta I_1}{T_{\mathrm{ON}}} + V_0$$

$$L\frac{\Delta I_1}{T_{\mathrm{ON}}} = E - V_0$$

$$\Delta I_1 = \frac{(E - V_0)T_{\mathrm{ON}}}{L}\,[\mathrm{A}]$$

　次に，S がオフのときの回路を**図 18-2** に示す。このとき，コイルは電流を流し続ける向きに誘導起電力 e を生じる。e の大きさは $\Delta I_1 = \Delta I_2$ より，

$$e = L\frac{\Delta I_2}{T_{\mathrm{OFF}}} = L\frac{\Delta I_1}{T_{\mathrm{OFF}}}\,[\mathrm{V}]$$

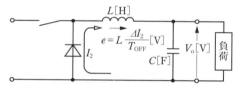

図 18-2　S オフ時の電流と誘導起電力

　D の順方向電圧は 0 V なので，コイルの誘導起電力 e と出力電圧 V_0 の関係は，

$$e = V_0, \quad L\frac{\Delta I_1}{T_{\mathrm{OFF}}} = V_0$$

　この式に先に計算した ΔI_1 を代入し，さらに整理して V_0 を求めると，

$$\frac{L(E - V_0)T_{\mathrm{ON}}}{T_{\mathrm{OFF}}L} = V_0$$

$$V_0 = \frac{T_{\mathrm{ON}}E}{T_{\mathrm{ON}} + T_{\mathrm{OFF}}}\,[\mathrm{V}]$$

解説

　問題図 2 の電流変化のグラフから，コイルの誘導起電力の式を導けることが肝要である。誘導起電力の大きさ e は，

$$e = L\frac{\Delta I}{\Delta t}$$

理論 | 平成25年度（2013年度）

A 問題 （配点は1問題当たり5点）

問1　出題分野＜静電気＞

難易度 ★★☆　重要度 ★★★

極板間が比誘電率 ε_r の誘電体で満たされている平行平板コンデンサに一定の直流電圧が加えられている。このコンデンサに関する記述 a〜e として、誤っているものの組合せを次の（1）〜（5）のうちから一つ選べ。

ただし、コンデンサの端効果は無視できるものとする。

a. 極板間の電界分布は ε_r に依存する。

b. 極板間の電位分布は ε_r に依存する。

c. 極板間の静電容量は ε_r に依存する。

d. 極板間に蓄えられる静電エネルギーは ε_r に依存する。

e. 極板上の電荷（電気量）は ε_r に依存する。

（1）a, b　　　（2）a, e　　　（3）b, c　　　（4）a, b, d　　　（5）c, d, e

問2　出題分野＜静電気＞

難易度 ★★☆　重要度 ★★★

図のように、真空中の直線上に間隔 $r[\mathrm{m}]$ を隔てて、点 A，B，C があり、各点に電気量 $Q_A = 4 \times 10^{-6}[\mathrm{C}]$，$Q_B[\mathrm{C}]$，$Q_C[\mathrm{C}]$ の点電荷を置いた。これら三つの点電荷に働く力がそれぞれ零になった。このとき、$Q_B[\mathrm{C}]$ 及び $Q_C[\mathrm{C}]$ の値の組合せとして、正しいものを次の（1）〜（5）のうちから一つ選べ。

ただし、真空の誘電率を $\varepsilon_0[\mathrm{F/m}]$ とする。

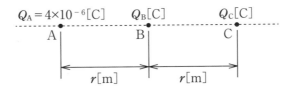

	Q_B	Q_C
（1）	1×10^{-6}	-4×10^{-6}
（2）	-2×10^{-6}	8×10^{-6}
（3）	-1×10^{-6}	4×10^{-6}
（4）	0	-1×10^{-6}
（5）	-4×10^{-6}	1×10^{-6}

令和 **4** (2022)
令和 **3** (2021)
令和 **2** (2020)
令和 **元** (2019)
平成 **30** (2018)
平成 **29** (2017)
平成 **28** (2016)
平成 **27** (2015)
平成 **26** (2014)
平成 **25** (2013)
平成 **24** (2012)
平成 **23** (2011)
平成 **22** (2010)
平成 **21** (2009)
平成 **20** (2008)

問1の解答　出題項目＜平行板コンデンサ＞　　答え （1）

a. 誤。距離 d[m] の極板間に一定電圧 V[V] が加えられている場合，コンデンサの端効果が無視できるので極板間の**電界の強さ E は一定**になり，

$$E = \frac{V}{d}\,[\text{V/m}]$$

したがって，電界分布は ε_r には依存しない。

b. 誤。等電位面は極板に平行な面になり，**電位は極板からの距離に依存するが**，ε_r には依存しない。

c. 正。極板面積 A[m^2]，真空の誘電率を ε_0[F/m] とすると，静電容量 C は，

$$C = \frac{\varepsilon_0 \varepsilon_r A}{d}\,[\text{F}]$$

したがって，静電容量は ε_r に依存する。

d. 正。静電エネルギー W は，

$$W = \frac{CV^2}{2}\,[\text{J}]$$

C が ε_r に依存するので静電エネルギーも ε_r に依存する。

e. 正。電荷 Q は，

$$Q = CV\,[\text{C}]$$

C が ε_r に依存するので電荷も ε_r に依存する。

解説 ••••••••••••••••••••••••••••••••

一様な誘電体で満たされた極板間において，極板間の電圧が一定の場合，電界の強さは一定で誘電率に依存しないが電束密度（極板の電荷密度と同値）は誘電率に依存する。一方，極板の電荷が一定の場合，電束密度は一定で誘電率に依存しないが，電界の強さは誘電率に依存する。依存関係は条件により変わるので要注意である。

Point 端効果を無視→電界は一様

問2の解答　出題項目＜クーロンの法則＞　　答え （3）

Q_B に働く力は Q_A と Q_C によるクーロン力（静電力）の合力である。Q_B が点 B に静止するためには，Q_A と Q_C によるクーロン力の大きさ f_A，f_C が等しく反対向きであればよい。$\overline{AB} = \overline{BC}$ なので，$Q_A = Q_C$ であれば Q_B が正電荷，負電荷によらず二つの力の合力は零になる。ゆえに，

$$Q_C = Q_A = 4 \times 10^{-6}\,[\text{C}]$$

図2-1 のように，仮に Q_B が正電荷である場合，Q_A に働く力は Q_B と Q_C による斥力 f_B，f_C であり，合力は零にならず Q_A は静止できない。したがって，Q_B は正電荷ではない。

図2-1　Q_B が正のときの Q_A に働く力

Q_B が負電荷の場合の Q_A に働く力を**図2-2** に示す。Q_B による力 f_B は引力，Q_C による力 f_C は斥力なので，二つの合力が零になるのは二つの力の大きさが等しい場合である。

$$f_B = \frac{Q_A |Q_B|}{4\pi\varepsilon_0 r^2} = \frac{4 \times 10^{-6} |Q_B|}{4\pi\varepsilon_0 r^2}\,[\text{N}]$$

図2-2　Q_B が負のときの Q_A に働く力

$$f_C = \frac{Q_A Q_C}{4\pi\varepsilon_0 (2r)^2} = \frac{(4 \times 10^{-6})^2}{4 \times 4\pi\varepsilon_0 r^2}\,[\text{N}]$$

$f_B = f_C$ より，

$$|Q_B| = \frac{4 \times 10^{-6}}{4} = 1 \times 10^{-6}\,[\text{C}]$$

Q_B は負電荷であるから，

$$Q_B = -1 \times 10^{-6}\,[\text{C}]$$

解説 ••••••••••••••••••••••••••••••••

静止している物体は，その物体に働く合力が零である。各点電荷がこの条件を満たしているが，解答では Q_B に注目した。それは点 B が他の2点の中点（等距離）にあるため，力の大きさが相手の電荷によって決まり考察が簡単になるからである。なお，Q_C も点 C に静止していることは容易に確認できる。

問3　出題分野＜電磁気＞

難易度 ★★★　重要度 ★★★

磁界及び磁束に関する記述として，誤っているものを次の（1）～（5）のうちから一つ選べ。

（1）　1[m]当たりの巻数が N の無限に長いソレノイドに電流 I[A]を流すと，ソレノイドの内部には磁界 $H = NI$[A/m]が生じる。磁界の大きさは，ソレノイドの寸法や内部に存在する物質の種類に影響されない。

（2）　均一磁界中において，磁界の方向と直角に置かれた直線状導体に直流電流を流すと，導体には電流の大きさに比例した力が働く。

（3）　2本の平行な直線状導体に反対向きの電流を流すと，導体には導体間距離の2乗に反比例した反発力が働く。

（4）　フレミングの左手の法則では，親指の向きが導体に働く力の向きを示す。

（5）　磁気回路において，透磁率は電気回路の導電率に，磁束は電気回路の電流にそれぞれ対応する。

問4　出題分野＜電磁気＞

難易度 ★★☆　重要度 ★★★

図のように，透磁率 μ_0[H/m]の真空中に無限に長い直線状導体 A と1辺 a[m]の正方形のループ状導体 B が距離 d[m]を隔てて置かれている。A と B は xz 平面上にあり，A は z 軸と平行，B の各辺は x 軸又は z 軸と平行である。A，B には直流電流 I_A[A]，I_B[A]が，それぞれ図示する方向に流れている。このとき，B に加わる電磁力として，正しいものを次の（1）～（5）のうちから一つ選べ。

なお，xyz 座標の定義は，破線の枠内の図で示したとおりとする。

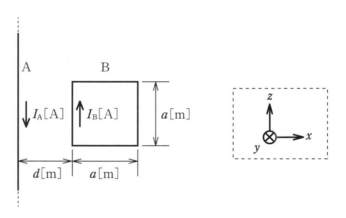

（1）　0[N]つまり電磁力は生じない

（2）　$\dfrac{\mu_0 I_A I_B a^2}{2\pi d(a+d)}$ [N]の $+x$ 方向の力

（3）　$\dfrac{\mu_0 I_A I_B a^2}{2\pi d(a+d)}$ [N]の $-x$ 方向の力

（4）　$\dfrac{\mu_0 I_A I_B a(a+2d)}{2\pi d(a+d)}$ [N]の $+x$ 方向の力

（5）　$\dfrac{\mu_0 I_A I_B a(a+2d)}{2\pi d(a+d)}$ [N]の $-x$ 方向の力

問3の解答　出題項目＜電流による磁界，電磁力，環状ソレノイド＞　答え（3）

（1）　正。無限長ソレノイドでは外部の磁界は零，内部にはソレノイド方向に均一な磁界が生じる。

（2）　正。電磁力の大きさ f は，磁束密度 B，電流 I，導体長 l とすれば $f=BIl$ で表される。

（3）　誤。二本の平行直線状導体に反対向きの電流を流した場合，導体には**導体間距離に反比例**した反発力が働く。

（4）　正。フレミングの左手の法則は電磁力の方向を示したもので，中指は電流の方向，人差し指は磁界の方向，親指は力の方向を示している。

（5）　正。記述のとおり。また，起磁力は電気回路の起電力に対応する。磁気回路には，電気回路のオームの法則に相当する磁気回路のオームの法則が成り立つ。

解説

無限長ソレノイド内の磁界の計算は，**図3-1** のように，ソレノイド方向に長さ1の長方形に沿ってアンペアの周回路の法則を用いる。磁界は辺 A のみ $H[\mathrm{A/m}]$，辺 B, C, D は零なので，

$$HA+0B+0C+0D=NI, \quad A=1[\mathrm{m}]$$

ゆえに，$H=NI[\mathrm{A/m}]$ となる。

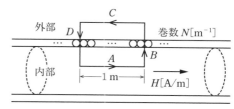

図 3-1　無限長ソレノイド内の磁界

問4の解答　出題項目＜電流による磁界，電磁力＞　答え（2）

ループ状導体 B に働く力を**図4-1** に示す。導体 B の四つの辺を P，Q，R，S とする。直線状導体 A の電流が作る導体 B 側の磁界の向きは，アンペアの右ねじの法則からマイナス y 方向（紙面裏面から表面に向かう方向）なので，導体 B の四辺に働く電磁力の向きは，フレミングの左手の法則からすべてループの内側を向く。

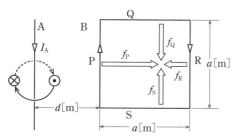

図 4-1　導体 B の各辺に働く力

ここで導体 Q と導体 S に働く電磁力 f_Q, f_S は，電流の向きが異なるのみで導体 A に対する位置関係は同じであるため，大きさが等しく反対向きであることがわかる。したがって，二つの力は打ち消し合い z 軸方向の合力は零になる。

導体 A から $d[\mathrm{m}]$ 離れた地点（導体 P がある位置）の磁束密度 B_P は，

$$B_\mathrm{P}=\frac{\mu_0 I_\mathrm{A}}{2\pi d}[\mathrm{T}]$$

導体 P に働く電磁力 f_P は，

$$f_\mathrm{P}=B_\mathrm{P} I_\mathrm{B} a=\frac{\mu_0 I_\mathrm{A} I_\mathrm{B} a}{2\pi d}[\mathrm{N}]$$

同様に導体 R の位置の磁束密度を B_R とすると，導体 R に働く電磁力 f_R は，

$$f_\mathrm{R}=B_\mathrm{R} I_\mathrm{B} a=\frac{\mu_0 I_\mathrm{A} I_\mathrm{B} a}{2\pi(a+d)}[\mathrm{N}]$$

$f_\mathrm{P}>f_\mathrm{R}$ より，導体 P，R の電磁力の合力は $+x$ 軸方向で大きさが $f_\mathrm{P}-f_\mathrm{R}[\mathrm{N}]$ になる。

$$\begin{aligned}f_\mathrm{P}-f_\mathrm{R}&=\frac{\mu_0 I_\mathrm{A} I_\mathrm{B} a}{2\pi d}-\frac{\mu_0 I_\mathrm{A} I_\mathrm{B} a}{2\pi(a+d)}\\&=\frac{\mu_0 I_\mathrm{A} I_\mathrm{B} a^2}{2\pi d(a+d)}[\mathrm{N}]\end{aligned}$$

解説

導体 Q と S に働く電磁力の値を計算するには，導体方向に磁束密度が変化するため積分の計算が必要になるが，二つの力が打ち消し合うことは容易にわかる。

令和4 (2022)
令和3 (2021)
令和2 (2020)
令和元 (2019)
平成30 (2018)
平成29 (2017)
平成28 (2016)
平成27 (2015)
平成26 (2014)
平成25 (2013)
平成24 (2012)
平成23 (2011)
平成22 (2010)
平成21 (2009)
平成20 (2008)

問5　出題分野＜直流回路＞　難易度 ★★★　重要度 ★★★

　図のように，抵抗 $R[\Omega]$ と抵抗 $R_x[\Omega]$ を並列に接続した回路がある。この回路に直流電圧 $V[V]$ を加えたところ，電流 $I[A]$ が流れた。$R_x[\Omega]$ の値を表す式として，正しいものを次の（1）〜（5）のうちから一つ選べ。

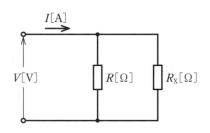

（1）　$\dfrac{V}{I} + R$　　（2）　$\dfrac{V}{I} - R$　　（3）　$\dfrac{R}{\dfrac{IR}{V} - V}$　　（4）　$\dfrac{V}{\dfrac{I}{V - R}}$　　（5）　$\dfrac{VR}{IR - V}$

問6　出題分野＜直流回路＞　難易度 ★★☆　重要度 ★★★

　図の直流回路において，抵抗 $R = 10[\Omega]$ で消費される電力 $[W]$ の値として，最も近いものを次の（1）〜（5）のうちから一つ選べ。

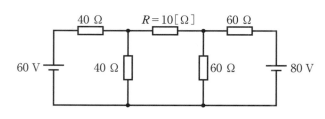

（1）　0.28　　（2）　1.89　　（3）　3.79　　（4）　5.36　　（5）　7.62

問 5 の解答　出題項目＜抵抗並列回路＞　　　　答え　（5）

図 5-1 において，抵抗 R，R_x を流れる電流を I_R，I_x とする。

$$I_\mathrm{R}=\frac{V}{R}\,[\mathrm{A}],\quad I_\mathrm{x}=I-I_\mathrm{R}\,[\mathrm{A}]$$

I_R を消去して R_x を求めると，

$$I_\mathrm{x}=I-\frac{V}{R}$$

$$R_\mathrm{x}=\frac{V}{I_\mathrm{x}}=\frac{V}{I-\dfrac{V}{R}}$$

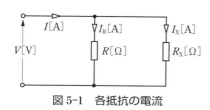

図 5-1　各抵抗の電流

$$=\frac{VR}{IR-V}\,[\Omega]$$

【別解】　二つの抵抗の分流の計算から I_x を求め，R_x を導いてもよい。

$$I_\mathrm{x}=\frac{R}{R+R_\mathrm{x}}I,\quad I_\mathrm{x}=\frac{V}{R_\mathrm{x}}$$

上式から I_x を消去して R_x を求めると，

$$\frac{RI}{R+R_\mathrm{x}}=\frac{V}{R_\mathrm{x}}$$

$$R_\mathrm{x}RI=V(R+R_\mathrm{x})$$

$$R_\mathrm{x}=\frac{VR}{IR-V}\,[\Omega]$$

解 説

解答で用いた I_R，I_x は計算上の都合で導入したものなので，R_x の式に含まれてはいけない。平易な問題なので確実に正解したい。

問 6 の解答　出題項目＜2 電源・多電源＞　　　　答え　（1）

テブナンの定理を使い抵抗 R を流れる電流を求める。問題図において，抵抗 R の両端を左から a 点，b 点とする。**図 6-1** は，R を除いて電源両端を短絡した端子 a-b 間の回路である。

40 Ω　　60 Ω

a　　　　　　　　　　　　b

40 Ω　　60 Ω

図 6-1　端子 a-b 間の回路

端子 a-b 間の合成抵抗 R_ab は，

$$R_\mathrm{ab}=\frac{40\times40}{40+40}+\frac{60\times60}{60+60}=20+30$$
$$=50\,[\Omega]$$

図 6-2 より，c 点の電位を 0 V としたときの a 点，b 点の電位 E_a，E_b を求めると，

$$E_\mathrm{a}=\frac{40}{40+40}\times60=30\,[\mathrm{V}]$$

$$E_\mathrm{b}=\frac{60}{60+60}\times80=40\,[\mathrm{V}]$$

a 点から b 点に向かう電位差 E は，

$$E=E_\mathrm{b}-E_\mathrm{a}=40-30=10\,[\mathrm{V}]$$

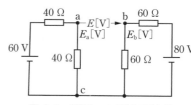

図 6-2　端子 a-b 間の電位差

抵抗 R を流れる電流 I はテブナンの定理より，

$$I=\frac{E}{R+R_\mathrm{ab}}=\frac{10}{10+50}\fallingdotseq0.167\,[\mathrm{A}]$$

R の消費電力 P は，

$$P=I^2R=0.167^2\times10\fallingdotseq0.279\,[\mathrm{W}]$$

$$\rightarrow\quad 0.28\ \mathrm{W}$$

解 説

回路網の計算にはテブナンの定理を用いる方法のほかに，キルヒホッフの法則を用いて連立方程式を解く方法，重ね合わせの理を用いる方法がある。いずれの方法にも習熟して，問題に応じた使い分けができるようにしたい。一般にテブナンの定理がシンプルで使いやすい。

令和 4 (2022)
令和 3 (2021)
令和 2 (2020)
令和 元 (2019)
平成 30 (2018)
平成 29 (2017)
平成 28 (2016)
平成 27 (2015)
平成 26 (2014)
平成 25 (2013)
平成 24 (2012)
平成 23 (2011)
平成 22 (2010)
平成 21 (2009)
平成 20 (2008)

問7 出題分野＜単相交流＞ | 難易度 ★★★ | 重要度 ★★☆

　4[Ω]の抵抗と静電容量がC[F]のコンデンサを直列に接続したRC回路がある。このRC回路に，周波数50[Hz]の交流電圧100[V]の電源を接続したところ，20[A]の電流が流れた。では，このRC回路に，周波数60[Hz]の交流電圧100[V]の電源を接続したとき，RC回路に流れる電流[A]の値として，最も近いものを次の（1）〜（5）のうちから一つ選べ。

（1）　16.7　　　（2）　18.6　　　（3）　21.2　　　（4）　24.0　　　（5）　25.6

問8 出題分野＜直流回路＞ | 難易度 ★★★ | 重要度 ★★★

　図に示すような抵抗の直並列回路がある。この回路に直流電圧5[V]を加えたとき，電源から流れ出る電流I[A]の値として，最も近いものを次の（1）〜（5）のうちから一つ選べ。

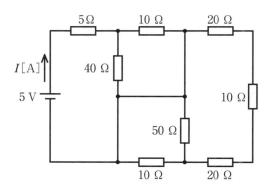

（1）　0.2　　　（2）　0.4　　　（3）　0.6　　　（4）　0.8　　　（5）　1.0

問 7 の解答　　出題項目＜RC 直列回路＞　　答え（3）

問題の回路図を図 7-1 に示す。

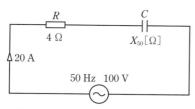

図 7-1　50 Hz の場合の RC 回路

周波数が 50 Hz のときの回路のインピーダンス Z_{50} は 100/20＝5[Ω]なので，コンデンサの容量性リアクタンス X_{50} は，

$$X_{50}=\sqrt{Z_{50}^2-R^2}=\sqrt{5^2-4^2}=3[\Omega]$$

コンデンサの容量性リアクタンスは周波数に反比例するので，周波数 60 Hz における容量性リアクタンス X_{60} は，50 Hz のときの 50/60＝5/6 倍になり，

$$X_{60}=\frac{5}{6}\times3=2.5[\Omega]$$

したがって，60 Hz のときの回路のインピーダンス Z_{60} は，

$$Z_{60}=\sqrt{4^2+2.5^2}\fallingdotseq4.72[\Omega]$$

以上から，60 Hz における回路の電流 I は，

$$I=\frac{100}{4.72}\fallingdotseq21.2[A]$$

解説

リアクタンスと周波数の関係を正しく理解していれば，交流回路の基本計算で解くことができる。コイルの誘導性リアクタンスは周波数に比例し，コンデンサの容量性リアクタンスは周波数に反比例する。

Point コイルは高周波ほど通しにくい，コンデンサは高周波ほど通し易い。

問 8 の解答　　出題項目＜抵抗直並列回路＞　　答え（2）

図 8-1 において，a，b，c，d 点は同電位である。同電位点間は接続してもよいので，b，c，d 点を a 点にまとめたものを図 8-2 に示す。

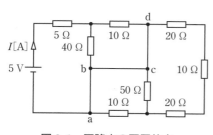

図 8-1　回路中の同電位点

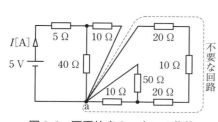

図 8-2　同電位点の a 点への集約

図中の破線で囲んだ回路は電源から一巡する回路が無いため，電流が流れ込まない。すなわち，

取り外しても影響のない回路である。結局，図 8-1 は，図 8-3 に示す三つの抵抗の直並列回路と等価になる。

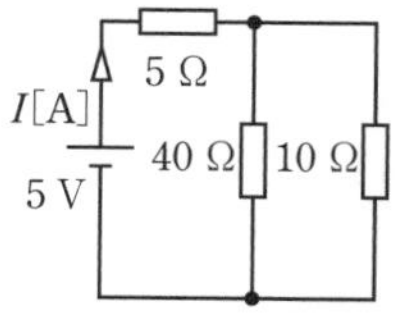

回路の合成抵抗 R は，

$$R=5+\frac{40\times10}{40+10}=13[\Omega]$$

$$I=5/13\fallingdotseq0.385[A]$$

→　0.4 A

図 8-3　等価回路

解説

一見複雑な回路網に見えるが，電源が一つだけなので単なる抵抗の直並列回路の問題に帰着できる。回路中に同電位点があれば，その同電位点間を導線で接続しても電流が流れず回路に影響を与えないので，回路中の同電位点間は短絡することができる。例えば抵抗の両端が同電位の場合，抵抗の電流は零なので抵抗を短絡してもよい。また，電流が流れていない抵抗や導線は開放することができる。このような操作により，複雑な回路の結線を簡単にできる場合がある。

問9　出題分野＜単相交流＞　　　難易度 ★★★　重要度 ★★★

　図1のように，$R[\Omega]$の抵抗，インダクタンス$L[\mathrm{H}]$のコイル，静電容量$C[\mathrm{F}]$のコンデンサからなる並列回路がある。この回路に角周波数$\omega[\mathrm{rad/s}]$の交流電圧$v[\mathrm{V}]$を加えたところ，この回路に流れる電流は$i[\mathrm{A}]$であった。電圧$v[\mathrm{V}]$及び電流$i[\mathrm{A}]$のベクトルをそれぞれ電圧$\dot{V}[\mathrm{V}]$と電流$\dot{I}[\mathrm{A}]$とした場合，両ベクトルの関係を示す図2（ア，イ，ウ）及び$v[\mathrm{V}]$と$i[\mathrm{A}]$の時間$t[\mathrm{s}]$の経過による変化を示す図3（エ，オ，カ）の組合せとして，正しいものを次の（1）〜（5）のうちから一つ選べ。

　ただし，$R \gg \omega L$ 及び $\omega L = \dfrac{2}{\omega C}$ とし，一切の過渡現象は無視するものとする。

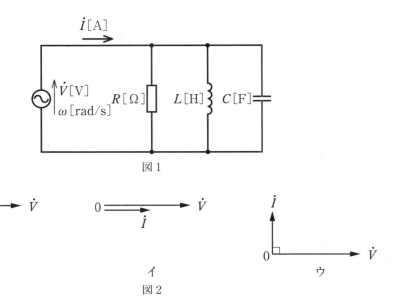

図1

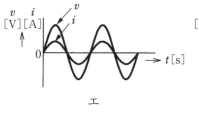

ア　　　　　　　　　　　イ　　　　　　　　　　　ウ

図2

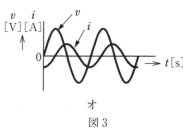

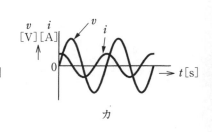

エ　　　　　　　　　　　オ　　　　　　　　　　　カ

図3

	図2	図3
（1）	ア	オ
（2）	ア	カ
（3）	イ	エ
（4）	ウ	オ
（5）	ウ	カ

問 9 の解答　出題項目＜*RLC* 並列回路＞

抵抗，コイル，コンデンサを流れる電流をそれぞれ，$\dot{I}_R$，$\dot{I}_L$，$\dot{I}_C$ とする。ただし書きより，

$$R \gg \omega L = \frac{2}{\omega C} > \frac{1}{\omega C}$$

この関係式から電流の大きさの大小関係は，

$$|\dot{I}_R| \ll |\dot{I}_L| < |\dot{I}_C|, \quad \dot{I}_C = -2\dot{I}_L$$

$|\dot{I}_R|$ は $|\dot{I}_L + \dot{I}_C| = |\dot{I}_L - 2\dot{I}_L| = |-\dot{I}_L| = |\dot{I}_L|$ に比べ無視できるので，電流 $\dot{I}$ は，

$$\dot{I} = \dot{I}_L + \dot{I}_C$$

$\dot{I}$ は $\pi/2$ 進み電流になるので，電源電圧 $\dot{V}$ を基準にベクトル図を描くと**図 9-1** になる。

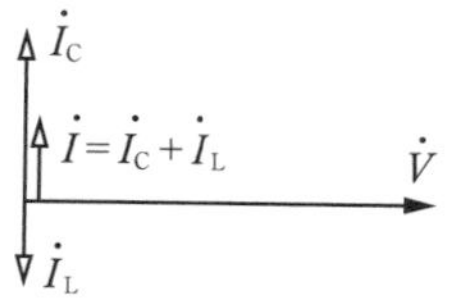

図 9-1　各電流のベクトル図

電圧と電流が同相の場合の v，i のグラフは，問題図 3(エ) である。波の一周期は角度では 2π なので，進み位相角が $\pi/2$ の電流は，この i のグラフを左方向に 1/4 周期だけ平行移動したものになる。したがって，正しい v，i のグラフは問題図 3(カ) となる。

解説

一般に関数 $y = f(x)$ において，この関数のグラフを x 軸方向（右方向）に a だけ平行移動したグラフの関数は，$y = f(x-a)$ である。

電圧 $v = V_m \sin(\omega t)$ に対して $\pi/2$ 進んだ電流の位相は正なので，電流の瞬時式は，

$$i = I_m \sin(\omega t + \pi/2)$$
$$= I_m \sin\{\omega t - (-\pi/2)\}$$

このグラフは，$i = I_m \sin(\omega t)$ のグラフを ωt 軸方向（右方向）に $(-\pi/2)$ 平行移動したものである。マイナスには反対方向の意味があるので，左方向に $\pi/2$ だけ平行移動したグラフとして表現できる。

Point　瞬時式のグラフでは，進み位相は左に平行移動，遅れ位相は右に平行移動する。

令和4 (2022)
令和3 (2021)
令和2 (2020)
令和元 (2019)
平成30 (2018)
平成29 (2017)
平成28 (2016)
平成27 (2015)
平成26 (2014)
平成25 (2013)
平成24 (2012)
平成23 (2011)
平成22 (2010)
平成21 (2009)
平成20 (2008)

問 10　　出題分野＜単相交流＞　　難易度 ★★☆　重要度 ★★★

　図は，インダクタンス L[H]のコイルと静電容量 C[F]のコンデンサ，並びに R[Ω]の抵抗の直列回路に，周波数が f[Hz]で実効値が $V(\neq 0)$[V]である電源電圧を与えた回路を示している。この回路において，抵抗の端子間電圧の実効値 V_R[V]が零となる周波数 f[Hz]の条件を全て列挙したものとして，正しいものを次の（1）～（5）のうちから一つ選べ。

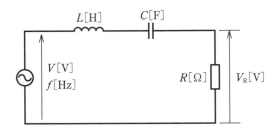

（1）　題意を満たす周波数はない

（2）　$f=0$

（3）　$f=\dfrac{1}{2\pi\sqrt{LC}}$

（4）　$f=0,\quad f\to\infty$

（5）　$f=\dfrac{1}{2\pi\sqrt{LC}},\quad f\to\infty$

問 11　　出題分野＜電子理論＞　　難易度 ★☆☆　重要度 ★★★

　次の文章は，不純物半導体に関する記述である。

　極めて高い純度に精製されたケイ素（Si）の真性半導体に，微量のリン（P），ヒ素（As）などの　（ア）　価の元素を不純物として加えたものを　（イ）　形半導体といい，このとき加えた不純物を　（ウ）　という。

　ただし，Si，P，As の原子番号は，それぞれ 14，15，33 である。

　上記の記述中の空白箇所（ア），（イ）及び（ウ）に当てはまる組合せとして，正しいものを次の（1）～（5）のうちから一つ選べ。

	（ア）	（イ）	（ウ）
（1）	5	p	アクセプタ
（2）	3	n	ドナー
（3）	3	p	アクセプタ
（4）	5	n	アクセプタ
（5）	5	n	ドナー

令和4 (2022)
令和3 (2021)
令和2 (2020)
令和元 (2019)
平成30 (2018)
平成29 (2017)
平成28 (2016)
平成27 (2015)
平成26 (2014)
平成25 (2013)
平成24 (2012)
平成23 (2011)
平成22 (2010)
平成21 (2009)
平成20 (2008)

問 10 の解答　　出題項目＜*RLC* 直列回路＞　　　　答え　（4）

V_R が零になるためには，この直列回路の電流が零でなければならない。したがって，回路のインピーダンス $|\dot{Z}|$ が無限大となる周波数を見つければよい。$\dot{Z}$ は，

$$\dot{Z} = R + j\left(2\pi fL - \frac{1}{2\pi fC}\right)[\Omega]$$

R は周波数に対して一定なので，虚数部すなわちリアクタンス部が ± 無限大になるための周波数を考える。

① $f = 0$ の場合，コイルのリアクタンスは零，コンデンサのリアクタンスがマイナス無限大なので条件に合う。

② f が零より大きく有限値の場合，リアクタンスは有限値になり条件に合わない。

③ f が無限大の場合，コイルのリアクタンス

はプラス無限大，コンデンサのリアクタンスは零なので条件に合う。

以上から，条件を満たす周波数は $f = 0$ と $f \to$ 無限大（∞）である。

解説

この回路は周波数 f が，

$$f = \frac{1}{2\pi\sqrt{LC}}$$

のとき直列共振となり，インピーダンスは R のみとなる。しかし，この問題で提示された条件は，共振回路のものではないので要注意。

なお，周波数 0 Hz の正弦波交流は直流を表す。また，無限大は数値ではないので，数式に代入して計算することはできない。このため，解答の表記が $f = \infty$ ではなく，$f \to \infty$ となっている。

問 11 の解答　　出題項目＜半導体・半導体デバイス＞　　　　答え　（5）

真性半導体の原子価は 4 であり，代表的なものにケイ素（Si），ゲルマニウム（Ge）がある。この真性半導体に微量のリン（P），ヒ素（As），アンチモン（Sb）などの **5** 価の元素を不純物として加えたものを **n** 形半導体といい，加えた不純物を**ドナー**という。

解説

半導体は，金属と絶縁物の中間の抵抗率を持ち，温度上昇に伴い抵抗率が減少する特性を持つ。真性半導体は不純物を含まず，熱で励起された電子とそのぬけ穴の正孔がキャリアとして同数存在する。4 価の真性半導体に 5 価の物質を微量加えると，原子間の共有結合に寄与しない自由電子が余分に存在するようになる。このような半導

体を n 形半導体という。n 形半導体の多数キャリアは電子である。

一方，真性半導体にホウ素（B），ガリウム（Ga），インジウム（In）などの 3 価の物質を微量加えたものを p 形半導体といい，加えた不純物をアクセプタという。p 形半導体では共有結合に供する電子が不足し，その部分は正孔（ホール）として残る。正孔自体は移動することは無いが，正孔に電子が順次出入りすることであたかも正孔が移動するように見えるため，正孔はキャリアとして働く。p 形半導体の多数キャリアは正孔である。

Point acceptor（アクセプタ：（電子の）受け皿）は p 形，donor（ドナー：（電子を）提供）は n 形。

問12　出題分野＜過渡現象＞　難易度 ★★★　重要度 ★★★

　図の回路において，十分に長い時間開いていたスイッチ S を時刻 $t=0$[ms]から時刻 $t=15$[ms]の間だけ閉じた。このとき，インダクタンス20[mH]のコイルの端子間電圧 v[V]の時間変化を示す図として，最も近いものを次の（1）〜（5）のうちから一つ選べ。

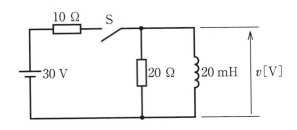

（1）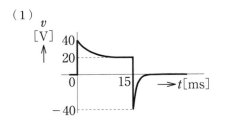　　（2）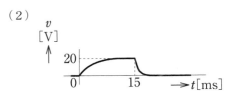

（3）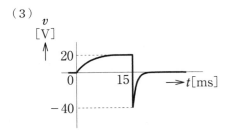　　（4）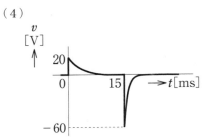

（5）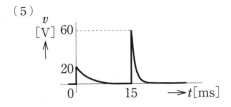

問 12 の解答　　出題項目＜*RL* 直並列回路＞　　答え　（4）

Sを閉じた瞬間，コイルには電流を妨げる向きに誘導起電力が生じ電流は流れない。このとき，電流はすべて 20 Ω の抵抗を流れる。したがって，$t=0$ における誘導起電力 v は 20 Ω の抵抗の端子電圧と等しく，

$$v=\frac{20}{10+20}\times30=20[\text{V}]$$

時間の経過に伴い，コイルの誘導起電力は徐々に減少し，コイルを流れる電流は徐々に増加する。時定数 3 ms（計算式は省略）に比べ 15 ms は十分大きな値と考えれば，この間に誘導起電力は滑らかに減少して零とみなせる。このときの電流 $i=3[\text{A}]$ はすべてコイルを流れる。ここまでの v の時間変化を**図 12-1** に示す。

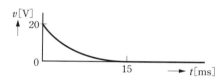

図 12-1　Sを閉じている間の v の変化

次に，Sを開いた瞬間の電流の状態を**図 12-2** に示す。コイルは電流を流し続ける向きに誘導起電力を生じ，電流は抵抗 20 Ω を環流する。抵抗を流れる電流はSを開く前と反対向きになるので誘導起電力 v は，

$$v=-3[\text{A}]\times20[\Omega]=-60[\text{V}]$$

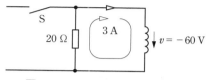

図 12-2　Sを開いた瞬間の現象

時間の経過に伴い，コイルの磁気エネルギーが抵抗で消費されることで電流は滑らかに減少し，電圧は**図 12-3** のように零に近づく。

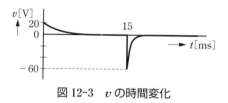

図 12-3　v の時間変化

解 説

環流時の時定数 $20[\text{mH}]/20[\Omega]=1[\text{ms}]$ は先ほどの時定数より小さいので，電圧 v はより速く定常状態 $v=0\text{V}$ に近づく。

問13 出題分野＜電子回路＞ 難易度 ★★★ 重要度 ★★★

バイポーラトランジスタを用いた交流小信号増幅回路に関する記述として，誤っているものを次の(1)～(5)のうちから一つ選べ。

(1) エミッタ接地増幅回路における電流帰還バイアス方式は，エミッタと接地との間に抵抗を挿入するので，自己バイアス方式に比べて温度変化に対する動作点の安定性がよい。

(2) エミッタ接地増幅回路では，出力交流電圧の位相は入力交流電圧の位相に対して逆位相となる。

(3) コレクタ接地増幅回路は，電圧増幅度がほぼ1で，入力インピーダンスが大きく，出力インピーダンスが小さい。エミッタホロワ増幅回路とも呼ばれる。

(4) ベース接地増幅回路は，電流増幅度がほぼ1である。

(5) CR 結合増幅回路では，周波数の低い領域と高い領域とで信号増幅度が低下する。中域からの増幅度低下が6[dB]以内となる周波数領域をその回路の帯域幅という。

問14 出題分野＜電気計測＞ 難易度 ★★☆ 重要度 ★★★

ディジタル計器に関する記述として，誤っているものを次の(1)～(5)のうちから一つ選べ。

(1) ディジタル交流電圧計には，測定入力端子に加えられた交流電圧が，入力変換回路で直流電圧に変換され，次の A-D 変換回路でディジタル信号に変換される方式のものがある。

(2) ディジタル計器では，測定量をディジタル信号で取り出すことができる特徴を生かし，コンピュータに接続して測定結果をコンピュータに入力できるものがある。

(3) ディジタルマルチメータは，スイッチを切り換えることで電圧，電流，抵抗などを測ることができる多機能測定器である。

(4) ディジタル周波数計には，測定対象の波形をパルス列に変換し，一定時間のパルス数を計数して周波数を表示する方式のものがある。

(5) ディジタル直流電圧計は，アナログ指示計器より入力抵抗が低いので，測定したい回路から計器に流れ込む電流は指示計器に比べて大きくなる。

問13の解答　出題項目＜トランジスタ増幅回路＞　　答え　（5）

（1）　正。エミッタ接地増幅回路のバイアス方式を温度変化に対する安定性の高い順に並べると，電流帰還バイアス＞自己バイアス＞固定バイアスの順になる。

（2）　正。入力信号によりベース電位が上がると，ベース電流の増加に伴いコレクタ電流が増加し，コレクタに接続された抵抗の電圧降下が増すため，コレクタの電位が下がる。ベース電位が下がったときは反対の変化が起きる。このため，出力と入力の電圧位相は逆位相となる。

（3）　正。コレクタ接地増幅回路は，この特徴を生かして低インピーダンス負荷を駆動する電圧増幅回路や，インピーダンス変換回路などに用いられる。

（4）　正。ベース接地増幅回路はエミッタ電流とコレクタ電流がほぼ等しいため，電流増幅度がほぼ1である。高域の周波数特性が良い。また，入力インピーダンスが小さく出力インピーダンスが大きい。

（5）　誤。帯域幅とは，中域からの増幅度の低

下が $1/\sqrt{2}=0.71$ 倍，デシベルでは **3[dB]** 以内となる周波数領域をいう。

解説

バイポーラトランジスタ回路の各種特徴は，動作原理を踏まえ理解するとよい。

増幅回路の周波数特性は一般に**図13-1**のようになる。利得の低下の主な原因は，低域では入力段の結合コンデンサのインピーダンス増加であり，高域ではトランジスタ自体の持つ静電容量（分布容量）を通して信号がバイパスされてしまうことによる。

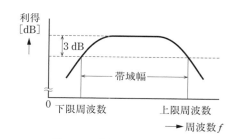

図 13-1　増幅回路の帯域幅

問14の解答　出題項目＜ディジタル計器＞　　答え　（5）

（1）　正。測定する対象がアナログ量の場合は，A-D 変換回路でディジタル信号に変換する。その際，計器の入力値が A-D 変換回路の入力レベルに合うように，入力変換回路で変換される。この変換回路によって幅広い測定が可能になる。

（2）　正。コンピュータ内部の情報処理はディジタル信号なので，適当なインターフェースを介してディジタル計器の測定量を取り込むことが可能である。

（3）　正。記述のとおり。

（4）　正。**図14-1**に動作原理を示す。測定対象の交流信号を波形整形してディジタル信号（パルス信号）に変換した後，パルス数を計数する。単位時間当たりの計数値が周波数を表す。例えば，$T[\mathrm{s}]$ 間のパルスの計数値が N であれば，周

波数は $N/T[\mathrm{Hz}]$ となる。

（5）　誤。ディジタル直流電圧計は**入力抵抗が非常に高く**，測定したい回路から計器に流れ込む電流はアナログ指示計器に比べ**小さい**。

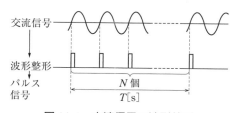

図 14-1　交流信号の波形整形

解説

近年ディジタル機器の使用は広範囲に及んでいる。今後もディジタル計器，計測に関する出題は続くと思われる。

B 問 題 （配点は1問題当たり（a）5点，（b）5点，計10点）

問15 出題分野＜三相交流＞ 難易度 ★✦★ 重要度 ★★✦

図1のように，周波数50[Hz]，電圧200[V]の対称三相交流電源に，インダクタンス7.96[mH]のコイルと6[Ω]の抵抗からなる平衡三相負荷を接続した交流回路がある。次の（a）及び（b）の問に答えよ。

（a）　図1において，三相負荷が消費する有効電力 P[W]の値として，最も近いものを次の（1）～（5）のうちから一つ選べ。

（1）　1 890　　　（2）　3 280　　　（3）　4 020　　　（4）　5 680　　　（5）　9 840

（b）　図2のように，静電容量 C[F]のコンデンサを Δ 結線し，その端子 a′，b′ 及び c′ をそれぞれ図1の端子 a，b 及び c に接続した。その結果，三相交流電源からみた負荷の力率が1になった。静電容量 C[F]の値として，最も近いものを次の（1）～（5）のうちから一つ選べ。

（1）　6.28×10^{-5}　　　（2）　8.88×10^{-5}　　　（3）　1.08×10^{-4}

（4）　1.26×10^{-4}　　　（5）　1.88×10^{-4}

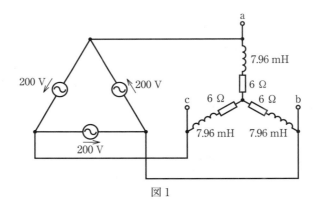

図1

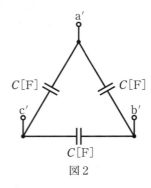

図2

問 15 （a）の解答　出題項目＜Y 接続＞

答え　（4）

対称三相交流電源を Y 結線に変換して 1 相分について考える。図 15-1 において，コイルの誘導性リアクタンス X_L は，

$$X_L = 2\pi \times 50 \times 7.96 \times 10^{-3} \fallingdotseq 2.5 [\Omega]$$

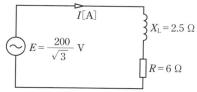

図 15-1　負荷 1 相分の回路

負荷の抵抗を $R[\Omega]$ とすると，負荷のインピーダンス Z は，

$$Z = \sqrt{R^2 + X_L{}^2} = \sqrt{6^2 + 2.5^2} = 6.5 [\Omega]$$

負荷力率 $\cos\theta$ は，

$$\cos\theta = \frac{R}{Z} = \frac{6}{6.5}$$

相電圧を $E[V]$ とすれば相電流 I は，

$$I = \frac{E}{Z} = \frac{200/\sqrt{3}}{6.5} = \frac{200}{\sqrt{3} \times 6.5} [A]$$

線間電圧を $V[V]$ とすれば三相電力 P は，

$$P = \sqrt{3} VI \cos\theta$$
$$= \sqrt{3} \times 200 \times \frac{200}{\sqrt{3} \times 6.5} \times \frac{6}{6.5} = 5\,680 [W]$$

【別解】　1 相分の電力 P' は $P' = I^2 R$ である。三相電力 P は，1 相分の 3 倍であるから，

$$P = 3P' = 3 \times \left(\frac{200}{\sqrt{3} \times 6.5}\right)^2 \times 6 = 5\,680 [W]$$

解説 ・・・・・・・・・・・・・・・・・・・・・・・・・・・

三相回路の原則に従い 1 相分で考える。三相回路の電力の計算方法は解答と別解の二通りあり，問題に適した方法を選ぶ。どちらの方法もよく使われるので習熟しておきたい。

問 15 （b）の解答　出題項目＜YΔ 混合＞

答え　（1）

コンデンサを Y 結線に変換した 1 相分の回路を図 15-2 に示す。

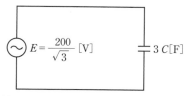

図 15-2　コンデンサの Y 結線 1 相分

誘導性負荷 1 相分の無効電力 Q_L' は，

$$Q_L' = I^2 X_L = \left(\frac{200}{\sqrt{3} \times 6.5}\right)^2 \times 2.5 \fallingdotseq 789 [var]$$

一方，コンデンサのリアクタンス X_C は，

$$X_C = \frac{1}{100\pi(3C)} = \frac{1}{300\pi C} [\Omega]$$

1 相分のコンデンサの無効電力 Q_C' は，

$$Q_C' = \frac{E^2}{X_C} = \left(\frac{200}{\sqrt{3}}\right)^2 \times 300\pi C [var]$$

$Q_C' = Q_L'$ のとき電源からみた力率が 1 になり，

$$\left(\frac{200}{\sqrt{3}}\right)^2 \times 300\pi C = 789$$

$$C \fallingdotseq 6.28 \times 10^{-5} [F]$$

【別解】　三相無効電力 Q は，

$$Q = \sqrt{3} VI \sin\theta = 2\,367 [var]$$

一方，コンデンサの三相無効電力 Q_C は，Δ 回路 1 相当たりの電力 $200^2 \times 100\pi C$ の 3 倍になり，

$$Q_C = 3 \times 200^2 \times 100\pi C [var]$$

$Q_C = Q$ のとき電源からみた力率が 1 になり，

$$3 \times 200^2 \times 100\pi C = 2\,367$$

$$C \fallingdotseq 6.28 \times 10^{-5} [F]$$

解説 ・・・・・・・・・・・・・・・・・・・・・・・・・・・

力率改善に関する典型問題である。静電容量の Δ 結線から Y 結線への変換は，$3C$ になるので要注意。また，別解ではコンデンサを Δ 結線のままで三相無効電力を計算した。

Point 力率改善では無効電流（電力）に注目する。電源から見た無効分が零⇔負荷力率 1

問16　出題分野＜電気計測＞　難易度 ★★★　重要度 ★★★

振幅 V_m[V]の交流電源の電圧 $v = V_m \sin \omega t$[V]をオシロスコープで計測したところ，画面上に図のような正弦波形が観測された。次の(a)及び(b)の問に答えよ。

ただし，オシロスコープの垂直感度は5[V]/div，掃引時間は2[ms]/divとし，測定に用いたプローブの減衰比は1対1とする。

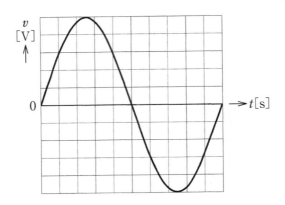

（a）　この交流電源の電圧の周期[ms]，周波数[Hz]，実効値[V]の値の組合せとして，最も近いものを次の(1)～(5)のうちから一つ選べ。

	周期	周波数	実効値
(1)	20	50	15.9
(2)	10	100	25.0
(3)	20	50	17.7
(4)	10	100	17.7
(5)	20	50	25.0

（b）　この交流電源をある負荷に接続したとき，$i = 25 \cos\left(\omega t - \dfrac{\pi}{3}\right)$[A]の電流が流れた。この負荷の力率[%]の値として，最も近いものを次の(1)～(5)のうちから一つ選べ。

（1）　50　　　　（2）　60　　　　（3）　70.7　　　　（4）　86.6　　　　（5）　100

問 16 （a）の解答　出題項目＜オシロスコープ＞　　答え　（3）

図 16-1 より，周期 T は，

$$T = 10[目盛] \times 2[ms/div] = 20[ms]$$

周波数 f は，

$$f = \frac{1}{T} = \frac{1}{20 \times 10^{-3}} = 50[Hz]$$

最大値 V_m は，

$$V_m = 5[目盛] \times 5[V/div] = 25[V]$$

実効値 V は，

$$V = \frac{V_m}{\sqrt{2}} = \frac{25}{\sqrt{2}} \fallingdotseq 17.7[V]$$

プローブの減衰比は 1 対 1 なので，この数値が実際の電圧値である。

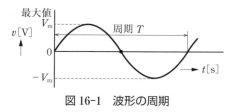

図 16-1　波形の周期

解説

垂直感度，掃引時間の単位「/div」は「1 目盛当たり」を意味する。また，プローブの減衰比は，測定電圧とオシロスコープの入力値（観測値）の比を表す。

（類題：平成 20 年度問 16）

補足　通常の波形の観測では，時間変化を見るため水平軸は時間軸となる。一方，垂直軸と水平軸に大きさの等しい周波数 f_y，f_x の正弦波電圧を加えると，二つの周波数の比が整数のとき，画面には特色ある図形が観測される。これをリサジュ図形という。垂直感度と水平感度を同じに設定した場合，例えば $f_y : f_x = 1:1$ で位相差 0 のときは斜線（傾き 45°）を描き，位相差 $\pi/2$ のときは円を描く（**図 16-2** 参照）。

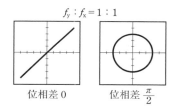

図 16-2　リサジュ図形

問 16 （b）の解答　出題項目＜力率の計算＞　　答え　（4）

角速度 ω は，$\omega = 2\pi \times 50 = 100\pi[rad/s]$ なので，電圧波形の瞬時式は，

$$v = 25 \sin(100\pi t)[V]$$

負荷電流の瞬時式は cos の関数なので，三角関数の公式を用いて cos を sin に変換する。

$$\cos A = \sin\left(A + \frac{\pi}{2}\right), \quad A = 100\pi t - \frac{\pi}{3}$$

として i の瞬時式に代入すると，

$$i = 25 \cos\left(100\pi t - \frac{\pi}{3}\right) = 25 \sin\left(100\pi t - \frac{\pi}{3} + \frac{\pi}{2}\right)$$

$$= 25 \sin\left(100\pi t + \frac{\pi}{6}\right)[A]$$

電流の位相は電圧に対して $\theta = \pi/6$ 進みなので，負荷力率 $\cos\theta$ は，

$$\cos\theta = \cos(\pi/6) \fallingdotseq 0.866$$
$$\rightarrow \quad 86.6\%（進み力率）$$

解説

電圧と電流の位相差は同じ sin 関数で比較するとわかり易い。cos を sin に変換するには sin の加法定理を用いて，

$$\sin(A + \pi/2)$$
$$= \sin A \cos(\pi/2) + \cos A \sin(\pi/2) = \cos A$$

また，電圧と電流の最大値がともに 25 であることから，負荷のインピーダンス Z は 1 Ω。仮に負荷が RC 直列回路であれば，力率より抵抗は 0.866 Ω，容量性リアクタンスは 0.5 Ω となる。

補足　sin を cos に変換する公式は，

$$\cos(A - \pi/2)$$
$$= \cos A \cos(\pi/2) + \sin A \sin(\pi/2) = \sin A$$

　問 17 及び問 18 は選択問題です。問 17 又は問 18 のどちらかを選んで解答してください。（両方解答すると採点されませんので注意してください。）

（選択問題）

問 17　　出題分野＜静電気＞　　　　　　　難易度　★★★　　重要度　★★★

空気中に半径 r[m]の金属球がある。次の（ a ）及び（ b ）の問に答えよ。

ただし，$r = 0.01$[m]，真空の誘電率を $\varepsilon_0 = 8.854 \times 10^{-12}$[F/m]，空気の比誘電率を 1.0 とする。

（ a ）　この金属球が電荷 Q[C]を帯びたときの金属球表面における電界の強さ[V/m]を表す式として，正しいものを次の（ 1 ）〜（ 5 ）のうちから一つ選べ。

（ 1 ）　$\dfrac{Q}{4\pi\varepsilon_0 r^2}$　　　（ 2 ）　$\dfrac{3Q}{4\pi\varepsilon_0 r^3}$　　　（ 3 ）　$\dfrac{Q}{4\pi\varepsilon_0 r}$　　　（ 4 ）　$\dfrac{Q^2}{8\pi\varepsilon_0 r}$　　　（ 5 ）　$\dfrac{Q^2}{2\pi\varepsilon_0 r^2}$

（ b ）　この金属球が帯びることのできる電荷 Q[C]の大きさには上限がある。空気の絶縁破壊の強さを 3×10^6[V/m]として，金属球表面における電界の強さが空気の絶縁破壊の強さと等しくなるような Q[C]の値として，最も近いものを次の（ 1 ）〜（ 5 ）のうちから一つ選べ。

（ 1 ）　2.1×10^{-10}　　　（ 2 ）　2.7×10^{-9}　　　（ 3 ）　3.3×10^{-8}

（ 4 ）　2.7×10^{-7}　　　（ 5 ）　3.3×10^{-6}

問17（a）の解答　　出題項目＜ガウスの定理＞　　答え　(1)

金属球表面の電荷が作る電界は，同じ電気量が金属球の中心にあるとき作る電界と同じである（ただし，金属球の内部には電界は存在しないので，外部のみで考える）。金属球の電荷を Q，金属球の中心からの距離を R[m]（R は金属球半径以上）とすれば，電界の強さ E は，

$$E = \frac{Q}{4\pi\varepsilon_0 R^2} [\text{V/m}]$$

金属球の半径は r なので，金属球表面の電界の強さは，$R = r$ より，

$$E = \frac{Q}{4\pi\varepsilon_0 r^2} [\text{V/m}]$$

解説 ....

金属球に電荷を帯電させると，電荷は金属球表面に均一に分布し，表面は等電位面となる。

電気力線は球表面から垂直に無限遠方に延び，電界の向きと一致する。真空中において**図 17-1**

のように，半径 R の球表面積は $4\pi R^2$，電荷 Q から出る電気力線は Q/ε_0 本なので，半径 R の球表面の電気力線密度は，

$$\frac{Q/\varepsilon_0}{4\pi R^2} = \frac{Q}{4\pi\varepsilon_0 R^2} = E$$

これは電界の強さの式と一致する。

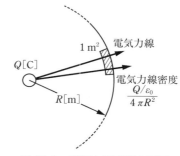

図 17-1　電気力線密度と電界

Point 電界の強さ ＝ 電気力線密度

問17（b）の解答　　出題項目＜ガウスの定理＞　　答え　(3)

電界の強さの式から，金属球が作る電界は球表面で最大となることがわかる。したがって，表面（$r = 0.01$[m]）の電界の強さが，空気の絶縁破壊の強さと等しいときの電荷を求めればよい。

$$E = \frac{Q}{4\pi\varepsilon_0 \times 0.01^2} = 3\times10^6$$

$$Q = 3\times10^6 \times 4\pi \times 8.854\times10^{-12} \times 0.01^2$$

$$\fallingdotseq 3.34\times10^{-8}[\text{C}] \quad \rightarrow \quad 3.3\times10^{-8}\,\text{C}$$

解説 ....

電気力線が集中してその密度が物質の絶縁破壊

の強さを超えると，その部分が絶縁破壊を起こす。金属表面の電気力線密度は，**図 17-2** のように，滑らかな形状よりも尖った形状の先端部分で高くなる。

また，電線の半径が小さい高圧電線の場合，電線表面に電気力線が集中する。電線表面の電界の強さが空気の絶縁耐力を超えると，コロナ放電を起こす。特別高圧送電線に採用されている多導体は，電気力線を分散し電気力線密度を下げる効果がある（**図 17-3** 参照）。

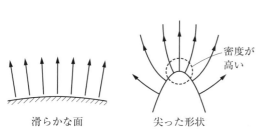

図 17-2　形状と電気力線

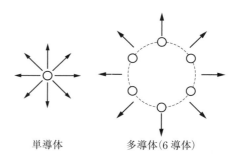

図 17-3　多導体と電気力線

令和 4 (2022)
令和 3 (2021)
令和 2 (2020)
令和元 (2019)
平成 30 (2018)
平成 29 (2017)
平成 28 (2016)
平成 27 (2015)
平成 26 (2014)
平成 25 (2013)
平成 24 (2012)
平成 23 (2011)
平成 22 (2010)
平成 21 (2009)
平成 20 (2008)

（選択問題）

問 18　出題分野＜電子回路＞　　難易度 ★★★　重要度 ★★☆

図は，NOT IC，コンデンサC及び抵抗を用いた非安定マルチバイブレータの原理図である。次の（a）及び（b）の問に答えよ。

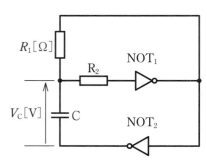

（a）　この回路に関する三つの記述（ア）～（ウ）について，正誤の組合せとして，正しいものを次の（1）～（5）のうちから一つ選べ。

（ア）　この回路は電源を必要としない。

（イ）　抵抗 $R_1[\Omega]$ の値を大きくすると，発振周波数は高くなる。

（ウ）　抵抗器 R_2 は，NOT_1 に流れる入力電流を制限するための素子である。

	（ア）	（イ）	（ウ）
（1）	正	正	正
（2）	正	正	誤
（3）	正	誤	誤
（4）	誤	正	誤
（5）	誤	誤	正

（b）　次の波形の中で，コンデンサCの端子間電圧 $V_C[V]$ の時間 $t[s]$ の経過による変化の特徴を最もよく示している図として，正しいものを次の（1）～（5）のうちから一つ選べ。

　　ただし，いずれの図も1周期分のみを示している。

（1）
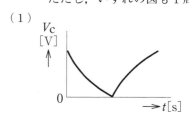

（2）
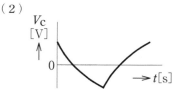

（3）
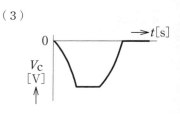

（4）
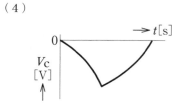

（5）
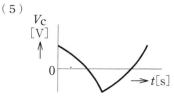

問 18 （a）の解答　出題項目＜パルス回路＞　答え　(5)

（ア）　誤。原理図には説明に必要なものだけが図示され，当然必要な**電源は省略されている**。

（イ）　誤。解説を参照。

（ウ）　正。記述のとおり。

解説 ⋯⋯⋯⋯⋯⋯⋯⋯⋯⋯⋯⋯⋯⋯

　回路の周期は R_1 と静電容量 $C[\text{F}]$ の時定数で決まる。**時定数 $\tau = CR_1$ が大きいほど周期は大きくなるので，発信周波数は低くなる**。

　動作の詳細は（b）の解答，解説を参照。

問 18 （b）の解答　出題項目＜パルス回路＞　答え　(2)

　C の初期電荷は零とする。**図 18-1** において，電源を入れたとき P 点の電位は 0 V であったとすると，NOT_1 の出力は $V_{\text{cc}}[\text{V}]$，NOT_2 の出力は 0 V になる。このため，C は R_1 を通して充電され，V_{C} は徐々に上昇する。

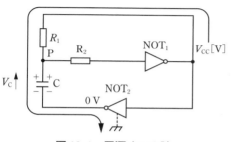

図 18-1　電源オンの時

　P 点の電位が上がり NOT_1 を反転する<u>しきい値</u>に達すると，NOT_1 の出力は 0 V，NOT_2 の出力は $V_{\text{cc}}[\text{V}]$ になり，C は放電を始める（**図 18-2** 参照）。

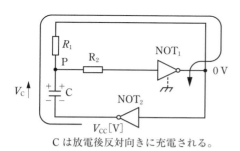

C は放電後反対向きに充電される。

図 18-2　NOT_1 の出力が 0 V の時

　V_{C} は放電により徐々に低下し 0 V に達した後，C が反対向きに充電されるためマイナスになる。これに伴い P 点の電位は徐々に低下し，NOT_1 を反転する<u>しきい値</u>に達すると NOT_1 は反転し，NOT_1 の出力は $V_{\text{cc}}[\text{V}]$，NOT_2 の出力は 0 V に

なる（**図 18-3** 参照）。

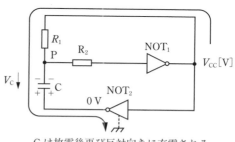

C は放電後再び反対向きに充電される。

図 18-3　NOT_1 の出力が $V_{\text{cc}}[\text{V}]$ の時

　再び C は放電を始め，V_{C} は徐々に上昇し 0 V に達した後，C が再び反対向きに充電されるためプラスになる。これに伴い P 点の電位が徐々に上昇して，再び NOT_1 を反転させる。以後同様の動作を繰り返す。この動作により，V_{C} の時間変化は**図 18-4** のようになる。

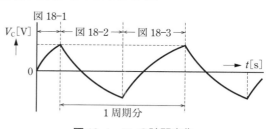

図 18-4　V_{C} の時間変化

解説 ⋯⋯⋯⋯⋯⋯⋯⋯⋯⋯⋯⋯⋯⋯

　R_1 と C の充放電は過渡現象なので，時間に対する V_{C} の変化は図 18-4 に示すような，曲線の傾きが徐々に緩やかになる曲線を描く。ただし，V_{C} は定常値になる前に NOT の反転により放電が開始されるため，変化の途中で折れ曲がる曲線になる。

令和
4
(2022)

令和
3
(2021)

令和
2
(2020)

令和
元
(2019)

平成
30
(2018)

平成
29
(2017)

平成
28
(2016)

平成
27
(2015)

平成
26
(2014)

平成
25
(2013)

平成
24
(2012)

平成
23
(2011)

平成
22
(2010)

平成
21
(2009)

平成
20
(2008)

理　論 ｜ 平成 24 年度（2012 年度）

問1 　出題分野＜静電気＞　　　　難易度 ★★★　重要度 ★★★

　図1及び図2のように，静電容量がそれぞれ 4[μF] と 2[μF] のコンデンサ C_1 及び C_2，スイッチ S_1 及び S_2 からなる回路がある。コンデンサ C_1 と C_2 には，それぞれ 2[μC] と 4[μC] の電荷が図のような極性で蓄えられている。この状態から両図ともスイッチ S_1 及び S_2 を閉じたとき，図1のコンデンサ C_1 の端子電圧を V_1[V]，図2のコンデンサ C_1 の端子電圧を V_2[V] とすると，電圧比 $\left|\dfrac{V_1}{V_2}\right|$ の値として，正しいものを次の（1）〜（5）のうちから一つ選べ。

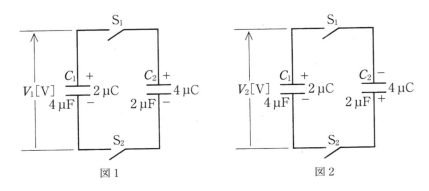

図1　　　　　　　　　　図2

（1）　$\dfrac{1}{3}$　　　（2）　1　　　（3）　3　　　（4）　6　　　（5）　9

問1の解答　出題項目＜コンデンサの接続＞

図 1-1 のように，電荷 $q_1[\mu\mathrm{C}]$，$q_2[\mu\mathrm{C}]$ がコンデンサ C_1 から C_2 へ移動して，C_1，C_2 の端子電圧が等しくなったとする。

回路(a)の端子電圧 V_1 は，

$$V_1 = \frac{(2-q_1)[\mu\mathrm{C}]}{4[\mu\mathrm{F}]} = \frac{(4+q_1)[\mu\mathrm{C}]}{2[\mu\mathrm{F}]}$$

$$q_1 = -2[\mu\mathrm{C}]$$

$$V_1 = \frac{(4+q_1)[\mu\mathrm{C}]}{2[\mu\mathrm{F}]} = \frac{4-2}{2} = 1[\mathrm{V}]$$

回路(b)の端子電圧 V_2 は，

$$V_2 = \frac{(2-q_2)[\mu\mathrm{C}]}{4[\mu\mathrm{F}]} = \frac{(-4+q_2)[\mu\mathrm{C}]}{2[\mu\mathrm{F}]}$$

$$q_2 = 10/3[\mu\mathrm{C}]$$

$$V_2 = \frac{(-4+q_2)[\mu\mathrm{C}]}{2[\mu\mathrm{F}]} = \frac{-4+10/3}{2} = -\frac{1}{3}[\mathrm{V}]$$

$$\left| \frac{V_1}{V_2} \right| = \frac{1}{1/3} = 3$$

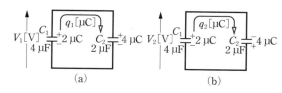

図 1-1　電荷の移動と電圧平衡

解説

移動電荷の符号および移動方向は任意に決めてよい。計算の結果，移動電荷の符号が仮定と異なる場合は，移動方向が仮定と反対と解釈できる。

Point コンデンサ間の電荷の移動は，端子電圧が平衡するまで起こる。

問2 出題分野＜静電気＞　　　　難易度 ★★★　重要度 ★★★

　極板 A-B 間が誘電率 ε_0[F/m]の空気で満たされている平行平板コンデンサの空気ギャップ長を d[m]，静電容量を C_0[F]とし，極板間の直流電圧を V_0[V]とする。極板と同じ形状と面積を持ち，厚さが $\frac{d}{4}$[m]，誘電率 ε_1[F/m]の固体誘電体($\varepsilon_1 > \varepsilon_0$)を図に示す位置 P-Q 間に極板と平行に挿入すると，コンデンサ内の電位分布は変化し，静電容量は C_1[F]に変化した。このとき，誤っているものを次の(1)〜(5)のうちから一つ選べ。

　ただし，空気の誘電率を ε_0，コンデンサの端効果は無視できるものとし，直流電圧 V_0[V]は一定とする。

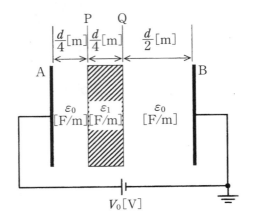

（1）　位置 P の電位は，固体誘電体を挿入する前の値よりも低下する。

（2）　位置 Q の電位は，固体誘電体を挿入する前の値よりも上昇する。

（3）　静電容量 C_1[F]は，C_0[F]よりも大きくなる。

（4）　固体誘電体を導体に変えた場合，位置 P の電位は固体誘電体又は導体を挿入する前の値よりも上昇する。

（5）　固体誘電体を導体に変えた場合の静電容量 C_2[F]は，C_0[F]よりも大きくなる。

問2の解答　　出題項目＜平行板コンデンサ＞　　　　　答え　(4)

（1）　正。（2）　正。固体誘電体を挿入した場合の A-B 間の電束密度を $D_1\,[\mathrm{C/m^2}]$ とすると，空気ギャップと固体誘電体の電界の強さ $[\mathrm{V/m}]$ はそれぞれ $E_\mathrm{A}=D_1/\varepsilon_0$，$E_\mathrm{R}=D_1/\varepsilon_1$ である。したがって V_0 は，

$$V_0=\frac{D_1}{\varepsilon_0}\frac{d}{4}+\frac{D_1}{\varepsilon_1}\frac{d}{4}+\frac{D_1}{\varepsilon_0}\frac{d}{2} \qquad ①$$

①式を変形して D_1 を求めると，

$$D_1=\frac{V_0}{d}\left(\frac{4\varepsilon_0\varepsilon_1}{\varepsilon_0+3\varepsilon_1}\right) \qquad ②$$

$$E_\mathrm{A}=\frac{D_1}{\varepsilon_0}=\frac{V_0}{d}\left(\frac{4\varepsilon_1}{\varepsilon_0+3\varepsilon_1}\right) \qquad ③$$

$\varepsilon_1>\varepsilon_0$ より，③式の（　）内は 1 より大きい。また，$E_0=V_0/d$ は固体誘電体挿入前の電界の強さなので，$E_\mathrm{A}>E_0$。これより，固体誘電体挿入後の A-P 間，Q-B 間の電位差はいずれも挿入前より大きくなるため，位置 P の電位は挿入前よりも低下し，位置 Q の電位は挿入前よりも上昇する。

（3）　正。固体誘電体挿入前の電束密度 D_0 は，

$D_0=\dfrac{\varepsilon_0 V_0}{d}$ なので，②式との関係から，

$$D_1=D_0\left(\frac{4\varepsilon_1}{\varepsilon_0+3\varepsilon_1}\right)$$

$$\therefore\ D_1>D_0$$

電束密度と極板電荷密度は等しいので，V_0 が一定で極板電荷密度が固体誘電体挿入前より大きいことから，静電容量 C_1 は C_0 より大きい。

（4）　誤。P-Q 間の電位差は零。V_0 は一定なので，導体挿入後の空気ギャップの電界は大きくなる。このため，A-P 間の電位差は大きくなり，A に対する**位置 P の電位は低下**する。

（5）　正。導体挿入後の空気ギャップの電束密度を D_2 とすると，

$$V_0=\frac{D_2}{\varepsilon_0}\frac{d}{4}+\frac{D_2}{\varepsilon_0}\frac{d}{2}$$

$$D_2=\frac{4\varepsilon_0 V_0}{3d}=\frac{4}{3}D_0$$

$$\therefore\ D_2>D_0$$

V_0 が一定で極板電荷密度（電束密度）が導体挿入前より大きいことから，静電容量 C_2 は C_0 より大きい。

解説

挿入前後の電束密度と電界の強さを V_0 の式で表すことで比較検討できる。

令和4 (2022)
令和3 (2021)
令和2 (2020)
令和元 (2019)
平成30 (2018)
平成29 (2017)
平成28 (2016)
平成27 (2015)
平成26 (2014)
平成25 (2013)
平成24 (2012)
平成23 (2011)
平成22 (2010)
平成21 (2009)
平成20 (2008)

問3　出題分野＜電磁気＞　　難易度 ★★★　重要度 ★★☆

　次の文章は，コイルのインダクタンスに関する記述である。ここで，鉄心の磁気飽和は，無視するものとする。

　均質で等断面の環状鉄心に被覆電線を巻いてコイルを作製した。このコイルの自己インダクタンスは，巻数の　(ア)　に比例し，磁路の　(イ)　に反比例する。

　同じ鉄心にさらに被覆電線を巻いて別のコイルを作ると，これら二つのコイル間には相互インダクタンスが生じる。相互インダクタンスの大きさは，漏れ磁束が　(ウ)　なるほど小さくなる。それぞれのコイルの自己インダクタンスを L_1[H]，L_2[H]とすると，相互インダクタンスの最大値は　(エ)　[H]である。

　これら二つのコイルを　(オ)　とすると，合成インダクタンスの値は，それぞれの自己インダクタンスの合計値よりも大きくなる。

　上記の記述中の空白箇所(ア)，(イ)，(ウ)，(エ)及び(オ)に当てはまる組合せとして，正しいものを次の(1)～(5)のうちから一つ選べ。

	(ア)	(イ)	(ウ)	(エ)	(オ)
(1)	1 乗	断面積	少なく	L_1+L_2	差動接続
(2)	2 乗	長 さ	多 く	L_1+L_2	和動接続
(3)	1 乗	長 さ	多 く	$\sqrt{L_1 L_2}$	和動接続
(4)	2 乗	断面積	少なく	L_1+L_2	差動接続
(5)	2 乗	長 さ	多 く	$\sqrt{L_1 L_2}$	和動接続

問4　出題分野＜電磁気＞　　難易度 ★★★　重要度 ★★★

　真空中に，2本の無限長直線状導体が20[cm]の間隔で平行に置かれている。一方の導体に10[A]の直流電流を流しているとき，その導体には1[m]当たり 1×10^{-6}[N]の力が働いた。他方の導体に流れている直流電流 I[A]の大きさとして，最も近いものを次の(1)～(5)のうちから一つ選べ。

　ただし，真空の透磁率は $\mu_0=4\pi\times10^{-7}$[H/m]である。

　(1)　0.1　　　(2)　1　　　(3)　2　　　(4)　5　　　(5)　10

問3の解答　出題項目＜インダクタンス＞

均質で等断面の環状鉄心に，被覆電線を巻いて作製したコイルの自己インダクタンス L は，

$$L = \frac{\mu N^2 A}{l}\,[\mathrm{H}] \qquad\qquad ①$$

ただし，鉄心の透磁率を $\mu\,[\mathrm{H/m}]$，巻数を N 回，断面積を $A\,[\mathrm{m^2}]$，磁路を $l\,[\mathrm{m}]$ とする。

①式より，自己インダクタンスは巻数の**2乗**に比例し磁路の<u>長さ</u>に反比例する。

同じ鉄心にさらに被覆電線を巻いて別のコイルを作ると，これら二つのコイル間には相互インダクタンスが生じる。相互インダクタンス M の大きさは，漏れ磁束が**多く**なるほど小さくなる。それぞれの自己インダクタンスを $L_1\,[\mathrm{H}]$，$L_2\,[\mathrm{H}]$ とすると，$M = k\sqrt{L_1 L_2}$ で表される。k を結合係数といい，$0 < k \leqq 1$ である。したがって，相互インダクタンスの最大値は $\boldsymbol{\sqrt{L_1 L_2}}\,[\mathrm{H}]$ である。

これら二つのコイルを**和動接続**すると，合成インダクタンスの値は，

$$L_1 + L_2 + 2M$$

ゆえに，自己インダクタンスの合計 $L_1 + L_2$ よりも大きくなる。

解説

相互インダクタンスとは，一方のコイルの電流変化と，他方のコイルに生じる誘導起電力の大きさを関係づける定数である。漏れ磁束が多くなるほど誘導起電力は低下するので，相互インダクタンスの値は小さくなる。この場合，両コイル間の結合は弱くなり結合係数は 0 に近づく。漏れ磁束がない場合，結合係数は 1 になる。

図 3-1 のように，二つのコイルの作る磁束 Φ_1，Φ_2 が加算されるように結線した場合，合成インダクタンスは $L_1 + L_2 + 2M\,[\mathrm{H}]$ で表される。このような結線を和動接続という。一方，磁束が打ち消し合うように結線した場合，合成インダクタンスは $L_1 + L_2 - 2M\,[\mathrm{H}]$ で表される。このような結線を差動接続という。

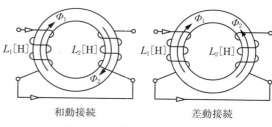

図 3-1　和動接続と差動接続

問4の解答　出題項目＜電流による磁界，電磁力＞

図 4-1 において，導体 P の電流を $I_P\,[\mathrm{A}]$，導体 Q の電流を $I\,[\mathrm{A}]$，P-Q 間の距離を $r\,[\mathrm{m}]$ とする。

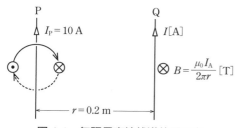

図 4-1　無限長直線状導体間の力

導体 P が導体 Q の位置に作る磁束密度 B は，

$$B = \frac{\mu_0 I_P}{2\pi r}\,[\mathrm{T}]$$

$$= \frac{4\pi \times 10^{-7} \times 10}{2\pi \times 0.2} = 10^{-5}\,[\mathrm{T}]$$

導体 Q に働く単位長さ当たりの電磁力の大きさ f は，

$$f = BI\,[\mathrm{N/m}]$$

$$1 \times 10^{-6} = 10^{-5} \times I$$

$$I = 0.1\,[\mathrm{A}]$$

解説

力の向きについては問われていないので，電流の向きも自由に決めてよい。なお，導体相互間に働く力の向きは，電流の向きが同方向の場合は引力，反対方向の場合は斥力が働く。

Point 力は導体間の**距離**の**1乗**に反比例する。

（類題：平成 22 年度問 4）

令和 4 (2022)
令和 3 (2021)
令和 2 (2020)
令和 元 (2019)
平成 30 (2018)
平成 29 (2017)
平成 28 (2016)
平成 27 (2015)
平成 26 (2014)
平成 25 (2013)
平成 24 (2012)
平成 23 (2011)
平成 22 (2010)
平成 21 (2009)
平成 20 (2008)

問5 出題分野＜直流回路＞ 難易度 ★★★ 重要度 ★★★

　図1のように電圧が E[V] の直流電圧源で構成される回路を，図2のように電流が I[A] の直流電流源（内部抵抗が無限大で，負荷変動があっても定電流を流出する電源）で構成される等価回路に置き替えることを考える。この場合，電流 I[A] の大きさは図1の端子 a-b を短絡したとき，そこを流れる電流の大きさに等しい。また，図2のコンダクタンス G[S] の大きさは図1の直流電圧源を短絡し，端子 a-b からみたコンダクタンスの大きさに等しい。I[A] と G[S] の値を表す式の組合せとして，正しいものを次の（1）〜（5）のうちから一つ選べ。

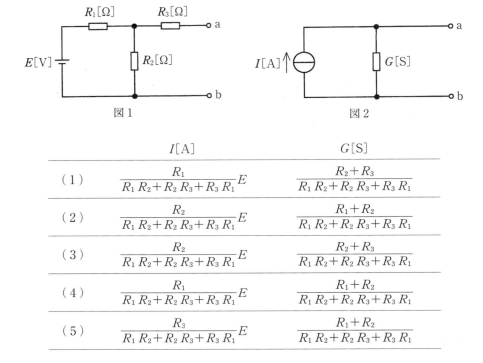

図1　　　　　　図2

	I[A]	G[S]
（1）	$\dfrac{R_1}{R_1 R_2 + R_2 R_3 + R_3 R_1} E$	$\dfrac{R_2 + R_3}{R_1 R_2 + R_2 R_3 + R_3 R_1}$
（2）	$\dfrac{R_2}{R_1 R_2 + R_2 R_3 + R_3 R_1} E$	$\dfrac{R_1 + R_2}{R_1 R_2 + R_2 R_3 + R_3 R_1}$
（3）	$\dfrac{R_2}{R_1 R_2 + R_2 R_3 + R_3 R_1} E$	$\dfrac{R_2 + R_3}{R_1 R_2 + R_2 R_3 + R_3 R_1}$
（4）	$\dfrac{R_1}{R_1 R_2 + R_2 R_3 + R_3 R_1} E$	$\dfrac{R_1 + R_2}{R_1 R_2 + R_2 R_3 + R_3 R_1}$
（5）	$\dfrac{R_3}{R_1 R_2 + R_2 R_3 + R_3 R_1} E$	$\dfrac{R_1 + R_2}{R_1 R_2 + R_2 R_3 + R_3 R_1}$

問6 出題分野＜直流回路＞ 難易度 ★★★ 重要度 ★★★

　図のように，抵抗を直並列に接続した回路がある。この回路において，$I_1 = 100$[mA] のとき，I_4[mA] の値として，最も近いものを次の（1）〜（5）のうちから一つ選べ。

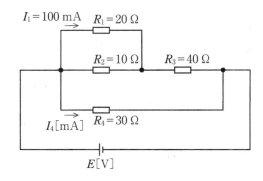

（1） 266　　（2） 400　　（3） 433　　（4） 467　　（5） 533

問5の解答　　出題項目＜抵抗直並列回路＞　　　　答え　（2）

図 5-1 において，端子 a-b を短絡したときに流れる短絡電流 I_s をテブナンの定理から求める。

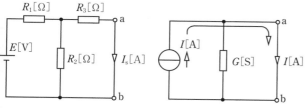

図 5-1　問題図 1 の I_s　　　　図 5-2　問題図 2 の I

電源を短絡したとき端子 a-b から見た回路の合成抵抗 R は，

$$R = R_3 + \frac{R_1 R_2}{R_1 + R_2} = \frac{R_1 R_2 + R_2 R_3 + R_3 R_1}{R_1 + R_2} [\Omega]$$

端子 a-b 間の電圧 E_{ab} は，

$$E_{ab} = \frac{R_2}{R_1 + R_2} E [V]$$

短絡電流 I_s はテブナンの定理より，

$$I_s = \frac{E_{ab}}{R} = \frac{R_2 E}{R_1 R_2 + R_2 R_3 + R_3 R_1} [A]$$

図 5-2 において，端子 a-b を短絡したときに流れる短絡電流は I である。$I = I_s$ なので，

$$I = \frac{R_2}{R_1 R_2 + R_2 R_3 + R_3 R_1} E [A]$$

また，図 5-1 の端子 a-b からみた合成コンダクタンス G は，合成抵抗 R の逆数なので，

$$G = \frac{1}{R} = \frac{R_1 + R_2}{R_1 R_2 + R_2 R_3 + R_3 R_1} [S]$$

解説 ･････････････････････････････････

解答ではテブナンの定理を用いたが，R_3 への分流の計算より I_s を求めてもよい。理想的な直流定電圧源は内部抵抗が零であり，負荷電流によらず一定電圧を生じるため，**短絡厳禁**。また，理想的な直流定電流源は内部抵抗が無限大であり，負荷によらず一定電流を流すため**開放厳禁**。

一般に電圧源は内部抵抗を持ち，電流源は内部コンダクタンスを持っている。一般の電圧源と電流源の等価変換は**図 5-3** のようになる。

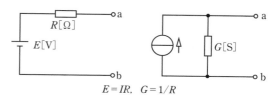

$E = IR,\ G = 1/R$

図 5-3　電圧源と電流源の等価変換

問6の解答　　出題項目＜抵抗直並列回路＞　　　　答え　（4）

図 6-1 において，R_1 の端子電圧 V_{AB} は，

$$V_{AB} = I_1 R_1 = 0.1 \times 20 = 2 [V]$$

R_2 を流れる電流 I_2 は，

$$I_2 = \frac{V_{AB}}{10} = \frac{2}{10} = 0.2 [A]$$

R_3 を流れる電流 I_3 は，

$$I_3 = I_1 + I_2 = 0.1 + 0.2 = 0.3 [A]$$

R_4 の端子電圧 V_{AC} は，

$$V_{AC} = V_{AB} + V_{BC} = 2 + 0.3 \times 40 = 14 [V]$$

ゆえに，

$$I_4 = \frac{V_{AC}}{R_4} = \frac{14}{30} \fallingdotseq 0.467 [A] = 467 [mA]$$

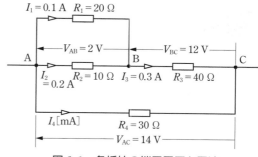

図 6-1　各抵抗の端子電圧と電流

解説 ･････････････････････････････････

個々の抵抗について，オームの法則を用いて電流や電圧を順序よく求めていく。基本問題とは言え，オームの法則の使い方を再認識できる問題である。

令和4 (2022)
令和3 (2021)
令和2 (2020)
令和元 (2019)
平成30 (2018)
平成29 (2017)
平成28 (2016)
平成27 (2015)
平成26 (2014)
平成25 (2013)
平成24 (2012)
平成23 (2011)
平成22 (2010)
平成21 (2009)
平成20 (2008)

問7 出題分野＜単相交流＞ 　難易度 ★★★　重要度 ★★★

次の文章は，*RLC*直列共振回路に関する記述である。

$R[\Omega]$の抵抗，インダクタンス$L[\mathrm{H}]$のコイル，静電容量$C[\mathrm{F}]$のコンデンサを直列に接続した回路がある。

この回路に交流電圧を加え，その周波数を変化させると，特定の周波数$f_\mathrm{r}[\mathrm{Hz}]$のときに誘導性リアクタンス$=2\pi f_\mathrm{r}L[\Omega]$と容量性リアクタンス$=\dfrac{1}{2\pi f_\mathrm{r}C}[\Omega]$の大きさが等しくなり，その作用が互いに打ち消し合って回路のインピーダンスが　(ア)　なり，　(イ)　電流が流れるようになる。この現象を直列共振といい，このときの周波数$f_\mathrm{r}[\mathrm{Hz}]$をその回路の共振周波数という。

回路のリアクタンスは共振周波数$f_\mathrm{r}[\mathrm{Hz}]$より低い周波数では　(ウ)　となり，電圧より位相が　(エ)　電流が流れる。また，共振周波数$f_\mathrm{r}[\mathrm{Hz}]$より高い周波数では　(オ)　となり，電圧より位相が　(カ)　電流が流れる。

上記の記述中の空白箇所(ア)，(イ)，(ウ)，(エ)，(オ)及び(カ)に当てはまる組合せとして，正しいものを次の(1)～(5)のうちから一つ選べ。

	(ア)	(イ)	(ウ)	(エ)	(オ)	(カ)
(1)	大きく	小さな	容量性	進んだ	誘導性	遅れた
(2)	小さく	大きな	誘導性	遅れた	容量性	進んだ
(3)	小さく	大きな	容量性	進んだ	誘導性	遅れた
(4)	大きく	小さな	誘導性	遅れた	容量性	進んだ
(5)	小さく	大きな	容量性	遅れた	誘導性	進んだ

問8 出題分野＜単相交流＞ 　難易度 ★★★　重要度 ★★★

図のように，正弦波交流電圧$E=200[\mathrm{V}]$の電源がインダクタンス$L[\mathrm{H}]$のコイルと$R[\Omega]$の抵抗との直列回路に電力を供給している。回路を流れる電流が$I=10[\mathrm{A}]$，回路の無効電力が$Q=1\,200[\mathrm{var}]$のとき，抵抗$R[\Omega]$の値として，正しいものを次の(1)～(5)のうちから一つ選べ。

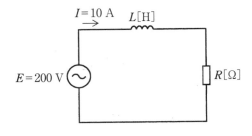

(1) 4　　(2) 8　　(3) 12　　(4) 16　　(5) 20

令和
4
(2022)

令和
3
(2021)

令和
2
(2020)

令和
元
(2019)

平成
30
(2018)

平成
29
(2017)

平成
28
(2016)

平成
27
(2015)

平成
26
(2014)

平成
25
(2013)

平成
24
(2012)

平成
23
(2011)

平成
22
(2010)

平成
21
(2009)

平成
20
(2008)

問7の解答　　出題項目＜共振＞　　　　答え（3）

$R[\Omega]$ の抵抗，インダクタンス $L[H]$ のコイル，静電容量 $C[F]$ のコンデンサを直列に接続した回路において，交流電圧を加え，その周波数 $f[Hz]$ を変化させると，特定の周波数 $f_r[Hz]$ のときに誘導性リアクタンス $X_L = 2\pi f_r L[\Omega]$ と，容量性リアクタンス $X_C = 1/(2\pi f_r C)[\Omega]$ の大きさが等しくなり，その作用が互いに打ち消し合って回路のインピーダンスが**小さく**なり，**大きな**電流が流れるようになる。この現象を直列共振といい，f_r を共振周波数という。回路のリアクタンスは，f_r より低い周波数では $X_L < X_C$ なので**容量性**となり，電圧より位相が**進んだ**電流が流れる。また，f_r より高い周波数では $X_L > X_C$ なので**誘導性**となり，電圧より位相が**遅れた**電流が流れる。

解説

直列共振回路のインピーダンス $\dot{Z}$ は，

$$\dot{Z} = R + j\left(2\pi f L - \frac{1}{2\pi f C}\right)[\Omega]$$

虚数部が正であれば誘導性，負であれば容量性になる。虚数部が零になる周波数を f_r とすると，この周波数でインピーダンスの大きさは最小値 R となり，インピーダンスは抵抗分のみとなる。$f < f_r$ の場合は虚数部が負になるので容量性となり，$f > f_r$ の場合は虚数部が正になるので誘導性となる。

補足

並列共振について，同様に考えてみよう。RLC 並列回路のインピーダンス $\dot{Z}$ は，

$$\dot{Z} = \frac{1}{\dfrac{1}{R} + j\left(2\pi f C - \dfrac{1}{2\pi f L}\right)}[\Omega]$$

ここで分母を有理化すると，

$$\frac{\dfrac{1}{R} - j\left(2\pi f C - \dfrac{1}{2\pi f L}\right)}{\left(\dfrac{1}{R}\right)^2 + \left(2\pi f C - \dfrac{1}{2\pi f L}\right)^2}$$

分母は実数の2乗の和なので正である。したがって，分子の虚数部が負であれば容量性，正であれば誘導性になる。これにより，$f > f_r$ の場合には虚数部が負なので容量性になり，$f < f_r$ の場合には虚数部が正なので誘導性になる。この関係は，直列共振と反対なので注意を要する。また，並列共振時は $2\pi f C = 1/(2\pi f L)$ より，

$$\dot{Z} = R[\Omega]$$

このとき，LC 並列回路の合成リアクタンスが無限大となり，LC 並列回路には電流が流れないように見える。しかし，L，C 自体には電流が流れていることを忘れないようにしたい。単に電源から見ると，互いの電流の位相差が π なので打ち消し合い零に見えているにすぎない。

Point 直列共振→インピーダンスが最小。

問8の解答　　出題項目＜RL直列回路＞　　　　答え（4）

RL 直列回路のインピーダンス Z は，

$$Z = \frac{E}{I} = \frac{200}{10} = 20[\Omega]$$

コイルの誘導性リアクタンス X_L は，

$$X_L = \frac{Q}{I^2} = \frac{1\,200}{100} = 12[\Omega]$$

ゆえに R は，

$$R = \sqrt{Z^2 - X_L{}^2} = \sqrt{20^2 - 12^2} = 16[\Omega]$$

解説

問題文中のインダクタンス値は周波数が未知なので使いようがない。無効電力を知るには，誘導性リアクタンスがわかれば十分である。

また，この回路のインダクタンス $L[H]$ のコイルを静電容量 $C[F]$ のコンデンサに置き換えても，問題の主旨は変わらない。

補足

この問題はさらに回路の力率や有効電力を求めることができ，周波数が与えられればインダクタンスも算出できる。これらの設問は試験問題として出題される可能性が高い。

参考：有効電力 $1\,600$ W，力率 0.8，周波数 50 Hz の場合 $L = 38.2[mH]$

問9　出題分野＜過渡現象＞

難易度 ★★★　重要度 ★★★

　図のように，直流電圧 E[V]の電源，R[Ω]の抵抗，インダクタンス L[H]のコイル，スイッチ S_1 と S_2 からなる回路がある。電源の内部インピーダンスは零とする。時刻 $t = t_1$[s]でスイッチ S_1 を閉じ，その後，時定数 $\dfrac{L}{R}$[s]に比べて十分に時間が経過した時刻 $t = t_2$[s]でスイッチ S_2 を閉じる。このとき，電源から流れ出る電流 i[A]の波形を示す図として，最も近いものを次の（1）～（5）のうちから一つ選べ。

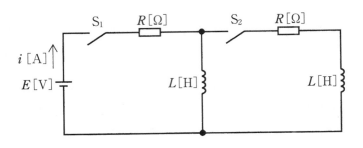

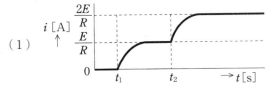

（1）

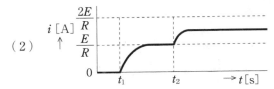

（2）

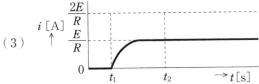

（3）

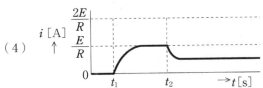

（4）

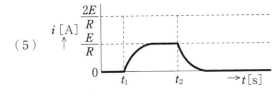

（5）

問9の解答　　出題項目＜*RL*直列回路＞　　　　　　　答え　（3）

図 **9-1** において，スイッチS_1を閉じた瞬間，電流はコイルL_1の誘導起電力eのため直ちに流れることができない。その後の時間経過の中で，eの低下に伴い電流は徐々に滑らかに増加していく。時定数L/Rに比べ十分な時間が経過すると$e=0[V]$となり，電流iは定常値$E/R[A]$になる。$0 \leqq t \leqq t_2$間の電流の時間変化を**図 9-2**に示す。

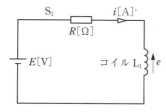

図 9-1　S_1を閉じた回路

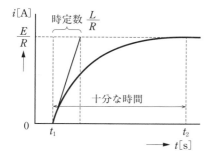

図 9-2　iの時間変化

次に，$t=t_2$においてスイッチS_2を閉じた場合，コイルL_1の誘導起電力は零なのでS_2を通して電流は流れない（**図 9-3** 参照）。ゆえに，$t \geqq t_2$においても電流iは変化せず，$E/R[A]$の状態を保ち続けるので，選択肢（3）が正解となる。

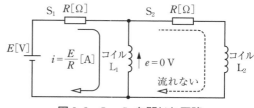

図 9-3　S_1，S_2を閉じた回路

解　説

$t_1 \leqq t \leqq t_2$間は*RL*回路の典型的な過渡現象である。過渡現象の問題では大抵「時定数に比べ十分な時間が経過する」という条件が付くので，定常状態を見極めることが大切になる。

S_2を閉じた時点でコイルL_1の誘導起電力がすでに零になっているため，コイルL_1は単なる導線でしかなく，コイル両端は同電位である。同電位にある2点間に，起電力を持たない回路S_2-R-L_2を接続しても回路に電流は流れないため，S_2を閉じても電流iに変化はない。

令和4 (2022)
令和3 (2021)
令和2 (2020)
令和元 (2019)
平成30 (2018)
平成29 (2017)
平成28 (2016)
平成27 (2015)
平成26 (2014)
平成25 (2013)
平成24 (2012)
平成23 (2011)
平成22 (2010)
平成21 (2009)
平成20 (2008)

問10 出題分野＜単相交流＞ 難易度 ★★☆ 重要度 ★★★

図のように，$R_1 = 20[\Omega]$ と $R_2 = 30[\Omega]$ の抵抗，静電容量 $C = \dfrac{1}{100\pi}[\mathrm{F}]$ のコンデンサ，インダクタンス $L = \dfrac{1}{4\pi}[\mathrm{H}]$ のコイルからなる回路に周波数 $f[\mathrm{Hz}]$ で実効値 $V[\mathrm{V}]$ が一定の交流電圧を加えた。$f = 10$ $[\mathrm{Hz}]$ のときに R_1 を流れる電流の大きさを $I_{10\mathrm{Hz}}[\mathrm{A}]$，$f = 10[\mathrm{MHz}]$ のときに R_1 を流れる電流の大きさを $I_{10\mathrm{MHz}}[\mathrm{A}]$ とする。このとき，電流比 $\dfrac{I_{10\mathrm{Hz}}}{I_{10\mathrm{MHz}}}$ の値として，最も近いものを次の（1）〜（5）のうちから一つ選べ。

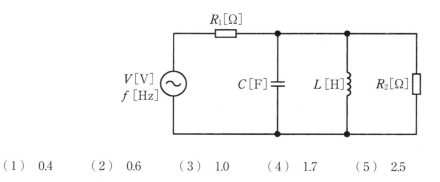

（1）　0.4　　　（2）　0.6　　　（3）　1.0　　　（4）　1.7　　　（5）　2.5

問11 出題分野＜電子回路＞ 難易度 ★★★ 重要度 ★☆☆

半導体集積回路(IC)に関する記述として，誤っているものを次の（1）〜（5）のうちから一つ選べ。
（1）　MOS IC は，MOSFET を中心としてつくられた IC である。
（2）　IC を構造から分類すると，モノリシック IC とハイブリッド IC に分けられる。
（3）　CMOS IC は，n チャネル MOSFET のみを用いて構成される IC である。
（4）　アナログ IC には，演算増幅器やリニア IC などがある。
（5）　ハイブリッド IC では，絶縁基板上に，IC チップや抵抗，コンデンサなどの回路素子が組み込まれている。

問 10 の解答　　出題項目＜*RLC* 直並列回路，共振＞　　答え　（1）

$f=10$［Hz］のときのコンデンサとコイルのリアクタンスを X_C，X_Lとすると，

$$X_L = \frac{20\pi}{4\pi} = 5[\Omega]$$

$$X_C = \frac{100\pi}{20\pi} = 5[\Omega]$$

したがって，$f=10$［Hz］では並列共振していることになり，*LC* 並列回路の合成リアクタンスは無限大となる。この等価回路を**図 10-1** に示す。

このときの電流 $I_{10\,Hz}$ は，

$$I_{10\,Hz} = \frac{V}{20+30} = \frac{V}{50}[A]$$

一方，$f=10$［MHz］のときのコンデンサのリアクタンス X_C は，

$$X_C = \frac{100\pi}{20\pi \times 10^6} = 5 \times 10^{-6}[\Omega] \fallingdotseq 0[\Omega]$$

X_C は零とみなせるので，この等価回路は**図 10-2** となる。このときの電流 $I_{10\,MHz}$ は，

$$I_{10\,MHz} = \frac{V}{20}[A]$$

$$\frac{I_{10\,Hz}}{I_{10\,MHz}} = \frac{20}{50} = 0.4$$

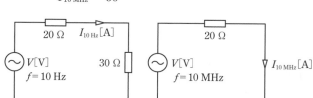

図 10-1　$f=10$［Hz］　　　　**図 10-2**　$f=10$［MHz］

解説

$f=10$［Hz］では並列共振の条件が使える。このため *LC* 並列回路を除外できる。また，$f=10$［MHz］ではコンデンサがバイパス状態にあるので，コイルのリアクタンスを求めるまでもなく，コンデンサを短絡できる。

問 11 の解答　　出題項目＜IC（集積回路）＞　　答え　（3）

（1）　正。記述のとおり。MOSFET は，FET のゲート端子がシリコン基板からシリコン酸化膜（絶縁物）で絶縁されている構造を持ち，入力インピーダンスが非常に高い。

（2）　正。モノリシック IC とは，すべての回路を 1 枚の半導体チップ上に組み込み一体構造として構成された IC。

（3）　誤。CMOS の C は相補形の意味であり，n チャネルと p チャネル MOSFET をペアで組み合わせて相補的に動作させるため，**n チャネル MOSFET だけでは CMOS IC は作れない**。

（4）　正。IC はその信号の種類から，アナログ IC とディジタル IC に分類できる。ディジタル IC には論理素子（AND，OR，NOT など）やその複合回路の他，集積度を高めたワンチップマイコンなども含まれる。

（5）　正。ハイブリッドとは混成の意味があり，モノリシック IC の他に別の半導体部品や抵抗，コンデンサなどの部品を絶縁基板上に組み込んで集積化した回路をいう。

解説

CMOS のインバータ回路の動作原理を**図 11-1** に示す。二種類の MOSFET の一方がオンのとき他方がオフとなるため，動作電流が非常に少なく消費電力が小さい。

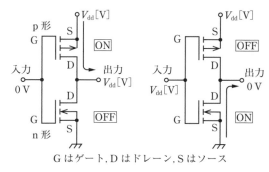

G はゲート，D はドレーン，S はソース

図 11-1　CMOS の動作原理

問12　出題分野＜電子理論＞

難易度 ★★☆　重要度 ★★☆

次の文章は，図に示す「磁界中における電子の運動」に関する記述である。

真空中において，磁束密度 B[T]の一様な磁界が紙面と平行な平面の ___（ア）___ へ垂直に加わっている。ここで，平面上の点 a に電荷 $-e$[C]，質量 m_0[kg]の電子をおき，図に示す向きに速さ v[m/s]の初速度を与えると，電子は初速度の向き及び磁界の向きのいずれに対しても垂直で図に示す向きの電磁力 F_A[N]を受ける。この力のために電子は加速度を受けるが速度の大きさは変わらないので，その方向のみが変化する。したがって，電子はこの平面上で時計回りに速さ v[m/s]の円運動をする。この円の半径を r[m]とすると，電子の運動は，磁界が電子に作用する電磁力の大きさ $F_A = Bev$[N]と遠心力 $F_B = \dfrac{m_0}{r}v^2$[N]とが釣り合った円運動であるので，その半径は $r =$ ___（イ）___ [m]と計算される。したがって，この円運動の周期は $T =$ ___（ウ）___ [s]，角周波数は $\omega =$ ___（エ）___ [rad/s]となる。

ただし，電子の速さ v[m/s]は，光速より十分小さいものとする。また，重力の影響は無視できるものとする。

上記の記述中の空白箇所（ア），（イ），（ウ）及び（エ）に当てはまる組合せとして，正しいものを次の（1）～（5）のうちから一つ選べ。

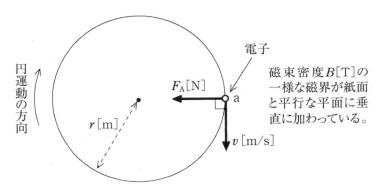

円運動の方向

F_A[N]

電子

r[m]

a

v[m/s]

磁束密度 B[T]の一様な磁界が紙面と平行な平面に垂直に加わっている。

	（ア）	（イ）	（ウ）	（エ）
（1）	裏からおもて	$\dfrac{m_0 v}{eB^2}$	$\dfrac{2\pi m_0}{eB}$	$\dfrac{eB}{m_0}$
（2）	おもてから裏	$\dfrac{m_0 v}{eB}$	$\dfrac{2\pi m_0}{eB}$	$\dfrac{eB}{m_0}$
（3）	おもてから裏	$\dfrac{m_0 v}{eB}$	$\dfrac{2\pi m_0}{e^2 B}$	$\dfrac{2e^2 B}{m_0}$
（4）	おもてから裏	$\dfrac{2m_0 v}{eB}$	$\dfrac{2\pi m_0}{eB^2}$	$\dfrac{eB^2}{m_0}$
（5）	裏からおもて	$\dfrac{m_0 v}{2eB}$	$\dfrac{\pi m_0}{eB}$	$\dfrac{eB}{m_0}$

令和4（2022）
令和3（2021）
令和2（2020）
令和元（2019）
平成30（2018）
平成29（2017）
平成28（2016）
平成27（2015）
平成26（2014）
平成25（2013）
平成24（2012）
平成23（2011）
平成22（2010）
平成21（2009）
平成20（2008）

問 12 の解答　　出題項目＜磁界中の電子＞　　答え　（2）

図 12-1 において，一様な磁束密度 $B[\mathrm{T}]$ の磁界が，紙面と平行な平面の**おもてから裏**へ垂直に加わっている。点 a に電荷 $-e[\mathrm{C}]$，質量 $m_0[\mathrm{kg}]$ の電子をおき，速さ $v[\mathrm{m/s}]$ の初速度を与えたとき，電子は電磁力 $F_\mathrm{A}=Bev[\mathrm{N}]$ を受ける。このため電子は進行方向を曲げられ，図のように電磁力 F_A が遠心力 $F_\mathrm{B}=m_0v^2/r[\mathrm{N}]$ と釣り合った半径で円運動をする。

$$Bev = m_0\,v^2/r$$

$$r = \frac{m_0 v}{eB}\,[\mathrm{m}] \qquad\qquad ①$$

電子は円周 $2\pi r[\mathrm{m}]$ を $v[\mathrm{m/s}]$ で移動するので，一周に要する時間がこの円運動の周期である。v は①式より，

$$v = \frac{eBr}{m_0}\,[\mathrm{m/s}]$$

周期 T および角周波数 ω は，

$$T = \frac{2\pi r}{v} = \frac{2\pi r}{\dfrac{eBr}{m_0}} = \frac{2\pi m_0}{eB}\,[\mathrm{s}]$$

$$\omega = \frac{2\pi}{T} = \frac{2\pi}{\dfrac{2\pi m_0}{eB}} = \frac{eB}{m_0}\,[\mathrm{rad/s}]$$

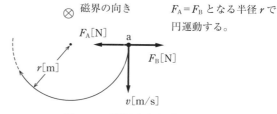

$\otimes$ 磁界の向き　　　$F_\mathrm{A}=F_\mathrm{B}$ となる半径 r で円運動する。

図 12-1　磁界中を運動する電子

解 説 ⋯⋯⋯⋯⋯⋯⋯⋯⋯⋯⋯⋯⋯

電磁力，遠心力は速度に対して垂直方向なので仕事をしない。電子の速さが光速より十分小さい場合，質量変化も電磁波の放射も無視できるため，電子は等速円運動をする。

問 13　出題分野＜電子回路＞　難易度 ★★★　重要度 ★★★

　図は，抵抗 R_1[Ω]とダイオードからなるクリッパ回路に負荷となる抵抗 R_2[Ω]（＝$2R_1$[Ω]）を接続した回路である。入力直流電圧 V[V]と R_1[Ω]に流れる電流 I[A]の関係を示す図として，最も近いものを次の（1）～（5）のうちから一つ選べ。

　ただし，順電流が流れているときのダイオードの電圧は，0[V]とする。また，逆電圧が与えられているダイオードの電流は，0[A]とする。

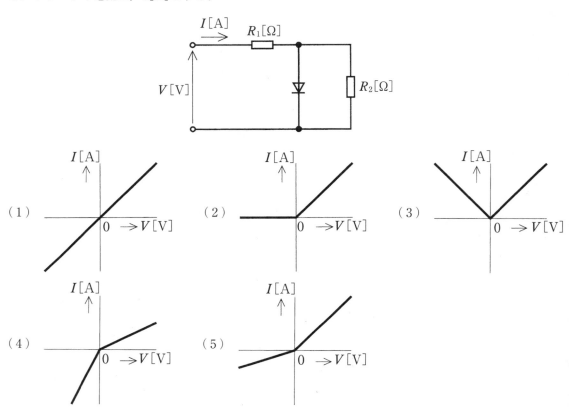

問 14　出題分野＜電気計測＞　難易度 ★★★　重要度 ★★★

電気計測に関する記述として，誤っているものを次の（1）～（5）のうちから一つ選べ。
（1）　ディジタル指示計器（ディジタル計器）は，測定値が数字のディジタルで表示される装置である。
（2）　可動コイル形計器は，コイルに流れる電流の実効値に比例するトルクを利用している。
（3）　可動鉄片形計器は，磁界中で磁化された鉄片に働く力を応用しており，商用周波数の交流電流計及び交流電圧計として広く普及している。
（4）　整流形計器は感度がよく，交流用として使用されている。
（5）　二電力計法で三相負荷の消費電力を測定するとき，負荷の力率によっては，電力計の指針が逆に振れることがある。

問 13 の解答　　出題項目＜パルス回路＞　　　　　　　答え　（5）

入力直流電圧 V が正の向きの場合，ダイオードは順方向となるので電流はダイオードを流れる。この回路を**図 13-1** に示す。

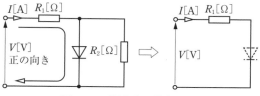

図 13-1　順方向の等価回路

電圧 V と電流 I の関係は，

$$I = \frac{V}{R_1}\,[\text{A}]$$

このグラフは第 1 象限に現れ，原点を通る傾き $1/R_1$ の直線となる。

入力直流電圧が負の場合，ダイオードは逆電圧なので電流は R_2 を流れる。この回路を**図 13-2** に示す。電流は反対向きになるのでグラフは第 3 象限に現れ，原点を通り傾き $1/(3R_1)$ の直線となる。

$$-I = \frac{1}{R_1 + R_2}(-V) = \frac{1}{3R_1}(-V)$$

$$I = \frac{1}{3R_1}V\,[\text{A}]$$

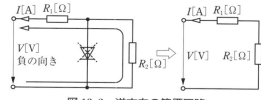

図 13-2　逆方向の等価回路

2 本の直線の傾きは $\dfrac{1}{R_1} > \dfrac{1}{3R_1}$ なので，第 3 象限の直線は第 1 象限の直線に比べて緩やかな傾きの直線になる。この条件を満たすものは選択肢（5）である。

解説

理想的なダイオードの働きで，入力直流電圧の向きにより電源から見た等価回路が異なる。したがって，2 通りの回路について電圧と電流の関係を考えなければならない。解答の選択肢の図は，横軸（x 軸）が電圧，縦軸（y 軸）が電流なので，グラフを描くには**電流を電圧の関数で表す必要がある**。また，V が正のとき I も正，V が負のとき I も負になるので，グラフは第 1 象限と第 3 象限に現れる。

Point ダイオードを含む電気回路は，電圧の向きにより電源から見た等価回路が異なる。

問 14 の解答　　出題項目＜指示電気計器＞　　　　　　　答え　（2）

（1）正。記述のとおり。

（2）誤。可動コイル形計器は，コイルに流れる電流の**平均値**に比例する駆動トルクを利用している。アナログ指示計器の中で最も感度が高い。

（3）正。可動鉄片形計器は直交両用で指示は実効値である。感度は可動コイル形に劣るが，構造上堅牢で価格も安価である。

（4）正。整流形計器は，測定する交流を整流器で直流に変換して，可動コイル形計器で計測する。このため感度が高い。

（5）正。記述のとおり。固定コイルを流れる電流と，可動コイルに加わる電圧の位相差が $\pi/2$

のとき指針は零を指し，$\pi/2$ を越えると指針は逆に振れる。指示は実効値である。

解説

可動コイル形計器は平均値を示す。これに関連した問題の出題例は多い。整流形計器の指示は整流波形の平均値を示すため，実効値を示すには目盛を波形率倍する。全波整流した正弦波の測定では，目盛りを 1.11 倍することで見かけ上実効値を示すように工夫されている。このため，波形率が異なる非正弦波の測定では誤差を生じ，正しい実効値を示さない。

令和4(2022)　令和3(2021)　令和2(2020)　令和元(2019)　平成30(2018)　平成29(2017)　平成28(2016)　平成27(2015)　平成26(2014)　平成25(2013)　平成24(2012)　平成23(2011)　平成22(2010)　平成21(2009)　平成20(2008)

B 問題 （配点は1問題当たり（a）5点，（b）5点，計10点）

問15 出題分野＜静電気＞ 　　　難易度 ★★★　重要度 ★★★

　図のように，三つの平行平板コンデンサを直並列に接続した回路がある。ここで，それぞれのコンデンサの極板の形状及び面積は同じであり，極板間には同一の誘電体が満たされている。なお，コンデンサの初期電荷は零とし，端効果は無視できるものとする。

　いま，端子a-b間に直流電圧300[V]を加えた。このとき，次の（a）及び（b）の問に答えよ。

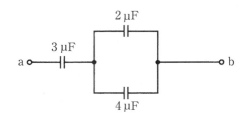

（a）　静電容量が4[μF]のコンデンサに蓄えられる電荷 Q[C]の値として，正しいものを次の（1）～（5）のうちから一つ選べ。

（1）　1.2×10^{-4}　　　　（2）　2×10^{-4}　　　　（3）　2.4×10^{-4}

（4）　3×10^{-4}　　　　（5）　4×10^{-4}

（b）　静電容量が3[μF]のコンデンサの極板間の電界の強さは，4[μF]のコンデンサの極板間の電界の強さの何倍か。倍率として，正しいものを次の（1）～（5）のうちから一つ選べ。

（1）　$\dfrac{3}{4}$　　　（2）　1.0　　　（3）　$\dfrac{4}{3}$　　　（4）　$\dfrac{3}{2}$　　　（5）　2.0

問15 (a) の解答　　出題項目＜コンデンサの接続＞　　答え (5)

端子 a–b 間の合成静電容量 C は,

$$C = \frac{1}{\frac{1}{3} + \frac{1}{2+4}} = 2 [\mu F]$$

図 15-1 のように, 端子 a–b 間の電圧が $V = 300 [V]$ のとき $3\,\mu F$ と $6\,\mu F$ のコンデンサに蓄えられる電荷 q は,

$$q = CV = 2[\mu F] \times 300 = 600 [\mu C]$$

端子 c–b 間の電圧 V_{cb} は,

$$V_{cb} = \frac{q[\mu C]}{6[\mu F]} = \frac{600}{6} = 100 [V]$$

この電圧は $4\,\mu F$ のコンデンサの端子電圧なので, 蓄えられる電荷 Q は,

$$Q = 4 \times 10^{-6} \times 100 = 4 \times 10^{-4} [C]$$

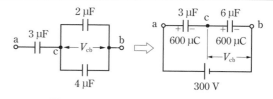

図 15-1　4 μF のコンデンサの電荷

解説

コンデンサの直並列回路の合成静電容量の計算方法は, 合成抵抗の計算方法と類似しているので混同しないように要注意(直列と並列の計算方法が互いに反対)。

また, コンデンサの直流回路では, 直列接続された各コンデンサの電荷は等しく, 並列接続された各コンデンサの電圧は等しい。

問15 (b) の解答　　出題項目＜平行板コンデンサ＞　　答え (4)

各コンデンサの電荷を図 15-2 に示す。$3\,\mu F$, $4\,\mu F$ の各コンデンサの電束密度を D_3, D_4, 電界の強さを E_3, E_4 とする。極板の面積を $A[m^2]$ とすると,

$$D_3 = \frac{600}{A} [\mu C/m^2]$$

$$D_4 = \frac{400}{A} [\mu C/m^2]$$

したがって, 誘電体の誘電率を $\varepsilon[F/m]$ とすると電界の強さ E_3, E_4 は,

$$E_3 = \frac{D_3}{\varepsilon} = \frac{600}{\varepsilon A} [\mu V/m]$$

$$E_4 = \frac{D_4}{\varepsilon} = \frac{400}{\varepsilon A} [\mu V/m]$$

ゆえに,

$$\frac{E_3}{E_4} = \frac{\dfrac{600}{\varepsilon A}}{\dfrac{400}{\varepsilon A}} = \frac{3}{2}$$

解説

電束密度と電界の強さを求めるために, 極板の

面積と誘電率の値を用いた。また, 極板間距離を用いる方法もある。

図 15-3 のように, 極板端で電束が極板外に広がるために, 極板間が平等電界ではなくなる現象をコンデンサの端効果という。「端効果を無視する」とは, 極板間は平等電界であることを意味する。

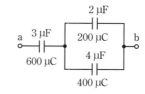

図 15-2　各コンデンサの電荷

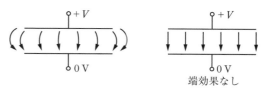

図 15-3　端効果

Point 端効果を無視→静電容量の式(誘電率・極板面積/極板間距離)が成り立つ。

令和4 (2022)
令和3 (2021)
令和2 (2020)
令和元 (2019)
平成30 (2018)
平成29 (2017)
平成28 (2016)
平成27 (2015)
平成26 (2014)
平成25 (2013)
平成24 (2012)
平成23 (2011)
平成22 (2010)
平成21 (2009)
平成20 (2008)

問 16 出題分野＜三相交流＞ ｜難易度｜ ★★☆ ｜重要度｜ ★★★

図のように，相電圧 200[V]の対称三相交流電源に，複素インピーダンス $\dot{Z}=5\sqrt{3}+j5[\Omega]$ の負荷が Y 結線された平衡三相負荷を接続した回路がある。次の（a）及び（b）の問に答えよ。

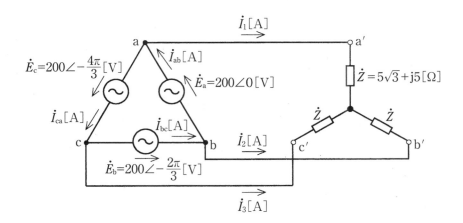

（a） 電流 $\dot{I}_1$[A]の値として，最も近いものを次の（1）～（5）のうちから一つ選べ。

（1） $20.00\angle-\dfrac{\pi}{3}$　　（2） $20.00\angle-\dfrac{\pi}{6}$　　（3） $16.51\angle-\dfrac{\pi}{6}$

（4） $11.55\angle-\dfrac{\pi}{3}$　　（5） $11.55\angle-\dfrac{\pi}{6}$

（b） 電流 $\dot{I}_{ab}$[A]の値として，最も近いものを次の（1）～（5）のうちから一つ選べ。

（1） $20.00\angle-\dfrac{\pi}{6}$　　（2） $11.55\angle-\dfrac{\pi}{3}$　　（3） $11.55\angle-\dfrac{\pi}{6}$

（4） $6.67\angle-\dfrac{\pi}{3}$　　（5） $6.67\angle-\dfrac{\pi}{6}$

令和
4
(2022)

令和
3
(2021)

令和
2
(2020)

令和
元
(2019)

平成
30
(2018)

平成
29
(2017)

平成
28
(2016)

平成
27
(2015)

平成
26
(2014)

平成
25
(2013)

平成
24
(2012)

平成
23
(2011)

平成
22
(2010)

平成
21
(2009)

平成
20
(2008)

問16（a）の解答　出題項目＜Y接続＞　　答え（4）

電源を Y 結線に変換したときの a, b, c 相の相電圧[V]を $\dot{E}_{Ya}$, $\dot{E}_{Yb}$, $\dot{E}_{Yc}$ とする。各相電圧ベクトルと線間電圧 $\dot{E}_a$ の関係を図16-1に示す。

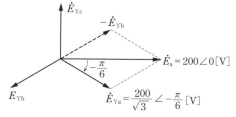

図16-1　相電圧と線間電圧の関係

このベクトル図より，$\dot{E}_{Ya}$ は $\dot{E}_a$ に対して大きさが $1/\sqrt{3}$ 倍，位相は $\pi/6$ 遅れである。

$$\dot{E}_{Ya}=\frac{200}{\sqrt{3}}\angle-\frac{\pi}{6}\fallingdotseq115.5\angle-\frac{\pi}{6}[\mathrm{V}]$$

図16-2のように，1相分の負荷のインピーダンス

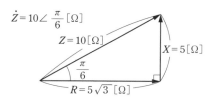

図16-2　インピーダンスベクトル

$\dot{Z}$ の大きさは $10\,\Omega$，インピーダンス角は $\pi/6$ なので，

$$\dot{Z}=10\angle\frac{\pi}{6}[\Omega]$$

ゆえに，電流 $\dot{I}_1$ は，

$$\dot{I}_1=\frac{\dot{E}_{Ya}}{\dot{Z}}=\frac{115.5\angle-\frac{\pi}{6}}{10\angle\frac{\pi}{6}}$$

$$=\frac{115.5}{10}\angle-\frac{\pi}{6}-\frac{\pi}{6}=11.55\angle-\frac{\pi}{3}[\mathrm{A}]$$

解説 ……………………………………

電圧，電流，インピーダンスを大きさと位相角で表す方法を極形式という。例えば，大きさ E，位相が θ である電圧ベクトル $\dot{E}$ を，$\dot{E}=E\angle\theta$ と表す。極形式のかけ算，割り算は容易に計算でき，

かけ算は，**大きさ→かけ算，位相→足し算**。
割り算は，**大きさ→割り算，位相→引き算**。

補足　このような計算ができる理由は，$\dot{E}=E\angle\theta$ の正しい数式による表記が，

$$\dot{E}=E(\cos\theta+\mathrm{j}\sin\theta)=E\mathrm{e}^{\mathrm{j}\theta}$$

と表されることによる。
この関係式をオイラーの公式という。

問16（b）の解答　出題項目＜Y接続＞　　答え（5）

各電源の電流ベクトルと a 相の線電流 $\dot{I}_1=\dot{I}_{ab}-\dot{I}_{ca}$ の関係を図16-3に示す。

このベクトル図より，$\dot{I}_{ab}$ は $\dot{I}_1$ に対して大きさが $1/\sqrt{3}$ 倍，位相は $\pi/6$ 進みである。

$$\dot{I}_{ab}=\frac{\dot{I}_1}{\sqrt{3}}\angle\frac{\pi}{6}$$

$$=\frac{11.55}{\sqrt{3}}\angle-\frac{\pi}{3}+\frac{\pi}{6}\fallingdotseq6.67\angle-\frac{\pi}{6}[\mathrm{A}]$$

【別解】　負荷を Δ 回路に変換して，

$$\dot{Z}_\Delta=15\sqrt{3}+\mathrm{j}15=30\angle\frac{\pi}{6}[\Omega]$$

$$\dot{I}_{ab}=\frac{\dot{E}_a}{\dot{Z}_\Delta}=\frac{200}{30}\angle0-\frac{\pi}{6}\fallingdotseq6.67\angle-\frac{\pi}{6}[\mathrm{A}]$$

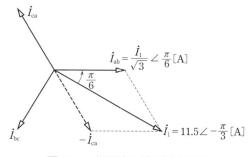

図16-3　相電流と線電流の関係

解説 ……………………………………

極形式はベクトル図そのものなので，ベクトル図に置き換えて考えてもよい。ただし，ベクトル図では，和，差は容易に作図できるが，積，商の作図には計算が必要になる。

問17及び問18は選択問題であり，問17又は問18のどちらかを選んで解答してください。（両方解答すると採点されませんので注意してください。）

（選択問題）

問17　出題分野＜電気計測＞　　難易度 ★★★　重要度 ★✦★

直流電圧計について，次の（a）及び（b）の問に答えよ。

（a）　最大目盛1[V]，内部抵抗 $r_v = 1\,000$[Ω]の電圧計がある。この電圧計を用いて最大目盛15[V]の電圧計とするための，倍率器の抵抗 R_m[kΩ]の値として，正しいものを次の（1）〜（5）のうちから一つ選べ。

（1）　12　　　（2）　13　　　（3）　14　　　（4）　15　　　（5）　16

（b）　図のような回路で上記の最大目盛15[V]の電圧計を接続して電圧を測ったときに，電圧計の指示[V]はいくらになるか。最も近いものを次の（1）〜（5）のうちから一つ選べ。

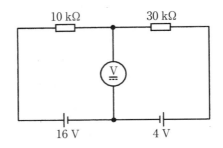

（1）　7.2　　　（2）　8.7　　　（3）　9.4　　　（4）　11.3　　　（5）　13.1

問 17（a）の解答　　出題項目＜倍率器＞　　　　　　　答え　（3）

図 17-1 において，電圧計の内部抵抗 r_v の電圧が 1 V のとき，端子 a-b 間の電圧が 15 V になるような倍率器 R_m を求めればよい。

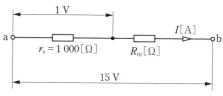

図 17-1　倍率器を接続した回路

回路の電流 I は，

$$I=\frac{1}{r_\mathrm{v}}=\frac{1}{1\,000}=10^{-3}[\mathrm{A}]$$

倍率器の端子電圧は 14 V なので R_m は，

$$R_\mathrm{m}=\frac{14}{I}=\frac{14}{10^{-3}}=14\times10^{3}[\Omega]$$

$$=14[\mathrm{k}\Omega]$$

解 説 ‥‥‥‥‥‥‥‥‥‥‥‥‥‥‥‥‥‥‥

電圧計の内部抵抗を $r[\Omega]$，倍率器の抵抗を R_m $[\Omega]$，拡大倍率を M 倍とすると，

$$M=1+\frac{R_\mathrm{m}(倍率器)}{r(内部抵抗)}$$

補 足　電流計の測定範囲を拡大するためには，分流器を並列に接続する。電流計の内部抵抗を $r[\Omega]$，分流器の抵抗を $R_\mathrm{s}[\Omega]$，拡大倍率を m とすると，

$$m=1+\frac{r(内部抵抗)}{R_\mathrm{s}(分流器)}$$

Point 倍率器は電圧計と直列に接続，分流器は電流計と並列に接続する。

問 17（b）の解答　　出題項目＜電圧計＞　　　　　　　答え　（2）

テブナンの定理を用いて電圧計（内部抵抗 R_v ＝15[kΩ]）を流れる電流 I を求める。**図 17-2** において，端子 a-b 間の抵抗 R_ab は，

$$R_\mathrm{ab}=\frac{10\times30}{10+30}=7.5[\mathrm{k}\Omega]$$

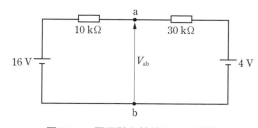

図 17-2　電圧計を接続しない回路

抵抗 30 kΩ の端子電圧は，$16-4=12[\mathrm{V}]$ を 1 対 3 に分圧するので 9 V。ゆえに，端子 a-b 間の電圧 V_ab は，

$$V_\mathrm{ab}=4+9=13[\mathrm{V}]$$

テブナンの定理から，

$$I=\frac{V_\mathrm{ab}}{R_\mathrm{ab}+R_\mathrm{v}}=\frac{13}{7.5[\mathrm{k}\Omega]+15[\mathrm{k}\Omega]}\fallingdotseq0.578[\mathrm{mA}]$$

電圧計の指示 V は R_v の端子電圧なので，

$$V=IR_\mathrm{v}=0.578[\mathrm{mA}]\times15[\mathrm{k}\Omega]$$

$$=8.67[\mathrm{V}]\quad\rightarrow\quad 8.7\,\mathrm{V}$$

解 説 ‥‥‥‥‥‥‥‥‥‥‥‥‥‥‥‥‥‥‥

この問題は図 17-2 における端子 a-b 間の電圧を求めるものではない。電圧計には内部抵抗 R_v があるため，**図 17-3** に示す回路の端子 a-b 間の電圧を求めなければならない。理想的な電圧計であれば，端子 a-b 間の電圧 V_ab は 13 V を示すが，実際の電圧計の指示は内部抵抗の影響を受ける。この回路の場合，回路の電流に比べ内部抵抗を流れる電流が無視できない大きさのため，端子 a-b 間の電圧は電圧計を接続する前に比べ大きく低下している。

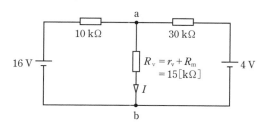

図 17-3　電圧計を流れる電流

（選択問題）

問18 出題分野＜電子回路＞　　難易度 ★★★　　重要度 ★★★

　図1は，飽和領域で動作する接合形 FET を用いた増幅回路を示し，図中の v_i 並びに v_o はそれぞれ，入力と出力の小信号交流電圧[V]を表す。また，図2は，その増幅回路で使用する FET のゲート–ソース間電圧 V_{gs}[V]に対するドレーン電流 I_d[mA]の特性を示している。抵抗 $R_G = 1$[MΩ]，$R_D = 5$[kΩ]，$R_L = 2.5$[kΩ]，直流電源電圧 $V_{DD} = 20$[V]とするとき，次の（a）及び（b）の問に答えよ。

（a）　FET の動作点が図2の点 P となる抵抗 R_S[kΩ]の値として，最も近いものを次の（1）〜（5）のうちから一つ選べ。

　（1）　0.1　　　　（2）　0.3　　　　（3）　0.5　　　　（4）　1　　　　（5）　3

（b）　図2の特性曲線の点 P における接線の傾きを読むことで，FET の相互コンダクタンスが g_m ＝6[mS]であるとわかる。この値を用いて，増幅回路の小信号交流等価回路をかくと図3となる。ここで，コンデンサ C_1，C_2，C_S のインピーダンスが使用する周波数で十分に小さいときを考えており，FET の出力インピーダンスが R_D[kΩ]や R_L[kΩ]より十分大きいとしている。この増幅回路の電圧増幅度 $A_V = \left| \dfrac{v_o}{v_i} \right|$ の値として，最も近いものを次の（1）〜（5）のうちから一つ選べ。

　（1）　10　　　　（2）　30　　　　（3）　50　　　　（4）　100　　　　（5）　300

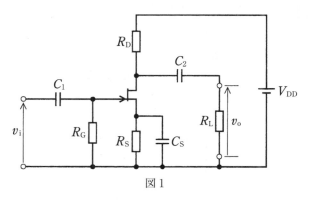

図1

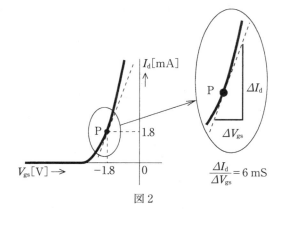

図2

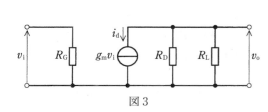

図3

令和 4 (2022)
令和 3 (2021)
令和 2 (2020)
令和 元 (2019)
平成 30 (2018)
平成 29 (2017)
平成 28 (2016)
平成 27 (2015)
平成 26 (2014)
平成 25 (2013)
平成 24 (2012)
平成 23 (2011)
平成 22 (2010)
平成 21 (2009)
平成 20 (2008)

問18（a）の解答　出題項目＜FET 増幅回路＞　　答え（4）

動作点は直流回路で考えるため問題図中のコンデンサは不要となり，回路は**図 18-1** となる。

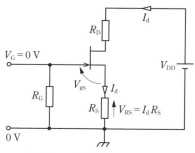

図 18-1　直流バイアス回路

FET はゲート電流が流れないので，R_G にも電流は流れず R_G の両端の電位差は零。したがって，ゲート電圧 V_G は 0 V。また，ドレーン電流

I_d はソース電流と等しいので，R_S を流れる電流は I_d と等しく，R_S の端子電圧 V_{RS} は，

$$V_{RS} = I_d R_S$$

また，$V_G = V_{gs} + V_{RS}$ なので，

$$0 = V_{gs} + I_d R_S$$

動作点 P での V_{gs} と I_d は問題図 2 より，$V_{gs} = -1.8 [V]$，$I_d = 1.8 [mA]$ なので上式に代入して，

$$0 = -1.8 + 1.8[mA] \times R_S[k\Omega]$$

$$R_S = \frac{1.8}{1.8} = 1[k\Omega]$$

解説

FET はゲート電圧でドレーン電流を制御する素子なので，ゲートには電流が流れない。このため，この回路ではゲート電圧が 0 V であること利用する。

問18（b）の解答　出題項目＜FET 増幅回路＞　　答え（1）

小信号交流等価回路には問題図 3 を用いる。出力側の R_D，R_L の合成抵抗を R_0 とすると，

$$R_0 = \frac{R_D R_L}{R_D + R_L} = \frac{5 \times 2.5}{5 + 2.5} = \frac{5}{3} [k\Omega]$$

ゆえに，小信号交流等価回路は**図 18-2** となる。

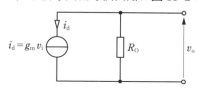

図 18-2　小信号交流等価回路

図より i_d は，

$$i_d = g_m v_i$$

i_d が図の向きの場合，出力 v_0 は負になるので，

$$v_0 = -R_0 i_d = -R_0 g_m v_i \qquad ①$$

電圧増幅度 A_v は，

$$A_v = \left| \frac{v_0}{v_i} \right| = |-R_0 g_m| = R_0 g_m$$

$$= \frac{5}{3}[k\Omega] \times 6[ms] = 10$$

解説

①式より出力 v_0 は負になる。これは，入力と出力の位相が反転していることを示している。**図 18-3** にこの増幅回路の動作原理を示す。動作点

P を中心に小信号交流入力 v_i を変化させると，この特性曲線からドレーン電流が点 P を中心に変化する。ひずみ無く入力に比例した出力が得られるためには，点 P の近傍で特性曲線が直線である必要がある。入力が小信号の場合は，点 P 近傍で直線と見なせるので，計算では直線近似した相互コンダクタンスを用いている。ドレーン電流の変化は出力抵抗を介して出力電圧として取り出す。

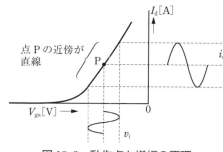

図 18-3　動作点と増幅の原理

また，飽和領域とは，ドレーン電流が飽和して，ドレーン-ソース間が定電流源とみなせる領域をいう。このため FET の出力インピーダンスは十分大きな値となる。

理 論 | 平成23年度（2011年度）

A 問 題 （配点は1問題当たり5点）

問1　出題分野＜静電気＞　　難易度 ★★★　重要度 ★★☆

静電界に関する記述として，誤っているものを次の（1）～（5）のうちから一つ選べ。

（1）　電気力線は，導体表面に垂直に出入りする。

（2）　帯電していない中空の球導体Bが接地されていないとき，帯電した導体Aを導体Bで包んだとしても，導体Bの外部に電界ができる。

（3）　Q[C]の電荷から出る電束の数や電気力線の数は，電荷を取り巻く物質の誘電率ε[F/m]によって異なる。

（4）　導体が帯電するとき，電荷は導体の表面にだけ分布する。

（5）　導体内部は等電位であり，電界は零である。

問2　出題分野＜静電気＞　　難易度 ★★☆　重要度 ★★★

直流電圧1 000[V]の電源で充電された静電容量8[μF]の平行平板コンデンサがある。コンデンサを電源から外した後に電荷を保持したままコンデンサの電極間距離を最初の距離の$\frac{1}{2}$に縮めたとき，静電容量[μF]と静電エネルギー[J]の値の組合せとして，正しいものを次の（1）～（5）のうちから一つ選べ。

	静電容量	静電エネルギー
（1）	16	4
（2）	16	2
（3）	16	8
（4）	4	4
（5）	4	2

問1の解答　出題項目＜電気力線・電束＞　　答え（3）

（1）正。電気力線は等電位面である導体表面に垂直に出入りする。

（2）正。**図1-1**（a）のように，導体Aによる静電誘導で，中空導体Bの内側表面には導体Aと異符号の電荷が誘導される。このため，導体Bの外側表面には内側表面と異符号の電荷が相対的に現れる。この電荷により導体Bの外部に電界ができる。

（3）誤。$Q[C]$の電荷から電束はQ本，電気力線はQ/ε本出るので，電気力線の数は誘電率に依存するが，**電束の数は誘電率に依存しない**。

（4）正。記述のとおり。

（5）正。記述のとおり。

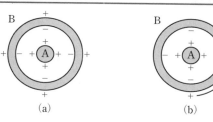

図1-1　中空導体の静電誘導

解説

図1-1（b）のように，導体Bを接地した場合，外側表面の電荷は大地に放電されるので導体Bの外部に電界はできないが，導体AとBの間の空間には電界が存在する。

問2の解答　出題項目＜平行板コンデンサ，仕事・静電エネルギー＞　　答え（2）

電荷は$8\,000\,\mu C$一定である。電極間の距離を変化させる前後における，コンデンサの電荷，端子電圧，静電容量を**図2-1**に示す。

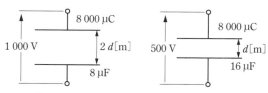

図2-1　電極間距離とコンデンサの状態

コンデンサの静電エネルギーWは，静電容量$C[F]$，電荷$Q[C]$，端子電圧$V[V]$とすると，

$$W = \frac{1}{2}CV^2 = \frac{1}{2}QV = \frac{1}{2}\cdot\frac{Q^2}{C}[J]$$

$$W = \frac{QV}{2} = \frac{8\,000\times10^{-6}\times500}{2} = 2[J]$$

解説

静電容量は電極間の距離に反比例する。また，電荷が一定の場合端子電圧は静電容量に反比例する。静電エネルギーの公式は三通りあるが，どれを用いてもよい。

Point 静電エネルギーの減少分は電極が移動するために使われたエネルギーと等しい。

令和4（2022）
令和3（2021）
令和2（2020）
令和元（2019）
平成30（2018）
平成29（2017）
平成28（2016）
平成27（2015）
平成26（2014）
平成25（2013）
平成24（2012）
平成23（2011）
平成22（2010）
平成21（2009）
平成20（2008）

問3　出題分野＜電磁気＞　　難易度 ★★★　重要度 ★★☆

次の文章は，磁界中に置かれた導体に働く電磁力に関する記述である。

電流が流れている長さ L[m]の直線導体を磁束密度が一様な磁界中に置くと，フレミングの
□(ア)□ の法則に従い，導体には電流の向きにも磁界の向きにも直角な電磁力が働く。直線導体の方向を変化させて，電流の方向が磁界の方向と同じになれば，導体に働く力の大きさは □(イ)□ となり，直角になれば，□(ウ)□ となる。力の大きさは，電流の □(エ)□ に比例する。

上記の記述中の空白箇所(ア)，(イ)，(ウ)及び(エ)に当てはまる組合せとして，正しいものを次の(1)～(5)のうちから一つ選べ。

	(ア)	(イ)	(ウ)	(エ)
(1)	左　手	最　大	零	2　乗
(2)	左　手	零	最　大	2　乗
(3)	右　手	零	最　大	1　乗
(4)	右　手	最　大	零	2　乗
(5)	左　手	零	最　大	1　乗

問4　出題分野＜電磁気＞　　難易度 ★★★　重要度 ★★★

図1のように，1辺の長さが a[m]の正方形のコイル(巻数：1)に直流電流 I[A]が流れているときの中心点 O_1 の磁界の大きさを H_1[A/m]とする。また，図2のように，直径 a[m]の円形のコイル(巻数：1)に直流電流 I[A]が流れているときの中心点 O_2 の磁界の大きさを H_2[A/m]とする。このとき，磁界の大きさの比 $\dfrac{H_1}{H_2}$ の値として，最も近いものを次の(1)～(5)のうちから一つ選べ。

ただし，中心点 O_1，O_2 はそれぞれ正方形のコイル，円形のコイルと同一平面上にあるものとする。

参考までに，図3のように，長さ a[m]の直線導体に直流電流 I[A]が流れているとき，導体から距離 r[m]離れた点Pにおける磁界の大きさ H[A/m]は，$H = \dfrac{I}{4\pi r}(\cos\theta_1 + \cos\theta_2)$ で求められる(角度 θ_1 と θ_2 の定義は図参照)。

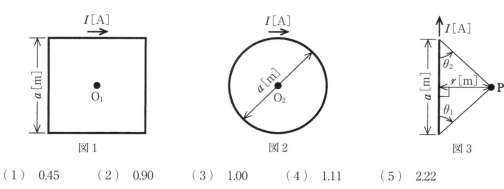

図1　　　　　　　　　　図2　　　　　　　　　　図3

(1)　0.45　　　(2)　0.90　　　(3)　1.00　　　(4)　1.11　　　(5)　2.22

問 3 の解答　　出題項目＜電磁力＞

　電流が流れている長さ L[m] の直線導体を磁束密度が一様な磁界中に置くと，フレミングの**左手**の法則に従い，導体には電流の向きにも磁界の向きにも直角な電磁力が働く。直線導体の方向が磁界の方向と同じになれば，導体に働く力の大きさは**零**となり，直角になれば，**最大**となる。力の大きさは，電流の **1** 乗に比例する。

解説

　図 3-1 のように，磁界 B[T] の方向と長さ L[m] の導体が同一平面上にあり，互いのなす角が θ のとき，電流 I[A] が図の方向に流れた場合の導体に働く電磁力の大きさ F は，

$$F = BIL \sin\theta \text{[N]}$$

　上式から，電磁力は θ が直角のとき最大となる。また，電磁力の向きは，フレミングの左手の法則より紙面の裏から表に向かう方向となる。

Point 左手の法則は電磁力，右手の法則は電磁誘導に関係する。

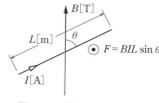

図 3-1　導体に働く電磁力

問 4 の解答　　出題項目＜電流による磁界＞

　図 4-1 において，点 O_1 は正方形コイルの中心にあるので，点 O_1 の磁界の大きさ H_1 は，正方形コイルの 1 辺の導体が点 O_1 に作る磁界の大きさ H の 4 倍になる。

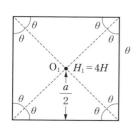 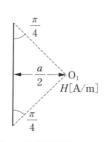

図 4-1　正方形コイルが O_1 に作る磁界

　1 辺の導体が作る磁界の大きさ H は問題中の式を用いる。$r = \dfrac{a}{2}$，$\theta_1 = \theta_2 = \dfrac{\pi}{4}$ を代入すると，

$$H = \frac{I}{4\pi \cdot \dfrac{a}{2}}\left(\cos\frac{\pi}{4} + \cos\frac{\pi}{4}\right) = \frac{\sqrt{2}I}{2\pi a}$$

$$H_1 = 4H = \frac{2\sqrt{2}I}{\pi a} \text{[A/m]}$$

　一方，半径 $\dfrac{a}{2}$[m] の円形コイルの中心点 O_2 の磁界の大きさ H_2 は，

$$H_2 = \frac{I}{2 \cdot \dfrac{a}{2}} = \frac{I}{a} \text{[A/m]}$$

　以上から，磁界の大きさの比は，

$$\frac{H_1}{H_2} = \frac{2\sqrt{2}I}{\pi a} \times \frac{a}{I} = \frac{2\sqrt{2}}{\pi} \fallingdotseq 0.90$$

解説

　有限長直線導体の電流が作る磁界の大きさの式は，ビオ・サバールの法則を積分して導いたものである。円形コイルの中心点の磁界の大きさの式は重要である。

問 5　　出題分野＜直流回路＞　　　　難易度 ★★★　　重要度 ★★★

　20[℃]における抵抗値が R_1[Ω]，抵抗温度係数が α_1[℃$^{-1}$]の抵抗器 A と 20[℃]における抵抗値が R_2[Ω]，抵抗温度係数が $\alpha_2 = 0$[℃$^{-1}$]の抵抗器 B が並列に接続されている。その 20[℃]と 21[℃]における並列抵抗値をそれぞれ r_{20}[Ω]，r_{21}[Ω]とし，$\dfrac{r_{21} - r_{20}}{r_{20}}$ を変化率とする。変化率として，正しいものを次の（1）～（5）のうちから一つ選べ。

（1）　$\dfrac{\alpha_1 R_1 R_2}{R_1 + R_2 + \alpha_1{}^2 R_1}$　　　　（2）　$\dfrac{\alpha_1 R_2}{R_1 + R_2 + \alpha_1 R_1}$　　　　（3）　$\dfrac{\alpha_1 R_1}{R_1 + R_2 + \alpha_1 R_1}$

（4）　$\dfrac{\alpha_1 R_2}{R_1 + R_2 + \alpha_1 R_2}$　　　　（5）　$\dfrac{\alpha_1 R_1}{R_1 + R_2 + \alpha_1 R_2}$

問 5 の解答　　出題項目＜直流抵抗＞　　　　　　答え　（2）

抵抗器 A の 21 ℃における抵抗値 R_{A21} は，抵抗の温度係数 α_1 を用いれば，

$$R_{A21} = R_1 + R_1\alpha_1(21-20) = R_1(1+\alpha_1)\,[\Omega]$$

抵抗器 B は抵抗の温度係数が零なので，抵抗値 R_{B21} は温度変化に対して不変となり，

$$R_{B21} = R_2\,[\Omega]$$

抵抗器 A, B を並列に接続した合成抵抗 r_{21} は，

$$r_{21} = \frac{R_{A21}R_{B21}}{R_{A21}+R_{B21}} = \frac{R_1(1+\alpha_1)R_2}{R_1(1+\alpha_1)+R_2}\,[\Omega]$$

一方，20 ℃のときの合成抵抗 r_{20} は，

$$r_{20} = \frac{R_1R_2}{R_1+R_2}\,[\Omega]$$

変化率を計算すると，

$$
\begin{aligned}
\frac{r_{21}-r_{20}}{r_{20}} &= \frac{\dfrac{R_1R_2(1+\alpha_1)}{R_1(1+\alpha_1)+R_2} - \dfrac{R_1R_2}{R_1+R_2}}{\dfrac{R_1R_2}{R_1+R_2}} \\[2mm]
&= \frac{(R_1+R_2)(1+\alpha_1)}{R_1+R_2+\alpha_1R_1} - 1 \\[2mm]
&= \frac{R_1+R_2+\alpha_1R_1+\alpha_1R_2-R_1-R_2-\alpha_1R_1}{R_1+R_2+\alpha_1R_1} \\[2mm]
&= \frac{\alpha_1R_2}{R_1+R_2+\alpha_1R_1}
\end{aligned}
$$

解説

$t_0\,[℃]$（通常 20 ℃）の抵抗値を $R_0\,[\Omega]$ としたとき，$t_1 > t_0\,[℃]$ における単位温度上昇当たりの抵抗値の，R_0 に対する増加率 $(\Delta R/R_0)$ を $t_0\,[℃]$ における抵抗の温度係数 α という。

$$\alpha = \frac{\Delta R}{R_0(t_1-t_0)}$$

ゆえに，$t_1\,[℃]$ における抵抗の増加値 ΔR は，

$$\Delta R = R_0\alpha(t_1-t_0)\,[\Omega]$$

$t_1\,[℃]$ における抵抗値 R_1 は，

$$R_1 = R_0 + \Delta R = R_0\{1 + \alpha(t_1-t_0)\}\,[\Omega]$$

以上の関係を**図 5-1** に示す。

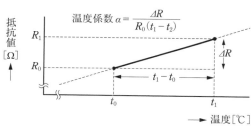

図 5-1　温度と抵抗値の関係

問6　出題分野＜直流回路＞ 　難易度 ★★★　重要度 ★★★

　図の直流回路において，200[V]の直流電源から流れ出る電流が25[A]である。16[Ω]と r[Ω]の抵抗の接続点 a の電位を V_a[V]，8[Ω]と R[Ω]の抵抗の接続点 b の電位を V_b[V]とする。$V_a = V_b$ となる r[Ω]と R[Ω]の値の組合せとして，正しいものを次の（1）～（5）のうちから一つ選べ。

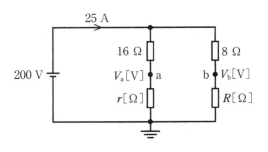

	r	R
（1）	2.9	5.8
（2）	4.0	8.0
（3）	5.8	2.9
（4）	8.0	4.0
（5）	8.0	16

問7　出題分野＜直流回路＞ 　難易度 ★★☆　重要度 ★★★

　図のように，可変抵抗 R_1[Ω]，R_2[Ω]，抵抗 R_x[Ω]，電源 E[V]からなる直流回路がある。次に示す条件1のときの R_x[Ω]に流れる電流 I[A]の値と条件2のときの電流 I[A]の値は等しくなった。このとき，R_x[Ω]の値として，正しいものを次の（1）～（5）のうちから一つ選べ。

　条件1：$R_1 = 90$[Ω]，$R_2 = 6$[Ω]
　条件2：$R_1 = 70$[Ω]，$R_2 = 4$[Ω]

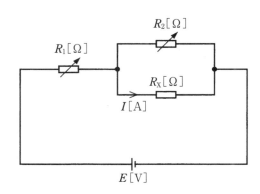

（1）1　　　（2）2　　　（3）4　　　（4）8　　　（5）12

令和
4
(2022)

令和
3
(2021)

令和
2
(2020)

令和
元
(2019)

平成
30
(2018)

平成
29
(2017)

平成
28
(2016)

平成
27
(2015)

平成
26
(2014)

平成
25
(2013)

平成
24
(2012)

平成
23
(2011)

平成
22
(2010)

平成
21
(2009)

平成
20
(2008)

問 6 の解答　出題項目＜抵抗直並列回路，ブリッジ回路＞　　答え　（4）

接続点 a-b 間の電位差が零なので，ブリッジの平衡条件を用いる。

$$16R = 8r$$

$$r = 2R$$

r を R で置き換えて，電源から見た合成抵抗 R_T を R の式で表すと，

$$R_T = \frac{(16+2R)(8+R)}{(16+2R)+(8+R)}$$

$$= \frac{2(8+R)^2}{24+3R} = \frac{2(R^2+16R+64)}{24+3R}[\Omega]$$

一方，電圧と電流の関係から合成抵抗 R_T は $200/25 = 8[\Omega]$ なので，

$$\frac{2(R^2+16R+64)}{24+3R} = 8$$

上式を整理して R について解くと，

$$R^2 + 4R - 32 = 0$$

$$(R+8)(R-4) = 0$$

R は正なので，

$$R = 4[\Omega]$$

$$r = 2R = 8[\Omega]$$

【**別解**】　a 点，b 点の電位 V_a，V_b を求めて，両者が等しいと置き式を整理すると，

$$V_a = \frac{200\,r}{r+16} = V_b = \frac{200\,R}{R+8}$$

$$r(R+8) = R(r+16)$$

$r = 2R$ が得られる。以下解答と同じ。

解 説 ▶

別解のように，2 点の電位が等しいとした条件は，結果的にブリッジの平衡条件と同じになる。これで未知抵抗の一つを消去できるので，合成抵抗の方程式を解けばよい。

Point ブリッジの平衡条件を活用する。

問 7 の解答　出題項目＜抵抗直並列回路＞　　答え　（4）

図 7-1 に示す条件 1 において R_x の両端子を左から a，b とする。端子 a-b 間の電圧は $IR_x[V]$ なので R_2 を流れる電流 I_2 は，

$$I_2 = \frac{IR_x}{R_2} = \frac{IR_x}{6}[A]$$

R_1 を流れる電流は $I + I_2$ なので電源電圧 E は，

$$E = R_1(I+I_2) + IR_x = 90\left(I + \frac{IR_x}{6}\right) + IR_x$$

図 7-2 に示す条件 2 においても同様に電源電圧 E を求めると，

$$E = R_1\left(I + \frac{IR_x}{R_2}\right) + IR_x = 70\left(I + \frac{IR_x}{4}\right) + IR_x[V]$$

電源電圧は条件 1，2 ともに同じなので，

$$90\left(I + \frac{IR_x}{6}\right) + IR_x = 70\left(I + \frac{IR_x}{4}\right) + IR_x$$

$$9 + \frac{3R_x}{2} = 7 + \frac{7R_x}{4}$$

$$R_x = 8[\Omega]$$

解 説 ▶

解答の方法以外にも，①各条件について合成抵

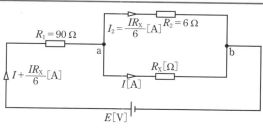

図 7-1　条件 1 の回路

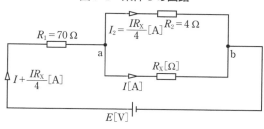

図 7-2　条件 2 の回路

抗から回路の電流を求め，さらに R_x の分流 I を R_x と E の式で表し，I が等しいと置く方法，②各条件について電流 I をテブナンの定理を用いて計算し，I が等しいと置く方法，が考えられる。いずれにしても，二つの条件から連立方程式を立てて解くことには変わりない。

問8 　出題分野＜単相交流＞

難易度 ★★★ 　重要度 ★★★

　図の交流回路において，電源電圧を$\dot{E}=140\angle0°$[V]とする。いま，この電源に力率0.6の誘導性負荷を接続したところ，電源から流れ出る電流の大きさは37.5[A]であった。次に，スイッチSを閉じ，この誘導性負荷と並列に抵抗R[Ω]を接続したところ，電源から流れ出る電流の大きさが50[A]となった。このとき，抵抗R[Ω]の大きさとして，正しいものを次の(1)～(5)のうちから一つ選べ。

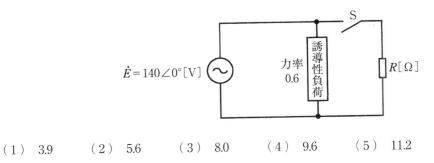

(1) 3.9 　　(2) 5.6 　　(3) 8.0 　　(4) 9.6 　　(5) 11.2

問9 　出題分野＜単相交流＞

難易度 ★★★ 　重要度 ★★★

　図のように，1 000[Ω]の抵抗と静電容量C[μF]のコンデンサを直列に接続した交流回路がある。いま，電源の周波数が1 000[Hz]のとき，電源電圧$\dot{E}$[V]と電流$\dot{I}$[A]の位相差は$\dfrac{\pi}{3}$[rad]であった。このとき，コンデンサの静電容量C[μF]の値として，最も近いものを次の(1)～(5)のうちから一つ選べ。

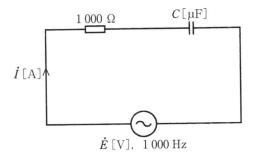

(1) 0.053 　　(2) 0.092 　　(3) 0.107 　　(4) 0.159 　　(5) 0.258

問8の解答　出題項目＜RL 並列回路＞　答え　(3)

図 **8-1** は，スイッチ S を閉じた場合の誘導性負荷を流れる電流 $\dot{I}_{RL}$ と抵抗 R を流れる電流 $\dot{I}_R$ を，電源電圧 $\dot{E}$ を基準ベクトルとして描いたベクトル図である。ただし，θ は誘導性負荷の力率角である。$|\dot{I}_{RL}|=I_{RL}=37.5[A]$ なので，

$$\dot{I}_{RL}=|\dot{I}_{RL}|\cos\theta-j|\dot{I}_{RL}|\sin\theta$$
$$=37.5\times0.6-j37.5\times0.8=22.5-j30[A]$$

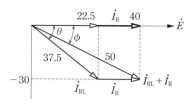

図 8-1　各電流のベクトル図

$\dot{I}_{RL}$ と $\dot{I}_R$ のベクトル和の大きさが 50 A になることから $|\dot{I}_R|=I_R$ とすれば，

$$(22.5+I_R)^2+(-30)^2=50^2$$
$$22.5+I_R=\sqrt{50^2-30^2}=40$$
$$I_R=17.5[A]$$

ゆえに R は，

$$R=\frac{E}{I_R}=\frac{140}{17.5}=8.0[\Omega]$$

解説

スイッチ S を閉じた場合の誘導性負荷と抵抗に流れる電流の位相は異なるので，電源の電流は二つの電流のベクトル和で計算しなければならない。

また，誘導性負荷に並列に抵抗を接続したことで，電源から見た回路の力率は，

$$\cos\phi=\frac{40}{50}=0.8$$

抵抗 R を並列に接続したことで力率が改善されているが，これは有効電力が増加したことによる効果であり，一般の力率改善とは異なる。遅れ負荷に対する通常の力率改善は，容量性リアクタンスを並列に接続し遅れ無効電力を減少させる。

Point 電流ベクトル図を活用する。

問9の解答　出題項目＜RC 直列回路＞　答え　(2)

図 **9-1** は，電源電圧，電流のベクトル図および抵抗 $R[\Omega]$ とコンデンサの容量性リアクタンス $X_C[\Omega]$ の直列回路におけるインピーダンスベクトルである。電源電圧と電流の位相差（力率角）はインピーダンス角 θ と等しいので，$\theta=\pi/3$。

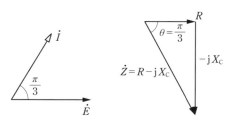

図 9-1　力率角とインピーダンス角

図より，抵抗 R と容量性リアクタンス X_C の関係を $\tan$（タンジェント）を用いて表すと，

$$X_C=R\tan(\pi/3)=1\,000\sqrt{3}[\Omega]$$

一方，周波数が $f=1\,000[Hz]$ なので X_C は，

$$X_C=\frac{1}{2\pi fC}=\frac{1}{2\,000\pi C}=1\,000\sqrt{3}$$

$$C=\frac{1}{2\,000\pi\times1\,000\sqrt{3}}\fallingdotseq0.0919\times10^{-6}[F]$$

$$=0.0919[\mu F]\quad\rightarrow\quad0.092\,\mu F$$

解説

交流回路において，次の関係は重要である。「電源電圧と電流の位相差，負荷力率角，負荷を直列回路とした場合のインピーダンス角は互いに等しい。」

図 9-1 のインピーダンスベクトルにおいて，抵抗 R と容量性リアクタンス X_C の関係は $\tan\theta$ で表せることに気づきたい。

$$\tan\theta=\frac{X_C}{R}$$

Point 次に示す角度（弧度法）の三角比は必須 $[0, \pi/6, \pi/4, \pi/3, \pi/2, 2\pi/3, 3\pi/4\ 5\pi/6, \pi]$

令和4 (2022)
令和3 (2021)
令和2 (2020)
令和元 (2019)
平成30 (2018)
平成29 (2017)
平成28 (2016)
平成27 (2015)
平成26 (2014)
平成25 (2013)
平成24 (2012)
平成23 (2011)
平成22 (2010)
平成21 (2009)
平成20 (2008)

問 10　　出題分野＜過渡現象＞　　難易度 ★★☆　　重要度 ★★★

　図のように，2種類の直流電源，$R[\Omega]$の抵抗，静電容量$C[F]$のコンデンサ及びスイッチSからなる回路がある。この回路において，スイッチSを①側に閉じて回路が定常状態に達した後に，時刻$t=0$[s]でスイッチSを①側から②側に切り換えた。②側への切り換え以降の，コンデンサから流れ出る電流$i[A]$の時間変化を示す図として，正しいものを次の（1）〜（5）のうちから一つ選べ。

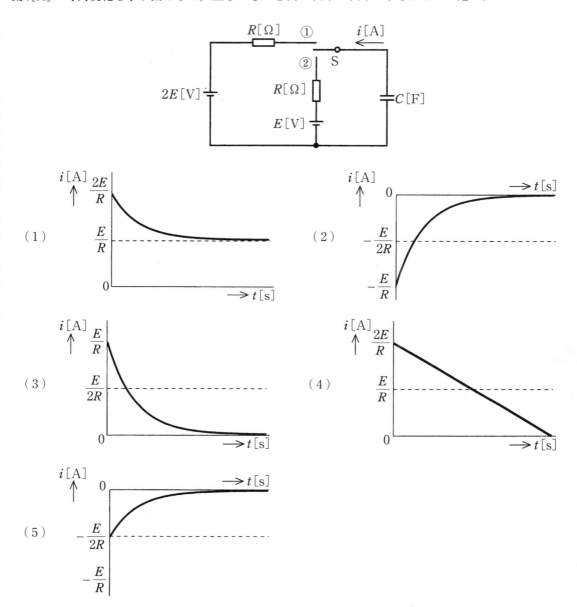

問 10 の解答　　出題項目＜*RC* 直列回路＞　　　　　　答え　（3）

　スイッチを①側に閉じて十分な時間が経過し，定常状態に達したときのコンデンサの端子電圧は $2E[\mathrm{V}]$，回路の電流は 0 A である。

　$t=0[\mathrm{s}]$ でスイッチを②側に切り換えた瞬間を**図 10-1** に示す。電源 E よりもコンデンサの端子電圧 $V_\mathrm{C}=2E[\mathrm{V}]$ の方が高いので，コンデンサから電源に電流 $i[\mathrm{A}]$ が流れる。電流 i は，この閉回路の電圧の総和が零となる回路方程式から，

$$iR+E=2E \quad \rightarrow \quad i=\frac{E}{R}[\mathrm{A}]$$

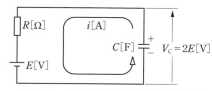

図 10-1　②に切り換えた瞬間の回路

　$t>0$ では，時間経過に伴いコンデンサの電荷が放電により減少するので，端子電圧 V_C が低下する。V_C が低下すると電流 i も減少するので，i の減少に伴い V_C の低下の速度は小さくなる。このため，電流 i は徐々に滑らかに 0 に近づいていく。電流 i の時間変化を**図 10-2** に示す。したがって，正解は選択肢（3）となる。

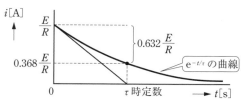

図 10-2　i の時間変化

解 説

　図 10-2 の $\tau=CR$ を時定数という。$\tau[\mathrm{s}]$ 後の電流は初期値の 0.632 倍だけ減少する。時定数が小さいほど，電流は短時間で定常状態近傍に達する。

　また，コンデンサの端子電圧 V_C は $iR+E$ なので，i の減少に伴い**図 10-3** のように，電源電圧 E に徐々に滑らかに近づく。

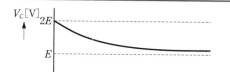

図 10-3　V_C の時間変化

補 足

　電流 i は微分方程式を解くことで得られるが，ここでは結果のみに注目する。

　図 10-2 に代表される過渡現象の曲線は，すべて同じ形をしており，①式，②式のような，**時間 t の指数関数**で表される。ただし，τ は時定数，K は初期値や定常値で決まる定数である。

$$i=Ke^{-t/\tau} \qquad\qquad ①$$

　例えば，この問題では時定数は CR，初期条件は $t=0$ のとき $i=E/R$ なので，①式に代入すると $E/R=Ke^0=K$ となり，定数 K が決まる。

　これで，図 10-2 の電流変化が時間の関数として次式で表される。

$$i=(E/R)e^{-t/CR}$$

図 10-3 の電圧変化は次式で表される。

$$V_\mathrm{C}=iR+E=Ee^{-t/CR}+E$$

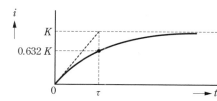

図 10-4　過渡現象と指数関数

図 10-4 のように，増加する場合は，

$$i=K(1-e^{-t/\tau}) \qquad\qquad ②$$

　K は定常条件で決まり，定常値が $t\to\infty$ のとき $i=I$ とすれば図 10-4 の電流変化は次式で表される。

$$i=I(1-e^{-t/\tau})$$

　＊ e はネイピア数（e ＝ 2.71828…）と呼ばれる定数で，自然対数の底である。e は自然現象を数式化する場合登場する定数で，円周率 π と同様に我々の世界・宇宙を形づくる神秘的な数である。

令和
4
(2022)

令和
3
(2021)

令和
2
(2020)

令和
元
(2019)

平成
30
(2018)

平成
29
(2017)

平成
28
(2016)

平成
27
(2015)

平成
26
(2014)

平成
25
(2013)

平成
24
(2012)

平成
23
(2011)

平成
22
(2010)

平成
21
(2009)

平成
20
(2008)

問11　出題分野＜電子理論＞　　難易度 ★★☆　重要度 ★★★

次の文章は，電界効果トランジスタに関する記述である。

図に示す MOS 電界効果トランジスタ（MOSFET）は，p 形基板表面に n 形のソースとドレーン領域が形成されている。また，ゲート電極は，ソースとドレーン間の p 形基板表面上に薄い酸化膜の絶縁層（ゲート酸化膜）を介して作られている。ソース S と p 形基板の電位を接地電位とし，ゲート G にしきい値電圧以上の正の電圧 V_{GS} を加えることで，絶縁層を隔てた p 形基板表面近くでは，　（ア）　が除去され，チャネルと呼ばれる　（イ）　の薄い層ができる。これによりソース S とドレーン D が接続される。この V_{GS} を上昇させるとドレーン電流 I_D は　（ウ）　する。

また，この FET は　（エ）　チャネル MOSFET と呼ばれている。

上記の記述中の空白箇所（ア），（イ），（ウ）及び（エ）に当てはまる組合せとして，正しいものを次の（1）～（5）のうちから一つ選べ。

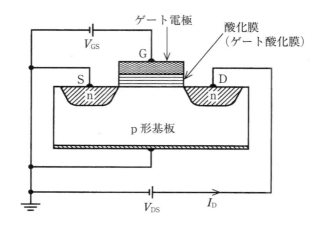

	（ア）	（イ）	（ウ）	（エ）
（1）	正 孔	電 子	増 加	n
（2）	電 子	正 孔	減 少	p
（3）	正 孔	電 子	減 少	n
（4）	電 子	正 孔	増 加	n
（5）	正 孔	電 子	増 加	p

令和
4
(2022)

令和
3
(2021)

令和
2
(2020)

令和
元
(2019)

平成
30
(2018)

平成
29
(2017)

平成
28
(2016)

平成
27
(2015)

平成
26
(2014)

平成
25
(2013)

平成
24
(2012)

平成
23
(2011)

平成
22
(2010)

平成
21
(2009)

平成
20
(2008)

問 11 の解答　出題項目＜半導体・半導体デバイス＞　　答え　(1)

ソース S と p 形基板の電位を接地電位とし，ゲート G にしきい値電圧 V_T 以上の正の電圧 V_{GS} を加えることで，絶縁層を隔てた p 形基板表面近くでは，<u>正孔</u>が除去され，チャネルと呼ばれる<u>電子</u>の薄い層ができる。これによりソース S とドレーン D が接続される。この V_{GS} を上昇させるとドレーン電流 I_D は<u>増加</u>する。この FET は，**n** チャネル MOSFET と呼ばれている。

解説

ソース–ドレーン間の電流の通り道をチャネルという。

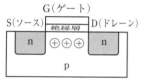

図 11-1　$V_{GS}=0$ の場合

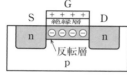

図 11-2　$V_{GS}>V_T$ の場合

図 11-1 のように，$V_{GS}=0<V_T$ の場合，ゲート電極と絶縁層を隔てた面には，p 形半導体の多数キャリアである正孔が分布している。このため，ドレーン電極の n 形半導体と p 形基板は逆電圧になり，ソース–ドレーン間には電流が流れることができない。次に **図 11-2** のように，$V_{GS}>V_T$ の場合，ゲート電極と絶縁層を隔てた面にゲート電極の正電荷の影響で電子が集まり，電子の薄い層が形成される。この層を**反転層**と呼ぶ。反転層は n 形半導体と同じ性質を持つ。これにより，ソース–ドレーン間は同種の n 形半導体でつながり，電流が流れることができる。

ドレーン–ソース間電圧 V_{DS} が $V_{GS}-V_T$ より**低**い場合は，ドレーン電流 I_D は V_{DS} に依存して増加し，この領域を**線形領域**と呼ぶ。また，V_{DS} が $V_{GS}-V_T$ より高い場合は，ドレーン電流は飽和するので，この領域を**飽和領域**と呼ぶ（**図 11-3** 参照）。なお，問題図の FET は，G が開放された状態でチャネルが形成されていない**エンハンスメ**ント形である。反対に，チャネルが形成されているものをデプレッション形という。

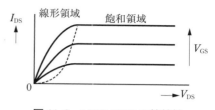

図 11-3　MOS FET の静特性

補足　V_{DS} の大きさで，線形領域と飽和領域とに特性が分かれる理由を考えよう。

① V_{DS} が $V_{GS}-V_T$ より低い場合

図 11-2 のように，ゲート電圧により反転層ができる。反転層の厚みはゲート電圧で決まるので，ドレーン電流はゲート電圧に依存して増加する。また，反転層は一種の抵抗とみなせるので，ドレーン電流はドレーン電圧にほぼ比例して増加する。この状態が線形領域である。

② V_{DS} が $V_{GS}-V_T$ より高い場合

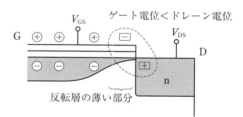

図 11-4　反転層の変化と飽和領域

図 11-4 のように，V_{DS} が高くなるとドレーンの電位に対するゲートの電位が低くなり，ドレーン近傍の反転層の厚みが薄くなる。このため，ソース–ドレーン間の抵抗は大きくなる。反転層の薄い部分の長さは，ドレーン電圧が高いほど長く低いほど短い。つまり，**ドレーン電圧が高いほどソース–ドレーン間の抵抗は大きくなるため，ドレーン電圧を高めてもドレーン電流は増加しない**（**飽和状態**）。このような理由でドレーン電流は定電流特性を示す。この状態を飽和領域と呼ぶ。

問 12　出題分野＜電子理論＞　難易度 ★★★　重要度 ★★★

次の文章は，真空中における電子の運動に関する記述である。

図のように，x軸上の負の向きに大きさが一定の電界 E[V/m]が存在しているとき，x軸上に電荷が $-e$[C]（eは電荷の絶対値），質量 m_0[kg]の1個の電子を置いた場合を考える。x軸の正方向の電子の加速度を a[m/s²]とし，また，この電子に加わる力の正方向を x軸の正方向にとったとき，電子の運動方程式は

$$m_0 a = \boxed{\quad (ア) \quad} \quad \cdots\cdots\cdots\cdots\cdots\cdots\cdots\cdots\cdots\cdots\cdots\cdots\cdots\cdots\cdots\cdots\cdots ①$$

となる。①式から電子は等加速度運動をすることがわかる。したがって，電子の初速度を零としたとき，x軸の正方向に向かう電子の速度 v[m/s]は時間 t[s]の $\boxed{\quad (イ) \quad}$ 関数となる。また，電子の走行距離 x_{dis}[m]は時間 t[s]の $\boxed{\quad (ウ) \quad}$ 関数で表される。さらに，電子の運動エネルギーは時間 t[s]の $\boxed{\quad (エ) \quad}$ で増加することがわかる。

ただし，電子の速度 v[m/s]はその質量の変化が無視できる範囲とする。

上記の記述中の空白箇所（ア），（イ），（ウ）及び（エ）に当てはまる組合せとして，正しいものを次の（1）～（5）のうちから一つ選べ。

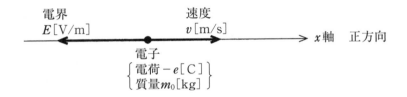

	（ア）	（イ）	（ウ）	（エ）
（1）	eE	一　次	二　次	1乗
（2）	$\dfrac{1}{2}eE$	二　次	一　次	1乗
（3）	eE^2	一　次	二　次	2乗
（4）	$\dfrac{1}{2}eE$	二　次	一　次	2乗
（5）	eE	一　次	二　次	2乗

問 12 の解答　　出題項目＜電界中の電子＞　　　　答え　(5)

問題図のように，x 軸上の負の向きに大きさが一定の電界 $E[V/m]$ が存在しているとき，x 軸上に電荷が $-e[C]$，質量 $m_0[kg]$ の 1 個の電子を置いた場合を考える。x 軸の正方向の電子の加速度を $a[m/s^2]$ とし，電子に加わる力の正方向を x 軸の正方向にとったとき，電子の運動方程式は，

$$m_0 a = \underline{\boldsymbol{eE}} \qquad\qquad ①$$

①式から電子は等加速度運動をすることがわかる。電子の初速度を零としたとき，x 軸の正方向に向かう電子の速度 $v[m/s]$ は，時間を $t[s]$ とすると，$v = at[m/s]$ なので，時間 $t[s]$ の**一次**関数となる。また，電子の走行距離 $x_{dis}[m]$ は，

$$x_{dis} = \frac{1}{2}at^2[m]$$

なので，時間 $t[s]$ の**二次**関数で増加する。さらに電子の運動エネルギー $W[J]$ は，

$$W = \frac{1}{2}m_0 v^2 = \frac{m_0 a^2 t^2}{2}$$

なので，時間 $t[s]$ の**2乗**で増加する。

解説 ┈┈┈┈┈┈┈┈┈┈┈┈┈┈

①式はニュートンの運動方程式であり，電子の運動に限らず一般の物体の運動に適用される。**図12-1** のように，質量 $m[kg]$ の物体に力 $F[N]$（F は物体に作用する力の合力でもよい）が加わると，物体は力の方向に加速度運動する。加速度を $a[m/s^2]$ とすると次式が成り立つ。

$$ma = F$$

これを運動方程式またはニュートンの第2法則という（第1法則は慣性の法則，第3法則は作用反作用の法則）。

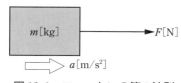

図 12-1　ニュートンの第2法則

加速度が一定の運動を等加速度運動といい，時間に伴い速度が一定の割合で変化する。加速度の大きさが $a[m/s^2]$ である物体の $t[s]$ 後の速さ v は，初速度を零（停止状態）とした場合，

$$v = at[m/s]$$

この関係を**図 12-2** に示す。

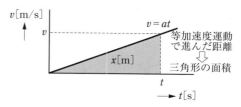

図 12-2　等加速度運動

速さ×時間は進んだ距離を表すので，図中の着色部の面積は，物体が等加速度運動したときの $t[s]$ 後の移動距離 x を表す。

$$x = \frac{1}{2}vt = \frac{1}{2}(at)t = \frac{1}{2}at^2[m] \qquad\qquad ②$$

なお，加速度には速度が増加するイメージがあるが，負の加速度は減速を表す。例えば，電車がブレーキをかけると，電車は負の加速度運動をしながら減速し停止に至る。

補足　②式に質量が含まれていないことは，等加速度運動する物体の移動距離が質量に無関係であることを示している。例えば，地球が物体を引く力を重力加速度 $g = 9.8[m/s^2]$ と呼ぶが，地球上で質量の異なる二つの物体を同じ高さから同時に落とす（自由落下）と，二つの物体は同時に地面に着く（ただし，空気抵抗は考えないものとする）。

また，問題文ただし書きの意味は次のとおり。相対論（特殊相対性理論）によると運動する物体の質量は増加することがわかっているが，物体の速度が光速（3×10^8 m/s）に比べ無視できるほど小さい場合には，質量の増加は微小に留まるので，質量を一定として扱って差し支えない。

（類題：平成 21 年度問 12）

令和
4
(2022)

令和
3
(2021)

令和
2
(2020)

令和元
(2019)

平成
30
(2018)

平成
29
(2017)

平成
28
(2016)

平成
27
(2015)

平成
26
(2014)

平成
25
(2013)

平成
24
(2012)

平成
23
(2011)

平成
22
(2010)

平成
21
(2009)

平成
20
(2008)

問13　出題分野＜電子回路＞

難易度 ★★☆　重要度 ★★☆

　図のように，トランジスタを用いた非安定（無安定）マルチバイブレータ回路の一部分がある。ここで，S はトランジスタの代わりの動作をするスイッチ，R_1，R_2，R_3 は抵抗，C はコンデンサ，V_{cc} は直流電源電圧，V_b はベースの電圧，V_c はコレクタの電圧である。

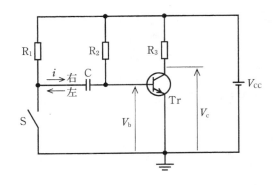

　この回路において，初期条件としてコンデンサ C の初期電荷は零，スイッチ S は開いている状態と仮定する。

a.　スイッチ S が開いている状態（オフ）のときは，トランジスタ Tr のベースには抵抗 R_2 を介して　(ア)　の電圧が加わるので，トランジスタ Tr は　(イ)　となっている。ベースの電圧 V_b は電源電圧 V_{cc} より低いので，電流 i は図の矢印 "右" の向きに流れてコンデンサ C は充電されている。

b.　次に，スイッチ S を閉じる（オン）と，その瞬間はコンデンサ C に充電されていた電荷でベースの電圧は負となるので，コレクタの電圧 V_c は瞬時に高くなる。電流 i は矢印 "　(ウ)　" の向きに流れ，コンデンサ C は　(エ)　を始め，やがてベースの電圧は　(オ)　に変化し，コレクタの電圧 V_c は下がる。

　上記の記述中の空白箇所（ア），（イ），（ウ），（エ）及び（オ）に当てはまる組合せとして，正しいものを次の（1）〜（5）のうちから一つ選べ。

	（ア）	（イ）	（ウ）	（エ）	（オ）
（1）	正	オン	左	放 電	負から正
（2）	負	オフ	右	充 電	正から負
（3）	正	オン	左	充 電	正から零
（4）	零	オフ	左	充 電	負から正
（5）	零	オフ	右	放 電	零から正

問14　出題分野＜その他＞

難易度 ★☆☆　重要度 ★★★

　電気及び磁気に関係する量とその単位記号（他の単位による表し方を含む）との組合せとして，誤っているものを次の（1）〜（5）のうちから一つ選べ。

	量	単位記号
（1）	導電率	S/m
（2）	電力量	W・s
（3）	インダクタンス	Wb/V
（4）	磁束密度	T
（5）	誘電率	F/m

問 13 の解答　　出題項目＜パルス回路＞

a.　スイッチ S が開いている状態（オフ）のときは，トランジスタ Tr のベースには抵抗 R_2 を介して正の電圧が加わるので，トランジスタ Tr はオンとなっている。ベースの電圧 V_b は電源電圧 V_{CC} より低いので，電流 i は図の矢印”右”の向きに流れてコンデンサ C は充電されている。

b.　次に，スイッチ S を閉じる（オン）と，その瞬間はコンデンサ C に充電されていた電荷でベースの電圧は負となるので，コレクタの電圧 V_c は瞬時に高くなる。電流 i は矢印”左”の向きに流れ，コンデンサ C は放電を始め，やがてベースの電圧は負から正に変化し，コレクタの電圧 V_c は下がる。

解説

トランジスタのオン・オフはベースの電圧 V_b で決まる。V_b が正で十分なベース電流が流れるとトランジスタはオン状態（$V_c=0$）になる。反対に V_b が負の場合，ベース-エミッタ間は逆電圧となるためトランジスタはオフ状態（$V_c=V_{CC}$）になる。このベース電圧はコンデンサの端子電圧で決まるため，スイッチ S の動作によるコンデンサ C の充放電がトランジスタのオン・オフ動作を決める。V_c と V_b の時間変化を**図 13-1** に示す。ただし，V_{BE} はベース・エミッタ間の順電圧，t_1 は S を閉じた時刻とする。

補足　図 13-2 は，スイッチ S をトランジスタで置き換えた実際の非安定マルチバイブレータ

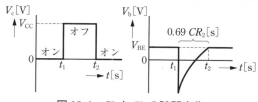

図 13-1　V_c と V_b の時間変化

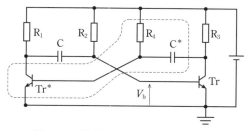

図 13-2　非安定マルチバイブレータ

回路である。破線の部分がスイッチ S に相当する。図中の Tr^* のオン・オフは，コンデンサ C^* の充放電による Tr^* のベース電圧で決まる。Tr がオフのとき（Tr^* はオン），C^* は R^* を介して充電されているので，V_b が上昇し Tr がオンになると Tr^* のベース電圧は負になり，Tr^* はオフになる。以後，同様な動作を繰り返す。Tr のオフ時間は C と R_2 の時定数で決まり $0.69\,CR_2$[s]，Tr^* のオフ時間は C^* と R_4 の時定数で決まり $0.69\,C^*R_4$[s] となる。ただし，C，C^* は静電容量[F]，R_2，R_4 は抵抗値[Ω]である，

Point トランジスタのベース電圧 V_b に注目する。

問 14 の解答　　出題項目＜電気一般＞

（1）　正。導電率 σ，断面積 A[m²]，長さ l[m]，抵抗値 R[Ω]の関係式の単位に注目すると，

$$\sigma=\frac{l}{RA}\Rightarrow\frac{[\text{m}]}{[\Omega][\text{m}^2]}=\frac{[\text{S}]}{[\text{m}]}\quad\rightarrow\quad[\text{S/m}]$$

（2）　正。電力量を[J]で表すと，[J] = [W][s]

（3）　誤。インダクタンス L は，電流 I[A]，巻数 N，鎖交磁束 Φ[Wb]で表せば，

$$L=\frac{N\Phi}{I}\Rightarrow\frac{[\text{Wb}]}{[\text{A}]}\quad\rightarrow\quad\textbf{[Wb/A]が正しい。}$$

（4）　正。[Wb/m²]で表すこともできる。

（5）　正。平行平板コンデンサにおいて，誘電率 ε，電極板面積 A[m²]，電極板間距離 d[m]，静電容量 C[F]の関係は，

$$\varepsilon=\frac{Cd}{A}\Rightarrow\frac{[\text{F}][\text{m}]}{[\text{m}^2]}=\frac{[\text{F}]}{[\text{m}]}\quad\rightarrow\quad[\text{F/m}]$$

解説

$N\Phi$ は磁束鎖交数であり，N は無単位なので $N\Phi$ の単位は[Wb]である。

令和
4
(2022)

令和
3
(2021)

令和
2
(2020)

令和
元
(2019)

平成
30
(2018)

平成
29
(2017)

平成
28
(2016)

平成
27
(2015)

平成
26
(2014)

平成
25
(2013)

平成
24
(2012)

平成
23
(2011)

平成
22
(2010)

平成
21
(2009)

平成
20
(2006)

B 問 題 　（配点は 1 問題当たり（a）5 点，（b）5 点，計 10 点）

問 15 　　出題分野＜三相交流＞　　　難易度 ★★★　重要度 ★★★

　図のように，$R[\Omega]$ の抵抗，静電容量 $C[F]$ のコンデンサ，インダクタンス $L[H]$ のコイルからなる平衡三相負荷に線間電圧 $V[V]$ の対称三相交流電源を接続した回路がある。次の（a）及び（b）の問に答えよ。

　ただし，交流電源電圧の角周波数は $\omega[rad/s]$ とする。

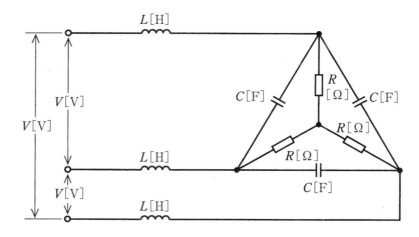

（a）　三相電源からみた平衡三相負荷の力率が 1 になったとき，インダクタンス $L[H]$ のコイルと静電容量 $C[F]$ のコンデンサの関係を示す式として，正しいものを次の（1）〜（5）のうちから一つ選べ。

（1）　$L = \dfrac{3C^2R^2}{1+9(\omega CR)^2}$ 　　　（2）　$L = \dfrac{3CR^2}{1+9(\omega CR)^2}$ 　　　（3）　$L = \dfrac{3C^2R}{1+9(\omega CR)^2}$

（4）　$L = \dfrac{9CR^2}{1+9(\omega CR)^2}$ 　　　（5）　$L = \dfrac{R}{1+9(\omega CR)^2}$

（b）　平衡三相負荷の力率が 1 になったとき，静電容量 $C[F]$ のコンデンサの端子電圧 $[V]$ の値を示す式として，正しいものを次の（1）〜（5）のうちから一つ選べ。

（1）　$\sqrt{3}\,V\sqrt{1+9(\omega CR)^2}$ 　　　（2）　$V\sqrt{1+9(\omega CR)^2}$ 　　　（3）　$\dfrac{V\sqrt{1+9(\omega CR)^2}}{\sqrt{3}}$

（4）　$\dfrac{\sqrt{3}\,V}{\sqrt{1+9(\omega CR)^2}}$ 　　　（5）　$\dfrac{V}{\sqrt{1+9(\omega CR)^2}}$

令和
4
(2022)

令和
3
(2021)

令和
2
(2020)

令和
元
(2019)

平成
30
(2018)

平成
29
(2017)

平成
28
(2016)

平成
27
(2015)

平成
26
(2014)

平成
25
(2013)

平成
24
(2012)

平成
23
(2011)

平成
22
(2010)

平成
21
(2009)

平成
20
(2008)

問 15 （a）の解答　出題項目＜YΔ 混合＞　　答え　（2）

コンデンサを Δ 結線から Y 結線に変換した場合の 1 相分の回路を**図 15-1** に示す。

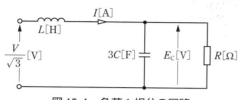

図 15-1　負荷 1 相分の回路

図の回路のインピーダンス $\dot{Z}$ は，

$$\dot{Z}=\mathrm{j}\,\omega L+\frac{R}{1+\mathrm{j}\,3\omega CR}=\mathrm{j}\,\omega L+\frac{R(1-\mathrm{j}\,3\omega CR)}{1+(3\omega CR)^2}$$

$$=\frac{R}{1+9(\omega CR)^2}+\mathrm{j}\left\{\omega L-\frac{3\omega CR^2}{1+9(\omega CR)^2}\right\}[\Omega]$$

電源からみた力率が 1 であるためには，インピーダンスの虚数部が零でなければならない。

$$\omega L-\frac{3\omega CR^2}{1+9(\omega CR)^2}=0$$

$$L=\frac{3CR^2}{1+9(\omega CR)^2}$$

解説

平衡三相負荷の力率が 1 であることは，負荷が等価的に抵抗負荷になることを意味する。したがって，1 相当たりのインピーダンス $\dot{Z}$ の式を整理して，$\dot{Z}=$ （等価抵抗 r）$+\mathrm{j}$（等価リアクタンス X）として表し，$X=0$ の条件を付けることで，インピーダンスは等価的に抵抗分だけになる。この条件式を L について式変形すれば解答が得られる。

Point 力率 1 ⇔ 電源からみたインピーダンスの虚数部が零

問 15 （b）の解答　出題項目＜YΔ 混合＞　　答え　（2）

図 15-1 において，コンデンサと抵抗の合成インピーダンスを $\dot{Z}_\mathrm{c}$ とすると，

$$\dot{Z}_\mathrm{c}=\frac{\dfrac{R}{\mathrm{j}\omega(3C)}}{R+\dfrac{1}{\mathrm{j}\omega(3C)}}=\frac{R}{1+\mathrm{j}\omega(3C)R}[\Omega]$$

$$Z_\mathrm{c}=|\dot{Z}_\mathrm{c}|=\frac{R}{\sqrt{1+9(\omega CR)^2}}[\Omega]$$

一方，力率が 1 における負荷のインピーダンスの大きさ Z は $\dot{Z}$ の実数部なので，

$$Z=\frac{R}{1+9(\omega CR)^2}[\Omega]$$

このときの相電流 I は，

$$I=\frac{\dfrac{V}{\sqrt{3}}}{Z}=\frac{V}{\sqrt{3}}\cdot\frac{\{1+9(\omega CR)^2\}}{R}[\mathrm{A}]$$

Z_c の端子電圧 E_c は，

$$E_\mathrm{c}=IZ_\mathrm{c}=\frac{V\{1+9(\omega CR)^2\}}{\sqrt{3}\,R}\cdot\frac{R}{\sqrt{1+9(\omega CR)^2}}$$

$$=\frac{V\sqrt{1+9(\omega CR)^2}}{\sqrt{3}}[\mathrm{V}]$$

Y 結線された Z_c を Δ 結線に変換すると**図 15-2** になる。

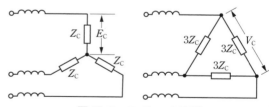

図 15-2　Z_c の Y-Δ 変換

したがって，コンデンサの端子電圧 V_c は，

$$V_\mathrm{c}=\sqrt{3}E_\mathrm{c}=V\sqrt{1+9(\omega CR)^2}[\mathrm{V}]$$

解説

線電流を求める場合，力率が 1 における負荷のインピーダンスを用いることに注意する。

その後の計算は，Z_c の端子電圧を求めて $\sqrt{3}$ 倍することで，Δ 結線時のコンデンサの端子電圧が求められる。

問 16　　出題分野＜過渡現象＞　　　　難易度 ★★★　　重要度 ★★☆

　図のように，電圧 100[V]に充電された静電容量 $C=300$[μF]のコンデンサ，インダクタンス $L=30$[mH]のコイル，開いた状態のスイッチ S からなる回路がある。時刻 $t=0$[s]でスイッチ S を閉じてコンデンサに充電された電荷を放電すると，回路には振動電流 i[A]（図の矢印の向きを正とする）が流れる。このとき，次の（ a ）及び（ b ）の問に答えよ。

　ただし，回路の抵抗は無視できるものとする。

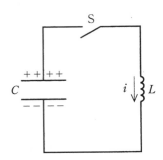

（ a ）　振動電流 i[A]の波形を示す図として，正しいものを次の（ 1 ）～（ 5 ）のうちから一つ選べ。

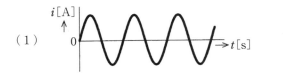

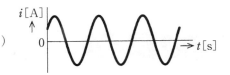

（ b ）　振動電流の最大値[A]及び周期[ms]の値の組合せとして，最も近いものを次の（ 1 ）～（ 5 ）のうちから一つ選べ。

	最大値	周　期
（ 1 ）	1.0	18.8
（ 2 ）	1.0	188
（ 3 ）	10.0	1.88
（ 4 ）	10.0	18.8
（ 5 ）	10.0	188

問 16（a）の解答　出題項目＜LC 直列回路＞　答え　（1）

$t=0$[s] で S を閉じた瞬間，コイルにはコンデンサの端子電圧と同じ大きさで逆向きの誘導起電力が生じ，電流 i は直ちに流れることができない。その後コンデンサの放電に伴い電流 i は徐々に増加するが，コイルの端子電圧はコンデンサの放電に伴い低下していく。コンデンサが完全に放電してコイルの端子電圧が 0 V になった時点で電流 i は最大になる（図 16-1 参照）。これ以後コイルは蓄えた磁気エネルギーを放出することで電流を流し続けるが，この電流によりコンデンサは反対向きに充電されるため電流 i は減少に転じる。最終的にコイルの磁気エネルギーが零になり電流 i も 0 A になる。この時点でコンデンサは反対向きに充電される（図 16-2 参照）。

この後，反対向きに充電されたコンデンサの放電が起こり，負の向きの電流が流れる。電流は先の変化と同様にコンデンサを放電し，再び反対向き（最初の向き）に充電し，$t=0$[s] の時点と同じ状態に戻る。

ここまでを 1 サイクルとして，電流 i は以後同様の変化を繰り返し，振動電流となる。以上の説明に合う電流 i の波形は選択肢（1）である。

【別解】　コイルの誘導起電力のために $t=0$ では $i=0$ であることから，選択肢（1）と（4）以外は誤り。その後コンデンサの電圧により，電流は正の向きに流れるので，選択肢（1）が正解。

解説

別解でも正解に至るが，やはり解答で説明した一連の現象を理解することが肝要である。実際の電流を求めるには電荷についての微分方程式を解くことになるが，この方法で求めた電流は，共振周波数で振動する正弦波交流になることがわかっている。

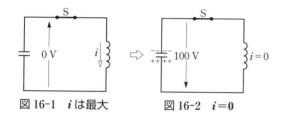

図 16-1　i は最大　　図 16-2　$i=0$

問 16（b）の解答　出題項目＜LC 直列回路＞　答え　（4）

振動電流の最大値を I_M とする。I_M はコンデンサの静電エネルギー W_C[J] がすべてコイルの磁気エネルギー W_L[J] となった瞬間の電流である。コンデンサの初期電圧を V[V] とすると，

$$W_C=\frac{1}{2}CV^2=W_L=\frac{1}{2}LI_M{}^2$$

$$I_M=\sqrt{\frac{C}{L}}\,V=\sqrt{\frac{300\times10^{-6}}{30\times10^{-3}}}\times100=10[\text{A}]$$

次に周期 T を求める。電流は正弦波なので，電流の実効値を $\dot{I}$ とした回路を図 16-3 に示す。回路には交流起電力がないので，電流の角周波数を ω とするとオームの法則から，

$$\dot{I}\left(\mathrm{j}\omega L+\frac{1}{\mathrm{j}\omega C}\right)=0$$

$$\omega L-\frac{1}{\omega C}=0$$

$$\frac{1}{\omega}=\sqrt{LC}$$

$$T=\frac{2\pi}{\omega}=2\pi\sqrt{LC}$$
$$=2\pi\sqrt{30\times10^{-3}\times300\times10^{-6}}\fallingdotseq18.8[\text{ms}]$$

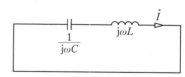

図 16-3　電流の実効値と回路

解説

コンデンサとコイルは電流を介して，静電エネルギーと磁気エネルギーの交換を繰り返している。抵抗がないためエネルギーは減少せず，電流は計算で求めた周期で振動する。

Point　振動電流の計算は $W_C=W_L$ を用いる。

令和
4
(2022)

令和
3
(2021)

令和
2
(2020)

令和
元
(2019)

平成
30
(2018)

平成
29
(2017)

平成
28
(2016)

平成
27
(2015)

平成
26
(2014)

平成
25
(2013)

平成
24
(2012)

平成
23
(2011)

平成
22
(2010)

平成
21
(2009)

平成
20
(2008)

　問 17 及び問 18 は選択問題です。問 17 又は問 18 のどちらかを選んで解答してください。（両方解答すると採点されませんので注意してください。）

（選択問題）

問17　　出題分野＜電気計測＞　　　　　　　難易度 ★★★　重要度 ★★★

電力計について，次の（a）及び（b）の問に答えよ。

（a）　次の文章は，電力計の原理に関する記述である。

　図1に示す電力計は，固定コイル F1，F2 に流れる負荷電流 i[A] による磁界の強さと，可動コイル M に流れる電流 i_M[A] の積に比例したトルクが可動コイルに生じる。したがって，指針の振れ角 θ は　(ア)　に比例する。

　このような形の計器は，一般に　(イ)　計器といわれ，　(ウ)　の測定に使用される。

　負荷 $\dot{Z}$[Ω] が誘導性の場合，電圧 $\dot{V}$[V] のベクトルを基準に負荷電流 $\dot{I}$[A] のベクトルを描くと，図2 に示すベクトル①，②，③のうち　(エ)　のように表される。ただし，φ[rad] は位相角である。

　上記の記述中の空白箇所(ア)，(イ)，(ウ)及び(エ)に当てはまる組合せとして，正しいものを次の（1）〜（5）のうちから一つ選べ。

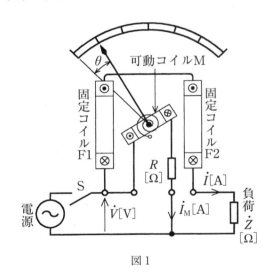

図1

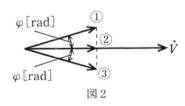

図2

	（ア）	（イ）	（ウ）	（エ）
（1）	負荷電力	電流力計形	交　流	③
（2）	電力量	可動コイル形	直　流	②
（3）	負荷電力	誘導形	交流直流両方	①
（4）	電力量	可動コイル形	交流直流両方	②
（5）	負荷電力	電流力計形	交流直流両方	③

（次々頁に続く）

問17（a）の解答　　出題項目＜電力計＞　　答え　(5)

問題図1に示す電力計は，固定コイルF1，F2に流れる負荷電流 $\dot{I}$[A]による磁界の強さと，可動コイルMに流れる電流 $\dot{I}_M$[A]の積に比例したトルクが可動コイルに生じる。したがって，指針の振れ角 θ は**負荷電力**に比例する。このような形の計器は，一般に**電流力計形計器**といわれ，**交流直流両方**の測定に使用される。

負荷 $\dot{Z}$[Ω]が誘導性の場合，電圧 $\dot{V}$[V]のベクトルを基準とした負荷電流 $\dot{I}$[A]のベクトルは問題図2のうち③のように表される。ただし φ[rad]は位相角である。

解説

可動コイルMに，負荷電圧 V[V]に比例した電流 $i_M=\sqrt{2}I_M\sin(\omega t)$[A]が流れ，固定コイルF1，F2には，負荷電圧に対して位相が φ 遅れた負荷電流 $i=\sqrt{2}I\sin(\omega t-\varphi)$[A]が流れている場合，可動コイルには**二つの電流の瞬時値の積**（$i_M i$）**の平均値** $\overline{i_M i}$ に比例した駆動トルクが生じる。ただし，I_M，I，V は実効値を，i_M，i は瞬時値を表している。

一方，指針に取り付けられたバネによる制御トルクは振れ角 θ に比例するので，指針は駆動トルクと制御トルクが等しくなる振れ角 θ で静止する。このため，振れ角 θ は駆動トルクに比例することになり，指針は駆動トルクに比例した量，すなわち負荷電力に比例した値を示す。

また，負荷 $\dot{Z}$[Ω]が誘導性の場合，電圧ベクトル $\dot{V}$[V]を基準とした負荷電流 $\dot{I}$[A]は位相角 φ 遅れるので，ベクトル図は**図17-1**のようになる。

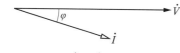

図17-1　$\dot{V}$ と $\dot{I}$ のベクトル図

補足　駆動トルク T_D が負荷電力に比例することを確認しよう。比例定数を k とすると，
$$T_D=k\overline{i_M i}$$
$\overline{i_M i}$ を求めるために $i_M i$ を計算する。

$$i_M i=\sqrt{2}I_M\sin(\omega t)\sqrt{2}I\sin(\omega t-\varphi)$$
$$=2I_M I\sin(\omega t)\sin(\omega t-\varphi)　　①$$

三角関数の公式(sin の積を cos の和で表す方法参照)を用いて cos の和で表すと，
$$=I_M I\{\cos(\omega t-\omega t+\varphi)-\cos(\omega t+\omega t-\varphi)\}　②$$
$$=I_M I\{\cos(\varphi)-\cos(2\omega t-\varphi)\}　③$$

③式{ }内の第1項は時間に対して不変なので平均値と同値になり，第2項 $\cos(2\omega t-\varphi)$ は平均すると零(正弦波の平均値は零)となるので，
$$\overline{i_M i}=I_M I\cos\varphi$$

ゆえに，駆動トルク T_D は，
$$T_D=k\overline{i_M i}=kI_M I\cos\varphi$$

I_M は負荷電圧 V に比例しているので，$kI_M=k'V$ とすれば，
$$T_D=k\overline{i_M i}=k'VI\cos\varphi=kP$$

$P=VI\cos\varphi$ は負荷電力を表しているので，駆動トルクは負荷電力に比例することがわかる。

＊sin の積を cos の和で表す方法
加法定理から，
$$\cos(A-B)=\cos A\cos B+\sin A\sin B$$
$$\cos(A+B)=\cos A\cos B-\sin A\sin B$$
$$\cos(A-B)-\cos(A+B)=2\sin A\sin B　④$$
$A=\omega t$，$B=\omega t-\varphi$ を④式へ代入すれば①式から②式への式変形ができる。

＊正弦波の平均値は零
図17-2のように，$\cos(2\omega t-\varphi)$ は正弦波なので，時間軸の上部(正)と下部(負)の面積が等しい。平均とは一周期についての面積の和を周期で割ったものなので，平均値は零となる。

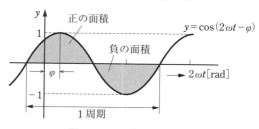

図17-2　正弦波の平均値

（続き）

（b）　次の文章は，図1で示した単相電力計を2個使用し，三相電力を測定する2電力計法の理論に関する記述である。

　図3のように，誘導性負荷 $\dot{Z}$ を3個接続した平衡三相負荷回路に対称三相交流電源が接続されている。ここで，線間電圧を $\dot{V}_{ab}$[V]，$\dot{V}_{bc}$[V]，$\dot{V}_{ca}$[V]，負荷の相電圧を $\dot{V}_a$[V]，$\dot{V}_b$[V]，$\dot{V}_c$[V]，線電流を $\dot{I}_a$[A]，$\dot{I}_b$[A]，$\dot{I}_c$[A]で示す。

　この回路で，図のように単相電力計 W_1 と W_2 を接続すれば，平衡三相負荷の電力が，2個の単相電力計の指示の和として求めることができる。

　単相電力計 W_1 の電圧コイルに加わる電圧 $\dot{V}_{ac}$ は，図4のベクトル図から $\dot{V}_{ac}=\dot{V}_a-\dot{V}_c$ となる。また，単相電力計 W_2 の電圧コイルに加わる電圧 $\dot{V}_{bc}$ は $\dot{V}_{bc}=$ （オ） となる。

　それぞれの電流コイルに流れる電流 $\dot{I}_a$，$\dot{I}_b$ と電圧の関係は図4のようになる。図4における ϕ[rad] は相電圧と線電流の位相角である。

　線間電圧の大きさを $V_{ab}=V_{bc}=V_{ca}=V$[V]，線電流の大きさを $I_a=I_b=I_c=I$[A]とおくと，単相電力計 W_1 及び W_2 の指示をそれぞれ P_1[W]，P_2[W]とすれば，

$$P_1=V_{ac}I_a\cos(\boxed{（カ）})[W]$$
$$P_2=V_{bc}I_b\cos(\boxed{（キ）})[W]$$

したがって，P_1 と P_2 の和 P[W]は，

$$P=P_1+P_2=VI(\boxed{（ク）})\cos\phi=\sqrt{3}\,VI\cos\phi[W]$$

となるので，2個の単相電力計の指示の和は三相電力に等しくなる。

　上記の記述中の空白箇所（オ），（カ），（キ）及び（ク）に当てはまる組合せとして，正しいものを次の（1）～（5）のうちから一つ選べ。

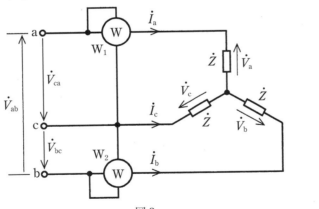

図3

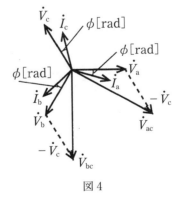

図4

	（オ）	（カ）	（キ）	（ク）
（1）	$\dot{V}_b-\dot{V}_c$	$\dfrac{\pi}{6}-\phi$	$\dfrac{\pi}{6}+\phi$	$2\cos\dfrac{\pi}{6}$
（2）	$\dot{V}_c-\dot{V}_b$	$\phi-\dfrac{\pi}{6}$	$\phi+\dfrac{\pi}{6}$	$2\sin\dfrac{\pi}{6}$
（3）	$\dot{V}_b-\dot{V}_c$	$\dfrac{\pi}{6}-\phi$	$\dfrac{\pi}{6}+\phi$	$2\cos\dfrac{\pi}{3}$
（4）	$\dot{V}_b-\dot{V}_c$	$\dfrac{\pi}{3}-\phi$	$\dfrac{\pi}{3}+\phi$	$2\cos\dfrac{\pi}{6}$
（5）	$\dot{V}_c-\dot{V}_b$	$\dfrac{\pi}{3}-\phi$	$\dfrac{\pi}{3}+\phi$	$2\sin\dfrac{\pi}{3}$

問 17 (b) の解答　出題項目＜電力計＞　　　　答え　(1)

問題図3の単相電力計 W_2 の電圧コイルに加わる電圧 $\dot{V}_{bc}$ は，問題図4から，$\dot{V}_{bc} = \underline{\dot{V}_b - \dot{V}_c}$ となる。単相電力計 W_1 および W_2 の指示をそれぞれ P_1[W]，P_2[W] とすれば**図17-3**より，

$$P_1 = V_{ac}I_a \cos\left(\frac{\pi}{6} - \phi\right)[\text{W}]$$

$$P_2 = V_{bc}I_b \cos\left(\frac{\pi}{6} + \phi\right)[\text{W}]$$

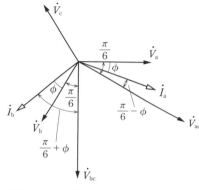

図17-3　各電圧，電流のベクトル図

したがって，P_1 と P_2 の和 $P = P_1 + P_2$ は，

$$P = V_{ac}I_a \cos\left(\frac{\pi}{6} - \phi\right) + V_{bc}I_b \cos\left(\frac{\pi}{6} + \phi\right)$$

$V_{ac} = V_{bc} = V$，$I_a = I_b = I$ なので，

$$P = VI\left\{\cos\left(\frac{\pi}{6} - \phi\right) + \cos\left(\frac{\pi}{6} + \phi\right)\right\}$$

加法定理（前問 **補足** 参照）より，

$$P = VI\left(\cos\frac{\pi}{6}\cos\phi + \sin\frac{\pi}{6}\sin\phi\right.$$
$$\left. + \cos\frac{\pi}{6}\cos\phi - \sin\frac{\pi}{6}\sin\phi\right)$$
$$= VI\left(\mathbf{2\cos\frac{\pi}{6}}\right)\cos\phi = \sqrt{3}\,VI\cos\phi\,[\text{W}]$$

解説 ....

二つの電力計の和は三相電力を表しているが，一般に W_1 および W_2 の指示は異なった値を示す。二つの電力計の指示が一致するのは $\phi = 0$（力率1）の場合であり，

$$P_1 = V_{ac}I_a \cos\left(\frac{\pi}{6}\right) = \frac{\sqrt{3}\,V_{ac}I_a}{2}[\text{W}]$$

$$P_2 = V_{bc}I_b \cos\left(\frac{\pi}{6}\right) = \frac{\sqrt{3}\,V_{bc}I_b}{2}[\text{W}]$$

$V_{ac}I_a = V_{bc}I_b$ なので，$P_1 = P_2$。
また，$\phi = \pi/3$ では W_2 の指示は0になる。

$$P_2 = V_{bc}I_b \cos\left(\frac{\pi}{6} + \frac{\pi}{3}\right) = V_{bc}I_b \cos\frac{\pi}{2} = 0$$

さらに，$\phi > \pi/3$ では V_{bc} と I_b の位相差が $\pi/2$ を越えるので，W_2 の指針は逆に振れる。

補足　図**17-4** のように平衡三相負荷に単相電力計を接続したとき，電力計の指示は三相無効電力の $1/\sqrt{3}$ 倍を示す。

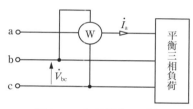

図17-4　無効電力の測定

電力計の指示 Q は**図17-5**のベクトル図より，

$$Q = V_{bc}I_a \cos\left(\frac{\pi}{2} - \phi\right)$$
$$= VI\left(\cos\frac{\pi}{2}\cos\phi + \sin\frac{\pi}{2}\sin\phi\right) = VI\sin\phi$$

三相無効電力は $\sqrt{3}\,VI\sin\phi$ なので，Q は三相無効電力の $1/\sqrt{3}$ 倍であることがわかる。

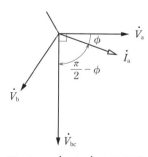

図17-5　$\dot{V}_{bc}$ と $\dot{I}_a$ の位相差

令和
4
(2022)

令和
3
(2021)

令和
2
(2020)

令和
元
(2019)

平成
30
(2018)

平成
29
(2017)

平成
28
(2016)

平成
27
(2015)

平成
26
(2014)

平成
25
(2013)

平成
24
(2012)

平成
23
(2011)

平成
22
(2010)

平成
21
(2009)

平成
20
(2008)

（選択問題）

問18 出題分野＜電子回路＞ 難易度 ★★★ 重要度 ★★★

図1のトランジスタによる小信号増幅回路について，次の（a）及び（b）の問に答えよ。

ただし，各抵抗は，$R_A = 100\,[\mathrm{k\Omega}]$，$R_B = 600\,[\mathrm{k\Omega}]$，$R_C = 5\,[\mathrm{k\Omega}]$，$R_D = 1\,[\mathrm{k\Omega}]$，$R_0 = 200\,[\mathrm{k\Omega}]$である。$C_1$，$C_2$は結合コンデンサで，$C_3$はバイパスコンデンサである。また，$V_{CC} = 12\,[\mathrm{V}]$は直流電源電圧，$V_{be} = 0.6\,[\mathrm{V}]$はベース-エミッタ間の直流電圧とし，$v_i\,[\mathrm{V}]$は入力小信号電圧，$v_o\,[\mathrm{V}]$は出力小信号電圧とする。

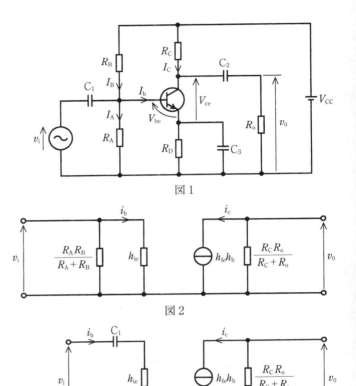

図1

図2

図3

（a）　小信号増幅回路の直流ベース電流 $I_b\,[\mathrm{A}]$ が抵抗 R_A，R_C の直流電流 I_A $[\mathrm{A}]$ や $I_C\,[\mathrm{A}]$ に比べて十分に小さいものとしたとき，コレクタ-エミッタ間の直流電圧 $V_{ce}\,[\mathrm{V}]$ の値として，最も近いものを次の（1）～（5）のうちから一つ選べ。

（1）　1.1　　　（2）　1.7
（3）　4.5　　　（4）　5.3
（5）　6.4

（b）　小信号増幅回路の交流等価回路は，結合コンデンサ及びバイパスコンデンサのインピーダンスを無視することができる周波数において，一般に，図2の簡易等価回路で表される。

　　ここで，$i_b\,[\mathrm{A}]$はベースの信号電流，$i_c\,[\mathrm{A}]$はコレクタの信号電流で，この回路の電圧増幅度 A_{v0} は下式となる。

$$A_{v0} = \left|\frac{v_o}{v_i}\right| = \frac{h_{fe}}{h_{ie}} \cdot \frac{R_C R_o}{R_C + R_o} \quad\cdots\cdots\cdots\cdots\cdots\cdots\cdots\cdots\cdots\cdots\cdots\cdots\cdots ①$$

　　また，コンデンサ C_1 のインピーダンスの影響を考慮するための等価回路を図3に示す。

　　このとき，入力小信号電圧のある周波数において，図3を用いて得られた電圧増幅度が①式で示す電圧増幅度の $\dfrac{1}{\sqrt{2}}$ となった。この周波数[Hz]の大きさとして，最も近いものを次の（1）～（5）のうちから一つ選べ。

　　ただし，エミッタ接地の小信号電流増幅率 $h_{fe} = 120$，入力インピーダンス $h_{ie} = 3 \times 10^3\,[\Omega]$，コンデンサ C_1 の静電容量 $C_1 = 10\,[\mathrm{\mu F}]$ とする。

（1）　1.2　　　（2）　1.6　　　（3）　2.1　　　（4）　5.3　　　（5）　7.9

令和
4
(2022)

令和
3
(2021)

令和
2
(2020)

令和元
(2019)

平成
30
(2018)

平成
29
(2017)

平成
28
(2016)

平成
27
(2015)

平成
26
(2014)

平成
25
(2013)

平成
24
(2012)

平成
23
(2011)

平成
22
(2010)

平成
21
(2009)

平成
20
(2008)

問 18 （a）の解答　　出題項目＜トランジスタ増幅回路＞　　　　答え　（4）

直流ベース電流 I_b が抵抗 R_A, R_B を流れる電流に比べて十分小さい場合，$I_A = I_B$ とみなせるのでベースの電圧 V_B は一定となる。また，I_C に対しても十分小さい場合，エミッタ電流 $I_E (I_b + I_C)$ は I_C と等しい。以下，**図 18-1** を参照。

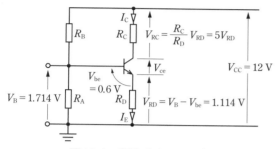

図 18-1　直流バイアス回路

$$V_B = \frac{R_A V_{CC}}{R_A + R_B} = \frac{100[\text{k}\Omega] \times 12}{100[\text{k}\Omega] + 600[\text{k}\Omega]} \fallingdotseq 1.714[\text{V}]$$

R_D の端子電圧 V_{RD} は，

$$V_{RD} = V_B - V_{be} = 1.714 - 0.6 = 1.114[\text{V}]$$

エミッタ電流は I_C と等しいので，R_C の端子電圧 V_{RC} は，V_{RD} の $R_C / R_D = 5$ 倍になる。

$$V_{RC} = 5 V_{RD} = 5 \times 1.114 = 5.570[\text{V}]$$

また，$V_{RC} + V_{ce} + V_{RD} = V_{CC}$ なので，

$$V_{ce} = V_{CC} - V_{RC} - V_{RD} = 12 - 5.570 - 1.114$$
$$= 5.316[\text{V}] \quad \rightarrow \quad 5.3 \text{ V}$$

解　説

直流回路の計算になるためコンデンサは不要となり，図 18-1 の回路を用いる。条件「直流ベース電流 I_b が抵抗 R_A, R_B を流れる直流電流 I_A や I_C に比べて十分小さい」は重要である。この条件の下で，①ベースの電圧 V_B は一定，②エミッタ電流と I_C は等しいとして，各種計算を行うことができる。

問 18 （b）の解答　　出題項目＜トランジスタ増幅回路＞　　　　答え　（4）

問題図 2 の出力側の抵抗を R_L とすると，

$$R_L = \frac{R_C R_o}{R_C + R_o}, \quad A_{V0} = \frac{h_{fe} R_L}{h_{ie}}$$

次に，コンデンサ C_1 のインピーダンスを考慮した場合の電圧増幅度 A_{V0}' を求める。**図 18-2** において，Z_i はコンデンサを含めた入力インピーダンスである。図より i_b, i_c, v_o, A_{V0}' を順次計算していく。

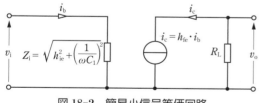

図 18-2　簡易小信号等価回路

$$i_b = \frac{v_i}{Z_i}, \quad i_c = h_{fe} i_b = \frac{h_{fe} v_i}{Z_i}$$

$$v_o = -i_c R_L = -\frac{h_{fe} v_i R_L}{Z_i}$$

$$A_{V0}' = \left| \frac{v_o}{v_i} \right| = \frac{h_{fe} R_L}{Z_i} \qquad ①$$

$A_{V0}' = A_{V0} / \sqrt{2}$ となる入力小信号電圧の周波数を $f[\text{Hz}]$（$\omega = 2\pi f$）とすると，

$$\frac{h_{fe} R_L}{Z_i} = \frac{h_{fe} R_L}{\sqrt{2} h_{ie}}$$

$$Z_i = \sqrt{2} h_{ie}$$

$$\sqrt{h_{ie}^2 + \left(\frac{1}{\omega C_1} \right)^2} = \sqrt{2} h_{ie}$$

$$\omega C_1 = \frac{1}{h_{ie}}$$

$$f = \frac{1}{2\pi C_1 h_{ie}} = \frac{1}{2\pi \times 10 \times 10^{-6} \times 3 \times 10^3}$$
$$\fallingdotseq 5.305[\text{Hz}] \quad \rightarrow \quad 5.3 \text{ Hz}$$

解　説

小信号交流等価回路を用いることで，単なる電気回路の問題となる。周波数 f の変化では，①式の入力インピーダンスの大きさのみが変化し他は変化しない。したがって，電圧増幅度低下の原因は，Z_1 の増加による i_b の減少にあることがわかる。

（類題：平成 21 年度問 18）

理　論 平成 22 年度（2010 年度）

問 1　　出題分野＜静電気＞　　　　　難易度 ★★★　重要度 ★★★

　真空中において，図のように点 A に正電荷 $+4Q$[C]，点 B に負電荷 $-Q$[C]の点電荷が配置されている。この 2 点を通る直線上で電位が 0[V]になる点を点 P とする。点 P の位置を示すものとして，正しいものを組み合わせたのは次のうちどれか。なお，無限遠の点は除く。

　ただし，点 A と点 B 間の距離を l[m]とする。また，点 A より左側の領域を a 領域，点 A と点 B の間の領域を ab 領域，点 B より右側の領域を b 領域とし，真空の誘電率を ε_0[F/m]とする。

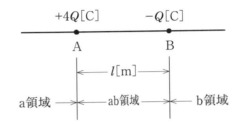

	a 領域	ab 領域	b 領域
（1）	点 A より左 $\frac{l}{3}$ [m]の点	この領域には存在しない	点 B より右 l[m]の点
（2）	この領域には存在しない	点 A より右 $\frac{4l}{5}$ [m]の点	点 B より右 $\frac{l}{3}$ [m]の点
（3）	この領域には存在しない	この領域には存在しない	点 B より右 l[m]の点
（4）	点 A より左 $\frac{l}{3}$ [m]の点	点 A より右 $\frac{4l}{5}$ [m]の点	点 B より右 $\frac{l}{3}$ [m]の点
（5）	この領域には存在しない	点 A より右 $\frac{4l}{5}$ [m]の点	点 B より右 l[m]の点

令和
4
(2022)

令和
3
(2021)

令和
2
(2020)

令和
元
(2019)

平成
30
(2018)

平成
29
(2017)

平成
28
(2016)

平成
27
(2015)

平成
26
(2014)

平成
25
(2013)

平成
24
(2012)

平成
23
(2011)

平成
22
(2010)

平成
21
(2009)

平成
20
(2008)

問 1 の解答　　出題項目＜点電荷による電位・電界＞　　　　　答え　（2）

点 A から r[m] 離れた点 P に，点 A，点 B の点電荷が作る電位を V_A[V]，V_B[V] とする。図 1-1 のように，点 P の電位 V_P[V] を三つの領域で考える。ただし，$\dfrac{1}{4\pi\varepsilon_0}=k$ とする。

① a 領域（$0<r$）

$$V_P=V_A+V_B=k\frac{4Q}{r}-k\frac{Q}{r+l}=0$$

$$4(r+l)=r$$

$$r=\frac{-4l}{3}<0$$

r の条件（$0<r$）を満たさないので，この領域には電位が零となる点 P は存在しない。

② ab 領域（$0<r<l$）

$$V_P=V_A+V_B=k\frac{4Q}{r}-k\frac{Q}{l-r}=0$$

$$4(l-r)=r$$

$$r=\frac{4l}{5}$$

$0<r<l$ を満たしているので，点 P は点 A より右 $\dfrac{4l}{5}$[m] に存在する。

③ b 領域（$l<r$）

$$V_P=V_A+V_B=k\frac{4Q}{r}-k\frac{Q}{r-l}=0$$

$$4(r-l)=r$$

$$r=\frac{4l}{3}$$

$l<r$ を満たしているので，点 P は点 A より右 $\dfrac{4l}{3}$[m] に存在する。つまり点 B から右 $r-l=\dfrac{l}{3}$[m] に存在する。

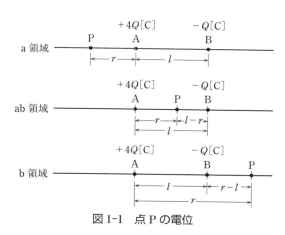

図 1-1　点 P の電位

解説 ‥‥‥‥‥‥‥‥‥‥‥‥‥‥‥

電位はスカラ量なので，複数の電荷が点 P に作る電位はそれぞれの電荷が点 P に作る電位の総和になる。解答のように点 A からの距離を r[m] とした場合，三つの領域で **r が満たす条件** が異なるので要注意。一般に，問題を場合分けして考えるときは，場合分けの条件が重要になる。方程式の解がその条件を満たさなければ，問題の解にはなりえない。

問2　出題分野＜静電気＞

難易度 ★★★　　重要度 ★★★

　図に示すように，電極板面積と電極板間隔がそれぞれ同一の2種類の平行平板コンデンサがあり，一方を空気コンデンサA，他方を固体誘電体(比誘電率 $\varepsilon_r = 4$)が満たされたコンデンサBとする。両コンデンサにおいて，それぞれ一方の電極に直流電圧 V[V]を加え，他方の電極を接地したとき，コンデンサBの内部電界[V/m]及び電極板上に蓄えられた電荷[C]はコンデンサAのそれぞれ何倍となるか。その倍率として，正しいものを組み合わせたのは次のうちどれか。

　ただし，空気の比誘電率を1とし，コンデンサの端効果は無視できるものとする。

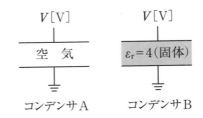

	内部電界	電荷
(1)	1	4
(2)	4	4
(3)	$\dfrac{1}{4}$	4
(4)	4	1
(5)	1	1

問2の解答　　出題項目＜平行板コンデンサ＞　　　　答え　（1）

コンデンサの電極板間隔を d[m]，電極板面積を A[m^2]とすると，コンデンサ A，B の内部電界 E_A，E_B は，

$$E_A = \frac{V}{d} [\text{V/m}], \quad E_B = \frac{V}{d} [\text{V/m}]$$

したがって，$\dfrac{E_B}{E_A} = 1$ となる。

真空の誘電率を ε_0 とすると，コンデンサ A，B の電極板間の電束密度 D_A，D_B は，

$$D_A = \varepsilon_0 E_A [\text{C/m}^2]$$
$$D_B = 4\varepsilon_0 E_B [\text{C/m}^2]$$

電束密度と電極板上の電荷密度は等しいので，コンデンサ A，B に蓄えられた電荷 Q_A，Q_B は，

$$Q_A = D_A A = \varepsilon_0 E_A A [\text{C}]$$

$$Q_B = D_B A = 4\varepsilon_0 E_B A [\text{C}]$$

したがって，

$$\frac{Q_B}{Q_A} = \frac{4\varepsilon_0 E_B A}{\varepsilon_0 E_A A} = \frac{4E_B}{E_A} = 4$$

【別解】 電界は解答と同じ。コンデンサ B の静電容量は A の4倍である。電極板間の電圧が同じなので，B に蓄えられる電荷は A の4倍。

解説

電極板間の比誘電率のみが異なるコンデンサでは，静電容量は比誘電率に比例する。このため，電極板間の電圧が等しければ電荷は比誘電率に比例する。これは，電極板間の電束密度が比誘電率に比例することと同意である。

（類題：平成 21 年度問 1）

問3　出題分野＜電磁気＞　難易度 ★★★　重要度 ★★★

　紙面に平行な水平面内において，0.6[m]の間隔で張られた2本の直線状の平行導線に10[Ω]の抵抗が接続されている。この平行導線に垂直に，図に示すように，直線状の導体棒PQを渡し，紙面の裏側から表側に向かって磁束密度 $B = 6 \times 10^{-2}$[T]の一様な磁界をかける。ここで，導体棒PQを磁界と導体棒に共に垂直な矢印の方向に一定の速さ $v = 4$[m/s]で平行導線上を移動させているときに，10[Ω]の抵抗に流れる電流 I[A]の値として，正しいのは次のうちどれか。

　ただし，電流の向きは図に示す矢印の向きを正とする。また，導線及び導体棒PQの抵抗，並びに導線と導体棒との接触抵抗は無視できるものとする。

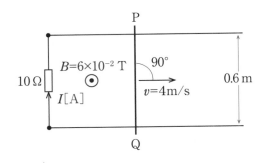

（1）　−0.0278　　　（2）　−0.0134　　　（3）　−0.0072　　　（4）　0.0144　　　（5）　0.0288

問4　出題分野＜電磁気＞　難易度 ★☆☆　重要度 ★★★

　図に示すように，直線導体A及びBが y 方向に平行に配置され，両導体に同じ大きさの電流 I が共に $+y$ 方向に流れているとする。このとき，各導体に加わる力の方向について，正しいものを組み合わせたのは次のうちどれか。

　なお，xyz 座標の定義は，破線の枠内の図で示したとおりとする。

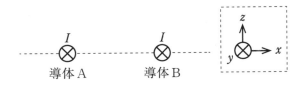

	導体A	導体B
（1）	$+x$ 方向	$+x$ 方向
（2）	$+x$ 方向	$-x$ 方向
（3）	$-x$ 方向	$+x$ 方向
（4）	$-x$ 方向	$-x$ 方向
（5）	どちらの導体にも力は働かない。	

問 3 の解答　　出題項目＜誘導起電力＞

図 3-1 において，長さ l[m] の導体棒 PQ に誘導される起電力 e は，導体棒と移動方向のなす角を θ[rad] とすれば，

$$e = Blv\sin\theta = 6 \times 10^{-2} \times 0.6 \times 4 \times 1 = 0.144[\text{V}]$$

したがって，回路に流れる電流 I は，

$$I = \frac{0.144}{10} = 0.0144[\text{A}]$$

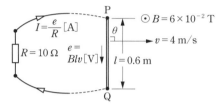

図 3-1　導体棒の起電力と電気回路

解説・・・・・・・・・・・・・・・・・・・・・・・・・・・・・

導体棒が磁束を切って移動する際生じる起電力は次のように説明できる。図 3-2 において，導体棒中の電子は導体棒の移動に伴い移動するが，電子の移動は電流と同じなので，電子にはフレミングの左手の法則に従い導体棒の下から上向きに電磁力が働く。この力は，導体棒に上から下向きに電界（起電力）が生じた結果と考えることができる。

また，図 3-3 のように，導体棒 PQ が Δt[s] 間に Δd[m] 移動したとすると，長方形 APQB 内の鎖交磁束は面積 $l\Delta d$ を貫く磁束 $\Delta\Phi$[Wb] だけ増加する。したがって，ループ中の導体棒 PQ に誘導される起電力 e は電磁誘導の法則より，

$$e = \frac{\Delta\Phi}{\Delta t} = \frac{Bl\Delta d}{\Delta t} = Blv, \quad \left(\frac{\Delta d}{\Delta t} = v\right)$$

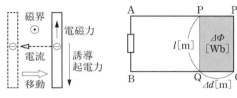

図 3-2　電子に働く力　　図 3-3　鎖交磁束の変化

問 4 の解答　　出題項目＜電磁力＞

図 4-1 のように，導体 B が作る磁界により導体 A に働く電磁力 F_A の方向は，フレミングの左手の法則から $+x$ 方向である。

また図 4-2 のように，導体 A が作る磁界により導体 B に働く電磁力 F_B の方向は，フレミングの左手の法則から $-x$ 方向である。

解説・・・・・・・・・・・・・・・・・・・・・・・・・・・・・

二つの平行直線導体に働く力の方向は，電流が同方向の場合は互いに引き合う方向，電流が反対方向の場合は互いに離れる方向になる。

補足　各導体に働く電磁力の大きさを考えよう。図 4-2 のように，真空中に平行に配置された直線導体 A，B の電流を I_A[A]，I_B[A]，導体間の距離を d[m] とする。導体 B の位置における導体 A が作る磁束密度 B_A は，

$$B_A = \frac{\mu_0 I_A}{2\pi d}[\text{T}]$$

導体 B に働く単位長さ当たりの力の大きさ F_B は，

$$F_B = B_A I_B = \frac{\mu_0 I_A I_B}{2\pi d}[\text{N/m}]$$

同様な計算から $F_A = F_B$ が成り立つ。

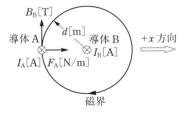

図 4-1　導体 A に働く力

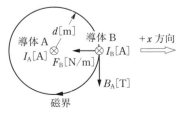

図 4-2　導体 B に働く力

問5　出題分野＜直流回路＞　難易度 ★★★　重要度 ★★★

　図の直流回路において，12[Ω]の抵抗の消費電力が27[W]である。このとき，抵抗 R[Ω]の値として，正しいのは次のうちどれか。

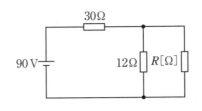

| （1） | 4.5 | （2） | 7.5 | （3） | 8.6 | （4） | 12 | （5） | 20 |

問6　出題分野＜直流回路＞　難易度 ★★☆　重要度 ★★★

　図1の直流回路において，端子 a–c 間に直流電圧100[V]を加えたところ，端子 b–c 間の電圧は20[V]であった。また，図2のように端子 b–c 間に150[Ω]の抵抗を並列に追加したとき，端子 b–c 間の端子電圧は15[V]であった。いま，図3のように端子 b–c 間を短絡したとき，電流 I[A]の値として，正しいのは次のうちどれか。

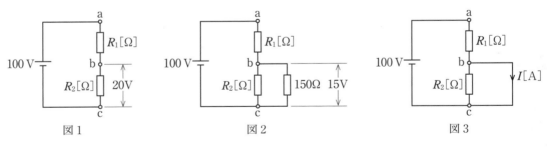

図1　　　　　　　　　　図2　　　　　　　　　　図3

| （1） | 0 | （2） | 0.10 | （3） | 0.32 | （4） | 0.40 | （5） | 0.67 |

問5の解答　　出題項目＜抵抗直並列回路＞　　　　　　　　答え　（5）

図5-1 のように，抵抗 $30\,\Omega$，$12\,\Omega$，$R[\Omega]$ を流れる電流を I_1，I_2，I_3 とし，$30\,\Omega$，$12\,\Omega$ の端子電圧を V_{30}，V_{12} とする。$12\,\Omega$ の抵抗の消費電力が $27\,\mathrm{W}$ なので，

$$27=\frac{V_{12}{}^2}{12}$$

$$V_{12}=\sqrt{27\times12}=18[\mathrm{V}]$$

$$I_2=\frac{V_{12}}{12}=\frac{18}{12}=1.5[\mathrm{A}]$$

$$V_{30}=90-V_{12}=90-18=72[\mathrm{V}]$$

$$I_1=\frac{V_{30}}{30}=\frac{72}{30}=2.4[\mathrm{A}]$$

ゆえに I_3 は，

$$I_3=I_1-I_2=2.4-1.5=0.9[\mathrm{A}]$$

$V_{12}=I_3R$ なので，

$$R=\frac{V_{12}}{I_3}=\frac{18}{0.9}=20[\Omega]$$

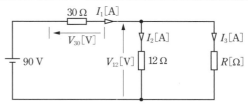

図5-1　各抵抗の端子電圧と電流

解説

抵抗 $12\,\Omega$ の消費電力から V_{12} と I_2 が特定できるので，解答の糸口となる。これより抵抗 $30\,\Omega$ の端子電圧 V_{30} と電流 I_1 が求められる。その後解答では I_3 を求めて R を計算しているが，I_2 は I_1 の分流なので，次のように解くこともできる。

$$I_2=\frac{R}{12+R}I_1$$

$I_1=2.4[\mathrm{A}]$，$I_2=1.5[\mathrm{A}]$ を代入して，

$$R=\frac{12\times1.5}{0.9}=20[\Omega]$$

問6の解答　　出題項目＜抵抗直列回路，抵抗直並列回路＞　　答え　（4）

問題図1から，抵抗 R_1 の端子電圧は $80\,\mathrm{V}$ である。抵抗の直列回路において，各抵抗の分圧は抵抗値に比例するので，

$$R_1:R_2=80:20\quad\rightarrow\quad R_1=4R_2$$

図6-1 において，端子 b–c 間の合成抵抗 R_{bc} は，

$$R_{\mathrm{bc}}=\frac{150R_2}{150+R_2}[\Omega]$$

端子 a–b 間の電圧は $85\,\mathrm{V}$ なので，

$$4R_2:R_{\mathrm{bc}}=85:15=17:3$$

$$4R_2:\frac{150R_2}{150+R_2}=17:3$$

比を整理して，

$$2:\frac{25}{150+R_2}=17:1$$

上式から R_2 を求め，さらに R_1 を求めると，

$$17\times25=2\times(150+R_2)$$

$$R_2=62.5[\Omega]\,,\quad R_1=4\times62.5=250[\Omega]$$

問題図3において短絡電流 I は，

$$I=\frac{100}{250}=0.40[\mathrm{A}]$$

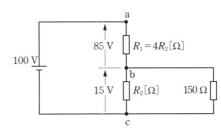

図6-1　$R_1=4R_2$ とした回路

解説

問題図3より，短絡電流 I を求めるには R_1 の値が必要となる。そのための手順として，問題図1と問題図2から R_1 と R_2 に関する方程式を立て，その連立方程式を解くことで R_1 を求める。

方程式の立式において，直列回路の各抵抗の分圧比は抵抗値の比に等しいという関係を用いたが，電流を介して各抵抗の電圧を求めてもよい。また，比の計算式に慣れておきたい。

令和 4 (2022)
令和 3 (2021)
令和 2 (2020)
令和 元 (2019)
平成 30 (2018)
平成 29 (2017)
平成 28 (2016)
平成 27 (2015)
平成 26 (2014)
平成 25 (2013)
平成 24 (2012)
平成 23 (2011)
平成 22 (2010)
平成 21 (2009)
平成 20 (2008)

問 7　　出題分野＜単相交流＞　　　難易度 ★★★　重要度 ★★★

抵抗 $R=4[\Omega]$ と誘導性リアクタンス $X=3[\Omega]$ が直列に接続された負荷を，図のように線間電圧 $\dot{V}_{ab}$ $=100\angle 0°[V]$，$\dot{V}_{bc}=100\angle 0°[V]$ の単相 3 線式電源に接続した。このとき，これらの負荷で消費される総電力 $P[W]$ の値として，正しいのは次のうちどれか。

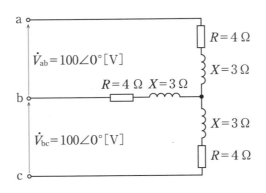

（1）　800　　　　（2）　1 200　　　　（3）　3 200　　　　（4）　3 600　　　　（5）　4 800

問 8　　出題分野＜単相交流＞　　　難易度 ★★★　重要度 ★★★

抵抗 $R[\Omega]$ と誘導性リアクタンス $X_L[\Omega]$ を直列に接続した回路の力率（$\cos\phi$）は，$\dfrac{1}{2}$ であった。いま，この回路に容量性リアクタンス $X_C[\Omega]$ を直列に接続したところ，$R[\Omega]$，$X_L[\Omega]$，$X_C[\Omega]$ 直列回路の力率は，$\dfrac{\sqrt{3}}{2}$（遅れ）になった。容量性リアクタンス $X_C[\Omega]$ の値を表す式として，正しいのは次のうちどれか。

（1）　$\dfrac{R}{\sqrt{3}}$　　　（2）　$\dfrac{2R}{3}$　　　（3）　$\dfrac{\sqrt{3}R}{2}$　　　（4）　$\dfrac{2R}{\sqrt{3}}$　　　（5）　$\sqrt{3}R$

問7の解答　　出題項目＜単相3線式＞

図 7-1 において，端子 a，c の電流を $\dot{I}_\mathrm{a}$，$\dot{I}_\mathrm{c}$ として回路 a-d-b と回路 b-d-c について回路方程式を作る。ただし，$R+\mathrm{j}X=\dot{Z}$ とする。

$$\dot{V}_\mathrm{ab}=100=\dot{I}_\mathrm{a}\dot{Z}+(\dot{I}_\mathrm{a}-\dot{I}_\mathrm{c})\dot{Z} \qquad ①$$

$$\dot{V}_\mathrm{bc}=100=\dot{I}_\mathrm{c}\dot{Z}-(\dot{I}_\mathrm{a}-\dot{I}_\mathrm{c})\dot{Z} \qquad ②$$

①式 － ②式より，$0=3(\dot{I}_\mathrm{a}-\dot{I}_\mathrm{c})\dot{Z}$

ゆえに，$\dot{I}_\mathrm{a}-\dot{I}_\mathrm{c}=0$（$\dot{I}_\mathrm{a}=\dot{I}_\mathrm{c}$）なので，端子 b-d 間の電圧は零となる。

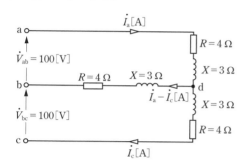

図 7-1　各線電流と回路方程式

端子 a-d，d-c 間のインピーダンス Z は，

$$Z=\sqrt{4^2+3^2}=5[\Omega]$$

$|\dot{V}_\mathrm{ab}|=|\dot{V}_\mathrm{bc}|=100[\mathrm{V}]$ なので，$|\dot{I}_\mathrm{a}|=|\dot{I}_\mathrm{c}|=I$ とすると，

$$I=\frac{100}{5}=20[\mathrm{A}]$$

電力は端子 a-d 間と端子 d-c 間の抵抗 4 Ω で消費されるので負荷の総消費電力 P は，

$$P=2I^2R=2\times20^2\times4=3\,200[\mathrm{W}]$$

解説

解答では最初に回路方程式を解くことで，端子 b-d 間（中性線）には電流が流れないことを確認した。しかし，問題図より単相 3 線式の負荷がバランスしていることから，中性線の電流は零になることを直接用いてもよい。

Point 負荷がバランス→中性線の電流は零

問8の解答　　出題項目＜RL 直列回路，RLC 直列回路＞

抵抗 R と誘導性リアクタンス X_L の直列回路に電圧 V の正弦波交流電圧を加えたとき，回路の電流の電圧に対する遅れ角 ϕ は，この直列回路のインピーダンス角 ϕ に等しい（図 8-1 参照）。

$$\cos\phi=1/2 \quad\to\quad \phi=\pi/3$$

図 8-1 において，R と X_L の関係は，

$$\tan(\pi/3)=\frac{X_\mathrm{L}}{R}=\sqrt{3}$$

$$X_\mathrm{L}=\sqrt{3}R[\Omega] \qquad ①$$

次に，容量性リアクタンス X_C を接続した場合のインピーダンス角 ϕ' を図 8-2 に示す。

$$\cos\phi'=\sqrt{3}/2 \quad\to\quad \phi'=\pi/6$$

同様に R と $X_\mathrm{L}-X_\mathrm{C}$ の関係は，

$$\tan(\pi/6)=\frac{X_\mathrm{L}-X_\mathrm{C}}{R}=\frac{1}{\sqrt{3}}$$

$$X_\mathrm{C}=X_\mathrm{L}-\frac{R}{\sqrt{3}}[\Omega]$$

①式を用いて X_L を消去すると，

$$X_\mathrm{C}=\sqrt{3}R-\frac{R}{\sqrt{3}}=\frac{2R}{\sqrt{3}}[\Omega]$$

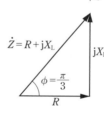

図 8-1　R と X_L の直列回路

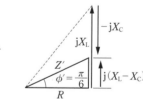

図 8-2　R と X_L と X_C の直列回路

解説

力率はインピーダンス角のコサインであるが，抵抗とリアクタンスの関係はタンジェントなので，本来ならコサインをタンジェントへ変換する必要がある。これには三角関数の公式，

$$1+\tan^2 A=\frac{1}{\cos^2 A}$$

を用いるが，この問題のように力率角が容易に求められる場合は，求めた角度からタンジェントの値を求める方が簡単になる。

令和 4 (2022)
令和 3 (2021)
令和 2 (2020)
令和 元 (2019)
平成 30 (2018)
平成 29 (2017)
平成 28 (2016)
平成 27 (2015)
平成 26 (2014)
平成 25 (2013)
平成 24 (2012)
平成 23 (2011)
平成 22 (2010)
平成 21 (2009)
平成 20 (2008)

問9　出題分野＜三相交流＞

難易度 ★★★　重要度 ★★★

　Y結線の対称三相交流電源にY結線の平衡三相抵抗負荷を接続した場合を考える。負荷側における線間電圧をV_ℓ[V]，線電流をI_ℓ[A]，相電圧をV_p[V]，相電流をI_p[A]，各相の抵抗をR[Ω]，三相負荷の消費電力をP[W]とする。このとき，誤っているのは次のうちどれか。

（1）　$V_\ell = \sqrt{3}\,V_p$ が成り立つ。

（2）　$I_\ell = I_p$ が成り立つ。

（3）　$I_\ell = \dfrac{V_p}{R}$ が成り立つ。

（4）　$P = \sqrt{3}\,V_p I_p$ が成り立つ。

（5）　電源と負荷の中性点を中性線で接続しても，中性線に電流は流れない。

問10　出題分野＜過渡現象＞

難易度 ★★☆　重要度 ★★★

　図に示す回路において，スイッチSを閉じた瞬間(時刻 $t=0$)に点Aを流れる電流をI_0[A]とし，十分に時間が経ち，定常状態に達したのちに点Aを流れる電流をI[A]とする。電流比 $\dfrac{I_0}{I}$ の値を2とするために必要な抵抗R_3[Ω]の値を表す式として，正しいのは次のうちどれか。

　ただし，コンデンサの初期電荷は零とする。

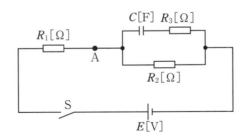

（1）　$\dfrac{R_1}{R_1+R_2}\left(\dfrac{R_1}{2}+R_2\right)$　　　（2）　$\dfrac{R_1}{R_1+R_2}\left(\dfrac{R_2}{3}-R_1\right)$　　　（3）　$\dfrac{R_1}{R_1+R_2}(R_1-R_2)$

（4）　$\dfrac{R_2}{R_1+R_2}(R_1+R_2)$　　　（5）　$\dfrac{R_2}{R_1+R_2}(R_2-R_1)$

問9の解答　出題項目＜Y 接続＞　　　　答え（4）

（1）　正。**図 9-1** において，どの線間電圧の大きさ V_ℓ も相電圧の大きさ V_p の $\sqrt{3}$ 倍である。

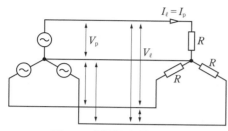

図 9-1　相電圧と線間電圧

（2）　正。図 9-1 のように，相電流は線電流と同じものなので，どの相電流の大きさ I_p も線電流の大きさ I_ℓ に等しい。

（3）　正。線電流は相電流と同じなので，線電流は相電圧を負荷抵抗値で割ったものとなる。

$$I_\ell = I_p = V_p/R$$

（4）　誤。三相電力 P は相電力の 3 倍なので，

$$P = 3\,V_p I_p = 3\frac{V_\ell}{\sqrt{3}}I_p$$
$$= \sqrt{3}\,V_\ell I_p = \sqrt{3}\,V_\ell I_\ell \text{ が正しい。}$$

（5）　正。各線電流ベクトルは，大きさが等しく位相差が互いに 120° なので，ベクトル和は零になる。そのため中性線に電流は流れない。

解説

いずれも三相交流回路の基本事項なので，正しく理解しておきたい。三相交流回路の問題では，思考や解法の都合で電源や負荷の Y-Δ 変換をよく行う。このとき線電流と相電流，線間電圧と相電圧の大きさおよび位相の関係が重要になる。これらの大きさと位相関係をベクトル図で常に確認しながら，問題に取り組みたい。

また，三相電力 P は結線の種別に関わらず，次式で計算できる。

$$P = \sqrt{3} \times (\text{線間電圧}) \times (\text{線電流}) \times (\text{力率})$$

問10の解答　出題項目＜RC 直並列回路＞　　　　答え（5）

コンデンサの初期電荷は零なので，時刻 $t=0$ のコンデンサの端子電圧は 0 V である。この瞬間に限り電流はコンデンサを素通りできるので，時刻 $t=0$ における等価回路は**図 10-1** となる。

コンデンサの充電に伴い端子電圧が上昇すると，コンデンサを流れる電流は減少する。定常状態ではコンデンサを流れる電流は零となり，電流はすべて R_2 を流れるので，定常状態における等価回路は**図 10-2** となる。

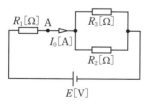

図 10-1　$t=0$ の状態　　**図 10-2　定常状態**

図より I_0 および I は，

$$I_0 = \frac{E}{R_1 + \dfrac{R_2 R_3}{R_2 + R_3}}\ [\text{A}]$$

$$I = \frac{E}{R_1 + R_2}\ [\text{A}]$$

電流比 I_0/I の値が 2 になることから，

$$\frac{I_0}{I} = \frac{\dfrac{E}{R_1 + \dfrac{R_2 R_3}{R_2 + R_3}}}{\dfrac{E}{R_1 + R_2}} = 2$$

上式を整理して R_3 を求めると，

$$R_3 = \frac{R_2}{R_1 + R_2}(R_2 - R_1)$$

解説

$t=0$ 時点の現象を次のように考えてもよい。立ち上がりは瞬時の変化のため周波数が非常に高い（無限大）交流成分と考えられる。そのような周波数に対してコンデンサのリアクタンスは零となるので，事実上短絡状態になる。

Point 初期電荷が零のコンデンサを含む直流回路の過渡現象は，充電開始時→短絡と等価，定常状態→開放と等価。

令和4（2022）　令和3（2021）　令和2（2020）　令和元（2019）　平成30（2018）　平成29（2017）　平成28（2016）　平成27（2015）　平成26（2014）　平成25（2013）　平成24（2012）　平成23（2011）　平成22（2010）　平成21（2009）　平成20（2008）

問 11　出題分野＜電子理論＞ 難易度 ★★★　重要度 ★★★

次の文章は，図1及び図2に示す原理図を用いてホール素子の動作原理について述べたものである。

図1に示すように，p形半導体に直流電流 I[A]を流し，半導体の表面に対して垂直に下から上向きに磁束密度 B[T]の平等磁界を半導体にかけると，半導体内の正孔は進路を曲げられ，電極①には (ア) 電荷，電極②には (イ) 電荷が分布し，半導体の内部に電界が生じる。また，図2のn形半導体の場合は，電界の方向はp形半導体の方向と (ウ) である。この電界により，電極①-②間にホール電圧 $V_H = R_H \times$ (エ) [V]が発生する。

ただし，d[m]は半導体の厚さを示し，R_H は比例定数[m³/C]である。

上記の記述中の空白箇所(ア)，(イ)，(ウ)及び(エ)に当てはまる語句又は式として，正しいものを組み合わせたのは次のうちどれか。

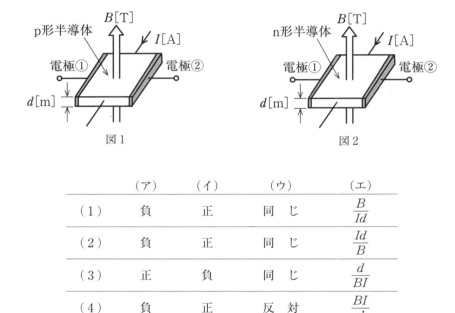

	(ア)	(イ)	(ウ)	(エ)
（1）	負	正	同 じ	$\dfrac{B}{Id}$
（2）	負	正	同 じ	$\dfrac{Id}{B}$
（3）	正	負	同 じ	$\dfrac{d}{BI}$
（4）	負	正	反 対	$\dfrac{BI}{d}$
（5）	正	負	反 対	$\dfrac{BI}{d}$

問 11 の解答　　出題項目＜半導体・半導体デバイス＞　　　　　　答え　（5）

p 形半導体に直流電流 I[A]を流し，半導体の表面に対して垂直に下から上向きに磁束密度 B[T]の平等磁界を半導体にかけると，電極①には**正**電荷，電極②には**負**電荷が分布し，半導体の内部に電界が生じる。n 形半導体の場合は，電界の方向は p 形半導体の方向と**反対**である。この電界により，電極①-②間にホール電圧 $V_H = H_H \times BI/d$[V]が発生する。

解説

図 11-1 のような p 形半導体では，正孔が磁界から $-y$ 軸方向の電磁力 F_B を受ける。このため，相対的に電極①が正，電極②が負となる。二つの電極間のホール電圧を V_H[V]とすると，半導体内部には y 軸方向の電界 $E = \dfrac{V_H}{a}$[V/m]が生じる。この電界により正孔は y 軸方向の力 F_H を受ける。定常状態では，$F_B = F_H$ になる。

正孔の電荷を q[C]とすれば，

$$F_H = q E = \frac{q V_H}{a}[\text{N}]$$

一方，半導体内の正孔密度を n[/m³]，正孔の移動速度を v[m/s]とすると，x 軸方向の電流密度 i[A/m²]は $i = qnv$ なので，電流 I は，

$$I = iad = qnvad[\text{A}]$$

$$v = \frac{I}{qnad}[\text{m/s}]$$

正孔が磁界から受ける電磁力 F_B は，

$$F_B = qBv = \frac{qBI}{qnad} = \frac{BI}{nad}[\text{N}]$$

$F_B = F_H$ より，

$$\frac{BI}{nad} = \frac{q V_H}{a}$$

ホール電圧 V_H は，

$$V_H = \frac{BI}{qnd} = \frac{1}{qn} \times \frac{BI}{d} \qquad ①$$

n 形半導体ではキャリアが電子なので，磁界から受ける力の方向が反対になるため，ホール電圧の方向は p 形半導体と反対になる。

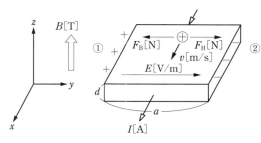

図 11-1　ホール素子の動作原理

補足　①式の $\dfrac{1}{qn}$ は問題文中の R_H と同じもので，この比例定数をホール定数といい，半導体の種類によって決まる。q はキャリアの電荷なので，ホール定数の符号がわかればキャリアの種類（正孔，電子）がわかる。

問 12　出題分野＜電子理論＞　難易度 ★★★　重要度 ★★★

次の文章は，金属などの表面から真空中に電子が放出される現象に関する記述である。

a.　タンタル(Ta)などの金属を熱すると，電子がその表面から放出される。この現象は　(ア)　放出と呼ばれる。

b.　タングステン(W)などの金属表面の電界強度を十分に大きくすると，常温でもその表面から電子が放出される。この現象は　(イ)　放出と呼ばれる。

c.　電子を金属又はその酸化物・ハロゲン化物などに衝突させると，その表面から新たな電子が放出される。この現象は　(ウ)　放出と呼ばれる。

上記の記述中の空白箇所(ア)，(イ)及び(ウ)に当てはまる語句として，正しいものを組み合わせたのは次のうちどれか。

	(ア)	(イ)	(ウ)
(1)	熱電子	電界	二次電子
(2)	二次電子	冷陰極	熱電子
(3)	電界	熱電子	二次電子
(4)	熱電子	電界	光電子
(5)	光電子	二次電子	冷陰極

問 13　出題分野＜単相交流＞　難易度 ★★★　重要度 ★★★

図1は，静電容量 $C[\mathrm{F}]$ のコンデンサとコイルからなる共振回路の等価回路である。このようにコイルに内部抵抗 $r[\Omega]$ が存在する場合は，インダクタンス $L[\mathrm{H}]$ と抵抗 $r[\Omega]$ の直列回路として表すことができる。この直列回路は，コイルの抵抗 $r[\Omega]$ が，誘導性リアクタンス $\omega L[\Omega]$ に比べて十分小さいものとすると，図2のように，等価抵抗 $R_\mathrm{p}[\Omega]$ とインダクタンス $L[\mathrm{H}]$ の並列回路に変換することができる。このときの等価抵抗 $R_\mathrm{p}[\Omega]$ の値を表す式として，正しいのは次のうちどれか。

ただし，$I_\mathrm{C}[\mathrm{A}]$ は電流源の電流を表す。

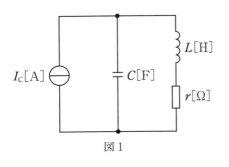

図1

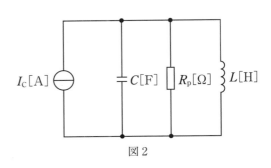

図2

（1）　$\dfrac{\omega L}{r}$　　（2）　$\dfrac{r}{(\omega L)^2}$　　（3）　$\dfrac{r^2}{\omega L}$　　（4）　$\dfrac{(\omega L)^2}{r}$　　（5）　$r(\omega L)^2$

問 12 の解答　出題項目＜二次電子放出＞　　答え　(1)

a.　ある種の金属を熱すると，電子がその表面から放出される。この現象は**熱電子**放出と呼ばれる。

b.　ある種の金属表面の電界強度を十分に大きくすると，常温でもその表面から電子が放出される。この現象は**電界**放出と呼ばれる。

c.　電子を金属またはその酸化物・ハロゲン化物などに衝突させると，その表面から新たな電子が放出される。この現象は**二次電子**放出と呼ばれる。

解説

金属内部の電子は金属原子核からのクーロン力による拘束を受けているため，金属外部の電子に比べ低いエネルギー状態(安定した状態)にある。この状態のままでは電子は金属外へ飛び出すことはできないが，外部から熱，電界，電子の運動エネルギー等のエネルギーを金属内部の電子に与えることで，電子は現在よりもエネルギーの高い状態に遷移することができる。もし，このエネルギーが十分大きければ，電子は金属表面から飛び出すことができる。なお，冷陰極放出は電界放出の別名で用いられることがある。

問 13 の解答　出題項目＜RLC 並列回路＞　　答え　(4)

図 13-1 のように，抵抗 $r[\Omega]$ とインダクタンス $L[\mathrm{H}]$ の直列回路と等価な，抵抗 $R_\mathrm{p}[\Omega]$ とインダクタンス $L'[\mathrm{H}]$ の並列回路の関係式を考える。

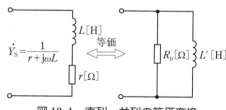

図 13-1　直列，並列の等価変換

直列回路のアドミタンス $\dot{Y}_\mathrm{S}$ は，

$$\dot{Y}_\mathrm{S}=\frac{1}{r+\mathrm{j}\omega L}=\frac{r}{r^2+(\omega L)^2}-\mathrm{j}\frac{\omega L}{r^2+(\omega L)^2}[\mathrm{S}]$$

一方，並列回路のアドミタンス $\dot{Y}_\mathrm{P}$ は，

$$\dot{Y}_\mathrm{P}=\frac{1}{R_\mathrm{p}}-\mathrm{j}\frac{1}{\omega L'}[\mathrm{S}]$$

$\dot{Y}_\mathrm{S}=\dot{Y}_\mathrm{P}$ であるためには，実数部と虚数部が互いに等しくなければならない。

実数部が等しいことより，

$$\frac{1}{R_\mathrm{p}}=\frac{r}{r^2+(\omega L)^2}\ \rightarrow\ R_\mathrm{p}=\frac{r^2+(\omega L)^2}{r}[\Omega]$$

$r\ll\omega L$ なので $r^2+(\omega L)^2=(\omega L)^2$ となり，

$$R_\mathrm{p}=\frac{(\omega L)^2}{r}[\Omega]$$

解説

虚数部が等しいことから，

$$\frac{1}{\omega L'}=\frac{\omega L}{r^2+(\omega L)^2}=\frac{\omega L}{(\omega L)^2}=\frac{1}{\omega L}$$

$$L'=L$$

問14　出題分野＜電気計測＞　　難易度 ★★★　重要度 ★★☆

次の文章は，直流電流計の測定範囲拡大について述べたものである。

内部抵抗 $r = 10$[mΩ]，最大目盛0.5[A]の直流電流計 M がある。この電流計と抵抗 R_1[mΩ]及び R_2[mΩ]を図のように結線し，最大目盛が1[A]と3[A]からなる多重範囲電流計を作った。この多重範囲電流計において，端子3Aと端子＋を使用する場合，抵抗　(ア)　[mΩ]が分流器となる。端子1Aと端子＋を使用する場合には，抵抗　(イ)　[mΩ]が倍率　(ウ)　倍の分流器となる。また，3[A]を最大目盛とする多重範囲電流計の内部抵抗は　(エ)　[mΩ]となる。

上記の記述中の空白箇所(ア)，(イ)，(ウ)及び(エ)に当てはまる式又は数値として，正しいものを組み合わせたのは次のうちどれか。

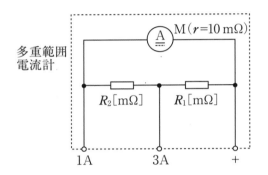

	(ア)	(イ)	(ウ)	(エ)
(1)	R_2	R_1	$\dfrac{10+R_2}{R_1}+1$	$\dfrac{20}{3}$
(2)	R_1	R_1+R_2	$\dfrac{10+R_2}{R_1}$	$\dfrac{25}{9}$
(3)	R_2	R_1+R_2	$\dfrac{10}{R_1+R_2}+1$	5
(4)	R_1	R_2	$\dfrac{10}{R_1+R_2}$	$\dfrac{10}{3}$
(5)	R_1	R_1+R_2	$\dfrac{10}{R_1+R_2}+1$	$\dfrac{25}{9}$

問 14 の解答　出題項目＜電流計・分流器＞

図 14-1 において，端子 3 A と端子＋を使用する場合，抵抗 R_1 [mΩ]が分流器となる。端子 1 A と端子＋を使用する場合には，図 14-2 のように抵抗 R_1+R_2[mΩ]が分流器となる。分流器の倍率は，

$$\frac{電流計の内部抵抗値}{分流器の抵抗値}+1$$

なので，抵抗 R_1+R_2 は倍率 $\dfrac{10}{R_1+R_2}+1$ 倍の分流器となる。

図 14-2 において，r と R_1+R_2 の端子電圧は等しいので，

$$0.5\times 10=0.5(R_1+R_2)$$
$$R_1+R_2=10[\mathrm{mΩ}] \qquad ①$$

一方，図 14-1 において $r+R_2$ と R_1 の端子電圧は等しいので，

$$2.5R_1=0.5(R_2+10)$$
$$5R_1=R_2+10 \qquad ②$$

①式と②式の連立方程式を解いて，

$$R_1=\frac{10}{3}[\mathrm{mΩ}],\quad R_2=\frac{20}{3}[\mathrm{mΩ}]$$

したがって，3 A を最大目盛とする多重範囲電流計の端子から見た内部抵抗は，

$$\frac{\dfrac{10}{3}\left(\dfrac{20}{3}+10\right)}{\dfrac{10}{3}+\left(\dfrac{20}{3}+10\right)}=\frac{25}{9}[\mathrm{mΩ}]$$

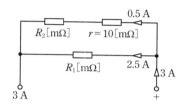

図 14-1　端子 3 A を使用する場合

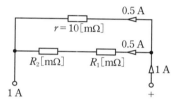

図 14-2　端子 1 A を使用する場合

解説

使用端子により回路構成が異なるので，個々の回路について方程式を立てる。

令和4 (2022)
令和3 (2021)
令和2 (2020)
令和元 (2019)
平成30 (2018)
平成29 (2017)
平成28 (2016)
平成27 (2015)
平成26 (2014)
平成25 (2013)
平成24 (2012)
平成23 (2011)
平成22 (2010)
平成21 (2009)
平成20 (2008)

B 問 題 （配点は1問題当たり（a）5点，（b）5点，計10点）

問 15　出題分野＜三相交流＞ 難易度 ★★★　重要度 ★★★

図の平衡三相回路について，次の（a）及び（b）に答えよ。

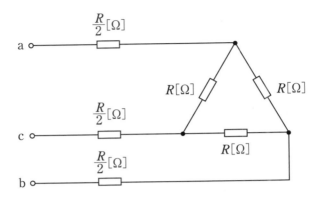

（a）　端子 a，c に100[V]の単相交流電源を接続したところ，回路の消費電力は200[W]であった。抵抗 R[Ω]の値として，正しいのは次のうちどれか。

（1）　0.30　　　（2）　30　　　（3）　33　　　（4）　50　　　（5）　83

（b）　端子 a，b，c に線間電圧200[V]の対称三相交流電源を接続したときの全消費電力[kW]の値として，正しいのは次のうちどれか。

（1）　0.48　　　（2）　0.80　　　（3）　1.2　　　（4）　1.6　　　（5）　4.0

問 15（a）の解答　出題項目<Δ接続>　　答え（2）

端子 a–c 間の回路を**図 15-1** に示す。

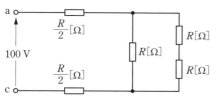

図 15-1　端子 a–c 間の回路

端子 a–c 間の合成抵抗 R_T は，

$$R_\mathrm{T} = R + \frac{2R^2}{R+2R} = \frac{5R}{3}\,[\Omega]$$

この回路の消費電力 200 W は抵抗で消費され，

$$200 = \frac{100^2}{R_\mathrm{T}} = \frac{100^2 \times 3}{5R}$$

$$R = \frac{100^2 \times 3}{200 \times 5} = 30\,[\Omega]$$

解説

　基本的な単相交流回路の問題であるが，負荷が抵抗のみなので，直流回路の計算方法と同じになる。しかし，負荷が抵抗のみの三相交流回路は，位相の異なる三相電源を直流電源に置き換えて計算することはできない。

問 15（b）の解答　出題項目<Δ接続>　　答え（4）

　Δ 結線された抵抗負荷を Y 結線に変換し，各相ごとにまとめた回路を**図 15-2** に示す。

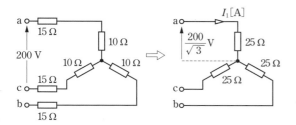

図 15-2　Y 結線の等価回路

1 相当たりの消費電力 P' は，

$$P' = \frac{\left(\frac{200}{\sqrt{3}}\right)^2}{25} = \frac{1\,600}{3}\,[\mathrm{W}]$$

三相電力 P は単相電力の 3 倍なので，

$$P = \frac{1\,600}{3} \times 3 = 1\,600\,[\mathrm{W}] = 1.6\,[\mathrm{kW}]$$

【別解】　**図 15-2** から線電流 I_1 は，

$$I_1 = \frac{200}{25\sqrt{3}}\,[\mathrm{A}]$$

負荷力率は 1 なので，三相電力 P は，

$$P = \sqrt{3} \times 200 \times \frac{200}{25\sqrt{3}} \times 1 = 1\,600\,[\mathrm{W}]$$

解説

　三相回路の解法の原則に従い，問題図の回路を等価な Y 結線の回路に変換して，その 1 相分に

ついて考える。

　補足　**図 15-3** のような，抵抗値が異なる場合の Δ 結線から Y 結線への変換を考えてみよう。

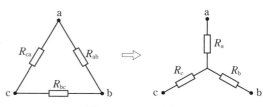

図 15-3　Δ–Y 変換

端子間の抵抗値が等しいので，次式が成り立つ。

$$R_\mathrm{a} + R_\mathrm{b} = \frac{R_\mathrm{ab}(R_\mathrm{bc} + R_\mathrm{ca})}{R_\mathrm{ab} + R_\mathrm{bc} + R_\mathrm{ca}} \qquad ①$$

$$R_\mathrm{b} + R_\mathrm{c} = \frac{R_\mathrm{bc}(R_\mathrm{ca} + R_\mathrm{ab})}{R_\mathrm{bc} + R_\mathrm{ca} + R_\mathrm{ab}} \qquad ②$$

$$R_\mathrm{c} + R_\mathrm{a} = \frac{R_\mathrm{ca}(R_\mathrm{ab} + R_\mathrm{bc})}{R_\mathrm{ca} + R_\mathrm{ab} + R_\mathrm{bc}} \qquad ③$$

（①＋②＋③）/2 を計算すると，

$$R_\mathrm{a} + R_\mathrm{b} + R_\mathrm{c} = \frac{R_\mathrm{ab}R_\mathrm{bc} + R_\mathrm{bc}R_\mathrm{ca} + R_\mathrm{ca}R_\mathrm{ab}}{R_\mathrm{ab} + R_\mathrm{bc} + R_\mathrm{ca}} \qquad ④$$

　R_a は④－②，R_b は④－③，R_c は④－①から求められる。例えば R_a は，

$$R_\mathrm{a} = \frac{R_\mathrm{ca}R_\mathrm{ab}}{R_\mathrm{ab} + R_\mathrm{bc} + R_\mathrm{ca}}$$

　もし，$R_\mathrm{ab} = R_\mathrm{bc} = R_\mathrm{ca} = R_\Delta$ なら，$R_\mathrm{a} = R_\mathrm{b} = R_\mathrm{c} = R_\mathrm{Y}$ となり，$R_\mathrm{Y} = R_\Delta/3$ が成り立つ。この関係式はインピーダンス $\dot{Z}$ でも成り立つ。Y→Δ は省略。

問16　　出題分野＜電気計測＞

電力量計について，次の（a）及び（b）に答えよ。

（a）　次の文章は，交流の電力量計の原理について述べたものである。

　　　計器の指針等を駆動するトルクを発生する動作原理により計器を分類すると，図に示した構造の電力量計の場合は，　（ア）　に分類される。

　　　この計器の回転円板が負荷の電力に比例するトルクで回転するように，図中の端子 a から f を　（イ）　のように接続して，負荷電圧を電圧コイルに加え，負荷電流を電流コイルに流す。その結果，コイルに生じる磁束による移動磁界と，回転円板上に生じる渦電流との電磁力の作用で回転円板は回転する。

　　　一方，永久磁石により回転円板には速度に比例する　（ウ）　が生じ，負荷の電力に比例する速度で回転円板は回転を続ける。したがって，計量装置でその回転数をある時間計量すると，その値は同時間中に消費された電力量を表す。

　　　上記の記述中の空白箇所（ア），（イ）及び（ウ）に当てはまる語句又は記号として，正しいものを組み合わせたのは次のうちどれか。

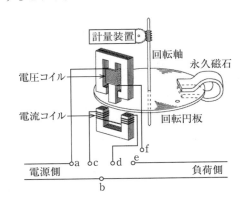

	（ア）	（イ）	（ウ）
（1）	誘導形	ac, de, bf	駆動トルク
（2）	電流力計形	ad, bc, ef	制動トルク
（3）	誘導形	ac, de, bf	制動トルク
（4）	電流力計形	ad, bc, ef	駆動トルク
（5）	電力計形	ac, de, bf	駆動トルク

（b）　上記（a）の原理の電力量計の使用の可否を検討するために，電力量計の計量の誤差率を求める実験を行った。実験では，3[kW]の電力を消費している抵抗負荷の交流回路に，この電力量計を接続した。このとき，電力量計はこの抵抗負荷の消費電力量を計量しているので，計器の回転円板の回転数を測定することから計量の誤差率を計算できる。

　　　電力量計の回転円板の回転数を測定したところ，回転数は1分間に61であった。この場合，電力量計の計量の誤差率[%]の大きさの値として，最も近いのは次のうちどれか。

　　　ただし，電力量計の計器定数（1[kW·h]当たりの回転円板の回転数）は，1 200[rev/kW·h]であり，回転円板の回転数と計量装置の計量値の関係は正しいものとし，電力損失は無視できるものとする。

（1）　0.2　　　　（2）　0.4　　　　（3）　1.0　　　　（4）　1.7　　　　（5）　2.1

問 16（a）の解答　出題項目＜電力量計＞　　答え　（3）

　計器の指針等を駆動するトルクを発生する動作原理により計器を分類すると，問題図に示した構造の電力量計の場合は，**誘導形**に分類される。

　この計器の回転円板が負荷の電力に比例するトルクで回転するためには，電圧コイルは負荷に並列，電流コイルは負荷と直列に接続する。これは電圧計，電流計の接続方法と同じである。また，二つのコイルの共通端子を電源側に設けることは，電流力計形電力計と同様である。したがって，図中の端子 a から f を **ac，de，bf** のように接続する。これにより，それぞれのコイルに生じる磁束による移動磁界と，回転円板上に生じる渦電流との電磁力の作用で回転円板は回転する。

　一方，永久磁石により回転円板には速度に比例する**制動トルク**が生じ，負荷の電力に比例する速度で回転円板は回転を続ける。

▶ **解説** ……………………………………

　電圧コイルと電流コイルが作る移動磁界の概略を見てみよう。簡単な例として力率 1 の場合を考える。

　図 16-1 のように，負荷電流は電圧と同相である。各コイルが作る磁束はそのコイルを流れる電流と同相になるので，電流コイルが作る磁束は負荷電流 i と同相である。しかし，電圧コイルの電流 i_v は電圧コイルが誘導性リアクタンスであるため $\pi/2$ 遅れる。

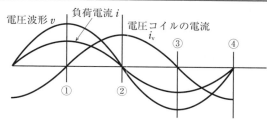

図 16-1　力率 1 における電流波形

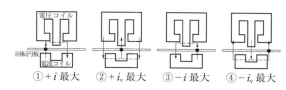

①＋i 最大　②＋i_v 最大　③－i 最大　④－i_v 最大

図 16-2　回転円板を貫く磁束の変化

　図 16-1 の①～④の時刻において，回転円板を貫く磁束の様子を**図 16-2** に示す。①→②→③→④の時間経過の中で，・印の磁束（上向き）が右方向に移動している様子がわかる。また，力率が変化すると電流コイルの作る磁束の位相が変わるので，移動磁界に影響し駆動トルクが変化する。例えば遅れ力率 0 では i と i_v が同相になるので円板上の磁束は交番磁界となり，回転トルクは生じない。

　また，固定された永久磁石に対して移動する円板には，電磁誘導により生じた渦電流による電磁力が生じ，円板に制動力を生む。円板に生じる現象は「アラゴの円板」として知られている。

問 16（b）の解答　出題項目＜測定誤差＞　　答え　（4）

　誤差率 $\varepsilon[\%]$ は，

$$\varepsilon = \frac{\text{計量値－真値}}{\text{真値}} \times 100[\%]$$

　3 kW の電力において 1 分間の電力量 W' は，

$$W' = 3 \times \frac{1}{60} = \frac{1}{20}[\text{kW·h}]$$

　電力量計が正確（誤差零）であればこの電力量における円板の回転数 N は，

$$N = 1\,200 \times \frac{1}{20} = 60\,[\text{rev}]$$

　この値が真値に相当する。一方，実際の計量では 61 rev であるから誤差率 ε は，

$$\varepsilon = \frac{61-60}{60} \times 100 ≒ 1.67[\%] \quad \rightarrow \quad 1.7\,\%$$

▶ **解説** ……………………………………

　計器定数の意味は単位から推測できる。また，誤差率の定義は覚えておきたい。

令和 4 (2022)
令和 3 (2021)
令和 2 (2020)
令和 元 (2019)
平成 30 (2018)
平成 29 (2017)
平成 28 (2016)
平成 27 (2015)
平成 26 (2014)
平成 25 (2013)
平成 24 (2012)
平成 23 (2011)
平成 22 (2010)
平成 21 (2009)
平成 20 (2008)

　問17及び問18は選択問題です。問17又は問18のどちらかを選んで解答してください。（両方解答すると採点されませんので注意してください。）

（選択問題）

| 問 17 | 出題分野＜静電気＞ | 難易度 ★★☆ | 重要度 ★★★ |

　真空中において，図に示すように，一辺の長さが6[m]の正三角形の頂点Aに4×10^{-9}[C]の正の点電荷が置かれ，頂点Bに-4×10^{-9}[C]の負の点電荷が置かれている。正三角形の残る頂点を点Cとし，点Cより下した垂線と正三角形の辺ABとの交点を点Dとして，次の（a）及び（b）に答えよ。

　ただし，クーロンの法則の比例定数を9×10^{9}[N·m²/C²]とする。

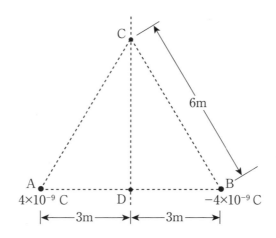

（a）　まず，q_0[C]の正の点電荷を点Cに置いたときに，この正の点電荷に働く力の大きさはF_C[N]であった。次に，この正の点電荷を点Dに移動したときに，この正の点電荷に働く力の大きさはF_D[N]であった。力の大きさの比$\dfrac{F_C}{F_D}$の値として，正しいのは次のうちどれか。

　　（1）　$\dfrac{1}{8}$　　　（2）　$\dfrac{1}{4}$　　　（3）　2　　　（4）　4　　　（5）　8

（b）　次に，q_0[C]の正の点電荷を点Dから点Cの位置に戻し，強さが0.5[V/m]の一様な電界を辺ABに平行に点Bから点Aの向きに加えた。このとき，q_0[C]の正の点電荷に電界の向きと逆の向きに2×10^{-9}[N]の大きさの力が働いた。正の点電荷q_0[C]の値として，正しいのは次のうちどれか。

　　（1）　$\dfrac{4}{3}\times10^{-9}$　　　（2）　2×10^{-9}　　　（3）　4×10^{-9}

　　（4）　$\dfrac{4}{3}\times10^{-8}$　　　（5）　2×10^{-8}

問 17 （a）の解答　　出題項目＜クーロンの法則＞　　　　　答え　（1）

正の点電荷 q_0 を点 C または点 D に置いた場合の，この点電荷に働く力を図 17-1 に示す。また，点 A，点 B の電荷を Q_A，$Q_B = -Q_A$ とする。

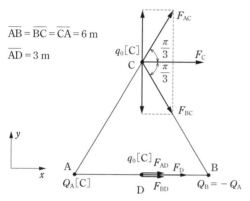

$\overline{AB} = \overline{BC} = \overline{CA} = 6$ m

$\overline{AD} = 3$ m

図 17-1　点電荷 q_0 に働く力

点 C の電荷に働く力のうち Q_A，Q_B による力を F_{AC}，F_{BC} とする。$|Q_A| = |Q_B|$ より $F_{AC} = F_{BC}$，F_{AC} と F_{BC} の合力 F_C は y 軸方向の成分は打ち消し合い x 軸方向のみとなり，

$$F_C = F_{AC} \cos(\pi/3) + F_{BC} \cos(\pi/3)$$
$$= \frac{F_{AC}}{2} + \frac{F_{AC}}{2} = F_{AC}$$
$$= \frac{9 \times 10^9 \times 4 \times 10^{-9} \, q_0}{6^2} = q_0 \, [\text{N}]$$

一方，点 D の電荷に働く力のうち Q_A，Q_B による力を F_{AD}，F_{BD} とすると $F_{AD} = F_{BD}$，F_{AD} と F_{BD} は x 軸方向のみなので合力 F_D は，

$$F_D = F_{AD} + F_{BD} = 2F_{AD}$$
$$= 2 \times \frac{9 \times 10^9 \times 4 \times 10^{-9} \, q_0}{3^2} = 8q_0 \, [\text{N}]$$

したがって，F_C/F_D は，

$$\frac{F_C}{F_D} = \frac{q_0}{8q_0} = \frac{1}{8}$$

解説

力の合成はベクトル和で求める。その際，平面上に適切な x 軸 y 軸を設け，平面上の力を x 軸，y 軸の成分に分解して計算する。

問 17 （b）の解答　　出題項目＜クーロンの法則＞　　　　　答え　（3）

点 C に置いた点電荷 q_0 に働く力を図 17-2 に示す。

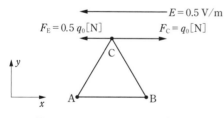

$E = 0.5$ V/m

$F_E = 0.5 \, q_0 \, [\text{N}]$　　　$F_C = q_0 \, [\text{N}]$

図 17-2　電界を加えた場合の力

電界がない場合の点電荷に働く力の大きさ F_C は，$F_C = q_0 \, [\text{N}]$，方向は x 軸方向である。

一方電界がある場合，電界の大きさ $E \, [\text{V/m}]$ の向きは $-x$ 軸方向なので，電界が点電荷 q_0 に及ぼす力 F_E は電界と同じ $-x$ 軸方向で，

$$F_E = q_0 E = 0.5q_0 \, [\text{N}]$$

F_C と F_E の合力は反対向きであり，この合力が 2×10^{-9} N であることから，

$$F_C - F_E = q_0 - 0.5q_0 = 2 \times 10^{-9}$$
$$q_0 = 4 \times 10^{-9} \, [\text{C}]$$

解説

クーロンの法則の比例定数とは，次式中の k を指す。

$$F = k \frac{Q_A Q_B}{r^2}$$

$F \, [\text{N}]$，Q_A，$Q_B \, [\text{C}]$，$r \, [\text{m}]$ としたとき，比例定数 k は周囲が真空の場合，真空の誘電率 $\varepsilon_0 \, [\text{F/m}]$ を用いて次式で表される。

$$k = \frac{1}{4\pi\varepsilon_0} \fallingdotseq 9 \times 10^9 \, [\text{N·m}^2/\text{C}^2]$$

また，点電荷が電界 E から受ける力 F_E をベクトル方程式で表すと $\dot{F}_E = q_0 \dot{E}$ となる。この式から q_0 が正のときは，力の向きと電界の向きは一致することがわかる。

（類題：平成 20 年度問 1）

（選択問題）

問18　出題分野＜電子回路＞　難易度 ★★★　重要度 ★★★

演算増幅器（オペアンプ）について，次の（a）及び（b）に答えよ。

（a）　演算増幅器の特徴に関する記述として，誤っているのは次のうちどれか。

（1）　反転増幅と非反転増幅の二つの入力端子と一つの出力端子がある。

（2）　直流を増幅できる。

（3）　入出力インピーダンスが大きい。

（4）　入力端子間の電圧のみを増幅して出力する一種の差動増幅器である。

（5）　増幅度が非常に大きい。

（b）　図1及び図2のような直流増幅回路がある。それぞれの出力電圧 V_{o1}[V]，V_{o2}[V]の値として，正しいものを組み合わせたのは次のうちどれか。

　　　ただし，演算増幅器は理想的なものとし，$V_{i1}=0.6$[V]及び $V_{i2}=0.45$[V]は入力電圧である。

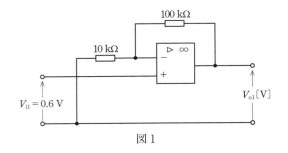

図1

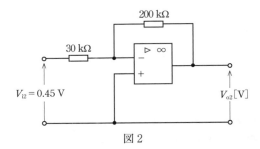

図2

	V_{o1}	V_{o2}
（1）	6.6	3.0
（2）	6.6	-3.0
（3）	-6.6	3.0
（4）	-4.5	9.0
（5）	4.5	-9.0

問18（a）の解答　　出題項目＜オペアンプ＞　　　　　答え　（3）

（1）　正。記述のとおり。

（2）　正。記述のとおり。

（3）　誤。入力インピーダンスは大きいが，**出力インピーダンスは小さい**。

（4）　正。非反転増幅端子（＋入力端子）と反転増幅端子（－入力端子）に入力される値の差を増幅するので差動増幅器とも呼ばれる。

（5）　正。理想的な演算増幅器の増幅度は無限大。

解説 ・・・・・・・・・・・・・・・・・・・・・・・・・・・・・

演算増幅器はオペアンプとも呼ばれる。理想的な演算増幅器の特徴は次のとおり。

①増幅度は無限大。②帯域幅が0（直流）から無限大周波数まである。③入力インピーダンスが無限大。④出力インピーダンスが零。⑤入力が零のときの出力は零。

演算増幅器を次の設問のように反転，非反転増幅器として使用する場合は，抵抗を介して出力を入力へ負帰還する負帰還増幅器として使用する。この場合の増幅度は無限大にはならず，負帰還の抵抗によって決まる値に抑えられる。

問18（b）の解答　　出題項目＜オペアンプ＞　　　　　答え　（2）

図18-1の回路において，出力側から抵抗100kΩを通して入力側に流れる電流Iは，入力インピーダンスが高いため演算増幅器に流れ込まず，すべて10kΩの抵抗を流れる。このため，点Pの電圧V_{P1}は二つの抵抗の分圧から，

$$V_{P1} = \frac{10[\mathrm{k}\Omega]}{10[\mathrm{k}\Omega]+100[\mathrm{k}\Omega]} V_{o1} = \frac{1}{11} V_{o1}[\mathrm{V}]$$

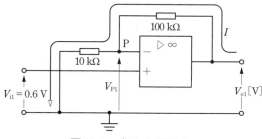

図18-1　点Pの電圧V_{P1}

正常に動作している演算増幅器は，イマジナルショートの状態にあるので$V_{i1}=V_{P1}$となる。

$$0.6 = \frac{V_{o1}}{11}$$

$$V_{o1} = 11 \times 0.6 = 6.6[\mathrm{V}]$$

図18-2の回路においても同様に，出力側から抵抗200kΩを通して入力側に流れる電流Iは，入力インピーダンスが高いため演算増幅器に流れ込まず，すべて30kΩの抵抗を流れる。このとき，点Pの電圧V_{P2}は，V_{i2}と30kΩの端子電圧

の和となる。30kΩの端子電圧は$V_{o2}-V_{i2}$を分圧したものなので，

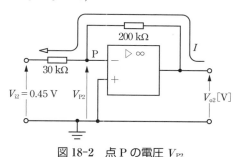

図18-2　点Pの電圧V_{P2}

$$V_{P2} = V_{i2} + \frac{30[\mathrm{k}\Omega]}{30[\mathrm{k}\Omega]+200[\mathrm{k}\Omega]}(V_{o2}-V_{i2})$$

$$= 0.45 + \frac{3(V_{o2}-0.45)}{23}[\mathrm{V}]$$

イマジナルショートにより$V_{P2}=0$となり，

$$0.45 + \frac{3(V_{o2}-0.45)}{23} = 0$$

$$V_{o2} = \frac{-0.45 \times 23}{3} + 0.45 = -3.0[\mathrm{V}]$$

解説 ・・・・・・・・・・・・・・・・・・・・・・・・・・・・・

演算増幅器の計算はイマジナルショートを活用する。

図18-1の回路は入力に対して出力が同符号なので非反転増幅器，図18-2の回路は入出力が異符号なので，反転増幅器と呼ばれる。

令和4（2022）
令和3（2021）
令和2（2020）
令和元（2019）
平成30（2018）
平成29（2017）
平成28（2016）
平成27（2015）
平成26（2014）
平成25（2013）
平成24（2012）
平成23（2011）
平成22（2010）
平成21（2009）
平成20（2008）

理　論 | 平成 21 年度（2009 年度）

問1　出題分野＜静電気＞

難易度 ★★☆　重要度 ★★★

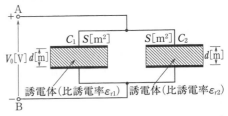

電極板面積と電極板間隔が共に $S[\text{m}^2]$ と $d[\text{m}]$ で，一方は比誘電率が $\varepsilon_{\text{r}1}$ の誘電体からなる平行平板コンデンサ C_1 と，他方は比誘電率が $\varepsilon_{\text{r}2}$ の誘電体からなる平行平板コンデンサ C_2 がある。いま，これらを図のように並列に接続し，端子 A，B 間に直流電圧 $V_0[\text{V}]$ を加えた。このとき，コンデンサ C_1 の電極板間の電界の強さを $E_1[\text{V/m}]$，電束密度を $D_1[\text{C/m}^2]$，また，コンデンサ C_2 の電極板間の電界の強さを $E_2[\text{V/m}]$，電束密度を $D_2[\text{C/m}^2]$ とする。両コンデンサの電界の強さ $E_1[\text{V/m}]$ と $E_2[\text{V/m}]$ はそれぞれ ☐（ア）☐ であり，電束密度 D_1 $[\text{C/m}^2]$ と $D_2[\text{C/m}^2]$ はそれぞれ ☐（イ）☐ である。したがって，コンデンサ C_1 に蓄えられる電荷を Q_1 $[\text{C}]$，コンデンサ C_2 に蓄えられる電荷を $Q_2[\text{C}]$ とすると，それらはそれぞれ ☐（ウ）☐ となる。

ただし，電極板の厚さ及びコンデンサの端効果は，無視できるものとする。また，真空の誘電率を $\varepsilon_0[\text{F/m}]$ とする。

上記の記述中の空白箇所（ア），（イ）及び（ウ）に当てはまる式として，正しいものを組み合わせたのは次のうちどれか。

	（ア）	（イ）	（ウ）
（1）	$E_1=\dfrac{\varepsilon_{\text{r}1}}{d}V_0,\ E_2=\dfrac{\varepsilon_{\text{r}2}}{d}V_0$	$D_1=\dfrac{\varepsilon_{\text{r}1}}{d}SV_0,\ D_2=\dfrac{\varepsilon_{\text{r}2}}{d}SV_0$	$Q_1=\dfrac{\varepsilon_0\,\varepsilon_{\text{r}1}}{d}SV_0,\ Q_2=\dfrac{\varepsilon_0\,\varepsilon_{\text{r}2}}{d}SV_0$
（2）	$E_1=\dfrac{\varepsilon_{\text{r}1}}{d}V_0,\ E_2=\dfrac{\varepsilon_{\text{r}2}}{d}V_0$	$D_1=\dfrac{\varepsilon_0\,\varepsilon_{\text{r}1}}{d}V_0,\ D_2=\dfrac{\varepsilon_0\,\varepsilon_{\text{r}2}}{d}V_0$	$Q_1=\dfrac{\varepsilon_0\,\varepsilon_{\text{r}1}}{d}SV_0,\ Q_2=\dfrac{\varepsilon_0\,\varepsilon_{\text{r}2}}{d}SV_0$
（3）	$E_1=\dfrac{V_0}{d},\ E_2=\dfrac{V_0}{d}$	$D_1=\dfrac{\varepsilon_0\,\varepsilon_{\text{r}1}}{d}SV_0,\ D_2=\dfrac{\varepsilon_0\,\varepsilon_{\text{r}2}}{d}SV_0$	$Q_1=\dfrac{\varepsilon_0\,\varepsilon_{\text{r}1}}{d}V_0,\ Q_2=\dfrac{\varepsilon_0\,\varepsilon_{\text{r}2}}{d}V_0$
（4）	$E_1=\dfrac{V_0}{d},\ E_2=\dfrac{V_0}{d}$	$D_1=\dfrac{\varepsilon_0\,\varepsilon_{\text{r}1}}{d}V_0,\ D_2=\dfrac{\varepsilon_0\,\varepsilon_{\text{r}2}}{d}V_0$	$Q_1=\dfrac{\varepsilon_0\,\varepsilon_{\text{r}1}}{d}SV_0,\ Q_2=\dfrac{\varepsilon_0\,\varepsilon_{\text{r}2}}{d}SV_0$
（5）	$E_1=\dfrac{\varepsilon_0\,\varepsilon_{\text{r}1}}{d}SV_0,\ E_2=\dfrac{\varepsilon_0\,\varepsilon_{\text{r}2}}{d}SV_0$	$D_1=\dfrac{\varepsilon_0\,\varepsilon_{\text{r}1}}{d}V_0,\ D_2=\dfrac{\varepsilon_0\,\varepsilon_{\text{r}2}}{d}V_0$	$Q_1=\dfrac{\varepsilon_0}{d}SV_0,\ Q_2=\dfrac{\varepsilon_0}{d}SV_0$

問2　出題分野＜静電気＞

難易度 ★★★　重要度 ★★★

静電界に関する記述として，正しいのは次のうちどれか。
（1）　二つの小さな帯電体の間に働く力の大きさは，それぞれの帯電体の電気量の和に比例し，その距離の 2 乗に反比例する。
（2）　点電荷が作る電界は点電荷の電気量に比例し，距離に反比例する。
（3）　電気力線上の任意の点での接線の方向は，その点の電界の方向に一致する。
（4）　等電位面上の正電荷には，その面に沿った方向に正のクーロン力が働く。
（5）　コンデンサの電極板間にすき間なく誘電体を入れると，静電容量と電極板間の電界は，誘電体の誘電率に比例して増大する。

問1の解答　出題項目＜コンデンサの接続＞　答え　(4)

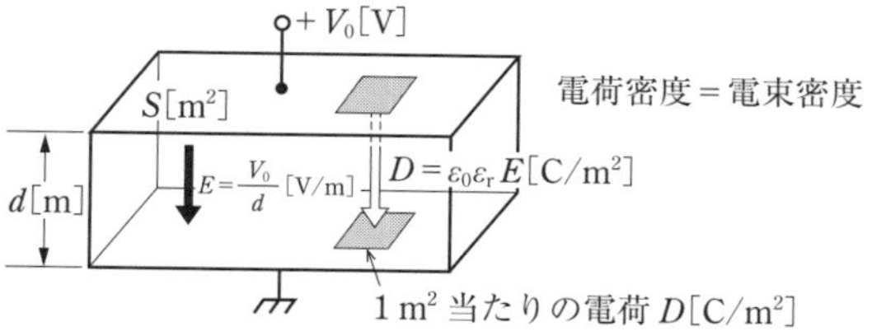

図1-1　電極板間の電界の強さと電束密度

図1-1 に示す平行平板コンデンサの電極板間の電界の強さは，電極板間の電圧と電極板間隔で決まる。問題図では電極板間の電圧が等しく電極板間隔も同じなので，電極板間の電界の強さ E_1[V/m] と E_2[V/m]は同じ値となり，

$$E_1=\frac{V_0}{d},\ E_2=\frac{V_0}{d}$$

電束密度は，電界の強さに電極板間の誘電率を乗じた値となるので，D_1[C/m²] と D_2[C/m²]は，

$$D_1=\frac{\varepsilon_0\varepsilon_{r1}}{d}V_0,\ D_2=\frac{\varepsilon_0\varepsilon_{r2}}{d}V_0$$

コンデンサの電極板に蓄えられる電荷は，電束密度と電極板面積の積で与えられる。したがって，コンデンサ C_1，C_2に蓄えられる電荷 Q_1[C]，Q_2[C]は，

$$Q_1=\frac{\varepsilon_0\varepsilon_{r1}}{d}SV_0,\ Q_2=\frac{\varepsilon_0\varepsilon_{r2}}{d}SV_0$$

解説

電束密度 D[C/m²]と電界の強さ E[V/m]の関係は，誘電率を ε[F/m]とすると，

$$D=\varepsilon E=\varepsilon_0\varepsilon_r E$$

端効果を無視した平行平板コンデンサの電極板間では，電極板上の電荷は一様に分布しているので電荷密度は一定である。電束は電荷の電気量と同じ本数出入りするので，電極板上の電荷密度と電束密度は等しい。したがって，蓄えられる電荷は電束密度と電極板面積の積で求められる。

また，別解として静電容量 $C=\varepsilon\dfrac{S}{d}$ から電荷 $Q=CV_0$ を用いて求めてもよい。

Point 電極板上の電荷密度＝電束密度

問2の解答　出題項目＜電気力線・電束，クローンの法則，点電荷による電位・電界＞　答え　(3)

（1）誤。力の大きさはクーロンの法則に従うので，それぞれの帯電体の**電気量の積に比例**し，その距離の2乗に反比例する。

（2）誤。点電荷 Q が作る電界の強さ E は，点電荷からの距離を r，比例定数を k とすると，

$$E=\frac{kQ}{r^2}$$

上式より，電界は点電荷の電気量に比例し，**距離の2乗に反比例**する。

（3）正。記述のとおり。

（4）誤。正電荷は電界の方向に力を受ける。電界の方向は常に等電位面に垂直なので，等電位面上の正電荷には，**その面の垂直方向**に正のクーロン力が働く。

（5）誤。静電容量は誘電体の誘電率に比例して増大する。一方，電荷が一定の場合，電極板間の電界は誘電体の誘電分極のために，誘電体の**誘電率に反比例して減少**し，また，電極板間の電圧が一定の場合，電界は電極板間隔で決まり，**誘電率には無関係**である。

解説

点電荷の作る電界は距離の2乗に反比例するが，電位は距離に反比例する。

正の点電荷 Q が電界 $\dot{E}$ から受ける力 $\dot{F}$ はベクトル方程式で表すと $\dot{F}=Q\dot{E}$ なので，力の向きと電界の向きは一致する。

静電容量が誘電率に比例する理由を次のように考えることができる。電極板の電荷を一定としたとき，電界は誘電率に反比例して低下するため電極間の電位差も誘電率に反比例して低下する。静電容量は $\dfrac{電荷}{電位差}$ より電位差に反比例するので，静電容量は誘電率に比例して増大する。

Point 等電位面と電気力線は常に直交する。

令和4(2022) 令和3(2021) 令和2(2020) 令和元(2019) 平成30(2018) 平成29(2017) 平成28(2016) 平成27(2015) 平成26(2014) 平成25(2013) 平成24(2012) 平成23(2011) 平成22(2010) 平成21(2009) 平成20(2008)

問 3　出題分野＜電磁気＞　　難易度 ★★★　重要度 ★★★

　次の文章は，コイルの磁束鎖交数とコイルに蓄えられる磁気エネルギーについて述べたものである。

　インダクタンス 1[mH]のコイルに直流電流 10[A]が流れているとき，このコイルの磁束鎖交数 Ψ_1
[Wb]は　(ア)　[Wb]である。また，コイルに蓄えられている磁気エネルギー W_1[J]は　(イ)　[J]
である。

　次に，このコイルに流れる直流電流を 30[A]とすると，磁束鎖交数 Ψ_2[Wb]と蓄えられる磁気エネル
ギー W_2[J]はそれぞれ　(ウ)　となる。

　上記の記述中の空白箇所(ア)，(イ)及び(ウ)に当てはまる語句又は数値として，正しいものを組み合
わせたのは次のうちどれか。

	(ア)	(イ)	(ウ)
(1)	5×10^{-3}	5×10^{-2}	Ψ_2 は Ψ_1 の 3 倍，W_2 は W_1 の 9 倍
(2)	1×10^{-2}	5×10^{-2}	Ψ_2 は Ψ_1 の 3 倍，W_2 は W_1 の 9 倍
(3)	1×10^{-2}	1×10^{-2}	Ψ_2 は Ψ_1 の 9 倍，W_2 は W_1 の 3 倍
(4)	1×10^{-2}	5×10^{-1}	Ψ_2 は Ψ_1 の 3 倍，W_2 は W_1 の 9 倍
(5)	5×10^{-2}	5×10^{-1}	Ψ_2 は Ψ_1 の 9 倍，W_2 は W_1 の 27 倍

問 4　出題分野＜電磁気＞　　難易度 ★★★　重要度 ★★★

　図のように，点 O を中心とするそれぞれ半径 1[m]と半径 2[m]の円形導線の 1/4 と，それらを連結
する直線状の導線からなる扇形導線がある。この導線に，図に示す向きに直流電流 $I=8$[A]を流した場
合，点 O における磁界[A/m]の大きさとして，正しいのは次のうちどれか。

　ただし，扇形導線は同一平面上にあり，その巻数は一巻きである。

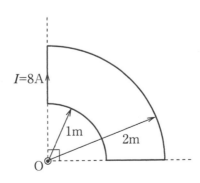

(1)　0.25　　　(2)　0.5　　　(3)　0.75　　　(4)　1.0　　　(5)　2.0

問3の解答　　出題項目＜磁力線・磁束，インダクタンス＞　　答え　（2）

インダクタンス $L=1$[mH]のコイルに直流電流 $I=10$[A]が流れているとき，コイルの磁束鎖交数 Ψ_1[Wb]は，$\Psi_1=LI=\mathbf{1\times10^{-2}}$[Wb]である。

また，コイルに蓄えられている磁気エネルギー W_1[J]は，$W_1=LI^2/2=\mathbf{5\times10^{-2}}$[J]である。

次に，このコイルに流れる直流電流を30 A とすると，磁束鎖交数は電流に比例し，蓄えられる磁気エネルギーは電流の2乗に比例するので，磁束鎖交数 Ψ_2[Wb]と磁気エネルギー W_2[J]はそれぞれ**Ψ_2 は Ψ_1 の3倍，W_2 は W_1 の9倍**となる。

解説

図3-1のように，巻数 N のコイルの自己インダクタンスを L[H]とする。単位時間 Δt[s]間にコイルの鎖交磁束が $\Delta\Phi$[Wb]変化したときの誘導起電力と，Δt[s]間にコイルの電流が ΔI[A]変化したときの誘導起電力は等しいので，

$$N\frac{\Delta\Phi}{\Delta t}=L\frac{\Delta I}{\Delta t}\quad\rightarrow\quad N\Delta\Phi=L\Delta I$$

鎖交磁束と電流の初期値を零として $\Delta\Phi=\Phi$，$\Delta I=I$ と置けば，

$$N\Phi=LI$$

$N\Phi$ は磁束鎖交数 Ψ なので，$\Psi=LI$ となる。

補足　磁気エネルギーの式を考えてみよう。図3-2のように，コイルを流れる電流が一定の割合で増加している場合を考える。このとき，コイルには一定の逆起電力 $e=LI/t$[V]が生じている。コイルに送り込まれた電気量 Q は三角形の面積分で，$Q=It/2$[C]。e[V]の電位差に Q[C]流し込むエネルギー W は，$W=eQ=LI/t\times It/2=LI^2/2$[J]となり，これが磁気エネルギーとしてコイルに蓄えられる。

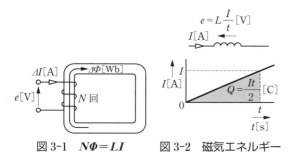

図3-1　$N\Phi=LI$　　図3-2　磁気エネルギー

問4の解答　　出題項目＜電流による磁界＞　　答え　（2）

図4-1の直線状導線C，Dの電流は，ビオ・サバールの法則により点Oに磁界を作らない。

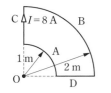 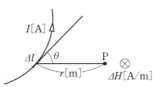

図4-1　点Oの磁界　　図4-2　ビオ・サバールの法則

半径 a[m]の円形コイルに電流 I[A]を流したとき，円の中心における磁界の大きさ H は，

$$H=\frac{I}{2a}\text{[A/m]}$$

図4-1の扇形導線 A は，半径1 m の円形コイルの1/4なので，この電流が点Oに作る磁界の大きさ H_A は円形コイルの作る磁界の1/4倍である。

$$H_A=\frac{1}{4}\times\frac{I}{2a}=\frac{8}{4\times2}=1\text{[A/m]}$$

扇形導線Bが点Oに作る磁界の大きさ H_B は，

$$H_B=\frac{1}{4}\times\frac{I}{2a}=\frac{8}{4\times4}=\frac{1}{2}\text{[A/m]}$$

H_A と H_B の方向は互いに反対方向なので，点Oにおける磁界の大きさ H_0 は両者の差になり，

$$H_0=H_A-H_B=1-0.5=0.5\text{[A/m]}$$

解説

図4-2において，微小区間 Δl の電流が点Pに作る磁界の大きさ ΔH は，ビオ・サバールの法則により，

$$\Delta H=\frac{I\Delta l\sin\theta}{4\pi r^2}\text{[A/m]}$$

この法則から，図4-1の直線状導線と点Oのなす角 θ は0または π なので，磁界は0になる。

問5 出題分野＜静電気＞　　難易度 ★★★　　重要度 ★★★

　図に示す5種類の回路は，直流電圧 E[V]の電源と静電容量 C[F]のコンデンサの個数と組み合わせを異にしたものである。これらの回路のうちで，コンデンサ全体に蓄えられている電界のエネルギーが最も小さい回路を示す図として，正しいのは次のうちどれか。

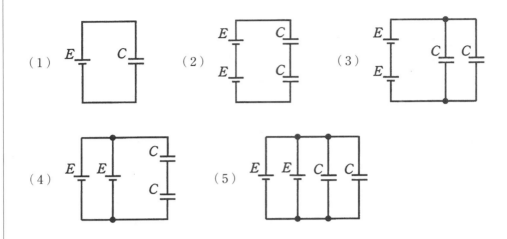

問6 出題分野＜直流回路＞　　難易度 ★★★　　重要度 ★★★

　抵抗値が異なる抵抗 R_1[Ω]と R_2[Ω]を図1のように直列に接続し，30[V]の直流電圧を加えたところ，回路に流れる電流は6[A]であった。次に，この抵抗 R_1[Ω]と R_2[Ω]を図2のように並列に接続し，30[V]の直流電圧を加えたところ，回路に流れる電流は25[A]であった。このとき，抵抗 R_1[Ω]，R_2[Ω]のうち小さい方の抵抗[Ω]の値として，正しいのは次のうちどれか。

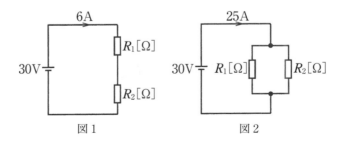

（1）1　　　（2）1.2　　　（3）1.5　　　（4）2　　　（5）3

令和 **4** (2022)
令和 **3** (2021)
令和 **2** (2020)
令和 **元** (2019)
平成 **30** (2018)
平成 **29** (2017)
平成 **28** (2016)
平成 **27** (2015)
平成 **26** (2014)
平成 **25** (2013)
平成 **24** (2012)
平成 **23** (2011)
平成 **22** (2010)
平成 **21** (2009)
平成 **20** (2008)

問 5 の解答　出題項目＜コンデンサの接続，仕事・静電エネルギー＞　答え　（4）

問題図の等価回路を**図5-1**に示す。

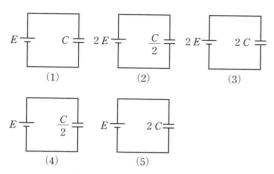

図 5-1　問題図の等価回路

それぞれの回路において，コンデンサに蓄えられる電界のエネルギー（静電エネルギー）W[J]を求める。

（1）　$W = \dfrac{CE^2}{2}$

（2）　$W = \dfrac{1}{2} \cdot \dfrac{C}{2}(2E)^2 = CE^2$

（3）　$W = \dfrac{1}{2} \cdot 2C(2E)^2 = 4CE^2$

（4）　$W = \dfrac{1}{2} \cdot \dfrac{C}{2}E^2 = \dfrac{CE^2}{4}$

（5）　$W = \dfrac{1}{2} \cdot 2CE^2 = CE^2$

計算結果より，（4）の回路が最も小さい。

解説

コンデンサの静電容量をC[F]，端子電圧をE[V]，蓄えられる電荷をQ[C]とすると，静電エネルギーは次の三つの形で表される。

$$W = \dfrac{CE^2}{2} = \dfrac{QE}{2} = \dfrac{Q^2}{2C} \text{[J]}$$

補足　静電エネルギーの式を考えてみよう。**図5-2**（a）のように，電圧E[V]が一定のとき電圧に逆らって電荷Q[C]を移動させるための仕事Wは，$W = QE$[J]。これは，EのグラフとQ軸で囲まれた長方形の面積に相当する。一方，図5-2（b）のように，コンデンサは電圧が電荷に比例して変化するため，電圧に逆らってQ[C]を移動させるための仕事は，EのグラフとQ軸で囲まれた三角形の面積に相当する。したがって，静電エネルギーは$W = \dfrac{QE}{2}$[J]となる。

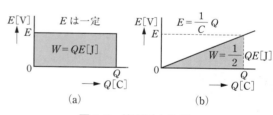

図 5-2　静電エネルギー

問 6 の解答　出題項目＜抵抗直列回路，抵抗並列回路＞　答え　（4）

問題図1より，

$$R_1 + R_2 = \dfrac{30}{6} = 5 \, [\Omega] \qquad ①$$

問題図2と①式より，

$$\dfrac{R_1 R_2}{R_1 + R_2} = \dfrac{30}{25} = \dfrac{6}{5} \, [\Omega] \quad \rightarrow \quad \dfrac{R_1 R_2}{5} = \dfrac{6}{5}$$

$$R_1 R_2 = 6 \qquad ②$$

①と②式からR_2を消去して整理すると，

$$R_1{}^2 - 5R_1 + 6 = 0 \quad \rightarrow \quad (R_1 - 2)(R_1 - 3) = 0$$

ゆえに，$R_1 = 2, \ 3 \, [\Omega]$なので，$R_2 = 3, \ 2 \, [\Omega]$である。いずれにしても小さい方の抵抗の値は$2 \, \Omega$

である。

解説

問題図より直列，並列，それぞれの合成抵抗値がオームの法則から直ちに求まるので，①式と②式の連立方程式が立つ。

補足　二つの未知数の和αと積βが既知の場合，この未知数は次の二次方程式の解になる。

$$t^2 - \alpha t + \beta = 0$$

αは①式，βは②式より，

$$t^2 - 5t + 6 = 0 \quad \rightarrow \quad (t-2)(t-3) = 0$$

より$t = 2, \ 3$を得る。

問7　出題分野＜三相交流＞　　　難易度 ★★★　　重要度 ★★★

　図のように抵抗，コイル，コンデンサからなる負荷がある。この負荷に線間電圧 $\dot{V}_{ab}=100\angle0°[V]$，$\dot{V}_{bc}=100\angle0°[V]$，$\dot{V}_{ac}=200\angle0°[V]$ の単相 3 線式交流電源を接続したところ，端子 a，端子 b，端子 c を流れる線電流はそれぞれ $\dot{I}_a[A]$，$\dot{I}_b[A]$ 及び $\dot{I}_c[A]$ であった。$\dot{I}_a[A]$，$\dot{I}_b[A]$，$\dot{I}_c[A]$ の大きさをそれぞれ $I_a[A]$，$I_b[A]$，$I_c[A]$ としたとき，これらの大小関係を表す式として，正しいのは次のうちどれか。

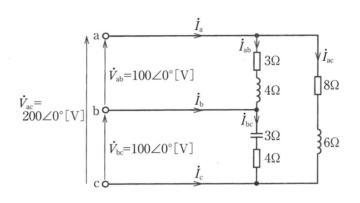

（1）　$I_a=I_c>I_b$　　（2）　$I_a>I_c>I_b$　　（3）　$I_b>I_c>I_a$

（4）　$I_b>I_a>I_c$　　（5）　$I_c>I_a>I_b$

問8　出題分野＜単相交流＞　　　難易度 ★★★　　重要度 ★★★

　図のように，$R=\sqrt{3}\omega L[\Omega]$ の抵抗，インダクタンス $L[H]$ のコイル，スイッチ S が角周波数 $\omega[rad/s]$ の交流電圧 $\dot{E}[V]$ の電源に接続されている。スイッチ S を開いているとき，コイルを流れる電流の大きさを $I_1[A]$，電源電圧に対する電流の位相差を $\theta_1[°]$ とする。また，スイッチ S を閉じているとき，コイルを流れる電流の大きさを $I_2[A]$，電源電圧に対する電流の位相差を $\theta_2[°]$ とする。このとき，$\dfrac{I_1}{I_2}$ 及び $|\theta_1-\theta_2|[°]$ の値として，正しいものを組み合わせたのは次のうちどれか。

	$\dfrac{I_1}{I_2}$	$|\theta_1-\theta_2|$
（1）	$\dfrac{1}{2}$	30
（2）	$\dfrac{1}{2}$	60
（3）	2	30
（4）	2	60
（5）	2	90

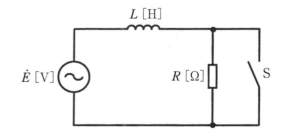

問7の解答　　出題項目＜Δ接続＞　　　　　　　答え　（2）

$$\dot{I}_{ab}=\frac{100}{3+j4}=\frac{100(3-j4)}{25}=12-j16[\mathrm{A}]$$

$$\dot{I}_{bc}=\frac{100}{4-j3}=\frac{100(4+j3)}{25}=16+j12[\mathrm{A}]$$

$$\dot{I}_{ac}=\frac{200}{8+j6}=\frac{200(8-j6)}{100}=16-j12[\mathrm{A}]$$

線電流を求めると，

$$\dot{I}_a=\dot{I}_{ab}+\dot{I}_{ac}=(12-j16)+(16-j12)$$

$$=28-j28[\mathrm{A}]$$

$$I_a=\sqrt{28^2+(-28)^2}\fallingdotseq39.6[\mathrm{A}]$$

$$\dot{I}_b=\dot{I}_{bc}-\dot{I}_{ab}=(16+j12)-(12-j16)$$

$$=4+j28[\mathrm{A}]$$

$$I_b=\sqrt{4^2+28^2}\fallingdotseq28.3[\mathrm{A}]$$

$$\dot{I}_c=-(\dot{I}_{bc}+\dot{I}_{ac})$$

$$=-\{(16+j12)+(16-j12)\}$$

$$=-32[\mathrm{A}]$$

$$I_c=\sqrt{(-32)^2+0^2}=32[\mathrm{A}]$$

以上の計算結果より線電流の大小関係は，

$$I_a>I_c>I_b$$

解説 ･･････････････････････････

端子 a-b 間は誘導性負荷 5 Ω，端子 b-c 間は容量性負荷 5 Ω，端子 a-c 間は誘導性負荷 10 Ω で

あり，各負荷電流の大きさは 20 A となるので，線電流のベクトル図は**図7-1**になる。このベクトル図より，$I_a>I_c>I_b$ であることがわかる。ただし，負荷電流の大きさが異なる場合は，ベクトル図上での比較は不正確になるおそれがあるので注意を要する。

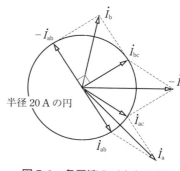

図7-1　各電流のベクトル図

解答で示したように線電流を計算して比較するのがベストであろう。各負荷電流は大きさが同じでも位相が異なるので，線電流を求めるには，ベクトル和で計算する。

Point 大きさはベクトルの絶対値である。

問8の解答　　出題項目＜RL 直列回路＞　　　　　答え　（2）

スイッチ S を開いているときのインピーダンスベクトルを**図8-1**に示す。

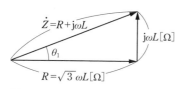

図8-1　インピーダンスベクトル

インピーダンス Z は，

$$Z=\sqrt{(\sqrt{3}\,\omega L)^2+(\omega L)^2}=2\omega L[\Omega]$$

θ_1 はインピーダンス角に等しいので，

$$\tan\theta_1=\frac{1}{\sqrt{3}}\quad\rightarrow\quad\theta_1=30[°]\quad（遅れ角）$$

電流の大きさ I_1 は $|\dot{E}|=E$ とすると，

$$I_1=\frac{E}{2\omega L}[\mathrm{A}]$$

スイッチ S を閉じているとき，インピーダンスは $\omega L[\Omega]$，位相差は $\theta_2=90[°]$（遅れ角），電流の大きさ I_2 は，

$$I_2=\frac{E}{\omega L}[\mathrm{A}]$$

以上から，

$$\frac{I_1}{I_2}=\frac{1}{2},\quad|\theta_1-\theta_2|=60[°]$$

解説 ･･････････････････････････

電圧と電流の位相差はインピーダンス角に等しいことを利用する。

令和
4
(2022)

令和
3
(2021)

令和
2
(2020)

令和
元
(2019)

平成
30
(2018)

平成
29
(2017)

平成
28
(2016)

平成
27
(2015)

平成
26
(2014)

平成
25
(2013)

平成
24
(2012)

平成
23
(2011)

平成
22
(2010)

平成
21
(2009)

平成
20
(2008)

問 9　出題分野＜単相交流＞

難易度 ★★★　重要度 ★★☆

　ある回路に，$i = 4\sqrt{2}\,\sin 120\pi t\,[\text{A}]$ の電流が流れている。この電流の瞬時値が，時刻 $t = 0\,[\text{s}]$ 以降に初めて 4[A] となるのは，時刻 $t = t_1\,[\text{s}]$ である。$t_1\,[\text{s}]$ の値として，正しいのは次のうちどれか。

（1）　$\dfrac{1}{480}$　　　（2）　$\dfrac{1}{360}$　　　（3）　$\dfrac{1}{240}$　　　（4）　$\dfrac{1}{160}$　　　（5）　$\dfrac{1}{120}$

問 10　出題分野＜過渡現象＞

難易度 ★★☆　重要度 ★★★

　図 1 のようなインダクタンス $L\,[\text{H}]$ のコイルと $R\,[\Omega]$ の抵抗からなる直列回路に，図 2 のような振幅 $E\,[\text{V}]$，パルス幅 $T_0\,[\text{s}]$ の方形波電圧 $v_i\,[\text{V}]$ を加えた。このときの抵抗 $R\,[\Omega]$ の端子間電圧 $v_R\,[\text{V}]$ の波形を示す図として，正しいのは次のうちどれか。

　ただし，図 1 の回路の時定数 $\dfrac{L}{R}\,[\text{s}]$ は $T_0\,[\text{s}]$ より十分小さく $\left(\dfrac{L}{R} \ll T_0\right)$，方形波電圧 $v_i\,[\text{V}]$ を発生する電源の内部インピーダンスは $0\,[\Omega]$ とし，コイルに流れる初期電流は $0\,[\text{A}]$ とする。

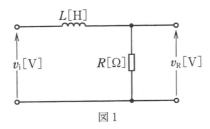
図 1

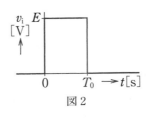
図 2

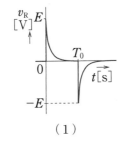
（1）

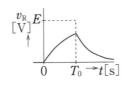
（2）

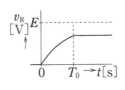
（3）

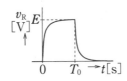
（4）

（5）

令和
4
(2022)

令和
3
(2021)

令和
2
(2020)

令和
元
(2019)

平成
30
(2018)

平成
29
(2017)

平成
28
(2016)

平成
27
(2015)

平成
26
(2014)

平成
25
(2013)

平成
24
(2012)

平成
23
(2011)

平成
22
(2010)

平成
21
(2009)

平成
20
(2008)

問 9 の解答　　出題項目＜瞬時値を表す式＞　　答え （1）

$i = 4\sqrt{2}\,\sin(120\pi t)$ のグラフを図 9-1 に示す。

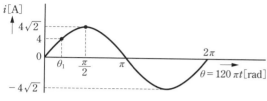

図 9-1　電流 i のグラフ

$\theta = 0$ 以降 i が初めて 4 A になる角を θ_1 とする。ただし，$\theta_1 = 120\pi t_1 [\mathrm{rad}]$ とする。このとき θ_1 は次の方程式を満たす。

$$4\sqrt{2}\,\sin\theta_1 = 4 \quad (0 < \theta_1 < \pi/2) \qquad ①$$

$$\sin\theta_1 = \frac{1}{\sqrt{2}} \quad (0 < \theta_1 < \pi/2)$$

$$\theta_1 = \frac{\pi}{4} = 120\pi t_1 \ \rightarrow\ t_1 = \frac{1}{480}[\mathrm{s}]$$

解 説

正弦波交流は図 9-1 のように周期関数なので，瞬時値が 4 A となる時刻は無数にある。した

がって，方程式①式を解く場合は，$0 < \theta_1 < \pi/2$ の範囲で解く必要がある。

補 足　　正弦波交流の瞬時式は sin 関数の他に cos 関数で表現される場合もある。例えば，$i = 4\sqrt{2}\,\cos(120\pi t)$ の波形のグラフは，図 9-2 のようになる。これは加法定理より，

$$\cos\theta = \sin(\theta + \pi/2)$$

$$4\sqrt{2}\,\cos(120\pi t) = 4\sqrt{2}\,\sin(120\pi t + \pi/2)$$

ゆえに，正弦波を cos で表したグラフは，sin のグラフの位相を $\pi/2$ 進めたものと等しい。

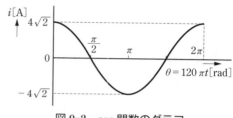

図 9-2　cos 関数のグラフ

問 10 の解答　　出題項目＜RL 直列回路＞　　答え （5）

v_R は抵抗を流れる電流 i と同じ変化をするので，電流の変化を調べればよい。

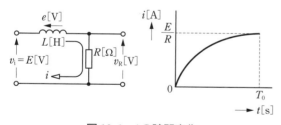

図 10-1　i の時間変化

図 10-1 のように，$t = 0[\mathrm{s}]$ で v_i が $E[\mathrm{V}]$ に立ち上がっても，コイルの誘導起電力 e が電流 i の増加を妨げるので，電流は徐々に滑らかに上昇する。回路の時定数が T_0 に比べ十分に小さいので，T_0 までの間にコイルの誘導起電力は零となり，電流は $i = \dfrac{E}{R}[\mathrm{A}]$ の定常状態となる。

次に，$t = T_0[\mathrm{s}]$ で v_i が 0 V に立ち下がった場合，図 10-2 のように，コイルは電流を維持し続

ける向きに誘導起電力を生じるので，電流は直ちに零にならず徐々に滑らかに減少して零に至る。その変化は電流上昇時と反対の形になる。この電流を R 倍したものが v_R なので，正解は選択肢（5）となる。

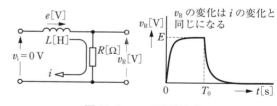

図 10-2　v_R の時間変化

解 説

もし時定数と T_0 が同程度である場合，v_R は十分 E まで上昇できないので，選択肢（2）のような波形になる。また，選択肢（1）は問題図 1 のコイルと抵抗を置き換えた場合の応答である（ただし，時定数 $\dfrac{L}{R} \ll T_0$ とする）。

問 11 出題分野＜電子理論＞ ［難易度 ★★★］ ［重要度 ★★☆］

半導体に関する記述として，誤っているのは次のうちどれか。

（1） シリコン(Si)やゲルマニウム(Ge)の真性半導体においては，キャリヤの電子と正孔の数は同じである。

（2） 真性半導体に微量の 13 族又は 15 族の元素を不純物として加えた半導体を不純物半導体といい，電気伝導度が真性半導体に比べて大きくなる。

（3） シリコン(Si)やゲルマニウム(Ge)の真性半導体に 15 族の元素を不純物として微量だけ加えたものを p 形半導体という。

（4） n 形半導体の少数キャリヤは正孔である。

（5） 半導体の電気伝導度は温度が下がると小さくなる。

（一部改題）

問 12 出題分野＜電子理論＞ ［難易度 ★★☆］ ［重要度 ★★★］

図 1 のように，真空中において強さが一定で一様な磁界中に，速さ v[m/s]の電子が磁界の向きに対して θ[°]の角度(0[°]＜θ[°]＜90[°])で突入した。この場合，電子は進行方向にも磁界の向きにも ［ (ア) ］ 方向の電磁力を常に受けて，その軌跡は，［ (イ) ］ を描く。

次に，電界中に電子を置くと，電子は電界の向きと ［ (ウ) ］ 方向の静電力を受ける。また，図 2 のように，強さが一定で一様な電界中に，速さ v[m/s]の電子が電界の向きに対して θ[°]の角度(0[°]＜θ[°]＜90[°])で突入したとき，その軌跡は，［ (エ) ］ を描く。

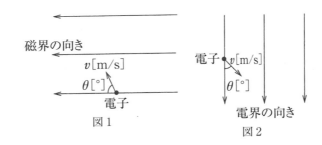

図 1　　　　図 2

上記の記述中の空白箇所(ア)，(イ)，(ウ)及び(エ)に当てはまる語句として，正しいものを組み合わせたのは次のうちどれか。

	(ア)	(イ)	(ウ)	(エ)
（1）	反　対	らせん	反　対	放物線
（2）	直　角	円	同　じ	円
（3）	同　じ	円	直　角	放物線
（4）	反　対	らせん	同　じ	円
（5）	直　角	らせん	反　対	放物線

問 11 の解答　　出題項目＜半導体・半導体デバイス＞　　　　　　答え　（3）

（1）　正。真性半導体は 4 価の価電子が共有結合して結晶を作っている。しかし，そのうちのわずかな電子は熱エネルギーを得て，原子核からのクーロン力を振り切って自由電子となるものがある。電子の抜けた部分は正孔として電気伝導を担うことができる。このため，キャリアの電子と正孔の数は同じになる。

（2）　正。真性半導体に微量の 3 価の元素（アクセプタ）を加えると，結合の一部に電子が不足した正孔が生じる。また，5 価の元素（ドナー）を微量加えると，結合に不要な過剰な電子が生じる。これらを不純物半導体の多数キャリアと呼ぶ。不純物半導体は，真性半導体に比べキャリアが多く含まれるので電気伝導度は大きい。

（3）　誤。5 価の元素を微量加えた不純物半導体を **n 形半導体** という。一方，3 価の元素を微量加えた不純物半導体を p 形半導体という。

（4）　正。n 形半導体の多数キャリアは電子であるが，熱エネルギーで励起した電子の抜け穴である正孔も，少数キャリアとして存在する。

（5）　正。温度上昇に伴い半導体中の自由電子および正孔が増加するので，電気伝導度は大きくなる。反対に温度が下がると小さくなる。

解説

n 形半導体の n は多数キャリアが負（ネガティブ negative），p 形半導体の p は多数キャリアが正（ポジティブ positive）に由来している。

問 12 の解答　　出題項目＜電界中の電子，磁界中の電子＞　　　　　答え　（5）

図 12-1 のように，速さ v[m/s] の電子が磁界の向きに対して θ[°] で突入した場合，磁界に垂直な速度 v_V と平行な速度 v_P に分解する。磁界方向の運動は磁界から力を受けないので，電子は磁界方向に等速運動をする。一方，磁界に垂直な速度成分はフレミングの左手の法則が示す速度方向にも磁界の向きにも**直角**方向の電磁力を常に受けて円運動をする。以上から，磁界に平行な等速直線運動と合わせるとその軌跡は，らせんを描く。

度 v_P に分解する。電界の垂直方向には電子は力を受けないので，電子は x 軸方向に等速運動する。一方，電界と平行な y 軸方向の運動は初速度 $-v_P$，加速度を $\alpha = eE/m$（m は電子の質量）とする等加速度運動をする。t[s] 後の位置は，$x = v_V t$，$y = (1/2)\alpha t^2 - v_P t$ となり，t を消去すると，

$$y = \frac{1}{2}\alpha\frac{x^2}{v_V{}^2} - \frac{v_P}{v_V}x$$

電子の運動は x の二次関数で表されるので，その軌跡は**放物線**を描く。

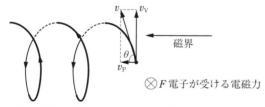

注意：電子の軌跡の図は，らせんが明確になるようにやや斜めから見た図である。

図 12-1　磁界中の電子の運動

電界 E 中に電子を置くと，電子は電界の向きと**反対**方向の静電力 $F = eE$（e は電子の電荷の大きさ）を受ける。**図 12-2** のように x，y 軸をとり，速度 v[m/s] を電界に垂直な速度 v_V と平行な速

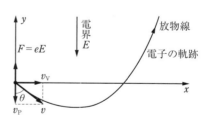

図 12-2　電界中の電子の運動

解説

磁界や電界中を運動する電子は力（ローレンツ力）を受ける方向に加速度運動する。この運動はニュートンの運動方程式に従う。

令和 4 (2022)　令和 3 (2021)　令和 2 (2020)　令和 元 (2019)　平成 30 (2018)　平成 29 (2017)　平成 28 (2016)　平成 27 (2015)　平成 26 (2014)　平成 25 (2013)　平成 24 (2012)　平成 23 (2011)　平成 22 (2010)　平成 21 (2009)　平成 20 (2008)

問13 出題分野＜電子回路＞

難易度 ★★☆ **重要度** ★★★

図1にソース接地のFET増幅器の静特性に注目した回路を示す。この回路のFETのドレーン-ソース間電圧 V_{DS} とドレーン電流 I_D の特性は，図2に示す。図1の回路において，ゲート-ソース間電圧 $V_{GS}=-0.1[V]$ のとき，ドレーン-ソース間電圧 $V_{DS}[V]$，ドレーン電流 $I_D[mA]$ の値として，最も近いものを組み合わせたのは次のうちどれか。

ただし，直流電源電圧 $E_2=12[V]$，負荷抵抗 $R=1.2[k\Omega]$ とする。

	V_{DS}	I_D
(1)	0.8	5.0
(2)	3.0	5.8
(3)	4.2	6.5
(4)	4.8	6.0
(5)	12	8.4

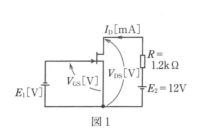

図1

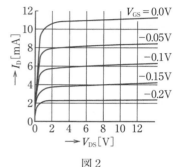

図2

問14 出題分野＜電気計測＞

難易度 ★★☆ **重要度** ★☆☆

可動コイル形直流電流計 A_1 と可動鉄片形交流電流計 A_2 の2台の電流計がある。それぞれの電流計の性質を比較するために次のような実験を行った。

図1のように A_1 と A_2 を抵抗 $100[\Omega]$ と電圧 $10[V]$ の直流電源の回路に接続したとき，A_1 の指示は $100[mA]$，A_2 の指示は $\boxed{（ア）}[mA]$ であった。

また，図2のように，周波数 $50[Hz]$，電圧 $100[V]$ の交流電源と抵抗 $500[\Omega]$ に A_1 と A_2 を接続したとき，A_1 の指示は $\boxed{（イ）}[mA]$，A_2 の指示は $200[mA]$ であった。

ただし，A_1 と A_2 の内部抵抗はどちらも無視できるものであった。

上記の記述中の空白箇所（ア）及び（イ）に当てはまる最も近い値として，正しいものを組み合わせたのは次のうちどれか。

	（ア）	（イ）
(1)	0	0
(2)	141	282
(3)	100	0
(4)	0	141
(5)	100	141

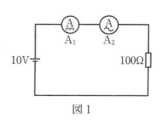

図1

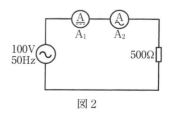

図2

令和
4
(2022)

令和
3
(2021)

令和
2
(2020)

令和
元
(2019)

平成
30
(2018)

平成
29
(2017)

平成
28
(2016)

平成
27
(2015)

平成
26
(2014)

平成
25
(2013)

平成
24
(2012)

平成
23
(2011)

平成
22
(2010)

平成
21
(2009)

平成
20
(2008)

問 13 の解答　出題項目＜FET 増幅回路＞　　　答え　（4）

図 13-1 の回路について次式が成り立つ。

$$E_2 = I_D R + V_{DS}$$

$E_2 = 12[V]$，$R = 1.2[kΩ]$ を代入して，

$$12 = 1.2[kΩ] × I_D[mA] + V_{DS} \qquad ①$$

この式は I_D を y 軸，V_{DS} を x 軸とする座標上で点 A($I_D = 0[mA]$，$V_{DS} = 12[V]$) と点 B($V_{DS} = 0[V]$，$I_D = 10[mA]$) の二つの点を結ぶ直線を表す。**図 13-2** は問題図 2 の静特性にこの直線を書き入れたものである。この図で $V_{GS} = -0.1[V]$ の曲線との交点が求める V_{DS} と I_D になる。

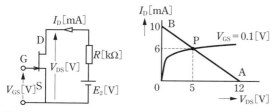

図 13-1　V_{DS}，I_D の関係　図 13-2　静特性と動作点

図より，およその値として $V_{DS} = 5[V]$，$I_D = 6[mA]$ を得るので，正解は選択肢（4）となる。

解説

①式を直流負荷線という。この負荷線と V_{GS} の特性曲線との交点を動作点という。

図 13-3 にその増幅原理を示す。ただし，図中の負荷線は交流信号に対する交流負荷線とする。例えば $V_{GS} = -0.1[V]$ を中心に振幅が $v_i[V]$ の交流信号を加えたとき，V_{DS} は $v_o[V]$ の振幅の交流電圧になることが見てとれる。このとき，V_{GS} の上昇に対して V_{DS} は低下するので，入力信号と出力信号の位相は反転する。

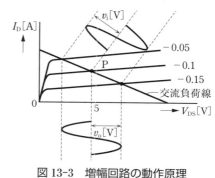

図 13-3　増幅回路の動作原理

問 14 の解答　出題項目＜電流計・分流器＞　　　答え　（3）

可動コイル形計器 A_1 は計器を流れる電流の平均値を指示し，可動鉄片形計器 A_2 は実効値を指示する。問題図 1 の直流電流の測定では，回路の電流値は 100 mA 一定であるため，この電流の平均値も実効値もともに 100 mA である。したがって，A_1 の指示が 100 mA のとき，A_2 の指示は <u>100</u> mA である。

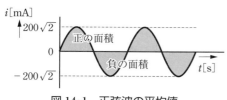

図 14-1　正弦波の平均値

問題図 2 の回路の電流は実効値で 200 mA なので A_2 の指示は 200 mA である。一方，正弦波交流電流は**図 14-1** のように，時間軸とグラフが囲

う面積が正と負同じなので，平均値は 0 mA になる。このため A_1 の指示は <u>0</u> mA である。

解説

実効値の定義：瞬時値の 2 乗を一周期分平均し，その平方根をとる（**図 14-2** 参照）。

＊注意：正弦波交流の平均値について。

正弦波交流の平均は零になるので，正弦波交流の絶対値（全波整流波形）の平均値を，正弦波交流の平均値とする場合もある。

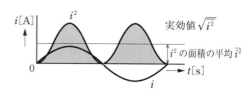

図 14-2　正弦波交流の実効値

B 問　題 （配点は1問題当たり（a）5点，（b）5点，計10点）

問 15　　出題分野＜電気計測，直流回路＞　　　難易度 ★★★　重要度 ★★★

電気計測に関する記述について，次の（a）及び（b）に答えよ。

（a）　ある量の測定に用いる方法には各種あるが，指示計器のように測定量を指針の振れの大きさに変えて，その指示から測定量を知る方法を　（ア）　法という。これに比較して精密な測定を行う場合に用いられている　（イ）　法は，測定量と同種類で大きさを調整できる既知量を別に用意し，既知量を測定量に平衡させて，そのときの既知量の大きさから測定量を知る方法である。　（イ）　法を用いた測定器の例としては，ブリッジや　（ウ）　がある。

上記の記述中の空白箇所（ア），（イ）及び（ウ）に当てはまる語句として，正しいものを組み合わせたのは次のうちどれか。

	（ア）	（イ）	（ウ）
（1）	偏　位	零　位	直流電位差計
（2）	偏　位	差　動	誘導形電力量計
（3）	間　接	零　位	直流電位差計
（4）	間　接	差　動	誘導形電力量計
（5）	偏　位	零　位	誘導形電力量計

（次々頁に続く）

問 15 （ a ）の解答　出題項目＜測定法＞　　答え　（1）

　ある量の測定に用いる方法のうち，指示計器のように測定量を指針の触れの大きさに変えて，その指示から測定量を知る方法を**偏位**法という。これに比較して精密な測定を行う場合に用いられている**零位法**は，測定量と同種類で大きさを調整できる既知量を別に用意し，既知量を測定量に平衡させて，そのときの既知量の大きさから測定量を知る方法である。零位法を用いた例として，ブリッジや**直流電位差計**がある。

解説 ••••••••••••••••••

　直流電位差計は，**図 15-1** のように，未知の電源（起電力 E[V]，内部抵抗 r[Ω] ともに未知）の起電力を測定する場合に用いられる。

　図中の検流計の振れが零になるように，標準電圧電源の端子電圧 V_s[V] を調整する。このとき，

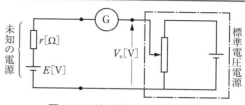

図 15-1　直流電位差計の原理

V_s と未知の起電力 E は一致する。原理は，検流計の振れが零のとき，未知の電源には電流が流れないため $E = V_s$ が成り立つことによる。

　また，誘導形電力量計は電流コイルと電圧コイルが作る移動磁界により，回転円板を回転移動させる偏位法の計器である。

Point　「はかり」に例えるなら，バネばかりは偏位法，天秤ばかりは零位法である。

令和4 (2022)
令和3 (2021)
令和2 (2020)
令和元 (2019)
平成30 (2018)
平成29 (2017)
平成28 (2016)
平成27 (2015)
平成26 (2014)
平成25 (2013)
平成24 (2012)
平成23 (2011)
平成22 (2010)
平成21 (2009)
平成20 (2008)

（続き）

（ｂ） 図は，ケルビンダブルブリッジの原理図である。図において $R_x[\Omega]$ が未知の抵抗，$R_s[\Omega]$ は可変抵抗，$P[\Omega]$，$Q[\Omega]$，$p[\Omega]$，$q[\Omega]$ は固定抵抗である。このブリッジは，抵抗 $R_x[\Omega]$ のリード線の抵抗が，固定抵抗 $r[\Omega]$ 及び直流電源側の接続線に含まれる回路構成となっており，低い抵抗の測定に適している。

　　図の回路において，固定抵抗 $P[\Omega]$，$Q[\Omega]$，$p[\Omega]$，$q[\Omega]$ の抵抗値が <u>（ア）</u> ＝0 の条件を満たしていて，可変抵抗 $R_s[\Omega]$，固定抵抗 $r[\Omega]$ においてブリッジが平衡している。この場合は，次式から抵抗 $R_x[\Omega]$ が求まる。

$$R_x = (\boxed{（イ）})R_s$$

この式が求まることを次の手順で証明してみよう。

〔証明〕

　　回路に流れる電流を図に示すように $I[A]$，$i_1[A]$，$i_2[A]$ とし，閉回路Ⅰ及びⅡにキルヒホッフの第 2 法則を適用すると式①，②が得られる。

$$Pi_1 = R_x I + pi_2 \quad\text{……①}$$
$$Qi_1 = R_s I + qi_2 \quad\text{……②}$$

式①，②から，

$$\frac{P}{Q} = \frac{R_x I + pi_2}{R_s I + qi_2} = \frac{R_x + p\dfrac{i_2}{I}}{R_s + q\dfrac{i_2}{I}} \quad\text{……③}$$

また，I は $(p+q)$ と r の回路に分流するので，$(p+q)i_2 = r(I - i_2)$ の関係から式④が得られる。

$$\frac{i_2}{I} = \boxed{（ウ）} \quad\text{……④}$$

ここで，$K = \boxed{（ウ）}$ とし，式③を整理すると式⑤が得られ，抵抗 $R_x[\Omega]$ が求まる。

$$R_x = (\boxed{（イ）})R_s + (\boxed{（ア）})qK \quad\text{……⑤}$$

　　上記の記述中の空白箇所（ア），（イ）及び（ウ）に当てはまる式として，正しいものを組み合わせたのは次のうちどれか。

	（ア）	（イ）	（ウ）
（1）	$\dfrac{P}{Q} - \dfrac{p}{q}$	$\dfrac{P}{Q}$	$\dfrac{r}{p+q+r}$
（2）	$\dfrac{p}{q} - \dfrac{P}{Q}$	$\dfrac{P}{q}$	$\dfrac{p}{p+r}$
（3）	$\dfrac{p}{q} - \dfrac{P}{Q}$	$\dfrac{Q}{p}$	$\dfrac{q}{q+r}$
（4）	$\dfrac{Q}{P} - \dfrac{q}{p}$	$\dfrac{Q}{P}$	$\dfrac{r}{p+q+r}$
（5）	$\dfrac{P}{Q} - \dfrac{p}{q}$	$\dfrac{P}{Q}$	$\dfrac{p}{p+q+r}$

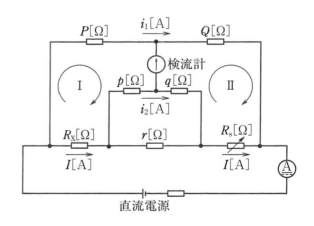

問 15（b）の解答　　出題項目＜測定法，抵抗直並列回路＞　　答え（1）

問題文の〔証明〕より，$\dfrac{①}{②}$ は，

$$\frac{Pi_1}{Qi_1}=\frac{R_xI+pi_2}{R_sI+qi_2}$$

$$\frac{P}{Q}=\frac{R_x+p\left(\dfrac{i_2}{I}\right)}{R_s+q\left(\dfrac{i_2}{I}\right)} \qquad ③$$

また，I は $(p+q)$ と r の回路に分流するので，

$$(p+q)i_2=r(I-i_2)=rI-ri_2$$
$$(p+q+r)i_2=rI$$
$$\frac{i_2}{I}=\frac{r}{p+q+r}=K \qquad ④$$

④式を用いて③式を R_x について式変形する。

$$Q(R_x+pK)=P(R_s+qK)$$
$$QR_x+QpK=PR_s+PqK$$
$$QR_x=PR_s+PqK-QpK$$
$$R_x=\frac{PR_s}{Q}+\frac{PqK}{Q}-pK$$
$$=\frac{P}{Q}R_s+\left(\frac{P}{Q}-\frac{p}{q}\right)qK \qquad ⑤$$

解説

問題文に沿って式変形をすることで，解答が得られる。ただし，原理を十分に理解していない限り，空欄（ア），（イ）は直ちにわかるものではないので，〔証明〕に沿って先ず（ウ）を求め，（ア）（イ）を解答することになる。

ケルビンダブルブリッジでは，

$$\frac{P}{Q}-\frac{p}{q}=0 \qquad ⑥$$

を満たすように設計されているので，検流計の振れが零であるとき未知抵抗 R_x は⑤式より，

$$R_x=\left(\frac{P}{Q}\right)R_s$$

補足　ケルビンダブルブリッジは，mΩ～程度の低抵抗の測定に用いられる。このような低抵抗の測定では，R_x に接続されるリード線の抵抗や接続端子の接触抵抗(以下，余剰抵抗)の影響を排除する必要がある。このため P，Q を高抵抗にして i_1 を極めて小さくし，P に付随する余剰抵抗降下を排除する。一方，r は R_x と R_s を繋ぐリード線の余剰抵抗であり，一般に $p+q\gg r$ であるため i_2 は極めて小さいことから，p に付随する余剰抵抗降下は排除される。最後に，$r(K)$ は条件⑥式により R_x から排除できる。

問16 出題分野＜三相交流＞　　難易度 ★★★　　重要度 ★★☆

平衡三相回路について，次の(a)及び(b)に答えよ。

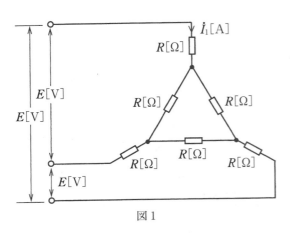

図1

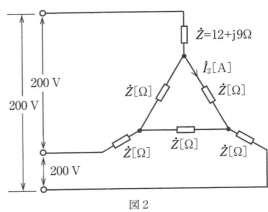

図2

(a) 図1のように，抵抗 $R[\Omega]$ が接続された平衡三相負荷に線間電圧 $E[V]$ の対称三相交流電源を接続した。このとき，図1に示す電流 $\dot{I}_1[A]$ の大きさの値を表す式として，正しいのは次のうちどれか。

(1) $\dfrac{E}{4\sqrt{3}R}$ 　　(2) $\dfrac{E}{4R}$ 　　(3) $\dfrac{\sqrt{3}E}{4R}$ 　　(4) $\dfrac{\sqrt{3}E}{R}$ 　　(5) $\dfrac{4E}{\sqrt{3}R}$

(b) 次に，図1を図2のように，抵抗 $R[\Omega]$ をインピーダンス $\dot{Z}=12+j9[\Omega]$ の負荷に置き換え，線間電圧 $E=200[V]$ とした。このとき，図2に示す電流 $\dot{I}_2[A]$ の大きさの値として，最も近いのは次のうちどれか。

(1) 2.5 　　(2) 3.3 　　(3) 4.4 　　(4) 5.8 　　(5) 7.7

問16 （a）の解答　出題項目＜Δ接続＞　答え　(3)

問題図1のΔ結線部分をY結線に変換して，1相分を表したものが**図16-1**である。

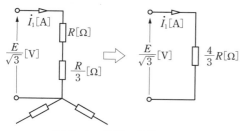

図16-1　負荷1相分の回路

線電流の大きさ $|\dot{I}_1| = I_1$ は，

$$I_1 = \frac{\dfrac{E}{\sqrt{3}}}{\dfrac{4}{3}R} = \frac{\sqrt{3}E}{4R}\,[\text{A}]$$

解説

平衡三相負荷の1相分がわかれば電流の大きさは容易に計算できる。しかし，$\dot{I}_1$ の位相には注意が必要である。線間電圧と相電圧間には位相差があるため，三相負荷が抵抗負荷であっても線間電圧と線電流は同相ではない。しかし，Y結線では線電流は相電流なので，線電流と相電圧は同相である。

補足　三相回路では，線間電圧と相電圧間，線電流と相電流間の大きさと位相関係が結線状態により異なる（ベクトル図で要確認）。

Y結線：線間電圧は，相電圧の $\sqrt{3}$ 倍で位相は $\pi/6$ 進む。線電流と相電流は等しい。

Δ結線：線電流は，相電流の $\sqrt{3}$ 倍で位相は $\pi/6$ 遅れる。線間電圧と相電圧は等しい。

問16 （b）の解答　出題項目＜Δ接続＞　答え　(2)

前問の抵抗をインピーダンスに置き換えただけなので，**図16-2**に示すY結線1相分の回路を考える。

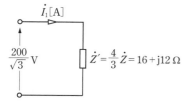

図16-2　$\dot{Z}$ に置き換えた負荷1相分の回路

$$\dot{Z}' = \frac{4}{3}\dot{Z} = \frac{4(12+\text{j}9)}{3} = 16+\text{j}12\,[\Omega]$$
$$|\dot{Z}'| = \sqrt{16^2+12^2} = 20\,[\Omega]$$

線電流の大きさ $|\dot{I}_1| = I_1$ は，

$$I_1 = \frac{\dfrac{200}{\sqrt{3}}}{|\dot{Z}'|} = \frac{\dfrac{200}{\sqrt{3}}}{20} = \frac{10}{\sqrt{3}}\,[\text{A}]$$

次に，平衡三相負荷の端子を上から順に a，c，b相，相順を a-b-c とする。

図16-3のように，線電流 $\dot{I}_1$ はΔ回路を流れる $\dot{I}_2$ と $\dot{I}_4$ の差になる。平衡三相負荷なので $\dot{I}_2$，$\dot{I}_3$，

$\dot{I}_4$ の位相差は互いに $2\pi/3$ あり，相順に従いベクトル図に示す関係にある。$\dot{I}_1 = \dot{I}_2 - \dot{I}_4$ なので，図より $\dot{I}_2$ は，$\dot{I}_1$ に対して位相が $\pi/6$ 進み，大きさは $\dot{I}_1$ の大きさの $1/\sqrt{3}$ 倍であることがわかる。したがって，$\dot{I}_2$ の大きさ $|\dot{I}_2| = I_2$ は，

$$I_2 = \frac{I_1}{\sqrt{3}} = \frac{10}{3} \fallingdotseq 3.3\,[\text{A}]$$

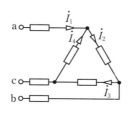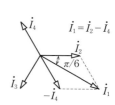

図16-3　Δ結線の線電流と相電流

解説

負荷のΔ部分の枝電流とΔ回路に接続された線電流の関係は，Δ結線された三相負荷の線電流と相電流の関係と同じになる。解答では，この関係をベクトル図で確認した。

問17及び問18は選択問題です。問17又は問18のどちらかを選んで解答してください。（両方解答すると採点されませんので注意してください。）

（選択問題）

問17　出題分野＜静電気＞　難易度 ★★☆　重要度 ★★☆

　図に示すように，面積が十分に広い平行平板電極（電極間距離10[mm]）が空気（比誘電率 $\varepsilon_{r1}=1$ とする。）と，電極と同形同面積の厚さ4[mm]で比誘電率 $\varepsilon_{r2}=4$ の固体誘電体で構成されている。下部電極を接地し，上部電極に直流電圧 V[kV]を加えた。次の（a）及び（b）に答えよ。

　ただし，固体誘電体の導電性及び電極と固体誘電体の端効果は無視できるものとする。

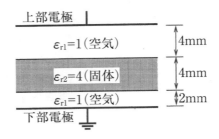

（a）　電極間の電界の強さ E[kV/mm]のおおよその分布を示す図として，正しいのは次のうちどれか。ただし，このときの電界の強さでは，放電は発生しないものとする。また，各図において，上部電極から下部電極に向かう距離を x[mm]とする。

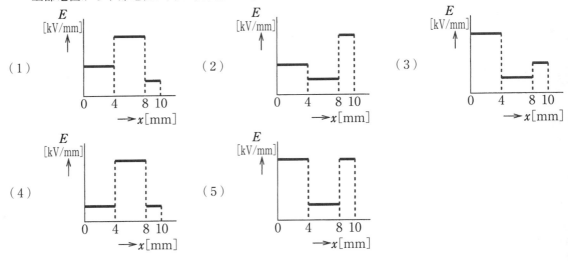

（b）　上部電極に加える電圧 V[kV]を徐々に増加し，下部電極側の空気中の電界の強さが2[kV/mm]に達したときの電圧 V[kV]の値として，正しいのは次のうちどれか。

　　　（1）　11　　　（2）　14　　　（3）　20　　　（4）　44　　　（5）　56

令和4(2022)
令和3(2021)
令和2(2020)
令和元(2019)
平成30(2018)
平成29(2017)
平成28(2016)
平成27(2015)
平成26(2014)
平成25(2013)
平成24(2012)
平成23(2011)
平成22(2010)
平成21(2009)
平成20(2008)

問 17 （a）の解答　出題項目＜平行板コンデンサ＞　答え（5）

コンデンサの端効果は無視できるので，電極の電荷は電極に一様に分布し，このため電極間の電束密度は一定となる。電界の強さは電束密度 D をその箇所の誘電率（真空の誘電率 ε_0 と物質の比誘電率 ε_r の積）で割ったものなので，空気中の電界の強さ E_A および固体誘電体中の電界の強さ E_S は，

$$E_A = \frac{D}{\varepsilon_0 \varepsilon_{r1}} = \frac{D}{\varepsilon_0}, \quad E_S = \frac{D}{\varepsilon_0 \varepsilon_{r2}} = \frac{D}{4\varepsilon_0}$$

$$E_S = \frac{E_A}{4}[kV/mm]$$

したがって，電極間の電界の強さ E と距離 x の関係は，E_A を用いて表すと次式になる。

$$E = E_A \quad (0 \leq x(空気中) \leq 4)$$
$$\frac{E_A}{4} \quad (4 \leq x(固体誘電体中) \leq 8)$$
$$E_A \quad (8 \leq x(空気中) \leq 10)$$

これをグラフで表すと図 17-1 になる。

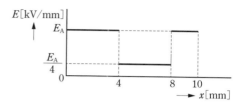

図 17-1　電極間の電界の強さ

解説

電極間の電界の強さ E を E_S を用いて表すと，$E = \{4E_S(0 \leq x(空気中) \leq 4),\ E_S(4 \leq x(固体誘電体中) \leq 8),\ 4E_S(8 \leq x(空気中) \leq 10)\}$ となる。このグラフも図 17-1 と同形（縦軸の $E_A \to 4E_S$，$E_A/4 \to E_S$）となる。

また，$1[kV/mm] = 10^6[V/m]$ なので，$[kV/mm]$ は比較的強い電界を表す単位として使用される。

問 17 （b）の解答　出題項目＜コンデンサの接続＞　答え（2）

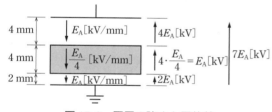

図 17-2　電界の強さと電位差

図 17-2 のように，下部電極側の空気中の電界の強さを $E_A[kV/mm]$ とすれば，上部電極側の空気中の電界の強さも E_A である。また，固体誘電体中の電界の強さは $E_S = E_A/4$ である。電界の強さに距離を乗じたものはその距離間の電位差なので，図の上下電極間の電位差 V は，

$$V = 2E_A + 4E_S + 4E_A$$
$$= 2E_A + 4(E_A/4) + 4E_A = 7E_A[kV]$$

$E_A = 2[kV/mm]$ を代入すると電位差 V は，

$$V = 7E_A = 7 \times 2 = 14[kV]$$

【別解】図 17-2 のような電極間に平行に誘電体を挿入したコンデンサは，図 17-3 に示す三つのコンデンサ C_1，C_2，C_3 の直列回路と等価である。電極板の面積はすべて等しいので，静電容量は比誘電率に比例し電極間の距離に反比例する。したがって，$C_2 = 4C_1$，$C_3 = 2C_1$。直列回路では各コンデンサの電圧は静電容量に反比例するので，$V_1 : V_2 : V_3 = \frac{1}{C_1} : \frac{1}{4C_1} : \frac{1}{2C_1} = 4 : 1 : 2$

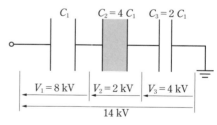

図 17-3　コンデンサの等価回路

$V_3 = 2[kV/mm] \times 2[mm] = 4[kV]$ のとき，

$$V = V_1 + V_2 + V_3 = 8 + 2 + 4 = 14[kV]$$

解説

電界中に置かれた誘電体は誘電分極を起こす。このため，誘電体内部の電界は誘電体の**比誘電率に反比例して弱まる**。

（選択問題）

問18　　出題分野＜電子回路＞　　難易度 ★★★　　重要度 ★★★

図1の回路は，エミッタ接地のトランジスタ増幅器の交流小信号に注目した回路である。次の（a）及び（b）に答えよ。

ただし，$R_L[\Omega]$は抵抗，$i_b[A]$は入力信号電流，$i_c=6\times10^{-3}$[A]は出力信号電流，$v_b[V]$は入力信号電圧，$v_c=6[V]$は出力信号電圧である。

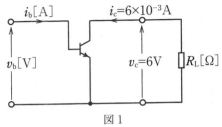

図1

（a）　図1の回路において，入出力信号の関係を表1に示すhパラメータを用いて表すと次の式①，②になる。

$$v_b = h_{ie}i_b + h_{re}v_c \cdots\cdots\cdots①$$
$$i_c = h_{fe}i_b + h_{oe}v_c \cdots\cdots\cdots②$$

右記表中の空白箇所（ア），（イ），（ウ）及び（エ）に当てはまる語句として，正しいものを組み合わせたのは次のうちどれか。

表1　hパラメータの数値例

名　称	記　号	値の例
（ア）	h_{ie}	$3.5\times10^3[\Omega]$
電圧帰還率	（ウ）	1.3×10^{-4}
電流増幅率	（エ）	140
（イ）	h_{oe}	$9\times10^{-6}[S]$

	（ア）	（イ）	（ウ）	（エ）
（1）	入力インピーダンス	出力アドミタンス	h_{fe}	h_{re}
（2）	入力コンダクタンス	出力インピーダンス	h_{fe}	h_{re}
（3）	出力コンダクタンス	入力インピーダンス	h_{re}	h_{fe}
（4）	出力インピーダンス	入力コンダクタンス	h_{re}	h_{fe}
（5）	入力インピーダンス	出力アドミタンス	h_{re}	h_{fe}

（b）　図1の回路の計算は，図2の簡易小信号等価回路を用いて行うことが多い。この場合，上記（a）の式①，②から求めた$v_b[V]$及び$i_b[A]$の値をそれぞれ真の値としたとき，図2の回路から求めた$v_b[V]$および$i_b[A]$の誤差$\Delta v_b[mV]$，$\Delta i_b[\mu A]$の大きさとして，最も近いものを組み合わせたのは次のうちどれか。

ただし，hパラメータの値は表1に示された値とする。

	Δv_b	Δi_b
（1）	0.78	54
（2）	0.78	6.5
（3）	0.57	6.5
（4）	0.57	0.39
（5）	0.35	0.39

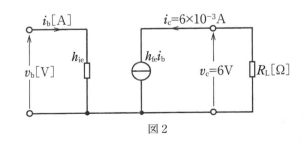

図2

令和
4
(2022)

令和
3
(2021)

令和
2
(2020)

令和
元
(2019)

平成
30
(2018)

平成
29
(2017)

平成
28
(2016)

平成
27
(2015)

平成
26
(2014)

平成
25
(2013)

平成
24
(2012)

平成
23
(2011)

平成
22
(2010)

平成
21
(2009)

平成
20
(2008)

問18（a）の解答　出題項目＜トランジスタ増幅回路＞　　答え　（5）

問題図1を h パラメータで表した等価回路が図18-1である。

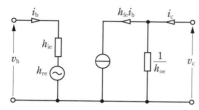

図18-1　h パラメータで表した等価回路

入出力関係を示す式は，次の①，②式になる。

$$v_b = h_{ie}\,i_b + h_{re}\,v_c \qquad ①$$

$$i_c = h_{fe}\,i_b + h_{oe}\,v_c \qquad ②$$

四つのパラメータの名称と記号は次のとおり。

入力インピーダンス[Ω]　h_{ie}

電圧帰還率　**h_{re}**

電流増幅率　**h_{fe}**

出力アドミタンス[S]　h_{oe}

解説

トランジスタの等価回路には，h パラメータが用いられる。四つのパラメータを用いて，入出力

関係を①，②式で表すことができる。この関係式は，等号の左辺が①式は**入力**電圧なのに対して，②式は**出力**電流（入力電流ではない）であることに注意を要する。また，入出力電流の向きは流れ込む方向を正としている。

h_{ie} と h_{fe} は小信号増幅回路を考える上で重要なパラメータである。一方，出力電圧が入力電圧に与える影響は通常の増幅回路では入力電圧に比べ無視できるレベルとして，近似的に $h_{re}=0$ とみなす。この場合，図18-1の h_{re} は短絡する。また，トランジスタの出力インピーダンスは非常に大きく，出力電圧が出力電流に与える影響も無視できるレベルとして，近似的に $h_{oe}=0$（出力インピーダンスが無限大なのでアドミタンスは0）とみなす。この場合，図18-1の h_{oe} は取り外す（短絡ではないことに注意，$h_{oe}=0$ では h_{oe} に流れる電流が0なので開放と同じ）。このように，トランジスタを h_{ie} と h_{fe} で表した回路を簡易小信号等価回路という（問題図2参照）。

問18（b）の解答　出題項目＜トランジスタ増幅回路＞　　答え　（4）

②式より i_b を求めると，

$$i_b = \frac{i_c - h_{oe}v_c}{h_{fe}}$$

①式に代入して v_b を求めると，

$$v_b = \frac{h_{ie}(i_c - h_{oe}v_c)}{h_{fe}} + h_{re}v_c$$

一方，問題図2の等価回路における入出力の関係式（入出力値にダッシュを付した）は，

$$v_b{}' = h_{ie}i_b{}' \qquad ③, \quad i_c{}' = h_{fe}i_b{}' \qquad ④$$

題意より $i_c = i_c{}'$，④式より $i_b{}'$ を求めさらに③式に代入して $v_b{}'$ を求めると，

$$i_b{}' = \frac{i_c}{h_{fe}}, \quad v_b{}' = \frac{h_{ie}i_c}{h_{fe}}$$

誤差は $\Delta v_b = v_b{}' - v_b$，$\Delta i_b = i_b{}' - i_b$ なので，

$$\Delta v_b = \frac{h_{ie}i_c}{h_{fe}} - \frac{h_{ie}(i_c - h_{oe}v_c)}{h_{fe}} - h_{re}v_c$$

$$= \left(\frac{h_{ie}h_{oe}}{h_{fe}} - h_{re}\right)v_c$$

$$= \left(\frac{3.5\times10^3\times9\times10^{-6}}{140} - 1.3\times10^{-4}\right)\times6$$

$$= 5.7\times10^{-4}[\text{V}] = 0.57[\text{mV}]$$

$$\Delta i_b = \frac{i_c}{h_{fe}} - \frac{i_c - h_{oe}v_c}{h_{fe}} = \frac{h_{oe}v_c}{h_{fe}} = \frac{9\times10^{-6}\times6}{140}$$

$$\fallingdotseq 0.386\times10^{-6}[\text{A}] = 0.386[\mu\text{A}] \quad \rightarrow \quad 0.39\,\mu\text{A}$$

解説

それぞれの回路における入出力の関係式を式変形して，入力電圧と入力電流を求める。両者の差が誤差となるが，誤差は真の値に対する偏差なので，（簡易小信号等価回路の値）－（真の値）で求める。計算は文字式で処理して，最後に数値を代入した方がわかり易い。

Point 簡易小信号等価回路→$h_{re} = h_{oe} = 0$

理 論 | 平成 20 年度（2008 年度）

A 問 題 （配点は 1 問題当たり 5 点）

問 1　出題分野＜静電気＞　難易度 ★★☆　重要度 ★★★

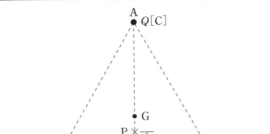

真空中において，図のように一辺が $2a$[m]の正三角形の各頂点 A，B，C に正の点電荷 Q[C]が配置されている。点 A から辺 BC の中点 D に下ろした垂線上の点 G を正三角形の重心とする。点 D から x[m]離れた点 P の電界[V/m]の大きさを表す式として，正しいのは次のうちどれか。

ただし，点 P は点 D と点 G 間の垂線上にあるものとし，真空の誘電率を ε_0[F/m]とする。

(1) $\dfrac{Q}{4\pi\varepsilon_0}\left[\dfrac{1}{(\sqrt{3}a-x)}+\dfrac{2}{\sqrt{a^2+x^2}}\right]$

(2) $\dfrac{Q}{4\pi\varepsilon_0}\left[\dfrac{1}{(\sqrt{3}a-x)^2}+\dfrac{2}{(a^2+x^2)}\right]$

(3) $\dfrac{Q}{4\pi\varepsilon_0}\left[\dfrac{1}{(\sqrt{3}a-x)^2}-\dfrac{2}{(a^2+x^2)}\right]$

(4) $\dfrac{Q}{4\pi\varepsilon_0}\left[\dfrac{1}{(\sqrt{3}a-x)^2}+\dfrac{2x}{(a^2+x^2)^{\frac{3}{2}}}\right]$

(5) $\dfrac{Q}{4\pi\varepsilon_0}\left[\dfrac{1}{(\sqrt{3}a-x)^2}-\dfrac{2x}{(a^2+x^2)^{\frac{3}{2}}}\right]$

問 2　出題分野＜静電気＞　難易度 ★★☆　重要度 ★★☆

次の文章は，平行板コンデンサに蓄えられるエネルギーについて述べたものである。

極板間に誘電率 ε[F/m]の誘電体をはさんだ平行板コンデンサがある。このコンデンサに電圧を加えたとき，蓄えられるエネルギー W[J]を誘電率 ε[F/m]，極板間の誘電体の体積 V[m³]，極板間の電界の大きさ E[V/m]で表現すると，W[J]は，誘電率 ε[F/m]の　(ア)　に比例し，体積 V[m³]に　(イ)　し，電界の大きさ E[V/m]の　(ウ)　に比例する。

ただし，極板の端効果は無視する。

上記の記述中の空白箇所(ア)，(イ)及び(ウ)に当てはまる語句として，正しいものを組み合わせたのは次のうちどれか。

	（ア）	（イ）	（ウ）
（1）	1乗	反比例	1乗
（2）	1乗	比 例	1乗
（3）	2乗	反比例	1乗
（4）	1乗	比 例	2乗
（5）	2乗	比 例	2乗

令和
4
(2022)

令和
3
(2021)

令和
2
(2020)

令和
元
(2019)

平成
30
(2018)

平成
29
(2017)

平成
28
(2016)

平成
27
(2015)

平成
26
(2014)

平成
25
(2013)

平成
24
(2012)

平成
23
(2011)

平成
22
(2010)

平成
21
(2009)

平成
20
(2008)

問 1 の解答　　出題項目＜点電荷による電位・電界＞　　答え　（5）

図 1-1 において，点 D-G 間の点 P（$\overline{\mathrm{DP}}=x$）の電界を考える。点 B，点 C の電荷が点 P に作る電界 E_B，E_C のベクトル和は，点 B，点 C が直線 AD に対して対称の位置にあるため，辺 BC 方向の電界は相殺されて点 P から点 A に向かう方向成分 E_BA，E_CA のみとなる。

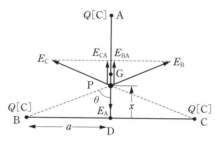

図 1-1　点 P の電界ベクトル

$$\overline{\mathrm{BP}}=\overline{\mathrm{CP}}=\sqrt{a^2+x^2}\,[\mathrm{m}],\quad \cos\theta=\frac{x}{\sqrt{a^2+x^2}}$$

電荷と距離が等しいので，E_BA と E_CA は等しい。

$$E_\mathrm{BA}=E_\mathrm{CA}=\frac{Q}{4\pi\varepsilon_0(\sqrt{a^2+x^2})^2}\cos\theta$$

$$=\frac{Qx}{4\pi\varepsilon_0(a^2+x^2)^{\frac{3}{2}}}\,[\mathrm{V/m}]$$

一方，$\overline{\mathrm{AD}}=\sqrt{3}\,a$ なので，$\overline{\mathrm{AP}}=\sqrt{3}\,a-x\,[\mathrm{m}]$ であるから，点 A の電荷が点 P に作る電界 E_A は，

$$E_\mathrm{A}=\frac{Q}{4\pi\varepsilon_0(\sqrt{3}\,a-x)^2}\,[\mathrm{V/m}]$$

点 P の電界 E は，点 P から点 D に向かう方向を正とすると，

$$E=E_\mathrm{A}-E_\mathrm{BA}-E_\mathrm{CA}=E_\mathrm{A}-2E_\mathrm{BA}$$

$$=\frac{Q}{4\pi\varepsilon_0}\left\{\frac{1}{(\sqrt{3}\,a-x)^2}-\frac{2x}{(a^2+x^2)^{\frac{3}{2}}}\right\}$$

解説

三つの点電荷が作る電界は，個々の電荷が作る電界のベクトル和になる。この問題では，三つの点電荷と点 P の位置関係から直線 AD 方向の成分のみとなるので，大きさの和（差）で計算できる。特に，重心 G においては，三つの点電荷が作る電界のベクトル和が零になる。なお，重心 G は，AD を 2：1 に内分する点である。

また，∠B＝π/3 の直角三角形 ABD の三辺の比 $\overline{\mathrm{AB}}:\overline{\mathrm{BD}}:\overline{\mathrm{DA}}=2:1:\sqrt{3}$ の関係は重要。これにより π/3，π/6 の三角比が容易にわかる。

Point 電界の和はベクトル和で計算する。

問 2 の解答　　出題項目＜平行板コンデンサ，仕事・静電エネルギー＞　　答え　（4）

図 2-1 のように，極板面積 $S\,[\mathrm{m}^2]$，極板間距離 $d\,[\mathrm{m}]$ の極板間に，誘電率 $\varepsilon\,[\mathrm{F/m}]$ の誘電体を挟んだ平行板コンデンサを考える。このコンデンサに電圧 $V_\mathrm{V}\,[\mathrm{V}]$ を加えたとき，蓄えられる電荷を $Q\,[\mathrm{C}]$，エネルギー $W\,[\mathrm{J}]$ とする。

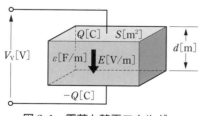

図 2-1　電荷と静電エネルギー

極板間の電束密度 D，電界の大きさ E は，

$$D=\frac{Q}{S}\,[\mathrm{C/m^2}],\quad E=\frac{D}{\varepsilon}\,[\mathrm{V/m}]$$

$Q=DS=\varepsilon ES$，$V_\mathrm{V}=Ed$ より W は，

$$W=\frac{QV_\mathrm{V}}{2}=\frac{\varepsilon E^2 Sd}{2}$$

Sd は極板間の体積 $V\,[\mathrm{m}^3]$ なので，

$$W=\frac{\varepsilon E^2 V}{2}\,[\mathrm{J}]$$

したがって，$W\,[\mathrm{J}]$ は誘電率 ε の **1乗** に比例し，体積 $V\,[\mathrm{m}^3]$ に **比例** し，電界の大きさ $E\,[\mathrm{V/m}]$ の **2乗** に比例する。

解説

解答では，コンデンサに蓄えられるエネルギーを極板間の電界の大きさを用いて表した。一般に，電界の大きさ $E\,[\mathrm{V/m}]$ の電界が蓄えている単位体積当たりのエネルギー（電界のエネルギー密度）w は次式で表される。

$$w=\frac{\varepsilon E^2}{2}\,[\mathrm{J/m^3}]$$

問 3　出題分野＜電磁気＞　難易度 ★★★　重要度 ★★★

図のように，磁路の平均の長さ l[m]，断面積 S[m²]で透磁率 μ[H/m]の環状鉄心に巻数 N のコイルが巻かれている。この場合，環状鉄心の磁気抵抗は $\frac{l}{\mu S}$ [A/Wb]である。いま，コイルに流れている電流を I[A]としたとき，起磁力は （ア） [A]であり，したがって，磁束は （イ） [Wb]となる。

ただし，鉄心及びコイルの漏れ磁束はないものとする。

上記の記述中の空白箇所(ア)及び(イ)に当てはまる式として，正しいものを組み合わせたのは次のうちどれか。

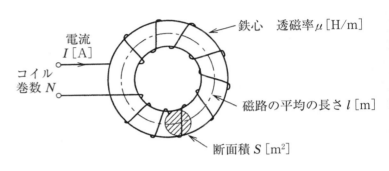

	(ア)	(イ)
(1)	I	$\frac{l}{\mu S}I$
(2)	I	$\frac{\mu S}{l}I$
(3)	NI	$\frac{lN}{\mu S}I$
(4)	NI	$\frac{\mu SN}{l}I$
(5)	N^2I	$\frac{\mu SN^2}{l}I$

問 4　出題分野＜電磁気＞　難易度 ★★★　重要度 ★★★

図のように，環状鉄心に二つのコイルが巻かれている。コイル1の巻数は N であり，その自己インダクタンスは L[H]である。コイル2の巻数は n であり，その自己インダクタンスは $4L$[H]である。巻数 n の値を表す式として，正しいのは次のうちどれか。

ただし，鉄心は等断面，等質であり，コイル及び鉄心の漏れ磁束はなく，また，鉄心の磁気飽和もないものとする。

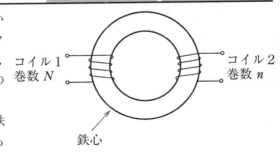

(1) $\frac{N}{4}$　(2) $\frac{N}{2}$　(3) $2N$　(4) $4N$　(5) $16N$

問3の解答　出題項目＜環状ソレノイド＞　　答え（4）

問題図のように，磁路の平均の長さ l[m]，断面積 S[m²]，透磁率 μ[H/m]の環状鉄心の磁気抵抗 R_M は，

$$R_M = \frac{l}{\mu S} \text{[A/Wb]}$$

いま，コイルに流れている電流を I[A]としたとき，起磁力は NI[A]である。磁束 Φ は磁気回路のオームの法則により，

$$\Phi = \frac{NI}{R_M} = \frac{\mu S N I}{l} \text{[Wb]}$$

解説

漏れ磁束を無視してすべての磁束が環状鉄心中を通るとすれば，磁気回路のオームの法則を用いて磁束を求めることができる。

図 3-1 のように，起電力 E[V]は起磁力 NI[A]，電流 I[A]は磁束 Φ[Wb]，電気抵抗 R[Ω]は磁気抵抗 R_M[A/Wb]にそれぞれ対応する。

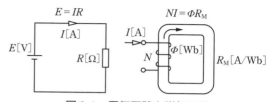

図 3-1　電気回路と磁気回路

＊注意：磁気抵抗は空気中にも存在し，その値は鉄心の磁気抵抗の比透磁率倍程度で，無視できるほど大きい値ではない。このため，実際には磁束が空気中に漏れ出す現象（漏れ磁束）が起こる。

問4の解答　出題項目＜磁力線・磁束，インダクタンス＞　　答え（3）

図 4-1(a)のように，磁気抵抗 R[A/Wb]の環状鉄心に巻かれたコイル1に，電流 I_1[A]を流したときの鉄心中の磁束を Φ_1[Wb]とすると，

$$\Phi_1 = NI_1/R \text{[Wb]}$$

自己インダクタンス L と磁束 Φ_1 の関係は，

$$I_1 L = N\Phi_1 = N^2 I_1/R$$

$$L = \frac{N^2}{R} \text{[H]} \qquad \qquad ①$$

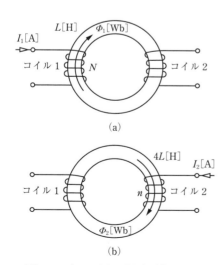

(a)

図 4-1　各コイルの電流が作る磁束

図 4-1(b)のように，コイル2に電流 I_2[A]を流したときの鉄心中の磁束を Φ_2[Wb]とすると，

$$\Phi_2 = nI_2/R \text{[Wb]}$$

自己インダクタンス $4L$ と磁束 Φ_2 の関係は，

$$I_2(4L) = n\Phi_2 = n^2 I_2/R$$

$$4L = \frac{n^2}{R} \text{[H]} \qquad \qquad ②$$

①，②式から L，R を消去すると，

$$n^2 = 4N^2 \qquad \therefore \quad n = 2N$$

解説

自己インダクタンスと磁束の関係は，誘導起電力 e の式，

$$e = L(\Delta I/\Delta t) = N(\Delta \Phi/\Delta t)$$

から Δt を消去して，I，Φ を0からの変量とみなせば $IL = N\Phi$ を得る。

この問題の要点は，個々のコイルの自己インダクタンスを鉄心の磁気抵抗を用いて表すことにある。これによって，①，②式が導かれ，磁気抵抗は共通なので最終的に消去される。

Point 同一鉄心上のコイルの自己インダクタンスは巻数の2乗に比例する。

問5　出題分野＜静電気＞　　難易度 ★★★　重要度 ★★★

　図1に示すように，二つのコンデンサ $C_1 = 4[\mu F]$ と $C_2 = 2[\mu F]$ が直列に接続され，直流電圧 6[V]で充電されている。次に電荷が蓄積されたこの二つのコンデンサを直流電源から切り離し，電荷を保持したまま同じ極性の端子同士を図2に示すように並列に接続する。並列に接続後のコンデンサの端子間電圧の大きさ $V[V]$ の値として，正しいのは次のうちどれか。

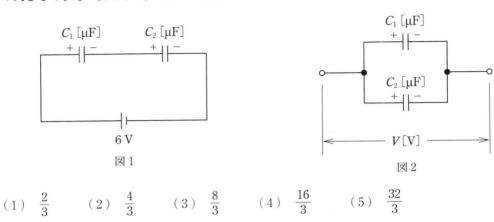

図1　　　　　　　　　　　　　　図2

（1）　$\dfrac{2}{3}$　　　（2）　$\dfrac{4}{3}$　　　（3）　$\dfrac{8}{3}$　　　（4）　$\dfrac{16}{3}$　　　（5）　$\dfrac{32}{3}$

問6　出題分野＜直流回路＞　　難易度 ★★★　重要度 ★★★

　図のように，抵抗，切換スイッチ S 及び電流計を接続した回路がある。この回路に直流電圧 100[V]を加えた状態で，図のようにスイッチ S を開いたとき電流計の指示値は 2.0[A]であった。また，スイッチ S を①側に閉じたとき電流計の指示値は 2.5[A]，スイッチ S を②側に閉じたとき電流計の指示値は 5.0[A]であった。このとき，抵抗 $r[\Omega]$ の値として，正しいのは次のうちどれか。

　ただし，電流計の内部抵抗は無視できるものとし，測定誤差はないものとする。

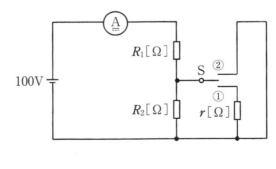

（1）　20　　　　（2）　30　　　　（3）　40　　　　（4）　50　　　　（5）　60

問5の解答　出題項目＜コンデンサの接続＞　　答え　（3）

問題図1において，コンデンサ C_1，C_2 の合成静電容量 C は，

$$C=\frac{C_1C_2}{C_1+C_2}=\frac{4\times2}{4+2}=\frac{4}{3}[\mu F]$$

それぞれのコンデンサに蓄えられる電荷 Q は，

$$Q=\frac{4}{3}[\mu F]\times6=8[\mu C]$$

この状態で，コンデンサを**図5-1**のように並列に接続したとき，電圧の高い C_2 から低い C_1 に電荷 $q[\mu C]$ が移動して端子電圧 V が等しくなる。

$$V=\frac{(8+q)[\mu C]}{C_1[\mu F]}=\frac{(8-q)[\mu C]}{C_2[\mu F]}$$

$$\frac{(8+q)[\mu C]}{4[\mu F]}=\frac{(8-q)[\mu C]}{2[\mu F]}$$

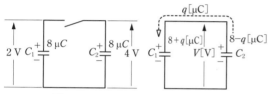

図5-1　コンデンサを並列に接続

$$8+q=2(8-q)\quad\therefore\quad q=\frac{8}{3}[\mu C]$$

$$V=\frac{(8+q)[\mu C]}{4[\mu F]}=\frac{8+\frac{8}{3}}{4}=\frac{8}{3}[V]$$

解説

コンデンサの直列回路では，各コンデンサの電荷は等しい。また，端子電圧は静電容量に反比例するので，コンデンサ C_1 の電圧よりも C_2 の電圧の方が高い。これを並列に接続すると，端子電圧が平衡するように電荷の移動が起こる。解答では電荷 q は C_2 から C_1 へ移動するとしたが，反対向きに仮定してもよい。その場合には q の計算結果はマイナスの値となる。一般に電荷の移動方向は任意に仮定できる。

Point この操作の前後で電荷の総量は保存されるが，静電エネルギーの総量は保存されない。

問6の解答　出題項目＜抵抗直並列回路＞　　答え　（5）

問題図の回路において，スイッチ S の各状態における回路を**図6-1**に示す。

図 6-1(c) より，

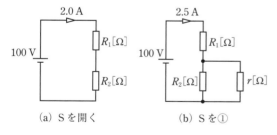

(a) S を開く　　　(b) S を①

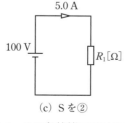

(c) S を②

図6-1　S の各状態における回路

$$R_1=\frac{100}{5}=20[\Omega]$$

図 6-1(a) より，

$$R_1+R_2=\frac{100}{2}=50[\Omega]$$

$$\therefore\quad R_2=50-20=30[\Omega]$$

図 6-1(b) より，

$$20+\frac{30r}{30+r}=\frac{100}{2.5}=40[\Omega]$$

$$\frac{30r}{30+r}=20\quad\rightarrow\quad 3r=60+2r$$

$$\therefore\quad r=60[\Omega]$$

解説

電源の電圧とスイッチの各状態における電流が既知なので，その回路の合成抵抗がわかる。これにより，三つの回路の抵抗に関する連立方程式が立つ。この問題では，(c)→(d)→(b) の順に R_1，R_2，r が順次決定できる。

令和4(2022)　令和3(2021)　令和2(2020)　令和元(2019)　平成30(2018)　平成29(2017)　平成28(2016)　平成27(2015)　平成26(2014)　平成25(2013)　平成24(2012)　平成23(2011)　平成22(2010)　平成21(2009)　平成20(2008)

| 問 **7** | 出題分野＜直流回路＞ | 難易度 ★★★ | 重要度 ★★★ |

　図のように，2 種類の直流電源と 3 種類の抵抗からなる回路がある。各抵抗に流れる電流を図に示す向きに定義するとき，電流 I_1[A]，I_2[A]，I_3[A]の値として，正しいものを組み合わせたのは次のうちどれか。

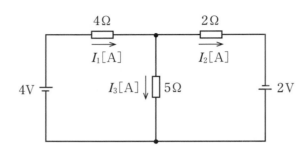

	I_1	I_2	I_3
（1）	−1	−1	0
（2）	−1	1	−2
（3）	1	1	0
（4）	2	1	1
（5）	1	−1	2

| 問 **8** | 出題分野＜単相交流＞ | 難易度 ★★★ | 重要度 ★★★ |

　図のように，正弦波交流電圧 $e = E_m \sin \omega t$[V]の電源，静電容量 C[F]のコンデンサ及びインダクタンス L[H]のコイルからなる交流回路がある。この回路に流れる電流 i[A]が常に零となるための角周波数 ω[rad/s]の値を表す式として，正しいのは次のうちどれか。

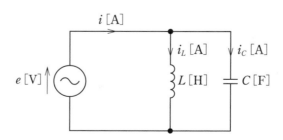

（1）　$\dfrac{1}{\sqrt{LC}}$　　（2）　$\sqrt{LC}$　　（3）　$\dfrac{1}{LC}$　　（4）　$\sqrt{\dfrac{L}{C}}$　　（5）　$\sqrt{\dfrac{C}{L}}$

問7の解答　出題項目<2電源・多電源>　　答え（3）

テブナンの定理から I_3 を求める。図7-1において，端子 a-b 間の電圧 V_{ab} は回路の電流が1Aなので，

$$V_{ab} = 4 - 4 \times 1 = 0 \ [V]$$

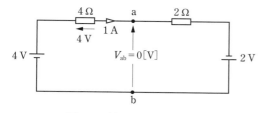

図7-1　端子 a-b 間の電圧

ゆえに，$I_3 = 0 [A]$，$I_1 = I_2 = 1 [A]$

【別解】 図7-2のように電流の方向を仮定して，キルヒホッフの法則から電流を求める。

a点について，$I_1 = I_2 + I_3$　　　　①

閉回路Ⅰより，$4 = 4I_1 + 5I_3$　　　②

閉回路Ⅱより，$2 = 2I_2 - 5I_3$　　　③

①式を②式に代入して I_1 を消去する。

$$4 = 4(I_2 + I_3) + 5I_3 = 4I_2 + 9I_3　　　④$$

④-2×③より，

$$\begin{aligned} 4 &= 4I_2 + 9I_3 \\ -)\ 4 &= 4I_2 - 10I_3 \\ \hline 0 &= 19I_3 \end{aligned}$$

$$I_3 = 0 [A], \quad I_1 = 1 [A], \quad I_3 = 1 [A]$$

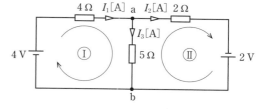

図7-2　キルヒホッフの法則

解説

この問題は $V_{ab} = 0$ となる特殊な問題のため，直ちに3つの電流が求められた。回路網の計算では，一つの枝電流を求めるにはテブナンの定理が有効と思われるが，三つの枝電流を求める場合は，キルヒホッフの法則や重ね合わせの理を用いた方がよい場合もある。

問8の解答　出題項目<共振，瞬時値を表す式>　　答え（1）

電流が零となるのは，コンデンサとコイルの合成インピーダンスが無限大の場合である。このとき，コンデンサとコイルは並列共振状態にあり，コイルの誘導性リアクタンスとコンデンサの容量性リアクタンスは等しくなる。

$$\omega L = \frac{1}{\omega C} \quad \therefore \quad \omega = \frac{1}{\sqrt{LC}}$$

【別解】 i_L の瞬時式は，

$$i_L = \frac{E_m}{\omega L} \sin\left(\omega t - \frac{\pi}{2}\right)$$

$$= \frac{E_m}{\omega L}\left(\sin \omega t \cos \frac{\pi}{2} - \cos \omega t \sin \frac{\pi}{2}\right)$$

$$= -\frac{E_m}{\omega L} \cos \omega t$$

i_C の瞬時式は，

$$i_C = \omega C E_m \sin\left(\omega t + \frac{\pi}{2}\right)$$

$$= \omega C E_m\left(\sin \omega t \cos \frac{\pi}{2} + \cos \omega t \sin \frac{\pi}{2}\right)$$

$$= \omega C E_m \cos \omega t$$

$i = i_C + i_L = 0$ より，

$$\omega C E_m \cos \omega t - \frac{E_m}{\omega L} \cos \omega t = 0$$

$$E_m \cos \omega t\left(\omega C - \frac{1}{\omega L}\right) = 0$$

$E_m \cos \omega t$ は常には零ではないので，

$$\omega C - \frac{1}{\omega L} = 0$$

以下，解答と同じ。

解説

問題図は瞬時式で表されているので，そのまま瞬時式で考えると別解になる。しかし，並列共振条件を用いた方が簡単でわかりやすい。

問 9　出題分野＜単相交流＞　難易度 ★★★　重要度 ★★★

　図のように，周波数 f[Hz]の交流電圧 E[V]の電源に，R[Ω]の抵抗，インダクタンス L[H]のコイルとスイッチ S を接続した回路がある。スイッチ S が開いているときに回路が消費する電力[W]は，スイッチ S が閉じているときに回路が消費する電力[W]の $\frac{1}{2}$ になった。このとき，L[H]の値を表す式として，正しいのは次のうちどれか。

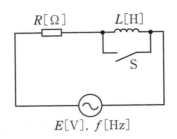

（1）　$2\pi f R$　　（2）　$\dfrac{R}{2\pi f}$　　　（3）　$\dfrac{2\pi f}{R}$　　　（4）　$\dfrac{(2\pi f)^2}{R}$　　　（5）　$(2\pi f)^2 R$

問 10　出題分野＜過渡現象＞　難易度 ★★★　重要度 ★★★

　図のように，開いた状態のスイッチ S，R[Ω]の抵抗，インダクタンス L[H]のコイル，直流電源 E[V]からなる直列回路がある。この直列回路において，スイッチ S を閉じた直後に過渡現象が起こる。この場合に，「回路に流れる電流」，「抵抗の端子電圧」及び「コイルの端子電圧」に関し，時間の経過にしたがって起こる過渡現象として，正しいものを組み合わせたのは次のうちどれか。

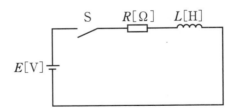

	回路に流れる電流	抵抗の端子電圧	コイルの端子電圧
（1）	大きくなる	低下する	上昇する
（2）	小さくなる	上昇する	低下する
（3）	大きくなる	上昇する	上昇する
（4）	小さくなる	低下する	上昇する
（5）	大きくなる	上昇する	低下する

問 9 の解答　出題項目＜RL 直列回路＞　　　　答え（2）

スイッチ S を閉じた場合，コイルは短絡されるので抵抗のみの回路となる。このとき電力 P_C は，

$$P_C = \frac{E^2}{R}[\mathrm{W}]$$

一方，スイッチ S を開いた場合の電力 P_0 は，回路のインピーダンスを $Z[\Omega]$ としたとき，

$$P_0 = \left(\frac{E}{Z}\right)^2 R[\mathrm{W}]$$

$Z = \sqrt{R^2 + (2\pi fL)^2}$ なので，

$$P_0 = \frac{E^2 R}{R^2 + (2\pi fL)^2}[\mathrm{W}]$$

問題の条件より，

$$P_0 = \frac{P_C}{2}$$

$$\frac{E^2 R}{R^2 + (2\pi fL)^2} = \frac{E^2}{2R}$$

$$2R^2 = R^2 + (2\pi fL)^2$$

$$(2\pi fL)^2 = R^2$$

$$\therefore L = \frac{R}{2\pi f}[\mathrm{H}]$$

【別 解】　電力は抵抗で消費される。スイッチ S を開いたとき電力が 1/2 になったのは，電流が $1/\sqrt{2}$ になったためである。ゆえに，スイッチ S を開いた回路のインピーダンスが，閉じたときのインピーダンス R の $\sqrt{2}$ 倍になればよい。

$$Z = \sqrt{R^2 + (2\pi fL)^2} = \sqrt{2}R$$

両辺 2 乗すると，

$$R^2 + (2\pi fL)^2 = 2R^2$$

以下，解答と同じ。

解 説

別解は解答と基本的に同じアプローチだが，電力の違いではなく電流の違いに注目して解答したものである。

Point 交流回路の電力は抵抗で消費される。

問 10 の解答　出題項目＜RL 直列回路＞　　　　答え（5）

電流の変化を考える。$t = 0[\mathrm{s}]$ でスイッチ S を閉じた瞬間，コイルには電源と同じ大きさの逆向きの誘導起電力が生じ，電流は流れない。その後電流は徐々に増加していくが，コイルの誘導起電力が常に電流の増加を遅らせる働きをするため，電流の変化は時間的な遅れを伴い図 **10-1** のように滑らかな曲線を描き徐々に直線 $i = E/R$ に近づく。この直線を漸近線という。

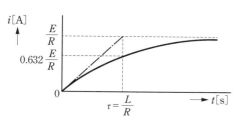

図 10-1　i の時間変化

したがって，時間経過に従い**回路に流れる電流は大きくなる**。また，抵抗の端子電圧は電流と抵抗値の積なので，電流に比例して**抵抗の端子電圧は上昇する**。一方，コイルの誘導起電力は単位時間当たりの電流変化に比例するので，電流変化が緩やかになるに伴い**コイルの端子電圧は低下する**。十分長い時間が経過した状態では，コイルの誘導起電力は零となり電流は $E/R[\mathrm{A}]$ になる。この状態を定常状態という。

解 説

コイルは自身の磁気エネルギーの授受を通して電流の状態を維持し続けようとする性質を持つ。過渡現象の数値計算をする必要はないが，どの過渡現象も時間変化に伴うグラフの形状には共通性があるので，グラフ形状は視覚的に覚えておくとよい。

補 足　過渡現象では時定数 τ も重要である。時定数は定常状態になるまでの目安であり，時定数が小さい場合は比較的短時間で定常状態近傍に達する。$t = \tau[\mathrm{s}]$ において，i は定常値の 0.632 倍になる。

Point コイルは言わば現状維持の保守派

問 11　出題分野＜電子理論＞　　難易度 ★★★　重要度 ★★★

　　pn 接合の半導体を使用した太陽電池は，太陽の光エネルギーを電気エネルギーに直接変換するものである。半導体の pn 接合部分に光が当たると，光のエネルギーによって新たに　(ア)　と　(イ)　が生成され，　(ア)　は p 形領域に，　(イ)　は n 形領域に移動する。その結果，p 形領域と n 形領域の間に　(ウ)　が発生する。この　(ウ)　は光を当てている間持続し，外部電気回路を接続すれば，光エネルギーを電気エネルギーとして取り出すことができる。

　　上記の記述中の空白箇所(ア)，(イ)及び(ウ)に当てはまる語句として，正しいものを組み合わせたのは次のうちどれか。

	(ア)	(イ)	(ウ)
(1)	電　子	正　孔	起磁力
(2)	正　孔	電　子	起電力
(3)	電　子	正　孔	空間電荷層
(4)	正　孔	電　子	起磁力
(5)	電　子	正　孔	起電力

問 12　出題分野＜電子理論＞　　難易度 ★★★　重要度 ★★★

　　真空中において，電子の運動エネルギーが 400[eV] のときの速さが 1.19×10^7[m/s] であった。電子の運動エネルギーが 100[eV] のときの速さ[m/s]の値として，正しいのは次のうちどれか。

　　ただし，電子の相対性理論効果は無視するものとする。

（1）　2.98×10^6　　（2）　5.95×10^6　　（3）　2.38×10^7

（4）　2.98×10^9　　（5）　5.95×10^9

令和 **4** (2022)
令和 **3** (2021)
令和 **2** (2020)
令和 **元** (2019)
平成 **30** (2018)
平成 **29** (2017)
平成 **28** (2016)
平成 **27** (2015)
平成 **26** (2014)
平成 **25** (2013)
平成 **24** (2012)
平成 **23** (2011)
平成 **22** (2010)
平成 **21** (2009)
平成 **20** (2008)

問 11 の解答　　出題項目＜太陽電池＞　　　答え　（2）

pn 接合の半導体を使用した太陽電池は，**図 11-1** のように，半導体の pn 接合部分に光が当たると，価電子帯の電子が光のエネルギーを吸収してエネルギーの高い伝導帯に励起される。電子の抜けた箇所は正孔として残る。どちらもキャリアとして働くことができる。このように，接合部分では光のエネルギーによって新たに**正孔**と**電子**が生成され，正孔は相対的に電位の低い安定な p 形領域に，電子は相対的に電位の高い安定な n 形領域に移動する。その結果，p 形領域では正孔が過剰になり，n 形領域では電子が過剰になり，p 形領域と n 形領域の間に**起電力**が発生する。

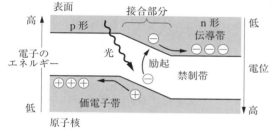

図 11-1　太陽電池の原理

解 説

図 11-1 は，図の下方に正の電荷を持つ原子核が並んでいるので，図の下方ほど電位が高い。そ
のため，正孔は下方ほどエネルギーの高い状態になり，反対に電子はエネルギーの低い状態になる。電子が禁制帯を越えて励起するためには，入射光のエネルギーが禁制帯幅以上である必要がある。また，図より太陽電池は p 形が正極，n 形が負極になることがわかる。

補 足　pn 接合付近では，それぞれの多数キャリアが拡散し，相手の領域に侵入する。これにより，pn 接合付近では多数キャリアが不足して多数キャリアと反対の電荷が現れ，**図 11-2** のように電位差が生じる。この電位差がそれ以上のキャリアの拡散を押さえる。このため図 11-1 のように，価電子帯と伝導帯のエネルギーレベルに差が生じ，接合部分近傍にはキャリアが存在しない空乏層が生じる。

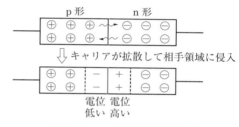

図 11-2　pn 結合近傍の電位差

問 12 の解答　　出題項目＜電界中の電子＞　　　答え　（2）

電子の運動エネルギー W は，電子の質量を m [kg]，速さを v[m/s] とすると，

$$W = \frac{1}{2}mv^2[\text{J}] \qquad ①$$

エネルギーは速さの 2 乗に比例するので，速さはエネルギーの $\sqrt{}$（正の平方根）に比例する。したがって，速さ v_1 のときの運動エネルギー W_1 と，速さ v_2 のときの運動エネルギー W_2 の関係は，

$$\frac{v_1}{v_2} = \sqrt{\frac{W_1}{W_2}} \qquad ②$$

運動エネルギー $W_1 = 100[\text{eV}]$ のときの速さを v_1[m/s]，$W_2 = 400[\text{eV}]$ のときの速さを v_2

$= 1.19 \times 10^7 [\text{m/s}]$ として②式に代入すると，

$$v_1 = 1.19 \times 10^7 \times \sqrt{\frac{100}{400}} = 5.95 \times 10^6 [\text{m/s}]$$

解 説

問題では運動エネルギーの単位が [eV] で表されている。$1[\text{eV}] = 1.6 \times 10^{-19}[\text{J}]$ を用いてジュールに換算できるが，比を取るとこの換算係数も消去されるので [eV] のままでも差し支えない。

電子に限らず運動エネルギーは①式になる。また，相対性理論効果を無視とは，電子の質量が一定であることを意味する。

問 13　出題分野＜電子回路＞　難易度 ★★★　重要度 ★★★

　トランジスタの接地方式の異なる基本増幅回路を図1，図2及び図3に示す。以下のa〜dに示す回路に関する記述として，正しいものを組み合わせたのは次のうちどれか。

a.　図1の回路では，入出力信号の位相差は180[°]である。

b.　図2の回路は，エミッタ接地増幅回路である。

c.　図2の回路は，エミッタホロワとも呼ばれる。

d.　図3の回路で，エミッタ電流及びコレクタ電流の変化分の比 $\left|\dfrac{\Delta I_C}{\Delta I_E}\right|$ の値は，約 100 である。

　ただし，I_B, I_C, I_E は直流電流，v_i, v_o は入出力信号，R_L は負荷抵抗，V_{BB}, V_{CC} は直流電源を示す。

（1）aとb　　　（2）aとc　　　（3）aとd　　　（4）bとd　　　（5）cとd

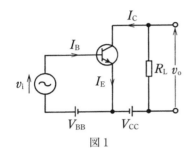

図1

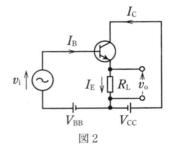

図2

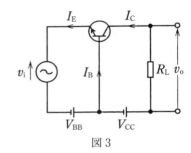

図3

問 14　出題分野＜電気計測＞　難易度 ★★★　重要度 ★★★

　最大目盛 100[mA]，階級 1.0 級(JIS)の単一レンジの電流計がある。この電流計で 40[mA]を測定するときに，この電流計に許されている誤差[mA]の大きさの最大値として，正しいのは次のうちどれか。

（1）0.2　　　（2）0.4　　　（3）1.0　　　（4）2.0　　　（5）4.0

問 13 の解答　出題項目＜トランジスタ増幅回路＞　　答え（2）

a.　正。問題図1はエミッタ接地増幅回路である。V_{BB}，V_{CC} は一定なので交流信号分で考える場合は除外（短絡）できる。i_B をベースの信号電流，i_C をコレクタの信号電流，トランジスタの電流増幅率を h_{fe} とする。v_i と i_B は同相で変化するので，$i_C=h_{fe}i_B$ も v_i と同相である。v_o は R_L の電圧端子なので，

$$v_o=-i_CR_L=-h_{fe}i_BR_L　　（i_C の向きに注意）$$

上式の右辺のマイナスは，v_o と i_B の位相が反転することを表しているので，入力信号 v_i と出力信号 v_o の位相差は 180° となる。

b.　誤。問題図2の回路は**コレクタ接地増幅回路**である。コレクタ接地増幅回路はエミッタホロワとも呼ばれる。

c.　正。記述のとおり。

d.　誤。問題図3はベース接地増幅回路である。一般に $I_B \ll I_C$ なので，$I_E=I_C$，変化分についても同様に，$\varDelta I_E=\varDelta I_C$ となるので，

$$\frac{|\varDelta I_C|}{|\varDelta I_E|}=1$$

解説

エミッタ接地増幅回路に関する出題では，静特性や負荷線，動作点に関する出題も考えられるので，原理から理解しておきたい。

エミッタホロワは，入力インピーダンスが高く出力インピーダンスが低いという特徴を持ち，電圧増幅率はほぼ1である。低インピーダンス負荷を駆動する電圧増幅回路や，インピーダンス変換回路などに用いられる。

ベース接地増幅回路は入力インピーダンスが低く出力インピーダンスが高い。また，広域の周波数特性に優れている。

補足

エミッタホロワの動作を考えてみよう。ベース-エミッタ間の電圧はトランジスタではほぼ一定で 0.7 V 程度であり，V_{BB} も一定なので交流信号分について考える場合，これらは除外（短絡）できる。すると，$v_i=v_o$ となるので，電圧増幅率は1になることがわかる。

トランジスタの電流増幅率を h_{fe}，信号電流を i_E（エミッタ電流），i_C，i_B とすると $i_B \ll i_C$ なので，

$$i_E=i_C=h_{fe}i_B$$

出力インピーダンス Z_o は，

$$Z_o=\frac{v_o}{i_E}=\frac{v_o}{h_{fe}i_B}$$

$v_i=v_o$（電圧増幅率は1）および入力インピーダンスは $Z_i=\dfrac{v_i}{i_B}$ なので，

$$Z_o=\frac{v_i}{h_{fe}i_B}=\frac{Z_i}{h_{fe}}$$

上式から，出力インピーダンスは入力インピーダンスの $\dfrac{1}{h_{fe}}$ に低下することがわかる。

問 14 の解答　出題項目＜測定誤差＞　　答え（3）

計器の階級は，測定レンジにおける誤差の最大値を百分率（パーセント）で表したもので，**最大目盛に対する最大誤差（許容差）の割合**である。したがって，最大目盛 100 mA，階級 1.0 級の電流計の誤差の最大値は，

$$100×0.01=1[mA]$$

解説

この電流計の指示が 40 mA であるとき，この値は許容差 ±1 mA を含んでいるので，この場合の補正率 ε は，

$$\varepsilon=\pm\frac{1}{40}=0.025=2.5[\%]$$

このように，計器の指針の振れ幅が小さい測定ほど補正率が増すので，測定誤差を減らすために，指針の振れ幅が大きくなるようなレンジを選択する必要がある。

Point 測定レンジの選択には，指針の振れ幅を考慮する。

B 問題 （配点は1問題当たり（a）5点，（b）5点，計10点）

問15 出題分野＜三相交流＞ 難易度 ★★★ 重要度 ★★★

　図のように，抵抗6[Ω]と誘導性リアクタンス8[Ω]をY結線し，抵抗r[Ω]をΔ結線した平衡三相負荷に，200[V]の対称三相交流電源を接続した回路がある。抵抗6[Ω]と誘導性リアクタンス8[Ω]に流れる電流の大きさをI_1[A]，抵抗r[Ω]に流れる電流の大きさをI_2[A]とするとき，次の（a）及び（b）に答えよ。

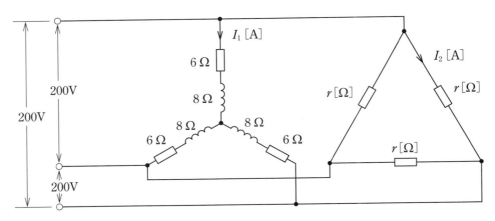

（a）　電流I_1[A]と電流I_2[A]の大きさが等しいとき，抵抗r[Ω]の値として，最も近いのは次のうちどれか。

（1）　6.0　　　（2）　10.0　　　（3）　11.5　　　（4）　17.3　　　（5）　19.2

（b）　電流I_1[A]と電流I_2[A]の大きさが等しいとき，平衡三相負荷が消費する電力[kW]の値として，最も近いのは次のうちどれか。

（1）　2.4　　　（2）　3.1　　　（3）　4.0　　　（4）　9.3　　　（5）　10.9

問 15（a）の解答　　出題項目＜YΔ混合＞　　　　　答え（4）

図 15-1 のように，Y 結線の負荷と Δ 結線の負荷を分けて考える。

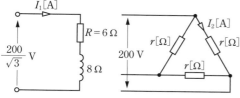

図 15-1　Y 結線負荷と Δ 結線負荷

抵抗と誘導性負荷の合成インピーダンス Z は，

$$Z=\sqrt{6^2+8^2}=10[\Omega]$$

それぞれの負荷の電流の大きさ I_1，I_2 は，

$$I_1=\dfrac{\dfrac{200}{\sqrt{3}}}{10}=\dfrac{20}{\sqrt{3}}[A], \quad I_2=\dfrac{200}{r}[A]$$

$I_1=I_2$ より，

$$\dfrac{20}{\sqrt{3}}=\dfrac{200}{r} \qquad \therefore \ r=10\sqrt{3}\fallingdotseq17.3[\Omega]$$

解説

三相交流の問題は Y 結線 1 相分について考えるのが原則であるが，Δ 結線負荷の相電流は負荷を Δ-Y 変換するまでもなく計算できる。このような場合は特別な目的がある場合を除いて，Y 結線に変換し線電流を計算して $\sqrt{3}$ で割るような複雑な思考をする必要はない。

Point 負荷の Y-Δ 変換は問題の内容に応じて行う。

問 15（b）の解答　　出題項目＜YΔ混合＞　　　　　答え（4）

電流は抵抗で消費されるので，消費電力 P は，

$$P=3(I_1{}^2R+I_2{}^2r)=3I_1{}^2(R+r)$$

$$=3\times\left(\dfrac{20}{\sqrt{3}}\right)^2\times(6+10\sqrt{3})$$

$$\fallingdotseq9\,328[W]=9.3[kW]$$

【別解】 三相電力の式からアプローチしてみよう。図 15-2 のように，Y 結線の負荷と，Δ 結線の負荷を分けて考える。

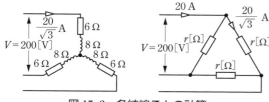

図 15-2　各結線ごとの計算

Y 結線負荷の力率は，

$$\cos\theta_Y=\dfrac{R}{Z}=6/10=0.6$$

線間電圧を $V[V]$ とすると，Y 結線負荷の電力 P_Y は，

$$P_Y=\sqrt{3}\,VI_1\cos\theta_Y$$

$$=\sqrt{3}\times200\times\dfrac{20}{\sqrt{3}}\times0.6=2\,400[W]$$

Δ 結線負荷の線電流は前問の結果より，

$$\sqrt{3}I_2=\sqrt{3}I_1=20[A]$$

負荷力率 $\cos\theta_\Delta$ は 1 なので，Δ 結線負荷の電力 P_Δ は，

$$P_\Delta=\sqrt{3}\,V(\sqrt{3}I_2)\cos\theta_\Delta=\sqrt{3}\times200\times20\times1$$

$$=4\,000\sqrt{3}\fallingdotseq6\,930[W]$$

負荷の消費電力は，

$$P_Y+P_\Delta=2\,400+6\,930$$

$$=9\,330[W]=9.3[kW]$$

解説

三相電力の計算は，解答で用いたような抵抗の消費電力から求める方法と，別解のように三相電力の式を用いる方法がある。どちらで計算するかは問題の内容次第なので，両方の解法に慣れておきたい。三相電力の式は，実際の三相回路において測定可能な線電流と線間電圧を用いた，実用的な計算式としての役割を持つ。

Point $I_1=I_2$ は重要な条件。上手に使うこと。

令和 4（2022）
令和 3（2021）
令和 2（2020）
令和 元（2019）
平成 30（2018）
平成 29（2017）
平成 28（2016）
平成 27（2015）
平成 26（2014）
平成 25（2013）
平成 24（2012）
平成 23（2011）
平成 22（2010）
平成 21（2009）
平成 20（2008）

問 16　出題分野＜電気計測＞　難易度 ★★☆　重要度 ★☆☆

ブラウン管オシロスコープは，水平・垂直偏向電極を有し，波形観測ができる。次の（a）及び（b）に答えよ。

（a）垂直偏向電極のみに，正弦波交流電圧を加えた場合は，蛍光面に ＿＿（ア）＿＿ のような波形が現れる。また，水平偏向電極のみにのこぎり波電圧を加えた場合は，蛍光面に ＿＿（イ）＿＿ のような波形が現れる。また，これらの電圧をそれぞれの電極に加えると，蛍光面に ＿＿（ウ）＿＿ のような波形が現れる。このとき波形を静止させて見るためには，垂直偏向電極の電圧の周波数と水平偏向電極の電圧の繰返し周波数との比が整数でなければならない。

上記の記述中の空白箇所（ア），（イ）及び（ウ）に当てはまる語句として，正しいものを組み合わせたのは次のうちどれか。

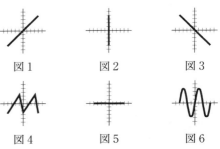

	（ア）	（イ）	（ウ）
（1）	図2	図4	図6
（2）	図3	図5	図1
（3）	図2	図5	図6
（4）	図3	図4	図1
（5）	図2	図5	図1

（b）正弦波電圧 v_a 及び v_b をオシロスコープで観測したところ，蛍光面に図7に示すような電圧波形が現れた。同図から，v_a の実効値は ＿＿（ア）＿＿ [V]，v_b の周波数は ＿＿（イ）＿＿ [kHz]，v_a の周期は ＿＿（ウ）＿＿ [ms]，v_a と v_b の位相差は ＿＿（エ）＿＿ [rad] であることが分かった。

ただし，オシロスコープの垂直感度は 0.1[V]/div，掃引時間は 0.2[ms]/div とする。

上記の記述中の空白箇所（ア），（イ），（ウ）及び（エ）に当てはまる最も近い値として，正しいものを組み合わせたのは次のうちどれか。

	（ア）	（イ）	（ウ）	（エ）
（1）	0.21	1.3	0.8	$\dfrac{\pi}{4}$
（2）	0.42	1.3	0.4	$\dfrac{\pi}{3}$
（3）	0.42	2.5	0.4	$\dfrac{\pi}{3}$
（4）	0.21	1.3	0.4	$\dfrac{\pi}{4}$
（5）	0.42	2.5	0.8	$\dfrac{\pi}{2}$

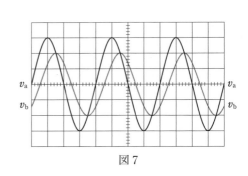

図7

令和
4
(2022)

令和
3
(2021)

令和
2
(2020)

令和
元
(2019)

平成
30
(2018)

平成
29
(2017)

平成
28
(2016)

平成
27
(2015)

平成
26
(2014)

平成
25
(2013)

平成
24
(2012)

平成
23
(2011)

平成
22
(2010)

平成
21
(2009)

平成
20
(2008)

問 16（a）の解答　出題項目＜オシロスコープ＞　　答え　（3）

図16-1 はオシロスコープのブラウン管の構造図である。垂直偏向電極の電界は電子線を垂直方向に曲げ，垂直偏向電極間の電圧に比例した蛍光面垂直軸上の位置に輝点を生じる。また，水平偏向電極の電界は電子線を水平方向に曲げ，水平偏向電極間の電圧に比例した水平軸上の位置に輝点を生じる。この二つの偏向電極の作用で蛍光面上の輝点が移動し，その軌跡で波形を映し出す。

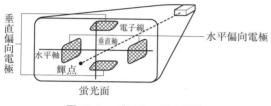

図 16-1　ブラウン管の構造

垂直偏向電極のみに最大値 E[V] の正弦波交流電圧を加えた場合，垂直軸上に，$-E$ から E の電圧に比例した位置に輝点が生じ，時間とともに上下に移動する。したがって，蛍光面に**問題図 2**のような波形が現れる。また，水平偏向電極のみにのこぎり波電圧を加えた場合は，同様な理由から蛍光面に**問題図 5**のような波形が現れる。また，これらの波形をそれぞれの電極に加えると，蛍光面には二次元の輝点の軌跡が現れるが，のこぎり波の周期を正弦波の周期と同期させると，蛍光面に問題図 6 のような波形が現れる。

解説 ⟩⟩⟩⟩⟩⟩⟩⟩⟩⟩⟩⟩⟩⟩⟩⟩⟩⟩⟩⟩⟩

一般の波形の観測では，水平軸は時間軸となる。このため水平偏向電極の電圧は，時間の一次関数で表される周期波形でなければならない。この条件を満たす波形は**図 16-2**のようなのこぎり波なので，水平偏向電極にはのこぎり波が加えられる。

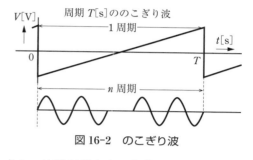

図 16-2　のこぎり波

また，波形が静止する条件は，**周期の比（のこぎり波 1 に対する比）が整数**でもよい。図 16-2 のように，観測波形の n 周期とのこぎり波の 1 周期が等しければ，のこぎり波の次の周期も蛍光面上の輝点は前の周期と同じ軌跡上を移動するので，観測波形は蛍光面上に静止する。

Point 通常の観測では，水平偏向電極には**のこぎり波**，垂直偏向電極には**観測する波形**。

問 16（b）の解答　出題項目＜オシロスコープ＞　　答え　（1）

問題図 7 より，v_a の最大値は 3[目盛]×0.1[V/div] = 0.3[V]なので，v_a の実効値は，

　　$0.3/\sqrt{2} ≒ 0.212$[V]→**0.21 V**

v_b の 1 周期は 4[目盛]×0.2[ms/div] = 0.8[ms]なので，v_b の周波数は，

　　$1/0.8$[ms] = 1.25[kHz]→**1.3 kHz**

v_a の周期は，

　　4[目盛]×0.2[ms/div] = **0.8**[ms]

v_a と v_b は同じ周期であり，v_b は v_a に対して時間軸で 0.5 目盛位相が遅れていることが見て取れ

る。1 周期は 4 目盛なので，位相差は 1/8 周期に当たる。1 周期は 2π なので位相差 θ は，

$$\theta = \frac{2\pi}{8} = \frac{\pi}{4} \text{[rad]}$$

解説 ⟩⟩⟩⟩⟩⟩⟩⟩⟩⟩⟩⟩⟩⟩⟩⟩⟩⟩⟩⟩⟩

オシロスコープの水平軸は時間軸なので，二つの波形の位相差は常に「時間」で観測される。これを角度に変換するには，「1 周期の位相差は 2π」の関係を用いる。

問17及び問18は選択問題ですから，このうちから1問を選んで解答してください。

（選択問題）

問 17 　出題分野＜静電気＞ 　難易度 ★☆★ 　重要度 ★★☆

　大きさが等しい二つの導体球A，Bがある。両導体球に電荷が蓄えられている場合，両導体球の間に働く力は，導体球に蓄えられている電荷の積に比例し，導体球間の距離の2乗に反比例する。次の（a）及び（b）に答えよ。

（a）　この場合の比例定数を求める目的で，導体球Aに$+2 \times 10^{-8}$[C]，導体球Bに$+3 \times 10^{-8}$[C]の電荷を与えて，導体球の中心間距離で0.3[m]隔てて両導体球を置いたところ，両導体球間に6×10^{-5}[N]の反発力が働いた。この結果から求められる比例定数[N·m²/C²]として，最も近いのは次のうちどれか。

　　　ただし，導体球A，Bの初期電荷は零とする。また，両導体球の大きさは0.3[m]に比べて極めて小さいものとする。

　　（1）　3×10^9　　　（2）　6×10^9　　　（3）　8×10^9　　　（4）　9×10^9　　　（5）　15×10^9

（b）　上記（a）の導体球A，Bを，電荷を保持したままで0.3[m]の距離を隔てて固定した。ここで導体球A，Bと大きさが等しく電荷を持たない導体球Cを用意し，導体球Cをまず導体球Aに接触させ，次に導体球Bに接触させた。この導体球Cを導体球Aと導体球Bの間の直線上に置くとき，導体球Cが受ける力が釣り合う位置を導体球Aとの中心間距離[m]で表したとき，その距離に最も近いのは次のうちどれか。

　　（1）　0.095　　　（2）　0.105　　　（3）　0.115　　　（4）　0.124　　　（5）　0.135

問 17（a）の解答　出題項目＜クーロンの法則＞　　答え　（4）

電気量が Q_1[C], Q_2[C] の二つの点電荷を距離 r[m] 隔てて置いた場合，点電荷間にはクーロン力 F[N] が働く。比例定数を k とすると，

$$F = k\frac{Q_1 Q_2}{r^2}$$

問題の導体球は距離に比べて極めて小さいので，点電荷として考えることができる。値を上式に代入して比例定数 k を求めると，

$$6 \times 10^{-5} = k\frac{2 \times 10^{-8} \times 3 \times 10^{-8}}{0.3^2}$$

$$\therefore \ k = \frac{6 \times 10^{-5} \times 0.3^2}{2 \times 10^{-8} \times 3 \times 10^{-8}}$$
$$= 9 \times 10^9 [\text{N·m}^2/\text{C}^2]$$

解説 ⋯⋯⋯⋯⋯

クーロンの法則の比例定数は真空の誘電率を ε_0[F/m] とすると，

$$k = \frac{1}{4\pi\varepsilon_0}$$

$\varepsilon_0 \fallingdotseq 8.854 \times 10^{-12}$[F/m] を代入すると，

$$k = \frac{1}{4\pi\varepsilon_0} \fallingdotseq 9 \times 10^9 [\text{N·m}^2/\text{C}^2]$$

補足 「二つの物理量の間に働く力は，物理量の積に比例し距離の 2 乗に反比例する。」この法則は電荷間の電気力の他に，磁荷間の磁気力でも成り立つ。さらに，重力を表すニュートンの万有引力の法則も，二つの物体間に働く力は質量の積に比例し距離の 2 乗に反比例する。ただ，重力には反発力はない。また，クーロン力は比較的近距離で威力を発揮するが，重力は非常に弱い(電子間の力で比較するとクーロン力のおよそ 1 兆 ×1 兆×1 兆×100 万分の 1)ながらも宇宙規模で働き，惑星や恒星，銀河相互間にも作用している。性質の異なるクーロン力と重力が同じ形式で表されることに，自然の神秘がうかがえる。

Point 比例定数の値は記憶しておこう。

問 17（b）の解答　出題項目＜クーロンの法則＞　　答え　（4）

導体球 A，B，C の電荷[C]を Q_A，Q_B，Q_C とする。導体球の静電容量は球の半径で決まるので，同じ大きさの三つの導体球は同じ静電容量を持つ。C を A に接触させると，両導体の表面の電位が等しくなるように A の電荷の半分が C に移動する。この状態の各導体球の電荷は，

$$Q_A = 1 \times 10^{-8}, \ Q_B = 3 \times 10^{-8}, \ Q_C = 1 \times 10^{-8}$$

次に，C を B に接触させると両導体の表面の電位が等しくなるように B の電荷が C に移動し両導体の電荷が等しくなる。この状態の各導体球の電荷は，

$$Q_A = 1 \times 10^{-8}, \ Q_B = 2 \times 10^{-8}, \ Q_C = 2 \times 10^{-8}$$

ここで C を**図 17-1** に示す位置に置いたとき，A，B が C に及ぼす力の大きさを F_A，F_B とする。

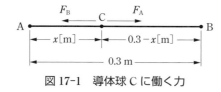

図 17-1　導体球 C に働く力

$$F_A = k\frac{Q_A Q_C}{x^2}, \quad F_B = k\frac{Q_B Q_C}{(0.3-x)^2}$$

釣り合うためには $F_A = F_B$ なので，

$$k\frac{Q_A Q_C}{x^2} = k\frac{Q_B Q_C}{(0.3-x)^2}, \quad \frac{Q_A}{x^2} = \frac{Q_B}{(0.3-x)^2}$$

$$\frac{1 \times 10^{-8}}{x^2} = \frac{2 \times 10^{-8}}{(0.3-x)^2}$$

$$(0.3-x)^2 = 2x^2, \quad 0.3-x = \sqrt{2}\,x$$

$$\therefore \ x = \frac{0.3}{\sqrt{2}+1} \fallingdotseq 0.124 [\text{m}]$$

解説 ⋯⋯⋯⋯⋯

導体球を接触すると，二つの導体球の電位が等しくなるように電荷の移動が起こる。静電容量が等しい場合は，両導体の電荷が等しくなるとき両導体は同電位になる。

補足 真空中に置かれた半径 r[m] の導体球の静電容量 C は，$C = 4\pi\varepsilon_0 r$[F]

令和 4 (2022)　令和 3 (2021)　令和 2 (2020)　令和元 (2019)　平成 30 (2018)　平成 29 (2017)　平成 28 (2016)　平成 27 (2015)　平成 26 (2014)　平成 25 (2013)　平成 24 (2012)　平成 23 (2011)　平成 22 (2010)　平成 21 (2009)　平成 20 (2008)

（選択問題）

問18　出題分野＜電子回路＞　　難易度 ★★★　重要度 ★★★

無線通信で行われるアナログ変調，復調に関する記述について，次の（a）及び（b）に答えよ。

（a）　無線通信で音声や画像などの情報を送る場合，送信側においては，情報を電気信号（信号波）に変換する。次に信号波より　（ア）　周波数の搬送波に信号波を含ませて得られる信号を送信する。受信側では，搬送波と信号波の二つの成分を含むこの信号から　（イ）　の成分だけを取り出すことによって，音声や画像などの情報を得る。

搬送波に信号波を含ませる操作を変調という。　（ウ）　の搬送波を用いる基本的な変調方式として，振幅変調（AM），周波数変調（FM），位相変調（PM）がある。

搬送波を変調して得られる信号からもとの信号波を取り出す操作を復調又は　（エ）　という。

上記の記述中の空白箇所（ア），（イ），（ウ）及び（エ）に当てはまる語句として，正しいものを組み合わせたのは次のうちどれか。

	（ア）	（イ）	（ウ）	（エ）
（1）	高 い	信号波	のこぎり波	検 波
（2）	低 い	搬送波	正弦波	検 波
（3）	高 い	搬送波	のこぎり波	増 幅
（4）	低 い	信号波	のこぎり波	増 幅
（5）	高 い	信号波	正弦波	検 波

（次々頁に続く）

問18（a）の解答　　出題項目＜変調・復調＞　　　　　　　　　　答え　（5）

　無線通信で音声や画像などの情報を送る場合，図18-1のように，送信側では情報を電気信号（信号波）に変換する。次に信号波より**高い**周波数の搬送波に信号波を含ませて得られる信号（被変調波）を，アンテナから電磁波として放射する。

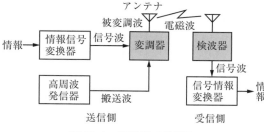

図18-1　無線機の仕組み

　受信側では，搬送波と信号波の二つの成分を含むこの信号から，**信号波**の成分だけを取り出すことによって，音声や画像などの情報を得る。搬送波に信号波を含ませる操作を変調という。**正弦波**の搬送波を用いる基本的な変調方式として，振幅変調（AM），周波数変調（FM），位相変調（PM）がある。搬送波を変調して得られる信号からもとの信号波を取り出す操作を復調又は**検波**という。

解説 ………………………………………

　搬送波に高周波を用いる理由は，①アンテナの大きさが搬送波の波長に関係しているため，波長の短い高周波ではアンテナを小型にできること，②使用周波数帯をずらすことで，混信せずに同時に多数の無線通信ができることによる。一方，電磁波の回折（直進する波が障害物の背後に回り込む現象）は周波数が高いほど小さく，高周波の電磁波ほど直進性が強くなり，障害物に妨害されて通信障害を起こしやすい。

　搬送波 $C(t)$ の周波数を f[Hz]とするとき，$C(t)$ を正弦波交流電圧で表すと，

$$C(t) = \underline{C_{\mathrm{m}}} \sin(2\pi \underline{f} t + \underline{\phi_{\mathrm{C}}})$$

　アナログ変調では，上式中の波線部で示した三つの要素のいずれか一つを信号波電圧 $E_{\mathrm{s}}(t)$ に比例して変化させることで，被変調波を作ることができる。この操作を変調という。振幅 C_{m} による変調を振幅変調，周波数 f による変調を周波数変調，位相 ϕ_{C} による変調を位相変調という。一般にノイズは振幅に乗るので，振幅変調はノイズによる影響を受けやすい。一方，周波数変調や位相変調は，信号波を搬送波の粗密波として変調するため，振幅に乗るノイズの影響を受けない。このためFM放送の音質はAMに勝る。

令和4（2022）令和3（2021）令和2（2020）令和元（2019）平成30（2018）平成29（2017）平成28（2016）平成27（2015）平成26（2014）平成25（2013）平成24（2012）平成23（2011）平成22（2010）平成21（2009）平成20（2008）

(続き)

（b）　図1は，トランジスタの　(ア)　に信号波の電圧を加えて振幅変調を行う回路の原理図である。図1中の v_2 が正弦波の信号電圧とすると，電圧 v_1 の波形は　(イ)　に，v_2 の波形は　(ウ)　に，v_3 の波形は　(エ)　に示すようになる。図2のグラフより振幅変調の変調率を計算すると約　(オ)　[%]となる。

　　上記の記述中の空白箇所(ア)，(イ)，(ウ)，(エ)及び(オ)に当てはまる語句又は数値として，正しいものを組み合わせたのは次のうちどれか。

　　ただし，図2のそれぞれの電圧波形間の位相関係は無視するものとする。

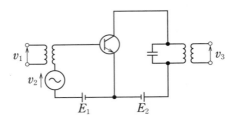

図1　振幅変調回路の原理図

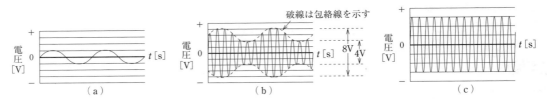

図2　電圧 v_1，v_2，v_3 の波形(時間軸は同一)

	(ア)	(イ)	(ウ)	(エ)	(オ)
（1）	ベース	図2(c)	図2(a)	図2(b)	33
（2）	コレクタ	図2(c)	図2(b)	図2(a)	67
（3）	ベース	図2(b)	図2(a)	図2(c)	50
（4）	エミッタ	図2(b)	図2(c)	図2(a)	67
（5）	コレクタ	図2(c)	図2(a)	図2(b)	33

問18（b）の解答 　出題項目＜変調・復調＞　　　　　　　　答え　（1）

　問題図1は，トランジスタの**ベース**に信号波の電圧を加えて振幅変調を行う回路の原理図である。図中の v_2 が正弦波の信号電圧とすると，電圧 v_1 は搬送波（高周波）なので，その波形は**問題図2(c)**に，v_2 の波形は信号波なので**問題図2(a)**に，v_3 の波形は**問題図2(b)**に示すようになる。振幅変調の変調率 m は**図18-2**において，

$$m = \frac{E_S}{E_C} \times 100 = \frac{A-B}{A+B} \times 100\%$$

　問題図2(b)のグラフより，振幅変調の変調率を計算すると，

　約 $\dfrac{8-4}{8+4} \times 100 ≒ \mathbf{33.3}[\mathbf{\%}]$ となる。

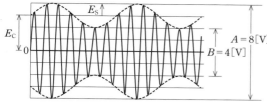

図 18-2　振幅変調波形

解　説

　振幅変調は搬送波の振幅に信号波が乗っているので，他の変調方式に比べ図示が容易で変調の様子がよくわかる。変調率が1を超えると過変調となり，信号波が歪むので好ましくないが，変調率が1に近いほど搬送波に対する信号波の割合が大きくなるので，S/N比（信号対雑音比）や効率が良くなる。

令和4（2022）
令和3（2021）
令和2（2020）
令和元（2019）
平成30（2018）
平成29（2017）
平成28（2016）
平成27（2015）
平成26（2014）
平成25（2013）
平成24（2012）
平成23（2011）
平成22（2010）
平成21（2009）
平成20（2008）

MEMO

執筆者（五十音順）

深澤　一幸（電験一種）
松葉　泰央（電験一種）

協力者（五十音順）

北爪　　清（電験一種）
郷　　冨夫（電験一種）

- 本書の内容に関する質問は，オーム社ホームページの「サポート」から，「お問合せ」の「書籍に関するお問合せ」をご参照いただくか，または書状にてオーム社編集局宛にお願いします．お受けできる質問は本書で紹介した内容に限らせていただきます．なお，電話での質問にはお答えできませんので，あらかじめご了承ください．
- 万一，落丁・乱丁の場合は，送料当社負担でお取替えいたします．当社販売課宛にお送りください．
- 本書の一部の複写複製を希望される場合は，本書扉裏を参照してください．
JCOPY ＜出版者著作権管理機構 委託出版物＞

電験三種　理論の過去問題集

2022 年 12 月 9 日　　第 1 版第 1 刷発行
2024 年 1 月 10 日　　第 1 版第 2 刷発行

編　　者　　オーム社
発 行 者　　村 上 和 夫
発 行 所　　株式会社 オーム社
　　　　　　郵便番号　101-8460
　　　　　　東京都千代田区神田錦町 3-1
　　　　　　電話　03(3233)0641(代表)
　　　　　　URL　https://www.ohmsha.co.jp/

© オーム社 2022

印刷・製本　三美印刷
ISBN978-4-274-22976-3　Printed in Japan

本書の感想募集　https://www.ohmsha.co.jp/kansou/
本書をお読みになった感想を上記サイトまでお寄せください.
お寄せいただいた方には，抽選でプレゼントを差し上げます.